重庆市高校普通本科重点建设教材

高等学校土木工程学科专业指导委员会规划教材

高等学校土木类专业教材（按高等学校土木工程本科专业指南修订）

总主编 何若全

课书房
新/形/态/教/材

土木工程施工技术与组织（第4版）

TUMU GONGCHENG
SHIGONG
JISHU YU ZUZHI

主　编　华建民　姚　刚

副主编　管东芝　康　明

参　编　刘光云　张爱莉

　　　　朱正刚　刘新荣

　　　　林　琳　何理勇

　　　　许　旻　胡英奎

主　审　林文虎

U0280308

重庆大学出版社

内 容 提 要

本教材依据《高等学校土木工程本科专业指南》的要求修订而成。教材涵盖了建筑工程、道路工程、桥梁工程、隧道工程等专业施工内容,主要包括土方工程、基础工程、砌体工程、混凝土结构工程、结构安装工程、建筑结构施工、桥梁结构工程施工、路面施工、隧道施工、装饰工程、防水工程、施工组织概论、流水施工、网络计划技术、单位工程施工组织设计、施工组织总设计等内容。同时配套数字资源,满足新时代土木工程教学需求。

本教材力求符合国家现行规范标准,突出行业特色,反映现代土木工程施工的新技术、新工艺,适合作为普通高等学校土木工程专业本科的教学用书,也可供其他相关专业师生及工程技术人员参考使用。

图书在版编目(CIP)数据

土木工程施工技术与组织／华建民,姚刚主编.
4 版. -- 重庆:重庆大学出版社,2024.8. -- ISBN
978-7-5689-4756-5

Ⅰ. TU7

中国国家版本馆 CIP 数据核字第 20241LX801 号

高等学校土木类专业教材
土木工程施工技术与组织
(第 4 版)
主 编 华建民 姚 刚
主 审 林文虎
责任编辑:林青山　版式设计:莫 西
责任校对:邹 忌　责任印制:赵 晟
*
重庆大学出版社出版发行
出版人:陈晓阳
社址:重庆市沙坪坝区大学城西路 21 号
邮编:401331
电话:(023)88617190　88617185(中小学)
传真:(023)88617186　88617166
网址:http://www.cqup.com.cn
邮箱:fxk@ cqup.com.cn(营销中心)
全国新华书店经销
重庆长虹印务有限公司印刷
*
开本:787mm×1092mm　1/16　印张:25.5　字数:622千
2013 年 8 月第 1 版　2024 年 8 月第 4 版　2024 年 8 月第 21 次印刷
印数:51 001—54 000
ISBN 978-7-5689-4756-5　定价:66.00元

总　序

　　进入 21 世纪的第二个十年,土木工程专业教育的背景发生了很大的变化。"国家中长期教育改革和发展规划纲要"正式启动,中国工程院和国家教育部倡导的"卓越工程师教育培养计划"开始实施,这些都为高等工程教育的改革指明了方向。截至 2010 年底,我国已有 300 多所大学开设土木工程专业,在校生达 30 多万人,这无疑是世界上该专业在校大学生最多的国家。如何培养面向产业、面向世界、面向未来的合格工程师,是土木工程界一直在思考的问题。

　　由住房和城乡建设部土建学科教学指导委员会下达的重点课题"高等学校土木工程本科指导性专业规范"的研制,是落实国家工程教育改革战略的一次尝试。"专业规范"为土木工程本科教育提供了一个重要的指导性文件。

　　由"高等学校土木工程本科指导性专业规范"研制项目负责人何若全教授担任总主编,重庆大学出版社出版的《高等学校土木工程本科指导性专业规范配套系列教材》力求体现"专业规范"的原则和主要精神,按照土木工程专业本科期间有关知识、能力、素质的要求设计了各教材的内容,同时对大学生增强工程意识、提高实践能力和培养创新精神做了许多有意义的尝试。这套教材的主要特色体现在以下方面:

　　(1)系列教材的内容覆盖了"专业规范"要求的所有核心知识点,并且教材之间尽量避免了知识的重复;

　　(2)系列教材更加贴近工程实际,满足培养应用型人才对知识和动手能力的要求,符合工程教育改革的方向;

　　(3)教材主编们大多具有较为丰富的工程实践能力,他们力图通过教材这个重要手段实现"基于问题、基于项目、基于案例"的研究型学习方式。

　　据悉,本系列教材编委会的部分成员参加了"专业规范"的研究工作,而大部分成员曾为"专业规范"的研制提供了丰富的背景资料。我相信,这套教材的出版将为"专业规范"的推广实施,为土木工程教育事业的健康发展起到积极的作用!

中国工程院院士　哈尔滨工业大学教授

沈世钊

前　言
（第 4 版）

　　《土木工程施工技术与组织》教材第 1 版于 2013 年以全国高等学校土木工程专业指导委员会编制的《高等学校土木工程本科指导性专业规范》为依据,由重庆大学土木工程学院主持编写。2024 年,根据教育部高等学校土木工程专业教学指导分委员会编制的《高等学校土木工程本科专业指南》进行了修订再版。

　　党的二十大精神指出,"教育、科技、人才是全面建设社会主义现代化国家的基础性、战略性支撑。";"我们要坚持教育优先发展、科技自立自强、人才引领驱动,加快建设教育强国、科技强国、人才强国,坚持为党育人、为国育才,全面提高人才自主培养质量,着力造就拔尖创新人才,聚天下英才而用之。"教材在第 4 版修订中,按照"全面贯彻党的教育方针,落实立德树人根本任务,培养德智体美劳全面发展的社会主义建设者和接班人"的主体功能定位,积极融入和服务构建高质量教育体系的任务中! 此次修订的内容主要在以下方面:

　　(1)对纸质的新形态教材进行信息化升级,建设出版配套的数字教材,使数字资源更加丰富、教学应用方式更加灵活,学习更加便捷,使教材教学的智慧化、个性化、学习自主化的水平提升显著。

　　(2)以国家战略需求为导向,关注产业结构、城乡建设发展绿色转型,深度挖掘工程案例资源中节能减排低碳元素,培养学生"创新驱动发展、高水平科技自立自强"理念,增强自动创新意识。

　　(3)以素质教育发展为核心,在体现国内大型建筑企业产学研合作成果的优质教材载体上,拓展多模态形式的"教与学",扩大学生参与度,提升课程挑战度,增强自主创新能力,营造开放创新的学习生态。

　　本教材由重庆大学土木工程学院华建民教授、姚刚教授主编,林文虎教授主审。教材编写的具体分工如下:第 1 章,刘光云(重庆大学土木工程学院);第 2 章,康明(重庆大学土木工程学院);第 3 章,张爱莉(重庆大学土木工程学院);第 4 章,管东芝(东南大学土木工程学院);第 5 章,张爱莉;第 6 章,刘光云、华建民、何理勇(重庆大学土木工程学院);第 7、8 章,朱正刚(重庆大学土木工程学院);第 9 章,刘新荣(重庆大学土木工程学院);第 10 章,华建民;第 11 章,华建民、刘光云;第 12 章,何理勇、康明;第 13 章,康明;第 14 章,康明、何理勇;第 15 章,康明、林琳(重庆大学土木工程学院);第 16 章,康明。中建数字科技有限公司副总经理、皇家特许建造师苏亚武教授级高工参与了本次教材修订的审核工作,并提出了诸多宝贵的修改意见,提供了案例素材。

本教材的编写及修订得到了全国高等学校土木工程专业指导委员会、重庆大学士木工程学院、重庆大学出版社的大力支持,在此,向关心支持本教材编写及修订工作的单位和相关人员表示衷心的感谢!

由于编者水平有限,本次修订亦或存在疏漏和错误之处,恳请读者提出宝贵意见,以便再版时修改。

编　者

2024 年 5 月

前　言
（第 1 版）

　　本教材以全国高等学校土木工程专业指导委员会制定并通过的《高等学校土木工程本科指导性专业规范》为依据，由重庆大学土木工程学院主持编写。本教材继承了重庆大学编写的《建筑施工》（"九五"国家级重点教材）、《土木工程施工》（"十五""十一五"国家级规划教材）的风格，并在教材体系上做了较大的改变，以满足大土木工程培养宽口径专业人才的要求。教材涵盖了建筑工程、道路工程、桥梁工程、隧道工程等专业施工内容，力求符合国家现行规范标准，突出行业特色，反映现代土木工程施工的新技术、新工艺，适应高等学校土木工程专业教学的需要。

　　本教材的编写得到了全国高等学校土木工程专业指导委员会、重庆大学土木工程学院、重庆大学出版社的大力支持，在此，向关心支持本教材编写工作的单位和个人表示衷心的感谢！

　　由于水平有限，教材难免有不足之处，诚挚希望读者提出宝贵意见，以便再版时修订完善。

　　本教材由姚刚教授、华建民副教授主编，由林文虎教授主审。

　　本教材编写分工为：刘光云——1、6、11 章（其中 6 章与华建民、何理勇合编），康明——2、12、13、14、15 章（其中 15 章与林琳合编，14 章与何理勇合编，13 章与胡英奎合编），张爱莉——3、5 章、华建民——4、6 章（其中 4 章与许旻合编，6 章与刘光云、何理勇合编），朱正刚——7、8 章，刘新荣——9 章，林琳——15、16 章（其中 16 章与康明合编），何理勇——6、10、14 章（其中 6 章与华建民合编，14 章与康明合编）。

　　由于时间紧迫，编者水平有限，疏漏或错误之处在所难免，恳请读者指正。

编　者

2013 年 6 月

目　录

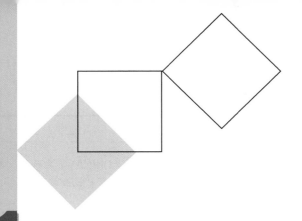

1

土方工程

本章导读：
- **基本要求**　了解土方工程的施工特点；掌握场地平整施工中的竖向规划设计、土方量计算、土方调配和施工；掌握基坑开挖施工中的降低地下水位原理及方法；掌握边坡稳定原理，了解常用支护结构类型；熟悉常用土方机械的性能和使用范围；掌握填土压实和路基填筑的要求和方法；了解爆破施工原理及方法。
- **重点**　场地平整施工中的竖向规划设计、土方量计算、土方调配；井点降水原理及方法，边坡稳定原理及常用支护结构类型；土方机械的性能和使用范围；填土压实和路基填筑的要求和方法。
- **难点**　场地平整施工中的竖向规划设计、土方量计算、土方调配；井点降水原理及方法。

1.1　概述

在土木工程中，常见的土方工程有：场地平整，基坑、基槽与管沟的开挖与回填；人防工程、地下建筑物或构筑物的土方开挖与回填；地坪填土与碾压；路基填筑等。此外，还包括排水、降水、土壁支撑等准备工作和辅助工程。

1.1.1　土的工程分类

土的分类繁多，其分类法也很多，如按土的沉积年代、颗粒级配、密实度、液性指数等分类。在土木工程施工中，通常根据土体开挖的难易程度［参考《房屋建筑与装饰工程工程量计算规范》（GB 50854—2013）］将土和岩石进行分类，分为一至四类土（表 1.1）和极软岩至坚硬岩五类岩石(表1.2)。

表1.1　土的工程分类

土壤分类	土壤名称	开挖方法
一、二类土	粉土、砂土(粉砂、细砂、中砂、粗砂、砾砂)、粉质黏土、弱中盐渍土、软土(淤泥质土、泥炭、泥炭质土)、软塑红黏土、冲填土	用锹,少许用镐、条锄开挖。机械能全部直接铲挖满载者
三类土	黏土、碎石土(圆砾、角砾)混合土、可塑红黏土、硬塑红黏土、强盐渍土、素填土、压实填土	主要用镐、条锄,少许用锹开挖。机械需部分刨松方能铲挖满载者或可直接铲挖但不能满载者
四类土	碎石土(卵石、碎石、漂石、块石)、坚硬红黏土、超盐渍土、杂填土	全部用镐、条锄挖掘,少许用撬棍挖掘。机械须普遍刨松方能铲挖满载者

表1.2　岩石的工程分类

岩石分类		代表性岩石	开挖方法
极软岩		1.全风化的各种岩石 2.各种半成岩	部分用手凿工具,部分用爆破法开挖
软质岩	软岩	1.强风化的坚硬岩或较硬岩 2.中等风化-强风化的较软岩 3.未风化-微风化的页岩、泥岩、泥质砂岩等	用风镐和爆破法开挖
	较软岩	1.中等风化-强风化的坚硬岩或较硬岩 2.未风化-微风化的凝灰岩、千枚岩、泥灰岩、砂质泥岩等	用爆破法开挖
硬质岩	较硬岩	1.微风化的坚硬岩 2.未风化-微风化的大理岩、板岩、石灰岩、白云岩、钙质砂岩等	用爆破法开挖
	坚硬岩	未风化-微风化的花岗岩、闪长岩、辉绿岩、玄武岩、安山岩、片麻岩、石英岩、石英砂岩、硅质砾岩、硅质石灰岩等	用爆破法开挖

1.1.2　土的工程性质

土的工程性质对土方工程施工有直接影响,也是进行土方施工设计必须掌握的基本资料。土的主要工程性质有土的质量密度、土的含水量、土的渗透性、土的可松性、原状土经机械压实后的沉降量、土的抗剪强度、土压力等,其中对施工影响较大的有土的质量密度、含水量、渗透性和可松性等。

1)土的质量密度

土的质量密度分为土的天然密度和干密度。土的天然密度是指土在天然状态下,单位体积土的质量。它与土的密实程度和含水量有关。土的天然密度按下式计算：

$$\rho = \frac{m}{V} \tag{1.1}$$

式中　ρ——土的天然密度，kg/m^3；

　　　m——土的总质量，kg；

　　　V——土的体积，m^3。

干密度是土的固体颗粒质量与总体积的比值，用下式表示：

$$\rho_d = \frac{m_s}{V} \tag{1.2}$$

式中　ρ_d——土的干密度，kg/m^3；

　　　m_s——固体颗粒质量，kg；

　　　V——土的体积，m^3。

在一定程度上，土的干密度反映了土的颗粒排列紧密程度。土的干密度越大，表示土越密实。土的密实程度主要通过检验填方土的干密度和含水量来控制。

2）土的含水量

土的含水量是指土中水的质量与固体颗粒质量之比的百分率，它反映了土的干湿程度。

$$w = \frac{m_湿 - m_干}{m_干} \times 100\% = \frac{m_w}{m_s} \times 100\% \tag{1.3}$$

式中　$m_湿$——含水状态土的质量，kg；

　　　$m_干$——烘干后土的质量，kg；

　　　m_w——土中水的质量，kg；

　　　m_s——固体颗粒的质量，kg。

土的含水量随气候条件、雨雪和地下水的影响而变化，对土方边坡的稳定性及填方密实程度有直接的影响。

3）土的渗透性

土的渗透性是指土体被水透过的性质，一般用渗透系数 K 表示。渗透系数表示单位时间内水穿透土层的能力，以 m/d 表示；它与土的颗粒级配、密实程度等有关，是人工降低地下水位及选择各类井点的主要参数。

4）土的可松性

土具有可松性，即自然状态下的土，经过开挖后，其体积因松散而增大，以后虽经回填压实，仍不能恢复。土的可松性程度用可松性系数表示，即：

$$K_S = \frac{V_2}{V_1}; \quad K_S' = \frac{V_3}{V_1} \tag{1.4}$$

式中　K_S——最初可松性系数；

　　　K_S'——最后可松性系数；

　　　V_1——土在天然状态下的体积，m^3；

　　　V_2——土经开挖后的松散体积，m^3；

V_3——土经回填压实后的体积，m^3。

在土方工程中，土的最初可松性系数 K_S 是计算车辆装运土方体积及挖土机械的主要参数；土的最后可松性系数 K'_S 是计算填方所需挖土工程量的主要参数。

1.2 土方工程量的计算与调配

在土方工程施工之前，通常要计算土方的工程量。但土方工程的外形往往复杂，不规则，要得到精确的计算结果很困难。一般情况下，都将其假设或划分成为一定的几何形状，并采用具有一定精度而又和实际情况近似的方法进行计算。

1.2.1 基坑（槽）和路堤的土方量计算

基坑的土方量可按立体几何中的拟柱体（由两个平行的平面作底的一种多面体）体积公式计算（图1.1），即

$$V = \frac{H}{6}(A_1 + 4A_0 + A_2) \tag{1.5}$$

式中　H——基坑深度，m；

A_1，A_2——基坑上、下底的面积，m^2；

A_0——基坑中截面的面积，m^2。

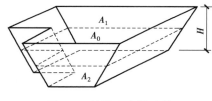 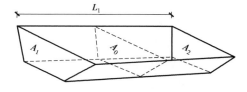

图1.1　基坑土方量计算　　　　　　　图1.2　基槽土方量计算

基槽和路堤的土方量可沿长度方向分段后，再用同样的方法计算（图1.2），即

$$V_1 = \frac{L_1}{6}(A_1 + 4A_0 + A_2) \tag{1.6}$$

式中　V_1——第一段的土方量，m^3；

L_1——第一段的长度，m。

将各段土方量相加即得总土方量：

$$V = V_1 + V_2 + V_3 + \cdots + V_n \tag{1.7}$$

1.2.2 场地平整土方量的计算

大型工程项目通常都要确定场地设计平面，进行场地平整。场地平整就是将自然地面改造成人们所要求的设计平面。由设计平面的标高和天然地面的标高之差，可以得到场地各点的施工高度，由此可计算场地平整的土方量。

场地平整土方量计算有方格网法和横截面法两种。横截面法是将要计算的场地划分成若

干横截面后,用横截面计算公式逐段计算,最后将逐段计算结果汇总。横截面法计算精度较低,可用于地形起伏变化较大地区。对于地形较平坦地区,一般采用方格网法。方格网法计算场地平整土方量的步骤如下:

1)场地设计标高的确定

确定场地设计标高时应考虑以下因素:a.满足建筑规划和生产工艺及运输的要求;b.尽量利用地形,减少挖填方数量;c.场地内的挖填土方量力求平衡,使土方运输费用最少;d.有一定的排水坡度,满足排水要求。

如设计文件对场地设计标高无明确规定和特殊要求,可参照下述步骤和方法确定:

(1)初步计算场地设计标高

初步计算场地设计标高的原则是场地内挖填方平衡,即场地内挖方总量等于填方总量。

如图1.3所示,将场地地形图划分为边长$a = 10 \sim 40$ m的若干个方格。每个方格的角点标高,在地形平坦时,可根据地形图上相邻两条等高线的高程,用插入法求得;当地形起伏较大(用插入法有较大误差)或无地形图时,则可在现场用木桩打好方格网,然后用测量的方法求得。

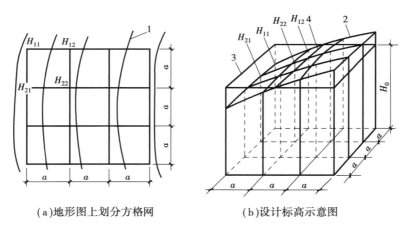

(a)地形图上划分方格网　　　　(b)设计标高示意图

图1.3　场地设计标高计算示意图

1—等高线;2—自然地面;3—设计标高平面;
4—自然地面与设计标高平面的交线(零线)

按照挖填平衡原则,场地设计标高可按下式计算:

$$H_0 N a^2 = \sum_{1}^{N} \left(a^2 \cdot \frac{H_{11} + H_{12} + H_{21} + H_{22}}{4} \right)$$

即
$$H_0 = \frac{\sum_{1}^{N} (H_{11} + H_{12} + H_{21} + H_{22})}{4N} \tag{1.8}$$

式中　N——方格数。

由图1.3可见,H_{11}系1个方格的角点标高;H_{12}、H_{21}系相邻2个方格公共角点标高;H_{22}则系相邻的4个方格的公共角点标高。如果将所有方格的4个角点标高相加,则类似H_{11}这样的角点标高加1次,类似H_{12}的角点标高加2次,类似H_{22}的角点标高要加4次。因此,上式可改写为:

$$H_0 = \frac{\sum H_1 + 2\sum H_2 + 3\sum H_3 + 4\sum H_4}{4N} \qquad (1.9)$$

式中　H_1——1 个方格独有的角点标高;

　　　　H_2——2 个方格共有的角点标高;

　　　　H_3——3 个方格共有的角点标高;

　　　　H_4——4 个方格共有的角点标高。

（2）场地设计标高的调整

按式（1.9）计算的设计标高 H_0 为一理论值,实际上还需考虑以下因素进行调整:

①由于土具有可松性,按 H_0 进行施工,填土将有剩余,必要时可相应地提高设计标高,以达到土方量的实际平衡。

②由于设计标高以上的填方工程用土量,或设计标高以下的挖方工程挖土量的影响,使设计标高降低或提高。

③由于边坡挖填方量不等,或经过经济比较后将部分挖方就近弃于场外,部分填方就近从场外取土而引起挖填土方量的变化,需相应地增减设计标高。

（3）考虑泄水坡度对角点设计标高的影响

按上述计算及调整后的场地设计标高进行场地平整时,则整个场地将处于同一水平面,但实际上由于排水的要求,场地表面均应有一定的泄水坡度。因此,应根据场地泄水坡度的要求（单向泄水或双向泄水）,计算出场地内各方格角点实际施工时所采用的设计标高。

①单向泄水时,场地各方格角点设计标高的计算。场地用单向泄水时,以计算出的设计标高 H_0 作为场地中心线（与排水方向垂直的中心线）的标高[图 1.4（a）],场地内任意一点的设计标高为:

$$H_n = H_0 \pm li \qquad (1.10)$$

式中　H_n——场地内任一点的设计标高;

　　　　l——该点至场地中心线的距离;

　　　　i——场地泄水坡度（不小于 2‰）。

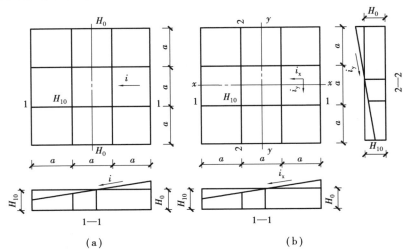

图 1.4　场地泄水坡度示意图

例如,图 1.4(a)中角点 10 的设计标高为:

$$H_{10} = H_0 - 0.5ai$$

②双向泄水时,场地各方格角点设计标高的计算。场地用双向泄水时,以 H_0 作为场地中心点的标高[图 1.4(b)],场地内任意一点的设计标高为:

$$H_n = H_0 \pm l_x i_x \pm l_y i_y \tag{1.11}$$

式中 l_x , l_y ——计算点沿 x、y 方向距场地中心点的距离;

　　　　i_x , i_y ——场地在 x、y 方向的泄水坡度。

例如,图 1.4(b)中角点 10 的设计标高为:

$$H_{10} = H_0 - 0.5ai_x - 0.5ai_y$$

2)场地土方量计算

大面积场地平整的土方量,通常采用方格网法计算。即根据方格网各方格角点的自然地面标高和实际采用的设计标高,算出相应的角点填挖高度(施工高度),然后计算每一方格的土方量,并算出场地边坡的土方量。这样便可求得整个场地的填、挖土方总量。其步骤如下:

(1)计算各方格角点的施工高度

施工高度为角点设计地面标高与自然地面标高之差,是以角点设计标高为基准的挖方或填方的高度。各方格角点的施工高度按下式计算:

$$h_n = H_n - H \tag{1.12}$$

式中 h_n ——角点施工高度,即填挖高度。以"+"为填,"-"为挖;

　　　　H_n ——角点的设计标高(若无泄水坡度时,即为场地的设计标高);

　　　　H ——角点的自然地面标高;

　　　　n ——方格的角点编号(自然数列 $1,2,3,\cdots,n$)。

(2)计算"零点"位置,确定零线

若方格边线一端施工高程为"+",另一端为"-",则沿其边线必然有一不挖不填的点,即为"零点"(图 1.5)。

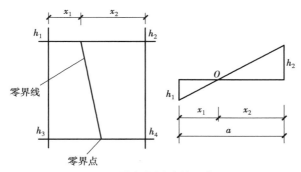

图 1.5　零点位置计算示意图

零点位置按下式计算:

$$x_1 = \frac{h_1}{h_1 + h_2} \times a ; \qquad x_2 = \frac{h_2}{h_1 + h_2} \times a \tag{1.13}$$

式中 x_1 , x_2 ——角点至零点的距离,m;

　　　　h_1 , h_2 ——相邻两角点的施工高度,均用绝对值,m;

　　　　a ——方格网的边长,m。

将相邻的零点连接起来,即为零线。它是确定方格中挖方与填方的分界线。

(3)计算方格土方工程量

计算场地土方量时,先求出各方格的挖、填土方量和场地周围边坡的挖、填土方量,把挖、填土方量分别累加起来,就得到场地挖方及填方的总土方量。

各方格土方工程量的计算,常采用"四方棱柱体法"和"三角棱柱体法"两种方法。下面仅介绍四方棱柱体法。

①全挖(全填)方格

方格4个角点全部为挖或全部为填[图1.6(a)]时,其挖或填的土方量为:

$$V = \frac{a^2}{4}(h_1 + h_2 + h_3 + h_4) \tag{1.14}$$

式中 V ——挖方或填方的土方量,m^3;

   a——方格边长,m;

   h_1,h_2,h_3,h_4——方格4个角点的挖填高度,用绝对值代入,m。

②部分挖部分填方格

方格的4个角点,部分是挖方、部分是填方[图1.6(b)、(c)]时,该方格的挖方量或填方量为:

$$V_{挖} = \frac{a^2}{4} \frac{(\sum h_{挖})^2}{\sum h} \tag{1.15}$$

$$V_{填} = \frac{a^2}{4} \frac{(\sum h_{填})^2}{\sum h} \tag{1.16}$$

式中 $V_{挖},V_{填}$——分别为挖方或填方的土方量,m^3;

   $\sum h_{挖},\sum h_{填}$——分别为挖方或填方的各角点的施工高度之和,m;

   $\sum h$——方格4个角点的施工高度绝对值之和,m。

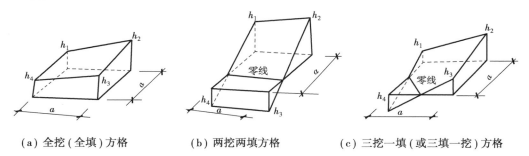

(a) 全挖(全填)方格   (b) 两挖两填方格   (c) 三挖一填(或三填一挖)方格

图1.6 四方棱柱体法的体积计算

1.2.3 土方调配

土方调配是场地平整施工设计的一个重要内容,在场地平整土方工程量计算完成后即可进行。土方调配的目的是在使土方总运输量($m^3 \cdot m$)最小或土方运输成本(元)最小的条件下,确定填挖方区土方的调配方向和数量,从而达到缩短工期和降低成本的目的。

1）土方调配原则

①应力求达到挖方与填方基本平衡和就近调配，使挖方量与运距的乘积之和尽可能为最小，即土方运输量或费用最小。

②土方调配应考虑近期施工与后期利用相结合的原则，考虑分区与全场相结合的原则，还应尽可能与大型地下建筑物的施工相结合，以避免重复挖运和场地混乱。

③合理布置挖填方分区线，选择恰当的调配方向、运输线路，使土方机械和运输车辆的性能得到充分发挥。

④好土用在回填质量要求高的地区。

⑤土方调配应尽可能与城市规划和农田水利相结合，将余土一次性运到指定弃土场，做到文明施工。

总之，进行土方调配，必须根据现场具体情况、有关技术资料、工期要求、土方施工方法与运输方法综合考虑，并按上述原则，经计算比较，来选择经济合理的调配方案。

2）土方调配图表的编制

场地土方调配，需作成相应的土方调配图表，其编制的方法如下：

（1）划分调配区

在场地平面图上先画出挖填方区的分界线（零线），并将挖填方区适当划分成若干调配区，调配区的大小应与方格网及拟建工程结构的位置相协调，并应满足土方及运输机械的技术性能要求，使其功能得到充分发挥。

（2）计算土方量

按前述计算方法，计算各调配区的土方量，并标注在图上。

（3）计算每对调配区之间的平均运距

平均运距即挖方区土方重心至填方区土方重心的距离。因此，确定平均运距前需先求出各个调配区的土方重心。其计算方法如下：取场地或方格网的纵横两边为坐标轴，分别求出各调配区土方的重心位置，即：

$$\overline{X} = \frac{\sum V \cdot x}{\sum V}; \qquad \overline{Y} = \frac{\sum V \cdot y}{\sum V} \qquad (1.17)$$

式中　$\overline{X}, \overline{Y}$——某调配区的重心坐标，m；

　　　　V——该调配区内各方格的土方量，m^3；

　　　　x, y——该调配区内各方格土方的重心坐标，m。

当地形复杂时，也可用形心位置代替重心位置。

每对调配区之间的平均运距可近似按下式求得：

$$L_0 = \sqrt{(\overline{X}_W - \overline{X}_T)^2 + (\overline{Y}_W - \overline{Y}_T)^2} \qquad (1.18)$$

也可在重心位置求出后，标于相应的调配区图上，然后用比例尺量出每对调配区之间的平均运距。

（4）确定土方最优调配方案

可以根据每对调配区的平均运距 L_0，绘制多个调配方案，比较不同方案的总运输量 $Q = \sum V \cdot L_0$，以 Q 最小者为最优调配方案。

土方调配可以采用线性规划中的"表上作业法"进行,该方法直接在土方量平衡表上进行调配,简便科学,可求得最优调配方案。

下面结合一个例子,说明用"表上作业法"求最优调配方案的步骤。

已知某场地有 4 个挖方区和 3 个填方区,各区的挖填土方量和各调配区之间的运距如图1.7所示,试求土方调配最优方案。

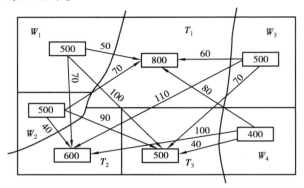

图 1.7　各调配区的土方量和平均运距

①编制初始调配方案

初始方案的编制采用"最小元素法",即对应于运距 C_{ij} 最小的土方量 X_{ij} 取最大值,由此逐个确定调配方格的土方量及不进行调配的方格。

首先将图 1.7 中的土方量及运距填入土方平衡运距表中(表 1.3)。

表 1.3　土方平衡运距表

填方区 挖方区	T_1		T_2		T_3		挖方量(m^3)
W_1	X_{11}	50	X_{12}	70	X_{13}	100	500
W_2	X_{21}	70	X_{22}	40	X_{23}	90	500
W_3	X_{31}	60	X_{32}	110	X_{33}	70	500
W_4	X_{41}	80	X_{42}	100	X_{43}	40	400
填方量(m^3)	800		600		500		1 900

注:表中小方格内的数字为平均运距,单位为 m;X_{ij} 表示 i 挖方区调入 j 填方区的土方量,单位为 m^3。

在运距表小方格中找一个最小数值。找出来后确定此最小运距所对应的土方量,使其尽可能地大。由表中可知 $C_{22}=C_{43}=40$ 为最小,在这两个最小运距中任取一个,现取 $C_{43}=40$,所对应的需调配的土方量 X_{43},从表中可知对应 X_{43} 最大的挖方量是 400,即把 W_4 挖方区的土方全部调到 T_3 填方区,而 W_4 的土方全部运往 T_3 就不能满足 X_{41}、X_{42} 的需要了,所以 $X_{41}=X_{42}=0$。将 400 填入 X_{43} 格内,同时将 X_{41}、X_{42} 格内画上一个"×"号。然后在没有填上数字和"×"号的方格内再选一个运距最小的方格,即 $C_{22} = 40$,便可确定 $X_{22} = 500$,同时使 $X_{21} = X_{23} = 0$。此时,又将 500 填入 X_{22} 格内,并在 X_{21}、X_{23} 格内画上一个"×"号。重复上述步骤,依次确定其余 X_{ij} 的数值,最后得出表 1.4 所示的初始调配方案。

表 1.4　初始调配方案

挖方区 ＼ 填方区		T_1		T_2		T_3	挖方量(m³)
W_1	500	50	×	70	×	100	500
W_2	×	70	500	40	×	90	500
W_3	300	60	100	100	100	70	500
W_4	×	80	×	100	400	40	400
填方量(m³)	800		600		500		1 900

②最优方案判别

最优方案要求总运输量最小,因此还需要判别初始调配方案是否为最优方案。判别的方法有"闭回路法"和"位势法",其实质相同,都是用检验数 λ_{ij} 来判别。只有当全部检验数 $\lambda_{ij} \geq 0$,该方案才是最优方案。否则该方案不是最优方案,需要进行调整。

首先求出表中各个方格的假想系数 c'_{ij},有调配土方的假想系数 $c'_{ij} = c_{ij}$,无调配土方方格的假想系数用下式计算:

$$c'_{ef} + c'_{pq} = c'_{eq} + c'_{pf} \tag{1.19}$$

式(1.19)的意义是构成任一矩形的 4 个方格内对角线上 2 个方格的假想系数之和相等。利用已知的假想系数,组合适当的方格构成一个矩形,逐个求解未知的 c'_{ij}。这些计算,均在表上作业。

在表 1.4 的基础上,先将有调配土方的方格的假想系数填入方格的右下角。$c'_{11} = 50, c'_{22} = 40, c'_{31} = 60, c'_{32} = 110, c'_{33} = 70, c'_{43} = 40$,寻找适当的方格,由式(1.19)即可计算得出全部假想系数。例如,由 $c'_{21} + c'_{32} = c'_{22} + c'_{31}$ 可得 $c'_{21} = -10$(表 1.5)。

假想系数求出后,按下式求出表中无调配土方方格的检验数:

$$\lambda_{ij} = c_{ij} - c'_{ij} \tag{1.20}$$

把表中无调配土方的方格右边 2 小格的数字上下相减即可。如 $\lambda_{21} = 70 - (-10) = +80$,$\lambda_{12} = 70 - 100 = -30$。将计算结果填入表 1.6。在表 1.6 中只写出各检验数的正负号,因为我们只对检验数的符号感兴趣,而检验数的值对求解结果无关,可不填入具体的值。

表 1.5　假想系数表

挖方区 ＼ 填方区	T_1		T_2		T_3		挖方量(m^3)
W_1	500	50 / 50	×	70 / 100	×	100 / 60	500
W_2	×	70 / -10	500	40 / 40	×	90 / 0	500
W_3	300	60 / 60	100	110 / 110	100	70 / 70	500
W_4	×	80 / 30	×	100 / 80	400	40 / 40	400
填方量(m^3)	800		600		500		1 900

表 1.6　计算检验数

挖方区 ＼ 填方区	T_1		T_2		T_3		挖方量(m^3)
W_1		50 / 50	−	70 / 100	+	100 / 60	500
W_2	+	70 / -10		40 / 40	+	90 / 0	500
W_3		60 / 60		110 / 110		70 / 70	500
W_4	+	80 / 30	+	100 / 80		40 / 40	400
填方量(m^3)	800		600		500		1 900

表 1.6 中出现了负检验数,说明初始方案不是最优方案,需进一步调整。

③方案的调整

第一步:在所有负检验数中选一个(一般可选最小的一个),本例中便是 λ_{12},把它所对应的变量 X_{12} 作为调整对象。

第二步:找出 X_{12} 的闭回路。其作法是:从 X_{12} 方格出发,沿水平与竖直方向前进,遇到适当的有数字的方格作 90°转弯(也可不转弯),然后继续前进,如果路线恰当,有限步后便能回到出发点,形成一条以有数字的方格为转角点的,用水平和竖直线连起来的闭回路,见表 1.7。

表 1.7　求解闭回路

挖方区＼填方区	T_1		T_2		T_3		挖方量(m^3)
W_1	500	50 / 50	−	70 / 100	+	100 / 60	500
W_2	+	70 / −10	500	40 / 40	+	90 / 0	500
W_3	300	60 / 60	100	110 / 110	100	70 / 70	500
W_4	+	80 / 30	+	100 / 30	400	40 / 40	400
填方量(m^3)	800		600		500		1 900

第三步:从空格 X_{12} 出发,沿着闭回路(方向任意)一直前进,在各奇数次转角点(以 X_{12} 出发点为 0)的数字中,挑出一个最小的(本例中即为 500、100 中选 100),将它由 X_{32} 调到 X_{12} 方格中(即空格中)。

第四步:将"100"填入 X_{12} 方格中,被调出的 X_{32} 为 0(该格变为空格);同时将闭回路上其他奇数次转角上的数字都减去"100",偶数次转角上数字都增加"100",使得填挖方区的土方量仍然保持平衡,这样调整后,便可得到表 1.8 的新调配方案。

对新调配方案,再进行检验,看其是否已是最优方案。如果检验数中仍有负数出现,那就仍按上述步骤继续调整,直到找出最优方案为止。表 1.8 中所有检验数均为正号,故该方案即为最优方案。

表 1.8　调整后的新调配方案

挖方区＼填方区	T_1		T_2		T_3		挖方量(m^3)
W_1	400	50 / 50	100	70 / 70	+	100 / 60	50
W_2	+	70 / 20	500	40 / 40	+	90 / 30	500
W_3	400	60 / 60	+	110 / 80	100	70 / 70	500
W_4	+	80 / 30	+	100 / 50	400	40 / 40	400
填方量(m^3)	800		600		500		1 900

最优方案与初始方案的运输量比较如下:

初始调配方案的土方总运输量为：

$Z_0 = 500×50+500×40+300×60+100×110+100×70+400×40 = 97\ 000\ (\text{m}^3 \cdot \text{m})$

最优调配方案的土方总运输量为：

$Z = 400×50+100×70+500×40+400×60+100×70+400×40 = 94\ 000\ (\text{m}^3 \cdot \text{m})$

$Z-Z_0 = 94\ 000-97\ 000 = -3\ 000\ (\text{m}^3 \cdot \text{m})$

即调整后总运输量减少了 $3\ 000\ \text{m}^3 \cdot \text{m}$。

土方调配的最优方案可以不止一个，这些方案调配区或调配土方量可以不同，但它们的土方总运输量都是相同的。有若干最优方案，可以提供更多的选择余地。

（5）绘制最优调配方案的土方调配图

根据表上作业法求得的最优调配方案，将表中的土方调配数值绘成土方调配图（图1.8），图中箭杆上数字为最终土方调配数量，箭杆下数字为调配区之间的平均运距。

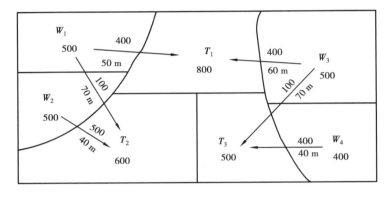

图1.8　土方调配图

1.3　土方工程的辅助工程

1.3.1　土方边坡

为了防止土壁坍塌，保持土壁稳定，保证安全施工，在土方工程施工中，对挖方和填方的边缘，均应做成一定坡度的边坡。当场地受限制不能放坡或为了减少土方工程量而不放坡时，则可设置土壁支护结构，以确保施工安全。

土方放坡开挖的边坡可做成直线形、折线形或踏步形（图1.9），边坡坡度以其高度 H 与其底宽度 B 之比表示。

$$\text{土方边坡坡度} = \frac{H}{B} = \frac{1}{B/H} = 1:m \tag{1.21}$$

式中　$m = B/H$，称为坡度系数。

施工中，土方放坡坡度的留设应考虑土质、开挖深度、施工工期、地下水水位、坡顶荷载及气候条件等因素。

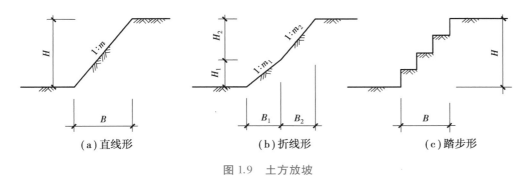

(a)直线形　　　　　　　　(b)折线形　　　　　　　　(c)踏步形

图 1.9　土方放坡

1.3.2　土壁支护

开挖基坑(槽)时,如地质条件及周围环境许可,采用放坡开挖,往往是比较经济的。但在建筑物密集地区施工,有时没有足够的场地按规定的放坡宽度开挖,或有防止地下水渗入基坑要求,或深基坑(槽)放坡开挖所增加的土方量过大,此时需要用土壁支护结构来支撑土壁,以保证施工的顺利和安全,并减少对相邻已有建筑物等的不利影响。

基坑(槽)支护结构的形式有多种,根据受力状态可分为横撑式支撑、板桩式支护结构和重力式支护结构等。

1)基槽支护

开挖较窄的沟槽,多用横撑式支撑。横撑式支撑根据挡土板的不同,分为水平挡土板式[图 1.10(a)]和垂直挡土板式[图 1.10(b)]两类。前者挡土板的布置又分为间断式和连续式两种。湿度小的黏性土挖土深度小于 3 m 时,可用间断式水平挡土板支撑;对松散、湿度大的土可用连续式水平挡土板支撑,挖土深度可达 5 m;对松散和湿度很大的土可用垂直挡土板式支撑,其挖土深度不限。

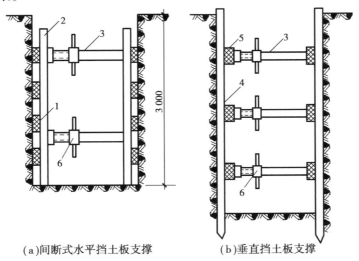

(a)间断式水平挡土板支撑　　　　(b)垂直挡土板支撑

图 1.10　横撑式支撑

1—水平挡土板;2—立柱;3—工具式横撑;4—垂直挡土板;5—横楞木;6—调节螺丝

采用横撑式支撑时,应随挖随撑,支撑要牢固。施工中应经常检查,如有松动、变形等现象时,应及时加固或更换。支撑的拆除应按回填顺序依次进行,多层支撑应自下而上逐层拆除,随拆随填。

2)基坑支护

基坑支护结构一般根据地质条件、基坑开挖深度以及对周边环境保护要求采取重力式水泥土墙、板式支护结构和土钉墙等形式。在支护结构设计中首先要考虑周边环境的保护,其次要满足本工程地下结构施工的要求,并应尽可能降低造价和便于施工。

（1）重力式水泥土墙支护结构

水泥土搅拌桩(或称深层搅拌桩)支护结构是通过搅拌桩机将水泥与土进行搅拌,形成柱状的水泥加固土(搅拌桩),成为重力式支护结构(图1.11)。

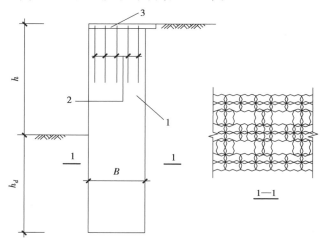

基坑支护类型

图 1.11　水泥土墙
1—搅拌桩;2—插筋;3—面板

（2）板式支护结构

板式支护结构由两大系统组成:挡墙系统和支撑(或拉锚)系统(图1.12)。悬臂式板桩支护结构则不设支撑(或拉锚)。

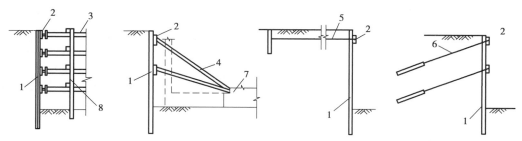

图 1.12　板式支护结构
1—板桩墙;2—围檩;3—钢支撑;4—斜撑;5—拉锚;
6—土锚杆;7—先施工的基础;8—竖撑

挡墙系统常用的形式有槽钢、钢板桩、钢筋混凝土板桩、灌注桩及地下连续墙等。

支撑系统一般采用大型钢管、H型钢或格构式钢支撑,也可采用现浇钢筋混凝土支撑。拉锚系统的材料一般用钢筋、钢索、型钢或土锚杆。根据基坑开挖的深度及挡墙系统的截面性能可设置一道或多道支撑。基坑较浅,挡墙具有一定刚度时,可采用悬臂式挡墙而不设支撑。支撑或拉锚与挡墙系统通过围檩、冠梁等连接成整体。

（3）土钉墙与喷锚支护

土钉墙与喷锚支护均属于边坡稳定型支护,是利用土钉或预应力锚杆加固基坑侧壁土体,与喷射的钢筋混凝土保护面板组成的支护结构。由于费用较低,近几年在较深基坑中得到了广泛应用。

①土钉墙支护

土钉墙支护,系在开挖边坡表面每隔一定距离埋设土钉,并铺钢筋网、喷射细石混凝土面板,使其与边坡土体形成共同工作的复合体,从而有效提高边坡的稳定性,增强土体破坏的延性,对边坡起到加固作用（图 1.13）。

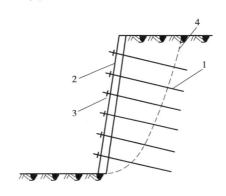

图 1.13　土钉墙支护
1—土钉;2—喷射混凝土面层;3—垫板;4—滑动面

②喷锚网支护

喷锚网支护简称喷锚支护,其形式与土钉墙支护相似。它是在开挖边坡的表面铺钢筋网、喷射混凝土面板后成孔,但不是埋设土钉,而是埋设预应力锚杆,借助锚杆与滑坡面以外土体的拉力,使边坡稳定（图 1.14）。

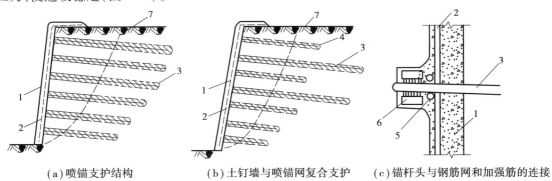

（a）喷锚支护结构　　　（b）土钉墙与喷锚网复合支护　　　（c）锚杆头与钢筋网和加强筋的连接

图 1.14　喷锚支护
1—喷射混凝土面层;2—钢筋网层;3—锚杆头;4—锚杆（土钉）;
5—加强筋;6—锁定筋二根与锚杆双面焊接;7—滑动面

1.3.3　排水与降水

在开挖基坑或沟槽时,当基坑底面低于地下水位时,由于土的含水层被切断,地下水会不断地渗入坑内。雨季施工时,地面水也会流入坑内。如果未采取降水措施或未及时排走流入坑内的水,不但会使施工条件恶化,还会引发边坡塌方和地基承载力下降。另外,当基坑下遇有承压含水层时,若不降水减压,则基底可能被冲溃破坏。因此,在基坑开挖前或开挖过程中,必须采取措施降低地下水位,使地基土在开挖及基础施工时保持干燥。降低地下水位的方法有集水井降水法和井点降水法。

1）集水井降水法

集水井降水法是在基坑或沟槽开挖过程中,在坑底设置集水井,并沿坑底的周围或中央开挖排水沟,使水在重力作用下流入集水井内,然后用水泵抽出坑外(图 1.15)。

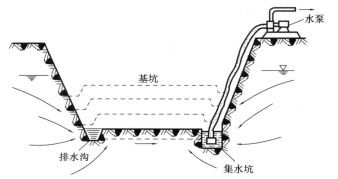

图 1.15　集水井降水

四周的排水沟及集水井一般应设置在基础范围以外,地下水流的上游,基坑面积较大时,可在基础范围内设置盲沟排水。集水井的间距,根据地下水量的大小、基坑的平面形状和水泵的抽水能力等确定,一般每隔 20~40 m 设置 1 个。

2）流砂及其防治

当基坑挖土到达地下水位以下且土质为细砂或粉砂,又采用集水井降水时,坑底下面的土有时会形成流动状态,随地下水涌入基坑,这种现象称为流砂现象。发生流砂现象时,土完全丧失承载能力,边挖边冒,施工条件恶化,工人难以立足,基坑难以挖到设计深度。严重时会引起基坑边坡塌方,如果附近有建筑物,就会因地基被掏空而使建筑物下沉、倾斜甚至倒塌。总之,流砂现象对土方施工和附近建筑物有很大的危害。

（1）流砂发生的原因

流砂发生的原因,是水在土中渗流所产生的动水压力对土体作用的结果。地下水的渗流对单位土体内骨架产生的压力,用 G_D 表示,它与单位土体内的渗流水受到土骨架的阻力 T 大小相等,方向相反。如图 1.16 所示,水在土体内从 A 向 B 流动,沿水流方向取一土柱体,其长度为 L,横截面面积为 F,两端点 A、B 之间的水头差为 H_A-H_B。计算动水压力时,考虑地下水的渗流加速度很小($a≈0$),因而忽略惯性力。

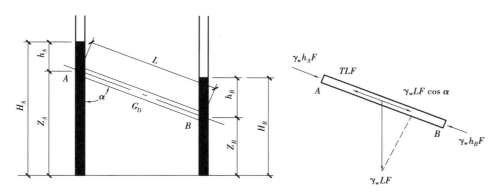

图 1.16　饱和土体中动水压力的计算

作用在土柱体中水的力有:A、B 两端的静水压力,分别为 $\gamma_w h_A F$ 和 $\gamma_w h_B F$;土柱体内孔隙水的质量和土骨架浮力的反力之和 $\gamma_w LF$;土柱体中土骨架对渗流水的总阻力 TLF。

由 $\sum X = 0$ 得:

$$\gamma_w h_A F - \gamma_w h_B F - TLF + \gamma_w LF \cos \alpha = 0$$

将 $\cos \alpha = \dfrac{Z_A - Z_B}{L}$ 代入上式可得:

$$T = \gamma_w \frac{(h_A + Z_A) - (h_B + Z_B)}{L} = \gamma_w \frac{H_A - H_B}{L}$$

$\dfrac{H_A - H_B}{L}$ 为水头差与渗透路径之比,称为水力坡度,用 i 表示。于是

$$T = i\gamma_w$$
$$G_D = -T = -i\gamma_w \tag{1.22}$$

式中,负号表示 G_D 与所设水渗流时受到的总阻力 T 的方向相反,即与水的渗流方向一致。

由上式可知,动水压力 G_D 的大小与水力坡度成正比,即水位差 $H_A - H_B$ 越大,则 G_D 越大;而渗透路程 L 越长,则 G_D 越小。当水流在动水压力的作用下对土颗粒产生向上压力时,动水压力不但使土粒受到了水的浮力,而且还受到向上动水压力的作用。如果压力等于或大于土的浸水密度 γ',即

$$G_D \geqslant \gamma' \tag{1.23}$$

则此时土粒处于悬浮状态,土的抗剪强度等于零,土粒能随着渗流的水一起流动,这种现象就称为"流砂现象"。

细颗粒、均匀颗粒、松散及饱和的土容易发生流砂现象,因此流砂现象经常在细砂、粉砂及粉土中发生。但是否会发生流砂现象,还与动水压力的大小有关。

(2)流砂的防治

如前所述,细颗粒、均匀颗粒、松散及饱和的土容易发生流砂现象,但发生流砂现象的重要条件是动水压力的大小和方向。在一定的条件下(如 G_D 向上且足够大)土转化为流砂,而在另一种条件下(如 G_D 向下)又可使流砂转化为稳定土。因此,在基坑开挖过程中,防治流砂的原则是"治流砂必先治水"。防治流砂的主要途径有:减少或平衡动水压力;设法使动水压力方向

向下;截断地下水流。其具体措施有:枯水期施工法、抢挖并抛大石块法、设止水帷幕法、水下挖土法和人工降低地下水位法等。

3)井点降水法

井点降水法就是在基坑开挖前,在基坑四周预先埋设一定数量的滤水管(井),利用抽水设备不断抽出地下水,使地下水位降到坑底以下,直至土方和基础工程施工结束为止。其优点是改善了施工条件,消除了流砂现象,还能使土层密实,增加地基的承载能力,提高边坡的稳定性。在降水过程中,基坑附近的地基土则会有一定的沉降,施工时应加以注意。

井点降水法有轻型井点、喷射井点、电渗井点、管井井点及深井井点等。一般根据土的渗透系数、降水深度、设备条件及经济比较等因素确定,可参照表1.9选择。实际工程中,轻型井点和管井井点应用较广。

表 1.9 各种井点的适用范围

井点类型	土的渗透系数(cm/s)	降水深度(m)
一级轻型井点	$10^{-4} \sim 10^{-2}$	3~6
多级轻型井点	$10^{-4} \sim 10^{-2}$	一般为 6~12
喷射井点	$10^{-4} \sim 10^{-2}$	8~20
电渗井点	$<10^{-4}$	配合其他形式降水使用
管井井点	$10^{-3} \sim 10^{-1}$	>10

(1)轻型井点

①轻型井点设备

轻型井点设备由管路系统和抽水设备组成(图1.17)。管路系统包括滤管、井点管、弯联管及总管等。

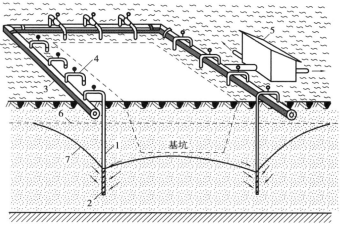

图 1.17 轻型井点降低地下水位全貌图
1—井点管;2—滤管;3—总管;4—弯联管;5—水泵房;
6—原有地下水位线;7—降低后地下水位线

滤管(图 1.18)为进水设备,通常采用长 1.0~1.5 m、直径 38 mm 或51 mm 的无缝钢管,管壁上钻有直径为 12~19 mm 的呈梅花状排列的滤孔。

井点管为直径 38 mm 或 51 mm、长 5~7 m 的无缝钢管,上端用弯联管与总管相连。弯联管一般采用橡胶软管或透明塑料管。

集水总管一般为直径 100~127 mm 的无缝钢管,分节连接,每节长 4 m,其上每隔 0.8~1.2 m 设有一个与井点管联结的短接头。

抽水设备根据水泵及动力设备不同,有干式真空泵、射流泵及隔膜泵等,其抽吸深度与负荷总管的长度各异。常用的 W5、W6 型干式真空泵的抽吸深度为 5~7 m,其最大负荷长度(即集水总管长度)分别为 100 m 和 120 m。

②轻型井点布置

轻型井点系统的布置,应根据基坑平面形状与尺寸、基坑深度、土质、地下水位高低与流向、降水深度等因素确定。

a.平面布置。当基坑或沟槽宽度小于 6 m,水位降低深度不超过 5 m 时,可用单排线状井点布置在地下水流的上游一侧,两端延伸长度一般不小于沟槽宽度(图 1.19)。如基坑或沟槽宽度大于 6 m,或土质不稳定,渗透系数较大时,宜采用双排井点。面积较大的基坑应采用环状井点(图 1.20)。有时,为便于挖土机械和运输车辆出入基坑,可留出一段不封闭或布置成 U 形。井点管距离基坑壁一般不小于 0.7~1.0 m,以防局部发生漏气。

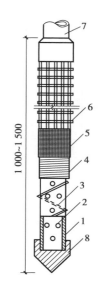

图 1.18　滤管构造

1—钢管;2—管壁上的小孔;
3—缠绕的塑料管;4—细滤网;
5—粗滤网;6—粗钢丝保护网;
7—井点管;8—铸铁头

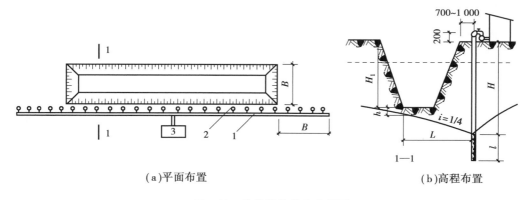

(a)平面布置　　　　　(b)高程布置

图 1.19　单排线状井点布置图

1—总管;2—井点管;3—抽水设备

b.高程布置。轻型井点的降水深度,考虑到抽水设备的水头损失以后,在井点管处(不包括滤管)的降水深度一般不超过 6 m。井点管的埋设深度 H(不包括滤管)按下式计算:

$$H \geq H_1 + h + iL \qquad (1.24)$$

式中　H_1——总管平台面至基坑底的距离,m;

　　　h——基坑底面至降低后的地下水位线的距离,一般取 0.5~1.0 m;

　　　i——地下水降落坡度;环状井点为 1/10,单排线状井点为 1/4;

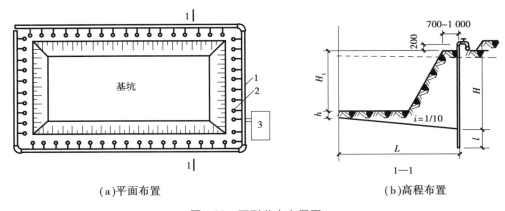

（a）平面布置　　　　　　　　　　（b）高程布置

图 1.20　环形井点布置图

1—总管;2—井点管;3—抽水设备

  L—— 井点管至基坑中心的水平距离,当井点管为单排布置时,L 为井点管至基坑另一侧坡角的水平距离,m。

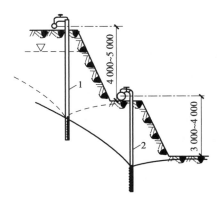

  此外,确定井点管埋设深度时,还要考虑井点管一般要露出地面 0.2 m 左右。如果计算出的 H 值大于 6 m,则应降低井点系统的埋置面,通常可事先挖槽,使集水总管的布置标高接近于原地下水位线,以适应降水深度的要求。在任何情况下,滤管必须埋设在蓄水层内。

  当一级轻型井点系统达不到降水深度要求时,可采用二级轻型井点,即先挖去第一级井点所疏干的土,然后在基坑底部装设第二级轻型井点,使降水深度增加(图 1.21)。

图 1.21　二级轻型井点布置图

1—第一级轻型井点;2—第二级轻型井点

  ③轻型井点计算

  轻型井点的计算内容主要包括基坑涌水量计算、井点管数量与井距的确定,抽水设备的选择等。

  井点系统的涌水量计算是以水井理论为依据进行的。根据地下水在土层中的分布情况,水井有几种不同的类型。根据地下水有无压力,水井分为无压井和承压井。当地下水表面为自由水压时,称为无压井(图 1.22 中的 1、2);当含水层处于两不透水层之间,地下水表面具有一定水压时,称为承压井(图 1.22 中的 3、4)。另一方面,当水井底部达到不透水层时,称为完整井(图 1.22 中的 1、3),否则称为非完整井(图 1.22 中的 2、4)。综合而论,水井大致有下列 4 种:无压完整井、无压非完整井、承压完整井和承压非完整井。水井类型不同,其涌水量的计算公式亦不相同。

  a.涌水量计算:

  ●无压完整井涌水量

  无压完整井抽水时,水位的变化如图 1.23(a)所示。当抽水一定时间后,井周围的水面最

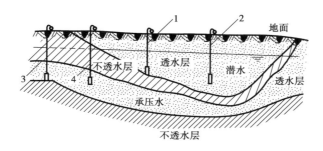

图 1.22　水井的分类

1—无压完整井；2—无压非完整井；3—承压完整井；4—承压非完整井

后将会降落成渐趋稳定的漏斗状曲面，称之为降落漏斗。水井轴线至漏斗外缘（该处原有水位不变）的水平距离称为抽水影响半径 R。

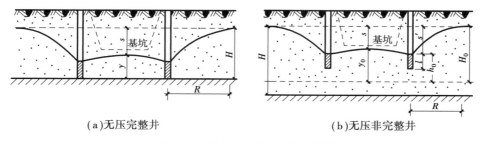

（a）无压完整井　　　　　　　　（b）无压非完整井

图 1.23　环形井点涌水量计算简图

根据达西定律以及群井的相互干扰作用，可推导出无压完整井环状井点系统的涌水量计算公式为：

$$Q = 1.366K \frac{(2H - S)S}{\lg R - \lg x_0} \tag{1.25}$$

式中　Q——井点系统的涌水量，m^3/d；

　　　K——含水层土的渗透系数，可以由实验室或现场抽水试验确定，m/d；

　　　H——含水层厚度，m；

　　　S——水位降低值，m；

　　　R——环状井点系统的抽水影响半径，m。常用下式计算：

$$R = 1.95S\sqrt{HK} \tag{1.26}$$

　　　x_0——环状井点系统的假想半径，m；当矩形基坑的长宽比不大于 5 时，可按下式计算：

$$x_0 = \sqrt{\frac{F}{\pi}} \tag{1.27}$$

　　　F——环状井点系统所包围的面积，m^2。

当矩形基坑的长宽比大于 5，或基坑宽度大于抽水影响半径的 2 倍时，需将基坑分块，使其符合计算公式的适用条件，然后分别按块计算涌水量，将其相加即为总涌水量。

● 无压非完整井涌水量

在实际工程中，常会遇到无压非完整井的井点系统［图 1.23（b）］，这时地下水不仅从井的侧面进入，还从井底流入，因此其涌水量要比无压完整井大，精确计算比较复杂。为了简化计

算,仍可采用完整井公式计算,但需将含水层厚度 H 换成有效影响深度 H_0,即

$$Q = 1.366K \frac{(2H_0 - S)S}{\lg R - \lg x_0} \tag{1.28}$$

其中有效影响深度 H_0 为经验数值,可查表 1.10 得到。当查表计算所得 H_0 大于实际含水层的厚度 H 时,取 $H_0 = H$。

表 1.10　有效影响深度 H_0

$S'/(S'+l)$	0.2	0.3	0.5	0.8
H_0	$1.3(S'+l)$	$1.5(S'+l)$	$1.7(S'+l)$	$1.85(S'+l)$

注:表中 S' 为井管处水位降低值(m);l 为滤管长度(m)。

- 承压完整井涌水量

承压完整井环形井点涌水量计算公式为:

$$Q = 2.73K \frac{MS}{\lg R - \lg x_0} \tag{1.29}$$

式中　M——承压含水层厚度,m;
　　　其他符号意义同前。

b.井点管数量与井距的确定。确定井点管数量需先确定单根井点管的抽水能力,单根井点管的最大出水量 q,取决于土的渗透系数、滤管的构造与尺寸,按下式计算:

$$q = 65\pi dl\sqrt[3]{K} \tag{1.30}$$

式中　d——滤管直径,m;
　　　l——滤管长度,m;
　　　K——土的渗透系数,m/d。

井点管的最少根数 n,可根据井点系统涌水量 Q 和单根井点管的最大出水量 q,按下式确定:

$$n = 1.1 \frac{Q}{q} \tag{1.31}$$

式中　1.1——备用系数,考虑井点管堵塞等因素;
　　　其他符号意义同前。

井点管的平均间距 D 可按下式计算:

$$D = \frac{L}{n} \tag{1.32}$$

式中　L——总管长度,m;
　　　n——井点管根数。

实际采用的井点管间距还应考虑以下因素:井点管间距应大于 15 倍管径,否则相邻井点管相互干扰大,影响出水量;在渗透系数小的土中,井点管间距宜小些,否则水位降落时间将很长;靠近河流处,井点管间距宜适当小些;井点管间距应与总管上的接头间距相适应,常取 0.8、1.2、1.6、2.0 m 等。

④抽水设备的选择

干式真空泵常用型号为 W5、W6 型,按总管长度选用。总管长度不大于 100 m 时可选用 W5 型;总管长度不大于 120 m 时可选用 W6 型。

水泵按涌水量的大小选用,要求水泵的抽水能力应大于井点系统的涌水量(增大 10%～20%)。通常一套抽水设备配两台离心泵,既可轮换备用,又可在地下水量较大时同时使用。

⑤轻型井点的施工

轻型井点的施工大致包括以下几个过程:施工准备、井点系统的埋设、使用及拆除。

轻型井点的施工准备工作包括:井点设备、动力、水源及必要材料准备,排水沟的开挖,附近建筑物的标高观测以及防止附近建筑沉降措施的实施。

井点系统埋设的程序是:先挖井点沟槽、排放总管,再埋设井点管,用弯联管将井点管与总管相连,安装抽水设备,试抽水。其中,井点管的埋设是关键性工作。

井点管的埋设一般用水冲法进行,分为冲孔和埋管两个过程(图 1.24)。

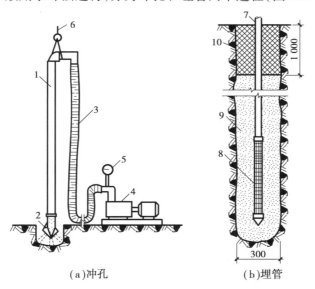

(a)冲孔　　　　　(b)埋管

图 1.24　井点管的埋设

1—冲管;2—冲嘴;3—胶皮管;4—高压水泵;5—压力表;6—起重机吊钩;
7—井点管;8—滤管;9—填砂;10—黏土封口

轻型井点
降水现场案例

井点管埋设完毕后,应接通总管与抽水设备进行试抽水,以检查有无漏气、漏水现象,出水是否正常,井点管有无淤塞现象。如有异常情况,应检修好后方可使用。

轻型井点系统使用时,应连续抽水(特别是开始阶段),若时抽时停,滤管易堵塞,也容易抽出土粒,使出水浑浊,严重时会引起附近建筑物沉降开裂。

轻型井点正常的出水规律是:"先大后小、先浑后清",否则应检查纠正。在降水过程中,应调节离心泵的出水阀以控制水量,使抽吸排水保持均匀。

井点降水工作结束后所留的井孔,必须用砂砾或黏土填实。

（2）管井井点

管井井点是沿基坑每隔一定距离设一个管井，每个管井单独用一台水泵不断抽水来降低地下水位。在土的渗透系数较大（$K = 20 \sim 200$ m/d）、地下水含量丰富的土层中，宜采用管井井点（图1.25）。

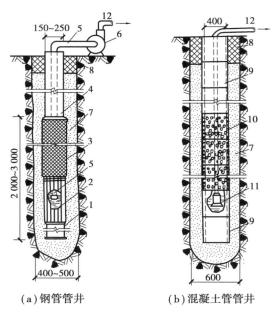

（a）钢管管井　　　　（b）混凝土管管井

图1.25　管井井点

1—沉砂管；2—钢筋焊接骨架；3—滤网；4—管身；5—吸水管；6—离心泵；7—小砾石过滤层；
8—黏土封口；9—混凝土实壁管；10—混凝土过滤管；11—潜水泵；12—出水管

管井的间距一般为 $20 \sim 50$ m，深度为 $8 \sim 15$ m。管井井点的水位降低值：井内可达 $6 \sim 10$ m，两井中间为 $3 \sim 5$ m。管井井点的设计计算，可参照轻型井点进行。

管井井管的埋设，可采用泥浆护壁钻孔法成孔。钻孔的直径应比井管外径大 200 mm，井管下沉前应先清孔，并保持滤网畅通。井管与土壁间用粗砂或小砾石灌填作为过滤层。

（3）井点降水对邻近建筑物的影响和预防

井点降水使地基自重应力增加、土层被压缩、土颗粒流失，将引起周围地面沉降。由于土层的不均匀性和形成的水位降低漏斗曲线，地面沉降多不均匀，会导致邻近建筑物的基础下沉或房屋开裂。因此，井点降水时，必须采取相应的防沉降措施。

①回灌井点法：回灌井点是在降水井点与需保护建筑物之间设置的一排井点。降水的同时，回灌井点向土层内灌入适量的水，使需保护的建筑物下维持原有地下水位，可防止或减小其沉降。

②设置止水帷幕法：在降水井点区域与需保护建筑物之间设置一道止水帷幕，使基坑外地下水的渗流路径延长，而使需保护建筑物下维持原有地下水位。

③减缓降水速度法：减缓井点的降水速度，可防止土颗粒随水流流出。具体措施包括加长井点、调小离心泵阀、按土的粒径改换滤网、加大砂滤层厚度等。

1.4　土方工程的机械化施工

土方工程面广量大,人工挖土不仅劳动繁重,而且生产率低、工期长、成本高。因此,土方工程施工中应尽量采用机械化的施工方法,以减轻劳动强度,加快施工进度。

1.4.1　场地平整施工

场地平整是综合性施工过程,由土方的开挖、运输、填筑、压实等多项内容组成。大面积的场地平整,宜采用推土机、铲运机或挖土机配合自卸汽车施工。

1)推土机施工

推土机由拖拉机和推土铲刀组成,按行走方式分为履带式和轮胎式,按铲刀的操作方式分为索式和液压式,按铲刀的安装方式又分为固定式和回转式。

推土机操纵灵活,运转方便,所需工作面较小、行驶速度快、易于转移,能爬30°左右的缓坡,因此应用范围较广。

推土机适于开挖一至三类土。用于平整场地,开挖深度不大的基坑,移挖作填,回填土方,堆筑堤坝以及配合挖土机集中土方、修路开道等。

推土机经济运距在100 m以内,效率最高的运距为30~60 m。为了提高推土机的生产效率,常用以下几种作业方法:

(1)下坡推土法

推土机顺坡(坡度不超过15°)向下切土推运(图1.26),借助机械向下的重力作用,增大切土深度和运土数量,因而可提高生产效率。

(2)分批集中,一次推送法

对硬质土,推土机切土深度较小,宜多次铲土。先将土集中在一个或几个中间点,再一次推送,以保持铲前满载(图1.27),有效缩短运输时间,可提高生产率15%左右。

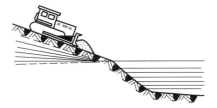

推土机施工

图1.26　下坡推土法　　　　　图1.27　分批集中,一次推送法

(3)槽形推土法

利用已推过的土槽再次推土,可减少土的散失(图1.28)。当土槽推到一定深度,再推土埂。如此反复,可增加10%~30%推土量。

(4)并列推土法

用2或3台推土机并列推土(图1.29),可减少土的散失。一般采用两台并列推土,可增加15%~30%推土量。

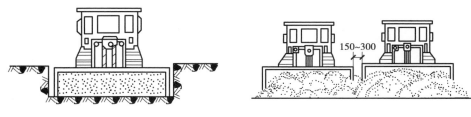

图 1.28 槽形推土法   图 1.29 并列推土法

2）铲运机施工

在场地平整施工中,铲运机是一种能综合完成全部土方施工工序(挖土、装土、运土、卸土和平土)的机械。按行走方式分为自行式铲运机(图 1.30)和拖式铲运机(图 1.31)两种。按铲斗的操纵系统又可分为机械操纵和液压操纵两种。

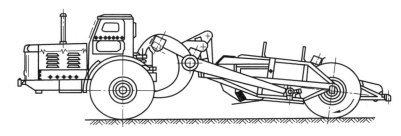

图 1.30 自行式铲运机

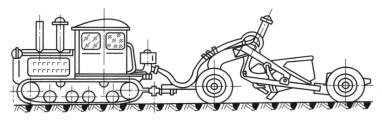

铲运机施工

图 1.31 拖式铲运机

铲运机适用于开挖一至三类土。常用于坡度 20°以内的大面积土方挖、运、填、平整、压实,也可用于堤坝填筑等。在选定铲运机的斗容量之后,其生产率的高低主要取决于机械的开行路线和施工方法。

（1）铲运机的开行路线

铲运机的开行路线应根据填方、挖方区的分布情况并结合当地具体条件进行合理选择,主要有环形路线和"8"字形路线两种形式。

①环形路线

这是一种简单而常用的开行路线。根据铲土与卸土的相对位置不同,可分为图 1.32(a)与图 1.32(b)所示两种情况,每一循环只完成一次铲土和卸土。当挖土和填土交替,而挖填方之间距离又较短时,可采用大环形路线[图 1.32(c)],其特点是一次循环能完成两次铲土和卸土。这样可减少转弯次数,提高生产效率。

②"8"字形路线

这种开行路线的铲土与卸土,轮流在两个工作面上进行[图1.32(d)],每一个循环完成两次铲土和卸土作业,比环形路线缩短了运行时间,提高了生产率。

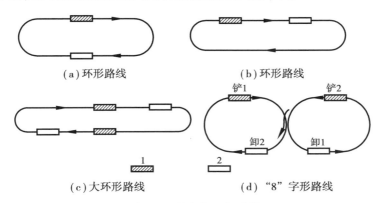

（a）环形路线　　　　　　　　（b）环形路线

（c）大环形路线　　　　　　　　（d）"8"字形路线

图 1.32　铲运机开行路线

（2）铲运机的施工方法

为了提高铲运机的生产率,除了合理确定开行路线外,还应根据施工条件选择施工方法。常用的施工方法有:

①下坡铲土法

铲运机利用地形（地面坡度5°~7°）,借助机械向下的重力作用,增大切土深度和充盈数量,缩短铲土时间,从而提高生产率。

②跨铲法

在较坚硬的土内挖土时,可采用预留土埂间隔铲土的方法。铲运机在铲土槽时可减少向外撒土量,铲土埂时因有两个自由面,使阻力减小,达到"铲土快、铲斗满"的效果。

③助铲法

在坚硬的土层中铲土时,可用推土机在铲运机后面顶推（图1.33）,加大铲运机切土能力,缩短铲土时间,提高生产效率。

图 1.33　助铲法示意图
1—铲运机;2—推土机

3)挖土机施工

当场地起伏高差较大、土方运输距离超过1 km,且土方工程量大而集中时,可采用挖土机挖土,配合自卸汽车运土,并在卸土区配备推土机整平土堆。

1.4.2 基坑(槽)开挖

基坑(槽)土方开挖一般均采用挖土机施工,对大型、较浅的基坑有时也可采用推土机。

挖土机利用土斗直接挖土,因此也称为单斗挖土机。挖土机按行走方式分为履带式和轮胎式两种;按传动方式分为机械传动和液压传动两种。根据工作装置分为正铲、反铲、拉铲和抓铲4种(图1.34)。

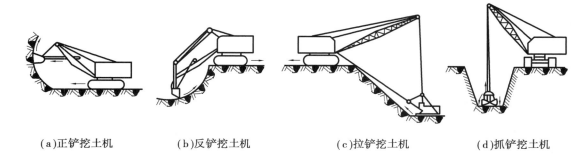

(a)正铲挖土机　　　(b)反铲挖土机　　　(c)拉铲挖土机　　　(d)抓铲挖土机

图1.34　单斗挖土机

1)正铲挖土机施工

正铲挖土机的挖土特点是:"前进向上,强制切土"。其挖掘力大,生产率高,能开挖停机面以上的一至四类土,但需汽车配合运土。适用于开挖高度大于2 m的无地下水的干燥基坑及土丘等。

正铲挖土机的挖土方式,根据其开挖路线和运输工具的相对位置不同,有以下两种:

①正向挖土、侧向卸土[图1.35(a)、(b)]。挖土机沿前进方向挖土,运输工具停在侧面装土(可停在挖土机停机面上或高于停机面)。

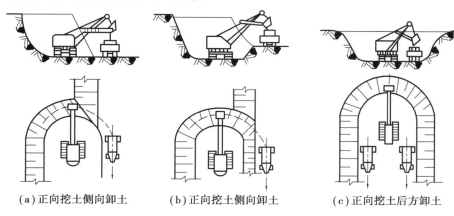

(a)正向挖土侧向卸土　　　(b)正向挖土侧向卸土　　　(c)正向挖土后方卸土

图1.35　正铲挖土机开挖方式

②正向挖土、后方卸土[图 1.35(c)]。挖土机沿前进方向挖土,运输工具停在其后面装土。

2)反铲挖土机施工

反铲挖土机的挖土特点是:"后退向下,强制切土"。其挖掘力比正铲小,能开挖停机面以下的一至三类土,适用于开挖基坑(槽)和管沟等。挖土时可用汽车配合运土,也可弃土于坑槽附近。

反铲挖土机挖土时,根据挖土机与基坑的相对位置关系,有两种开挖方式:

①沟端开挖[图 1.36(a)]:挖土机停在基坑(槽)端部,向后倒退挖土,汽车停在基坑(槽)两侧装土。

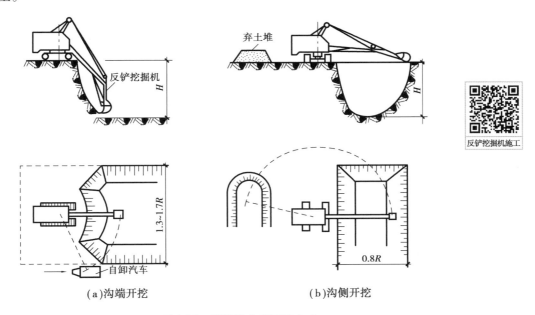

（a）沟端开挖　　　　　　　　　　（b）沟侧开挖

图 1.36　反铲挖土机开挖方式

②沟侧开挖[图 1.36(b)]:挖土机停在基坑(槽)的一侧,向侧面移动挖土,可用汽车配合运土,也可将土弃于距基坑(槽)较远处。

3)拉铲挖土机施工

拉铲挖土机的挖土特点是:"后退向下,自重切土"。其挖掘半径和深度均较大,但挖掘力小,只能开挖一至二类土(软土),且不如反铲挖土机灵活准确。适用于开挖大而深的基坑或水下挖土。

4)抓铲挖土机施工

抓铲挖土机的挖土特点是:"直上直下,自重切土"。其挖掘力较小,只能开挖一至二类土,其抓铲能在回转半径范围内开挖基坑任意位置的土方,并可在任意高度上卸土。适用于开挖窄而深的基坑(槽)、深井或水中淤泥。

1.5 土方的填筑与压实

1.5.1 土料的选择与填筑方法

1) 土料的选择

填方土料应符合设计要求,保证填方的强度与稳定性,选择的填料应为强度高、压缩性小、水稳定性好,便于施工的土、石料。

填土应严格控制含水量,施工前应进行检验。如土的含水量过大,应采用翻松、晾晒、风干等方法降低含水量,或采用换土回填、均匀掺入干土或其他吸水材料、打石灰桩等措施;如含水量偏低,则可预先洒水湿润,否则难以压实。

2) 填筑方法

填土应分层进行,并尽量采用同类土填筑。如填方中采用不同透水性的土料填筑时,必须将透水性较大的土层置于透水性较小的土层之下。

回填土

填方施工应接近水平地分层填筑压实,每层的厚度根据土的种类及选用的压实机械而定。当填方基底位于倾斜的地面时,应先将基底斜坡挖成阶梯状,阶宽不小于 1 m,然后分层填筑,以防填土横向移动。应分层检查填土压实质量,再测定压实后土的干密度,并检验其压实系数和压实范围符合设计要求后,才能填筑上层土层。

1.5.2 填土压实方法

填土的压实方法有碾压法、夯实法和振动压实法等几种(图 1.37)。

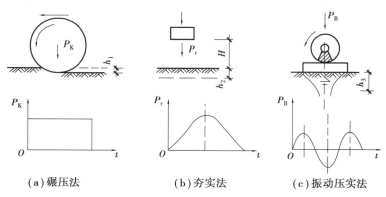

(a) 碾压法　　　　(b) 夯实法　　　　(c) 振动压实法

图 1.37 填土压实机械工作原理

1) 碾压法

碾压法是利用沿着土的表面滚动的鼓筒或轮子的压力在短时间内对土体产生静荷作用,在压实过程中,作用力保持常量,不随时间延续而变化。碾压机械有平碾、羊足碾和振动碾,主要适用于场地平整和大型基坑回填工程。

2)夯实法

夯实法是利用夯锤自由落下的冲击力使土体颗粒重新排列,以此压实填土,其作用力为瞬时冲击动力,有脉冲特性。夯实机械主要有蛙式打夯机、夯锤和柴油打夯机等,主要适用于小面积的回填土。

蛙式打夯机

3)振动压实法

振动压实法是将振动压实机放在土层表面,借助振动设备使土粒发生相对位移而达到密实,其作用外力为瞬时周期重复振动。这种方法主要适用于振实非黏性土。

振动压路机

随着压实机械的发展,其作用外力并不限于一种,而是应用多种作用外力组合的新型压实机械,如上述的振动碾即为碾压与振动的组合机械,振动夯则为夯实与振动的组合。

1.5.3 影响填土压实的因素

影响填土压实质量的因素很多,其中主要影响因素有压实功、土的含水量以及每层铺土厚度。

1)压实功的影响

填土压实后的密度与压实机械在其上所施加的功有一定的关系(图1.38),但并不呈线性关系,当土的含水量不变时,在开始压实时,土的密度急剧增加,待接近土的最大密度时,压实功虽然增加很多,而土的密度几乎没有变化。在实际施工中,对松土不宜用重型碾压机械直接滚压,否则土层会有强烈起伏现象,压实效果不好,如果先用轻碾压实,再用重碾压实,就会取得较好的压实效果。

2)含水量的影响

在同一压实功条件下,土料的含水量对压实质量有着直接影响(图1.39)。较为干燥的土,由于土粒之间的摩擦阻力较大,因而不易压实;当含水量超过一定限度时,土料孔隙会由水填充而呈饱和状态,压实机械所施加的外力有一部分被承受,也不能得到较高的压实效果;只有当土料具有适当含水量时,水起到润滑作用,土粒间的摩阻力减少,土才容易被压实。在使用同样的压实功进行压实的条件下,使填土压实获得最大密度时土的含水量,称为土的最佳含水量。各种土的最佳含水量和相应的最大干密度可由击实试验确定。

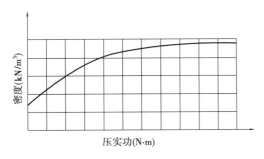

图1.38 土的密度与压实功的关系

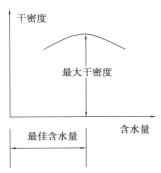

图1.39 土的干密度与含水量的关系

3)铺土厚度的影响

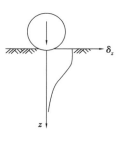

图 1.40　压实作用沿深度的变化

土在压实功的作用下,其应力随深度增加而逐渐减小(图 1.40),因而土经压实后,表层的密实度增加最大,超过一定深度后,则增加较小甚至没有增加。各种压实机械影响深度的大小与土的性质和含水量等有关。铺土厚度应小于压实机械压土时的影响深度,但其中还有最优铺土厚度选择问题,过厚则压实遍数过多,过薄则总压实遍数也要增加,而在最优铺土厚度范围内,可使土料在获得设计干密度的条件下,压实机械所需的压实遍数最少。施工时每层土的最优铺土厚度和压实遍数,可根据填料性质、对密实度的要求和选用的压实机械的性能确定,也可参考表 1.11 确定。

表 1.11　填方每层的铺土厚度和压实遍数

压实机具	分层铺土厚度(mm)	每层压实遍数(遍)
平　碾	250~300	6~8
振动压实机	250~350	3~4
柴油打夯机	200~250	3~4
人工打夯	<200	3~4

1.5.4　填土压实的质量检查

填土压实后必须达到规定要求的密实度。密实度应按设计规定的压实系数 λ_c 作为控制标准,压实系数 λ_c 为土的控制干密度 ρ_d 与最大干密度 $\rho_{d\,max}$ 之比,即

$$\lambda_c = \frac{\rho_d}{\rho_{d\,max}} \tag{1.33}$$

压实系数一般由设计根据工程结构性质、使用要求以及土的性质确定。例如,建筑工程中的砌体承重结构和框架结构,在地基主要持力层范围内,压实系数 λ_c 不应小于 0.96;在地基主要持力层范围以下,λ_c 应在 0.93~0.96。

压实填土的最大干密度 $\rho_{d\,max}$ 和最佳含水量,宜采用击实试验确定。

根据规范规定的压实系数和填土的最大干密度,可算出填土的控制干密度 ρ_d。在填土施工时,若土的实际干密度 $\rho_0 \geq \rho_d$,则符合压实质量要求。

1.6　爆破施工

在土方施工中,爆破技术采用得很广泛,如场地平整、地下工程中石方开挖、基坑(槽)或管沟挖土中岩石的炸除等,都要用爆破。

1.6.1　爆破原理

埋在介质内的炸药被引爆后,原来一定体积的炸药,在极短的时间内由固体(或液体)状态

转变为气体状态,体积增加数百倍甚至上千倍,从而产生很大的压力和冲击力,同时还产生很高的温度,使周围的介质受到不同程度破坏的现象称为爆破。

1）爆破作用圈

爆破时介质距离爆破中心越近,受到的破坏越大。通常将爆破影响的范围分为以下几个爆破作用圈(图1.41):

（1）压缩圈

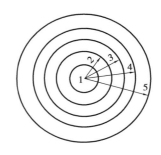

图1.41　爆破作用圈
1—药包;2—压缩圈或破碎圈;
3—抛掷圈;4—破坏圈或松动圈;
5—振动圈

这个圈距离爆破中心最近,在这个范围内的介质直接受到巨大的爆破作用的影响。如果是可塑性的泥土,便会遭到压缩而形成孔穴;如果是坚硬的岩石,便会被粉碎。因此,压缩圈又称为破碎圈。

（2）抛掷圈

这个范围内的介质受到的破坏力较压缩圈小。但介质的原有结构受到破坏,分裂成各种尺寸和形状的碎块,而且由于爆破作用力尚有余力,足以使这些碎块获得运动速度。如果这个范围内的某一部分处在具有临空面的条件下,这些碎块便会产生抛掷现象。

（3）破坏圈

这个范围内的介质,虽然其结构受到不同程度的破坏,但没有余力使之产生抛掷运动。工程上为了实用起见,一般把这个范围内被破碎成为独立碎块的部分称为松动圈,并把只是形成裂缝、互相间仍然连成整体的一部分称为裂缝圈或破裂圈。

（4）振动圈

在这个范围内,爆破作用力已减弱到不能使介质结构产生破坏,只是发生振动。

2）爆破漏斗

当埋设在地下的药包爆破后,地面就会出现一个爆破坑,一部分炸碎了的介质被抛至坑外,一部分仍坠落在坑内。由于爆破坑形如漏斗,所以称它为爆破漏斗(图1.42)。

爆破漏斗可用下面几个参数来表明其特征:

①最小抵抗线 W:即从药包中心到临空面的最短距离。

②爆破漏斗半径 r:即漏斗上口的圆周半径。

③最大可见深度 h:即从坠落在坑内的介质表面到临空面最大距离。

④爆破作用半径 R:即从药包中心到爆破漏斗上口边沿的距离。

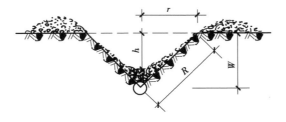

图1.42　爆破漏斗

1.6.2 炸药和起爆方法

1)炸药

（1）炸药的一般性能

炸药是一种由可燃元素（碳和氢）及含氧元素组成的化合物或混合物，在外界因素的作用下（加热、振动、撞击、摩擦、引爆）产生爆炸。炸药爆炸的化学反应很快，能产生大量热量和气体，使周围介质受到压缩和破坏。

炸药的爆炸性能通常以下述指标来表示：

①炸药的敏感度，即炸药发生爆炸的难易程度。它包括对温度的敏感度（不同炸药使其爆炸的最低温度——爆燃点不同），对火的敏感度，对机械作用（撞击、摩擦等）的敏感度和起爆敏感度（不同炸药所需起爆药量不同）等。

②爆速，指炸药爆炸时的化学反应速度。

③爆温和爆热，指爆炸物所能达到的最高温度和爆炸时所放出的热量。

④爆炸气体量，指 1 kg 炸药爆炸时所产生的气体体积。

⑤爆力，指炸药爆炸时对岩石等介质的破坏和抛掷能力。它与爆温、爆热及爆速等有关。

⑥猛度，指炸药爆炸时对周围岩石等介质的粉碎程度。

⑦殉爆距离，指炸药爆炸时引起邻近的另一个药卷爆炸的最大距离，以 cm 计。一般以使连续 3 次殉爆的最大距离为殉爆距离。

⑧爆炸稳定性，指炸药起爆后能否以一固定的速度爆炸完毕。爆炸不稳定会降低爆炸效果，甚至发生拒爆。影响爆炸稳定性的主要因素是药包直径（当药包直径小于临界直径时，会发生不爆炸现象）及炸药密度（单位体积炸药的质量）。维持稳定爆炸的密度称最佳密度。

（2）炸药的种类

炸药分为起爆炸药和破坏炸药两种。起爆炸药是一种高敏感性的烈性炸药，很容易爆炸，一般用于制作雷管、导爆索和起爆药包。起爆炸药主要有雷汞 $[Hg(CNO)_2]$、迭氮铅 $[Pb(N_3)_2]$ 等。

破坏炸药是爆破作业中的主炸药，其敏感度小，威力大，便于大量保管和使用，只有在引爆炸药的引爆下才能发生爆炸。常用的有岩石硝铵炸药、露天硝铵炸药、铵油炸药、胶质炸药和 TNT 等。

2)药包量

药包的质量称为药包量。药包按爆破作用分为内部作用药包、松动药包、抛掷药包（包括标准抛掷药包和加强抛掷药包）以及裸露药包（图 1.43）。内部作用药包，就是药包爆炸时，只作用于地层内部，不显露到临空面。松动药包只能使介质破坏到临空面，但破碎了的介质并不产生抛掷运动，而只是在原来位置的附近有一个较小距离的移动。抛掷药包的作用是形成爆破漏斗。裸露药包是指放在石块或其他物体表面上的药包，它的爆炸可以使爆破对象破碎或飞移。

药包量的大小，要根据岩石的软硬、缝隙情况、临空面的多少、预计爆破的石方体积，以及现场的施工经验来确定。

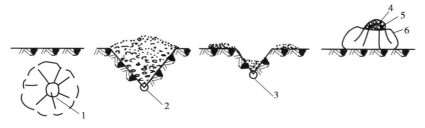

图 1.43 药包作用分类示意图

1—内部作用药包;2—松动药包;3—抛掷药包;4—裸露药包;

5—覆盖物(砂或黏土);6—被爆破的物体

3)起爆方法和起爆器材

常用的起爆方法有火花起爆、电力起爆和导爆索起爆 3 种。

(1)火花起爆

火花起爆是利用点燃的导火线的火花引爆雷管,从而使药包爆炸。火花起爆操作简单,容易掌握,但不能同时点燃多根导火线,因而不能一次使大量药包同时爆炸。

火花起爆器材有火雷管、导火线及起爆药卷。

①火雷管。火雷管(又称普通雷管)由外壳、起爆炸药和加强帽 3 个部分组成(图 1.44)。外壳有紫铜、铝和纸 3 种,上端开口,以便插入导火线,下端做成窝槽,使爆力集中。

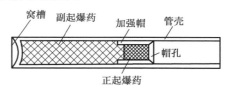

图 1.44 火雷管构造图

②导火线。导火线由黑火药药芯和耐水外皮组成,直径 5~6 mm。使用时应将每盘导火线的两端各切去 50 mm,插入雷管的一端应切平,以便使其紧靠雷管的加强帽,另一端切成斜面,使药芯更多地露在外面,以便点火。

③起爆药卷。起爆药卷(图 1.45)是使爆破药包爆炸中的中继药包。制作起爆药卷时,解开药卷的一端,敞开包皮纸,将药卷捏松,用木棍轻轻地在药卷中插一个孔,将火雷管插入孔内,收拢包皮纸,用细麻绳绑扎。如用于潮湿处应做防潮处理。

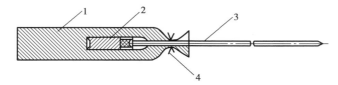

图 1.45 火花起爆药卷

1—药卷;2—火雷管;3—导火线;4—细麻绳

(2)电力起爆

电力起爆是通电使电雷管中电力引火剂发热燃烧使雷管爆炸,从而引起药包爆炸。

电力起爆器材有电雷管、电线、电源及测量仪表。

①电雷管。电雷管由普通雷管和电力引火装置组成。电雷管通电后,电阻丝发热,使发火剂点燃,引起正起爆药爆炸(图 1.46)。

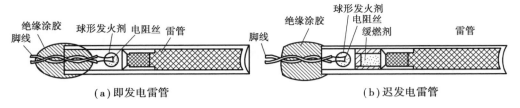

图 1.46　电雷管构造图

②电线。必须采用绝缘完好的导线。导线包括脚线、端线、连接线、区域线和主线。脚线是由电雷管引出的导线;连接电雷管脚线和连接线的称为端线;连接炮眼之间的导线称为连接线。连接主线与连接线的导线称为区域线;由电源引至区域线的导线称为主线。

（3）导爆索起爆

导爆索起爆是利用导爆索的爆炸直接引起药包爆炸。导爆索起爆不需雷管,但导爆索本身要用雷管来引爆。其装置如图 1.47 所示。

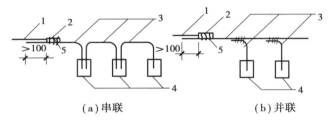

图 1.47　导爆索起爆装置

1—导火线;2—火雷管;3—导爆索;4—药包;5—绳索

1.6.3　爆破方法

在土木工程中,常用的爆破方法主要有以下几种:

1）裸露药包爆破

裸露药包爆破多用于炸碎岩石和大型爆破中的巨石改爆。此法耗药量大,为一般浅孔爆破的 3~5 倍,且其爆破效果不易控制,岩石飞散较远而易造成事故。裸露爆破的装药方式如图 1.48 所示。

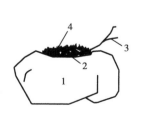

图 1.48　裸露药包爆破

1—大块岩石;2—药包;3—导火线;4—覆土

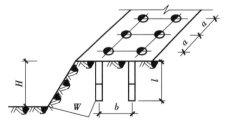

图 1.49　浅孔爆破

2）浅孔爆破

浅孔爆破又称炮眼法。一般孔深为 0.5~5 m,直径为 28~75 mm。孔眼可用风钻或人工打设,施工操作简便,炸药耗用量少,飞石距离近,岩石破碎较均匀,便于控制开挖面的形状,且可在复杂的地形条件下施工。但其爆破量小,效率低,钻孔工作量大。

在布置炮眼时,要尽量利用临空面较多的地形,炮眼方向宜与临空面平行。为了提高爆破效果,常进行台阶式爆破(图 1.49)。

3)定向爆破

定向爆破就是利用爆破的作用,将大量的土石方,按照指定的方向,搬移到一定的地点。定向爆破的基本原理就是当爆破时,岩石总是沿最小抵抗线的方向抛掷出去。因此,合理选择临空面和布置炮眼是定向爆破的关键问题,以便把形成最小抵抗线的方向能够指向工程需要的方向,而将爆破的岩石抛向指定的位置。图 1.50 所示即为几个定向爆破的示例。

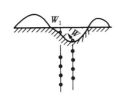 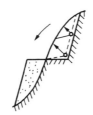 

(a)水平地面单　　　(b)半挖半填定向爆破　　　(c)斜坡地面两侧一端
侧定向爆破　　　　　　　　　　　　　　　　　　　集中堆集定向爆破

图 1.50　定向爆破示意图

4)光面爆破

光面爆破就是使爆破工程最终在开挖面上破裂成平整的光面,其爆破方法通常有以下几种:

（1）密集空孔爆破

即在开挖轮廓线上布置密集空孔(不装药),靠近空孔布置一排减弱装药的加密炮孔。此排孔起爆后,在密集空孔周围造成应力集中,沿密集空孔的连心线上爆裂形成光面,把爆破作用和地震效应限制在密集空孔的一侧。

（2）缓冲爆破

即沿开挖轮廓面上打设一排加密炮孔,其全部或大部分为减弱药包,药包紧贴朝向自由面的孔壁,孔隙部分用细砂填塞。在主炮孔起爆后再起爆缓冲炮孔。

（3）预裂爆破

在轮廓线上布置密集孔眼,构成预裂孔眼。在主装药爆破孔起爆前先同时起爆预裂孔,便可在预裂孔的联结线上形成宽 $1\sim2\ cm$ 的预裂缝。这样,在主爆孔爆破时,爆破范围外的岩石受到预裂缝的良好保护,具有较好的光面效果和减震作用。

光面爆破可使岩层不受明显破坏,且岩壁平整;可减少超挖、欠挖工程量和施工费用;可减少和限制地震效应,以及飞石、冲击波的危险作用。

思 考 题

1.试述土的可松性及其对土方施工的影响。

2.确定场地设计标高 H_0 时应考虑哪些因素?

3.试述按挖填平衡原则确定场地设计标高 H_0 的步骤和方法。

4.土方调配应遵循哪些原则,调配区如何划分,如何确定平均运距?

5.试述用"表上作业法"确定土方最优调配方案的步骤和方法。

6.影响边坡稳定的因素有哪些?请说明原因。

7.试分析产生流砂的原因及防治流砂的途径和方法。

8.试述轻型井点的布量方案和设计步骤。

9.常用的土方机械有哪些?试述其工作特点及适用范围。

10.如何提高推土机、铲运机和单斗挖土机的生产率?如何组织土方工程综合机械化施工?

11.影响填土压实的主要因素有哪些?如何检查填土压实的质量?

12.试解释土的最佳含水量和最大干密度,它们与填土压实的质量有何关系?

13.试述爆破原理和作用,炸药种类及性能。

14.爆破施工中常用哪几种爆破方法?比较其优缺点及适用范围。

15.爆破施工中应采取哪些安全措施?

习　题

1.某基坑底长 85 m,宽 60 m,深 8 m,四边放坡,边坡坡度 1∶0.5。

(1)试计算土方开挖工程量。

(2)若混凝土基础和地下室占有体积为 21 000 m^3,则应预留多少回填土(以自然状态土体积计)?

(3)若多余土方外运,问外运土方(以自然状态的土体积计)为多少?

(4)如果用斗容量为 3.5 m^3 的汽车外运,需运多少车?(已知土的最初可松性系数 $K_S = 1.14$,最后可松性系数 $K'_S = 1.05$)。

2.试推导出土的可松性对场地平整设计标高的影响公式,$H'_0 = H_0 + \Delta h$

$$\Delta h = \frac{V_W (K'_S - 1)}{F_T + F_W K'_S}$$

3.某工程场地平整,方格网(20 m×20 m)如下图所示,不考虑泄水坡度、土的可松性及边坡的影响,试求场地设计标高 H_0,定性标出零线位置。(按填挖平衡原则)

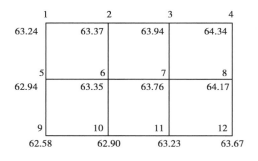

4.某土方工程,其各调配区的土方量和平均运距如下表所示,试求其土方的最优调配方案。

挖方区 ＼ 填方区	T_1		T_2		T_3		挖方量（m³）
W_1		50		70		140	500
W_2		70		40		80	500
W_3		60		140		70	500
W_4		100		120		40	400
填方量（m³）	800		600		500		1 900

5. 某基坑底面积为 20 m×30 m，基坑深 4 m，地下水位在地面以下 1 m，不透水层在地面以下 10 m，地下水为无压水，土层渗透系数为 15 m/d，基坑边坡坡度为 1∶0.5，拟采用轻型井点降水，试进行轻型井点系统的布置和计算。

6. 某基坑底面尺寸为 30 m×50 m，深 3 m，基坑边坡坡度为 1∶0.5，地下水位在地面下 1.5 m 处，地下水为无压水。土质情况：天然地面以下为 1 m 厚的杂填土，其下为 8 m 厚的细砂含水层，细砂含水层以下为不透水层。拟采用一级轻型井点降低地下水位，环状布置，井点管埋置面不下沉（为自然地面），现有 6 m 长井点管，1 m 长滤管，试：

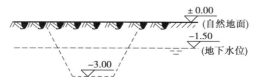

（1）验算井点管的埋置深度能否满足要求；

（2）判断该井点类型；

（3）计算群井涌水量 Q 时，可否直接取用含水层厚度 H，应取为多少？为什么？

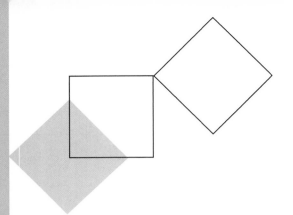

2 基础工程

本章导读：

- **基本要求**　了解各种浅基础施工；掌握钢筋混凝土柱下独立基础、条形基础的施工要点；了解混凝土预制桩的预制、起吊、运输及堆放方法；了解静力压桩法、振动沉桩法和水冲沉桩法的施工方法；掌握锤击法施工的全过程和施工要点；掌握钻孔灌注桩、沉管灌注桩的施工要点；熟悉沉井基础的施工方法。
- **重点**　钢筋混凝土柱下独立基础、条形基础的施工；锤击法施工过程；钻孔灌注桩、沉管灌注桩的施工。
- **难点**　钢筋混凝土柱下独立基础、条形基础的施工要点；锤击法施工过程和施工要点；钻孔灌注桩、沉管灌注桩的施工要点。

　　基础是建筑物的墙或柱埋入地下的扩大部分，它承担着建筑物上部的自重荷载、使用荷载、风荷载和地震力等的作用，并将其传至地基。

　　基础根据相对埋深、施工方法的不同，一般可分为浅基础和深基础两类。通常把埋置深度小于或相当于基础底面宽度的基础称为浅基础，如砖基础、柱下独立基础、条形基础等。当浅层土质不良，需要利用深处良好土层或岩层并采用特殊施工方法建造的基础称为深基础，如桩基础、沉井基础等。

2.1　浅基础施工

　　浅基础通常分为 5 大类：无筋扩展基础、钢筋混凝土扩展基础、柱下钢筋混凝土条形基础、高层结构筏形基础、岩石锚杆基础及其他形式的基础（包括箱形基础、壳体基础等）。

　　根据《建筑与市政地基基础通用规范》（GB 55003—2021），基础工程施工应符合下列规定：

①基础施工前,应编制基础工程施工组织设计或基础工程施工方案,其内容应包括基础施工技术参数、基础施工工艺流程、基础施工方法、基础施工安全技术措施、应急预案、工程监测要求等。

②基础模板及支架应具有足够的承载力和刚度,并应保证其整体稳固性。

③钢筋安装应采用定位件固定钢筋的位置,且定位件应具有足够的承载力、刚度和稳定性。

④筏形基础施工缝和后浇带应采取钢筋防锈或阻锈保护措施。

⑤基础大体积混凝土施工应对混凝土进行温度控制。

2.1.1　砖基础施工

砖基础是指用砖作砌体材料砌筑而成的基础,目前主要使用实心砖砌筑,适用于砖混结构的建筑物。

1)材料要求

①砖的品种、强度等级必须符合设计要求,并应规格一致。

②砂浆的品种、强度等级必须符合设计要求。可采用现场拌制砂浆或预拌砂浆。现场拌制砂浆应根据设计方案进行配合比设计,水泥一般采用32.5级或42.5级普通硅酸盐水泥或矿渣硅酸盐水泥。砂浆用砂宜选用中砂,不得含有有害物质及杂质,使用前应进行过筛处理。配制 M5 以下的砂浆,砂的含泥量不应超过10%;配制 M5 及其以上砂浆,砂的含泥量不应超过5%。

预拌砂浆有工厂湿拌和干混砂浆两种。湿拌砂浆出厂后采用专用搅拌运输车运至工地,供砌筑施工。干混砂浆是以包装形式运达工地,根据施工需要加水拌制。干混砂浆存储期不应超过 3 个月,逾期应重新进行检验,检验合格后方可使用。

③拌制砂浆用水应符合《混凝土用水标准》(JGJ 63—2006)的规定。

④基础内预埋件必须经过防腐处理。

2)工艺流程

拌制砂浆 ⟶ 确定组砌方式 ⟶ 摆砖摞底 ⟶ 砌筑砖基础 ⟶ 抹防潮层 ⟶ 基础回填土

3)施工要点

(1)拌制砂浆

现场拌制砂浆,砂浆配合比应采用质量比,水泥计量精度为±2%,砂、掺合料为±5%。砂浆搅拌宜用机械搅拌,投料顺序为:砂→水泥→掺合料→水,搅拌时间不少于 1.5 min。现场拌制砂浆和干混砂浆应随拌随用,一般温度情况下水泥砂浆必须在搅拌后 3 h 内用完,已经凝结的砂浆严禁使用。

(2)确定组砌方式

大放脚一般采用一顺一丁砌筑法,竖缝至少错开 1/4 砖长。

(3)摆砖摞底

砌筑砖基础时应先在垫层上弹线,从相对设立的龙门板上拉上大放脚准线,根据准线交点在垫层面上弹出位置线,即基础大放脚边线。摆砖摞底的目的主要是调整砖基础的竖缝大小(灰缝尺寸为8~12 mm),尽量用整砖砌筑,减少砍砖。

(4)砌筑砖基础

砌筑前先立皮数杆(图2.1),在基础转角和内外墙基础交接处应

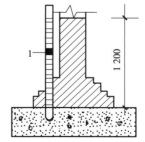

图 2.1　立皮数杆示意图
1—皮数杆

砌大角(称为盘角),先砌筑4~5皮砖,经水平尺检查无误后进行挂线,砌筑基础时采用两面挂线,先砌好摆底砖,再砌以上各皮砖。

有高低台的基础底面,应从低处砌起,并按大放脚的底部宽度由高台向低台搭接。如设计无规定时,搭接长度不应小于大放脚高度,如图2.2所示。

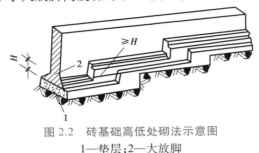

图2.2 砖基础高低处砌法示意图
1—垫层;2—大放脚

(5)抹防潮层

防潮层施工时,应先检查防潮层以下砌砖的标高是否与设计相符。防潮层一般采用20 mm厚的水泥防水砂浆,防水粉的掺量为水泥质量的3%~5%。防潮层位置如图2.3所示。

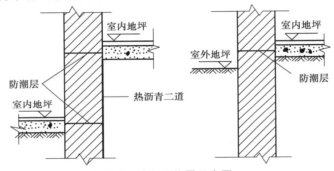

图2.3 防潮层位置示意图

(6)基础回填土

基础回填土要求使用符合要求的土料,分层回填,分层夯实。

2.1.2 钢筋混凝土独立基础施工

钢筋混凝土独立基础按其构造形式,可分为现浇柱下独立基础和预制柱杯口基础。现浇柱下独立基础可分为现浇柱锥形基础、现浇柱阶梯形基础(图2.4);杯口基础又可分为单肢柱和双肢柱杯口基础,低杯口和高杯口基础(图2.5)。

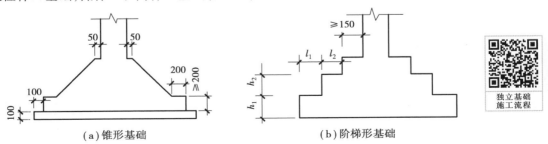

(a)锥形基础 　　　　　　(b)阶梯形基础

图2.4 现浇柱独立基础形式

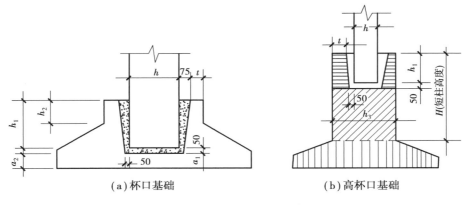

（a）杯口基础　　　　　　（b）高杯口基础

图 2.5　预制柱杯口基础示意图

1）柱下独立基础施工流程

基础施工通常按图 2.6 所示的施工流程进行。

图 2.6　柱下独立基础施工流程

2）现浇柱下独立基础施工要点

①垫层浇筑前应先进行验槽,轴线、基坑尺寸和土质应符合设计规定。坑内浮土、水、淤泥、杂物应清除干净。局部软弱土层应挖去,用灰土或砂砾回填并夯实至基底设计标高。

②在基坑验槽后应立即浇筑垫层混凝土,以保护地基,混凝土宜用表面振动器进行振捣,要求表面平整。当垫层达到一定强度后,在其上弹线、支模、铺放钢筋网片,底部用混凝土保护层垫块垫塞,以保证钢筋位置正确。

③基础上有插筋时,要按轴线位置校核后,将插筋加以固定以保证其位置正确,以防浇捣混凝土时产生位移。

④在基础混凝土浇筑前,应将模板和钢筋上的垃圾、泥土和油污等杂物清除干净;堵塞模板的缝隙和孔洞;木模板表面要浇水湿润,但不得积水。

⑤基础混凝土宜分层连续浇筑。对于阶梯形基础,每个台阶高度的混凝土应一次浇筑完成,每浇筑完一层台阶应稍停 0.5~1.0 h,以便使混凝土获得初步沉实,然后再浇筑上一层,以防止下层台阶混凝土溢出。每一层台阶浇筑完,表面应基本抹平。

⑥对于锥形基础,应注意锥体斜面坡度的正确,斜面部分的模板应随混凝土浇捣分段支设并顶实压紧,以防模板上浮变形,边角处的混凝土必须注意捣实。

⑦基础混凝土浇筑完,应及时覆盖养护。

3）预制柱杯口基础施工要点

预制柱杯口基础的施工,除按上述施工要求外,还应注意以下几点:

①杯口模板可采用木模板或定型钢模板,可做成整体的,也可做成两半形式,中间各加楔形

板一块,拆模时,先取出楔形板,然后分别将两半杯口模取出。为拆模方便,杯口模外可包一层薄铁皮。支模时杯口模板要固定牢固。

②按台阶分层浇灌混凝土。对高杯口基础的高台阶部分,按整段分层浇筑混凝土。

③由于杯口模板仅在上端固定,浇捣混凝土时,应四周对称均匀进行,避免将杯口模板挤向一侧。

④杯口基础一般在杯底均留有 50 mm 厚的细石混凝土找平层,在浇筑基础混凝土时要仔细留出。基础浇捣完,在混凝土初凝后终凝前用倒链将杯口模板取出,并将杯口内侧表面混凝土凿毛。

⑤在浇筑高杯口基础混凝土时,由于其最上一台阶较高,施工不方便,可采用后安装杯口模板的方法施工。也就是说,当混凝土浇捣接近杯口底时,再安装杯口模板,然后浇筑杯口混凝土。

2.1.3 钢筋混凝土条形基础施工

钢筋混凝土条形基础按其构造形式,可分为柱下条形基础及墙下条形基础,如图2.7、图2.8所示。

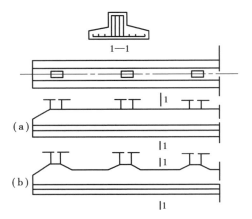

图 2.7 柱下条形基础

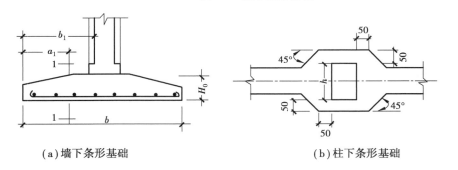

(a)墙下条形基础   (b)柱下条形基础

图 2.8 墙下条形基础及柱下条形基础示意图

下面仅介绍柱下条形基础的施工操作要点:

①在混凝土浇筑前应先行验槽,基坑尺寸应符合设计要求,对局部软弱土层应挖去,用灰土或砂砾回填夯实与基底相平。

在地基或基土上浇筑混凝土时,应清除淤泥和杂物,并应有排水和防水措施。对干燥的黏性土,应用水湿润;对未风化的岩石,应用水清洗,但其表面不得留有积水。

②垫层混凝土在验槽后应立即浇筑,以保护地基。当垫层素混凝土达到一定强度后,在其上弹线、支模、铺放钢筋。

③钢筋上的泥土、油污,模板内的垃圾、杂物应清除干净。木模板应浇水湿润,缝隙应堵严,基坑积水应排除干净。

④混凝土自高处倾落时,其自由倾落高度不宜超过 2 m,如高度超过 2 m,应设料斗、漏斗、串筒、斜槽、溜管,以防止混凝土产生分层离析。

⑤混凝土宜分段分层浇筑,各段各层间应互相衔接,每段长 2~3 m,使逐段逐层呈阶梯形推进,并注意先使混凝土充满模板边角,然后浇筑中间部分。

⑥混凝土应连续浇筑,以保证结构良好的整体性,如必须间歇,间歇时间超过规定,应设置施工缝,并应待混凝土的抗压强度达到 1.2 N/mm² 以上时,才允许继续浇筑,以免已浇筑的混凝土结构因振动而受到破坏。

2.1.4　钢筋混凝土筏板基础施工

钢筋混凝土筏板基础由底板或底板与梁等组成,其外形和构造像倒置的钢筋混凝土无梁楼盖或肋梁楼盖,分为平板式和梁板式两类,如图 2.9 所示。筏板基础施工要点如下:

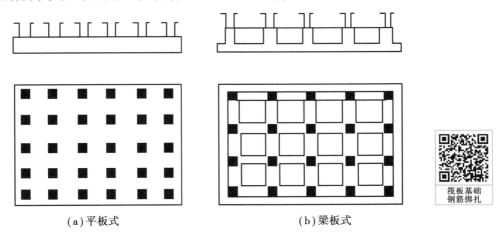

(a)平板式　　　　　　　　　　　　(b)梁板式

筏板基础钢筋绑扎

图 2.9　筏板基础

①基坑开挖时,若地下水位较高,应采取明沟排水、人工降水等措施,使地下水位降至基坑底下不少于 500 mm,保证基坑在无水情况下进行开挖和基础结构施工。

②开挖基坑应注意保持基坑底土的原状结构,尽可能不要扰动。当采用机械开挖基坑时,在基坑底面设计标高以上保留 200~400 mm 厚的土层,采用人工挖除并清理平整,如不能立即进行下道工序施工,应预留 100~200 mm 厚土层,在下道工序进行前挖除,以防止地基土被扰动。在基坑验槽后,应立即浇筑混凝土垫层。

③当垫层达到一定强度后,在其上弹线、支模、铺放钢筋,连接柱的插筋。

④在浇筑混凝土前,清除模板和钢筋上的垃圾、泥土和油污等杂物,木模板浇水加以润湿。

⑤混凝土浇筑方向应平行于次梁长度方向,对于平板式片筏基础则应平行于基础长边

方向。

⑥混凝土浇筑完毕,在基础表面应覆盖并洒水养护,并不少于 7 d。待混凝土强度达到设计强度的 25% 以上时,即可拆除梁的侧模。

⑦当混凝土基础达到设计强度的 30% 时,应进行基坑回填。基坑回填应在四周同时进行,并按基底排水方向由高到低分层进行。

⑧在基础底板上埋设好沉降观测点,定期进行观测、分析,作好记录。

2.1.5　钢筋混凝土箱形基础施工

箱形基础主要是由钢筋混凝土底板、顶板、侧墙及一定数量纵横墙构成的封闭箱体,如图 2.10 所示。箱形基础施工要点如下:

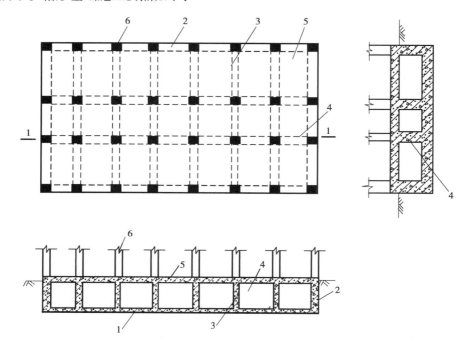

图 2.10　箱形基础
1—底板;2—外墙;3—内墙隔墙;4—内纵隔墙;5—顶板;6—柱

①基坑开挖。基坑开挖应验算边坡稳定性,并注意对基坑邻近建筑物的影响,必要时应采取支护措施。

②基坑开挖如有地下水,应采用明沟排水或井点降水等方法,保持作业现场的干燥。

③箱形基础的基底是直接承受全部建筑物的荷载,必须是土质良好的持力层。因此要保护好地基土的原状结构,尽可能不要扰动。在采用机械挖土时,应根据土的软硬程度,在基坑底面设计标高以上保留 200~400 mm 厚的土层,采用人工挖除。基坑不得长期暴露,更不得积水。在基坑验槽后,应立即进行基础施工。

④基础底板及顶板钢筋接头应可靠,优先采用机械连接或钢筋绑扎。安装应注意形状、位置和数量准确;埋设件位置应准确固定,当有管道穿过箱形基础外墙时,应加焊止水片防渗漏。

模板宜采用大块模板,用穿墙对接螺栓固定。

⑤箱形基础的底板、顶板及内外墙的支模和浇筑一般分块进行。外墙水平施工缝应留在底板面上部 300~500 mm 范围内和无梁顶板下部 30~50 mm 处,并应做成企口形式,防水要求高时,应在企口中部设镀锌钢板或塑料止水带,外墙的垂直施工缝宜用凹缝,内墙的水平和垂直施工缝多采用平缝,内墙与外墙之间可留垂直缝,如图 2.11 所示。

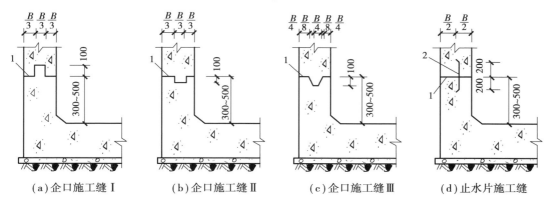

　(a)企口施工缝Ⅰ　　　(b)企口施工缝Ⅱ　　　(c)企口施工缝Ⅲ　　　(d)止水片施工缝

图 2.11　外墙水平施工缝形式示意图

1—施工缝;2—厚 3~4 mm 镀锌钢板或塑料止水片

⑥箱基的底板、顶板及内外墙宜连续浇灌完毕。对于大型箱基工程,当基础长度较大时,宜设置一道不小于 700 mm 的后浇带,以防产生温度收缩裂缝。

⑦箱形基础施工完毕,应抓紧做好基坑土方回填工作,尽量缩短基坑暴露时间。

⑧高层建筑进行沉降观测,水准点及观测点应根据设计要求及时埋设,并注意保护。

2.2　桩基础施工

2.2.1　概述

一般建筑物都应该充分利用地基土层的承载能力,尽量采用浅基础。但若浅层土质不良,无法满足建筑物对地基变形和强度方面的要求时,可利用下部坚实土层或岩层作为持力层建造深基础。深基础主要有桩基础、墩基础、沉井和地下连续墙等几种类型,其中以桩基最为常用。

1)桩基的作用

桩基一般由设置于土中的桩和承接上部结构的承台(或承台梁)组成(图 2.12)。桩的作用在于将上部建筑物的荷载传递到地基深处承载力较大的土层上,或将软弱土层挤密,以提高土壤的承载力和密实度,从而保证建筑物的稳定性和减少地基沉降。桩基础具有承载力高,沉降速度缓慢、沉降量小而均匀,并能承受水平力、上拔力、振动力,抗震性能较好等特点。

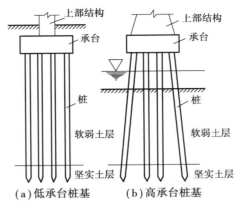

图 2.12　桩基础示意图

2）桩基的分类

（1）按桩的承载性状分类（见表 2.1）

表 2.1　按桩承载性状分类

分类		分类标准
类型	亚类	
摩擦型桩	纯摩擦桩	在极限承载力状态下,桩顶荷载绝大部分由桩侧阻力承受
	端承摩擦桩	在极限承载力状态下,桩顶荷载主要由桩侧阻力承受
端承型桩	纯端承桩	在极限承载力状态下,桩顶荷载绝大部分由桩端阻力承受
	摩擦端承桩	在极限承载力状态下,桩顶荷载主要由桩端阻力承受

（2）按桩的施工方法分类（见图 2.13）

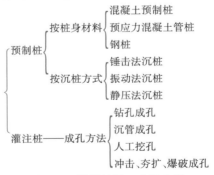

图 2.13　按桩的施工方法分类

3）桩基的施工要求

根据《建筑与市政地基基础通用规范》（GB 55003—2021）,桩基工程施工应符合下列规定：

①桩基施工前,应编制桩基工程施工组织设计或桩基工程施工方案,其内容应包括桩基施工技术参数、桩基施工工艺流程、桩基施工方法、桩基施工安全技术措施、应急预案、工程监测要

求等。

②桩基施工前应进行工艺性试验确定施工技术参数。

③混凝土预制桩和钢桩的起吊、运输和堆放应符合设计要求,严禁拖拉取桩。

④锚杆静压桩利用锚固在基础底板或承台上的锚杆提供压桩力时,应对基础底板或承台的承载力进行验算。

⑤在湿陷性黄土场地、膨胀土场地进行灌注桩施工时,应采取防止地表水、场地雨水渗入桩孔内的措施。

⑥在季节性冻土地区进行桩基施工时,应采取防止或减小桩身与冻土之间产生切向冻胀力的防护措施。

2.2.2　钢筋混凝土预制桩施工

钢筋混凝土预制桩施工包括制作、起吊、运输、堆放、打桩、接桩、截桩等过程。

1)制作、起吊、运输和堆放

（1）制作

预制桩可在工厂或施工现场预制。一般短桩(长度 10 m 以下)多在预制厂生产,长桩则在现场附近或打桩现场就地预制,预制桩的制作应符合规范规定。

（2）起吊、运输

混凝土预制桩达到设计强度标准值的 70% 后方可起吊,达到设计强度标准值的 100% 后方可进行运输。

桩在起吊和搬运时,吊点应符合设计规定,如无吊环且设计又未作规定时,应符合起吊点弯矩最小的原则,可按图 2.14 所示位置设置吊点起吊。吊索与桩之间应加衬垫,以免损坏棱角。起吊时应平稳提升,吊点同时离地,并采取措施保护桩身,防止受撞击和振动。

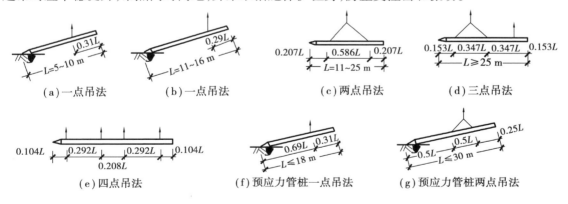

图 2.14　预制桩吊点位置

桩的运输应根据打桩进度和打桩顺序确定,宜采用随打随运方法,以减少二次搬运工作。

（3）堆放

预制桩堆放场地应平整、坚实、排水顺畅,不得产生不均匀沉陷。垫木与吊点的位置应相同,并保持在同一垂直面上,各层垫木应上下对齐,最下层垫木应适当加宽,以减少堆桩场地的地基应力,堆放层数不宜超过4层。

2)沉(压)桩

钢筋混凝土预制桩的沉桩方法有锤击沉桩法、静力压桩法、振动沉桩法和水冲沉桩法等。

(1)锤击沉桩法

锤击沉桩法也称打入桩法,是利用桩锤下落产生的冲击能克服土对桩的阻力,使桩沉到预定深度或达到持力层。该法施工速度快,机械化程度高,适用范围广,但施工时有振动、挤土和噪声污染现象,不宜在市区和夜间施工。

①机具设备

打桩所用的机具设备,主要包括桩锤、桩架及动力装置3部分。

桩锤是对桩施加冲击力,将桩打入土中的主要机具,有落锤、蒸汽锤、柴油锤和液压锤等。桩锤的类别应根据施工现场情况、机具设备条件及工作方式和工作效率等条件来选择。桩锤类型选定后,还要确定桩锤的质量,一般可根据地质条件、桩型、桩的密集程度、单桩竖向承载力及现场施工条件等决定,宜选择重锤低击。

桩架是支持桩身和桩锤,将桩吊到打桩位置,并在打桩过程中引导桩的方向,保证桩沿着所要求方向冲击的打桩设备。桩架的选择,应考虑桩锤的类型、桩的长度和施工条件等因素。桩架的高度由桩的长度、桩锤高度、桩帽厚度及所用滑轮组的高度来决定。此外,还应留1~2 m的高度作为桩锤的伸缩余地。即桩架高度=桩长+桩锤高度+桩帽高度+滑轮组高度+1~2 m的起锤移位高度。常用的桩架形式有多功能桩架和履带式桩架,如图2.15所示。

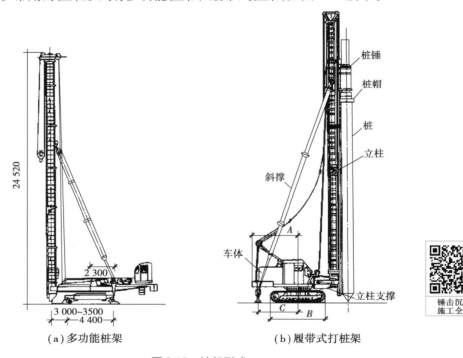

(a)多功能桩架　　　　(b)履带式打桩架

图2.15　桩架形式

动力装置包括吊装桩就位和起动桩锤用的动力设施,如卷扬机、锅炉、空气压缩机等,取决于所选的桩锤。

②打桩前的准备工作

打桩前应做好下列工作:清除障碍物、平整施工场地、进行打桩试验、抄平放线、定桩位、确定打桩顺序等。

打桩顺序是否合理,直接影响打桩工程的速度和桩基质量。群桩施工时,为了保证打桩工程质量,防止周围建筑物受土体挤压的影响,打桩前应根据桩的密集程度、桩的规格、长短和桩架移动方向来正确选择打桩顺序,如图2.16所示。

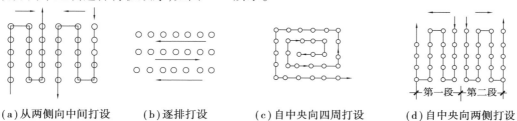

(a)从两侧向中间打设　　(b)逐排打设　　(c)自中央向四周打设　　(d)自中央向两侧打设

图2.16　打桩顺序

当桩较密集时(桩中心距小于或等于4倍桩边长或桩径),应由中间向两侧对称施打或由中间向四周施打。当桩数较多时,也可采用分区段施打。

当桩较稀疏时(桩中心距大于4倍桩边长或桩径),可采用上述两种打桩顺序,也可采用由一侧向单一方向施打的方式(即逐排打设)或由两侧同时向中间施打。

施打时还应根据基础的设计标高和桩的规格、埋深、长度不同,宜采取先深后浅,先大后小,先长后短的施工顺序。当一侧毗邻建筑物时,由毗邻建筑物处向另一方向施打。当桩头高出地面时,桩机宜采用往后退打,否则可采用往前顶打。

③打桩方法

打桩时宜用"重锤低击""低提重打",可取得良好效果。开始打桩时,地层软、沉降量较大,锤的落距宜较低,一般为0.6~0.8 m,使桩能正常沉入土中。待桩入土一定深度(1~2 m),桩尖不易产生偏移时,可适当增大落距,逐渐提高到规定的数值,并控制锤击应力连续锤击。

锤击沉桩施工

④测量和记录

为了确保工程质量,分析和处理打桩过程中出现的质量事故和为工程质量验收提供重要依据,必须在打桩过程中,对每根桩的施打进行测量并做好详细记录。打桩时,要注意测量桩顶水平标高。特别对承受轴向荷载的摩擦桩,可用水准仪测量控制。

⑤质量控制

打桩的质量标准包括:打入的位置偏差是否在允许范围之内,最后贯入度与沉桩标高是否满足设计要求,桩顶、桩身是否打坏以及对周围环境有无造成严重危害。

(2)静力压桩法

静力压桩法是在软土地基上,利用静力压桩机或液压压桩机用无振动、无噪声的静压力(自重和配重)将预制桩压入土中的一种沉桩工艺。在我国沿海软土地基上已较为广泛地采用。与锤击沉桩相比,它具有施工无噪声、无振动、节约材料、降低成本、提高施工质量、沉桩速度快等特点。特别适宜于扩建工程和城市内桩基工程施工。

静力压桩施工

①压桩机械设备

压桩机有两种类型,一种是机械静力压桩机,如图2.17所示。施加静压力为600~

1 200 kN,设备高大笨重,行走移动不便,压桩速度较慢,但装配费用较低。另一种是液压静力压桩机。它由液压吊装机构、液压夹持、压桩机构(千斤顶)、行走及回转机构、液压及配电系统、配重铁等部分组成,自动化程度高,结构紧凑,行走方便快速,施压部分不在桩顶面,而在桩身侧面,是当前国内采用较广泛的一种新压桩机械。

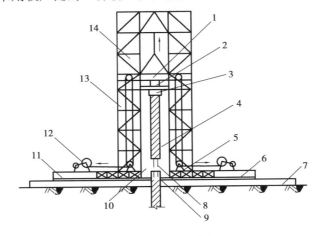

图 2.17　静力压桩机

1—活动压梁;2—油压表;3—桩帽;4—上段桩;5—加重物;6—底盘;
7—轨道;8—上段接桩铺筋;9—下段接桩锚筋孔;10—导笼口;
11—操作平台;12—卷扬机;13—加压钢丝绳滑轮组;14—桩架导向笼

②压桩工艺

静力压桩的施工,一般都采取分段压入、逐段接长的方法。施工程序为:测量定位→压桩机就位→吊桩插桩→桩身对中调直→静压沉桩→接桩→再静压沉桩→终止压桩→切割桩头。静力压桩施工前的准备工作,桩的制作、起吊、运输、堆放、施工流水、测量放线、定位等均同锤击沉桩法。

（3）振动沉桩法

振动沉桩法是借助固定于桩头上的振动沉桩机所产生的振动力,以减小桩与土壤颗粒之间的摩擦力,使桩在自重与机械力的作用下沉入土中。

振动沉桩机主要由桩架、振动桩锤、卷扬机和加压装置等组成。振动桩锤是一个箱体,工作时两块偏心块旋转的离心力形成垂直方向(向上或向下)的振动力。与振动机刚性连接的桩随着振动力沿垂直方向上下振动而下沉。

振动沉桩法主要适用于砂石、黄土、软土和粉质黏土,在含水砂层中的效果更为显著,该法不但能将桩沉入土中,还能利用振动将桩拔出,经验证明,此法对 H 型钢桩和钢板桩拔出效果良好。在砂土中沉桩效率较高,对黏土地区效率较差,需用功率大的振动器。

3）接桩

预制桩施工中,由于受到场地、运输及桩机设备等的限制,一般先将长桩分节预制后,再在沉桩过程中接长。目前预制桩的接桩工艺主要有焊接法接桩和法兰螺栓接桩法等。

（1）焊接法接桩

焊接法接桩的节点构造如图 2.18 所示。在每节桩的端部预埋角钢或钢板,接桩时上下节桩身必须对准相接触,并调整垂直无误后,用点焊(即将角钢固定住即可,称定位焊)将拼接角钢连接固定,再次检查位置正确后,即可进行正式焊接,使其连成整体。施焊时,应由两人同时对角对称地进行焊接,以防止节点电焊后收缩变形不均匀而引起桩身歪斜,焊缝要连续饱满。

（2）法兰螺栓接桩

法兰螺栓接桩的节点构造如图2.19所示。它是用法兰盘和螺栓连接。其接桩速度快,但耗钢量大,多用于混凝土管桩。

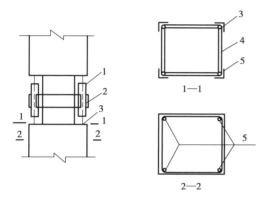

图2.18　焊接法接桩节点构造示例

1—连接角钢;2—拼接板;3—与主筋焊接的角钢;

4—钢筋与角钢3焊牢;5—主筋

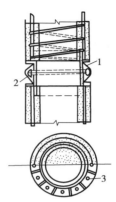

图2.19　管桩螺栓接头

1—法兰盘;2—螺栓;3—螺栓孔

2.2.3　混凝土灌注桩施工

混凝土灌注桩是一种直接在现场桩位上就地成孔,然后在孔内浇筑混凝土或安放钢筋笼再浇筑混凝土而成的桩。与预制桩相比,具有施工低噪声、低振动、桩长和直径可按设计要求变化自如、桩端能可靠地进入持力层或嵌入岩层、单桩承载力大、挤土影响小、含钢量低等特点。但成桩工艺较复杂,成桩速度比预制沉桩慢,成桩质量与施工有密切关系。

按其成孔方法不同,可分为钻孔灌注桩、沉管灌注桩、人工挖孔灌注桩、爆扩灌注桩等。以下主要介绍钻孔灌注桩和人工挖孔灌注桩的施工工艺。

1）钻孔灌注桩

钻孔灌注桩是指利用钻孔机械钻出桩孔,并在孔中浇筑混凝土（或先在孔中吊放钢筋笼）而成的桩。根据钻孔机械的钻头是否在土壤的含水层中施工,又分为泥浆护壁成孔和干作业成孔两种施工方法。

（1）泥浆护壁成孔灌注桩

泥浆护壁成孔灌注桩适用于地下水位较高的地质条件。先由钻孔设备进行钻孔,待孔深达到设计要求后清孔,放入钢筋笼,然后进行水下浇筑混凝土而成桩。为防止在钻孔过程中塌孔,在孔中注入相对密度有一定要求的泥浆进行护壁。按设备又分为冲击钻、回转钻及潜水钻成孔法。前两种适用于碎石土、砂土、黏性土及风化岩地基,后一种则适用于黏性土、淤泥、淤泥质土及砂土。

①施工设备:主要有冲击钻机、回转钻机、潜水钻机等。

②施工方法：泥浆护壁成孔灌注桩的施工工艺流程如图 2.20 所示。

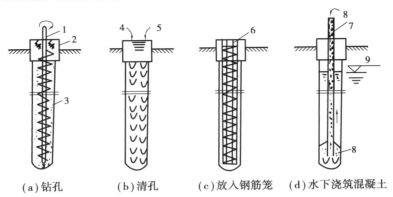

(a)钻孔　　(b)清孔　　(c)放入钢筋笼　(d)水下浇筑混凝土

图 2.20　泥浆护壁成孔灌注桩工艺流程图

1—钻机；2—护筒；3—泥浆护壁；4—压缩空气；5—清水；

6—钢筋笼；7—导管；8—混凝土；9—地下水

a.钻孔。根据建筑的轴线控制桩定出桩基础的每个桩位。先挖去桩孔处表土，将护筒准确埋设入土中，并保持稳定。护筒的作用有：成孔时引导钻头方向；提高孔内泥浆水头，防止塌孔；固定桩孔位置、保护孔口。

根据土质条件确定制备泥浆的方法。泥浆的作用是将钻孔内不同土层中的空隙渗填密实，使孔内渗漏水达到最低限度，并保持孔内维持着一定的水压以稳定孔壁。因此，在成孔过程中应严格控制泥浆的相对密度。施工中应经常测定泥浆相对密度，并定期测定黏度、含砂率和胶体率等指标，及时调整。

桩架就位后，钻机进行钻孔。钻孔进尺速度应根据土层类别、孔径大小、钻孔深度和供水量确定。钻孔时应在孔中注入泥浆，并始终保持泥浆液面高于地下水位 1.0 m 以上，以起护壁、携渣、润滑钻头、降低钻头发热、减少钻进阻力等作用。

b.清孔。钻孔深度达到设计要求后，必须进行清孔。对于孔壁土质较好不易塌孔的桩孔，可用空气吸泥机清孔；对于稳定性差的孔壁应用泥浆（正、反）循环法或掏渣筒清孔、排渣。用原土造浆的钻孔，可使钻机空转不进尺，同时注入清水，待孔底残余的泥块已磨浆，排出泥浆比重降至 1.1 左右（以手触泥浆无颗粒感觉），即可认为清孔已合格。对注入制备泥浆的钻孔，可采用换浆法清孔，至换出泥浆相对密度小于 1.15~1.25 为合格。清孔过程中，必须及时补给足够的泥浆，以保持浆面稳定。

孔底沉渣厚度对于端承桩不大于 50 mm，对于摩擦端承桩、端承摩擦桩不大于 100 mm，对于摩擦桩不大于 300 mm。

c.下钢筋笼，浇混凝土。清孔完毕后，应立即吊放钢筋笼，及时进行水下浇筑混凝土。钢筋笼埋设前应在其上设置定位钢筋环、混凝土保护层垫块或于孔中对称设置 3~4 根导向钢筋，以确保桩混凝土保护层厚度。水下浇筑混凝土通常采用导管法施工。

（2）干作业成孔灌注桩

干作业成孔灌注桩施工工艺如图 2.21 所示。与泥浆护壁成孔灌注桩类似且简单，适用于地下水位较低、在成孔深度内无地下水的干土层中桩基的成孔施工。

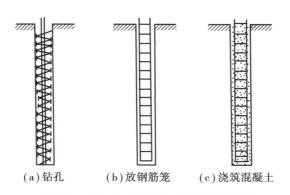

（a）钻孔　　　（b）放钢筋笼　　　（c）浇筑混凝土

图 2.21　干作业成孔灌注桩施工工艺流程

①施工设备

施工设备主要有螺旋钻机、钻孔扩机、机动或人工洛阳铲等。目前常用螺旋钻机成孔（见图 2.22）。

（a）螺旋钻机1　　　　　　　　　　（b）螺旋钻机2

图 2.22　干作业成孔施工

螺旋钻机利用动力带动螺旋钻杆旋转，使钻头上的叶片旋转向下切削土层，削下的土屑靠与土壁的摩擦力沿叶片上升排出孔外。适用于地下水位以上的一般黏性土、砂土或人工填土地基的成孔。

②施工方法

钻机按桩位就位，钻杆垂直对准桩位中心，放下钻机使钻头触及土面。钻孔时，开动转轴旋动钻杆钻进，先慢后快，避免钻杆摇晃，并随时检查钻孔偏移。一节钻杆钻入后，应停机接上第二节，继续钻到要求深度。

钻孔至要求深度后，可用钻机在原处空转清土，然后停转，提升钻杆卸土。如孔底虚土超过容许厚度，可用辅助掏土工具或二次投钻清底。清孔完毕后应用盖板盖好孔口。

清孔后应及时吊放钢筋笼，浇筑混凝土。

2）沉管灌注桩

沉管灌注桩是利用锤击打桩法或振动沉管法将带有活瓣的钢制桩尖或混凝土桩靴的钢管

沉入土中,然后边拔出钢管边向钢管内灌注混凝土而形成的桩。如桩配有钢筋,则在灌注混凝土前应先吊放钢筋笼。用锤击法沉、拔管的称为锤击沉管灌注桩;用激振器沉、拔管的称为振动沉管灌注桩。

沉管灌注桩施工

沉管灌注桩成桩过程为:桩机就位→锤击(振动)沉管→上料→边轻击(振动)边拔管,边浇筑混凝土→下钢筋笼→继续拔管,浇筑混凝土→成桩。

(1)锤击沉管灌注桩

锤击沉管灌注桩宜用于一般黏性土、淤泥质土、砂土和人工填土地基。

锤击沉管灌注桩施工时,用桩架吊起钢套管,关闭活瓣或放置预制混凝土桩靴。套管与桩靴连接处要垫以麻、草绳等,以防止地下水渗入管内。然后缓缓放下套管,压进土中。套管顶端扣上桩帽,检查套管与桩锤是否在同一垂直线上。先用低锤轻击,观察后如无偏移,再正常施打,直至符合设计要求的贯入度或标高。检查管内无泥浆或水进入,即可灌注混凝土。

套管内混凝土应尽量灌满,注意使管内的混凝土保持略高于地面。拔管要均匀,应保持连续密锤轻击不停。拔管浇筑混凝土时,应控制拔管速度,对一般土层,以不大于 1 m/min 为宜;在软弱土层及软硬土层交界处,应控制在 0.3~0.8 m/min 以内。经常探测混凝土落下的扩散情况,在管底未拔到桩顶设计标高之前,倒打或轻击不得中断,直到全管拔出为止。

沉管灌注桩——混凝土浇筑

桩的中心距小于 5 倍桩管外径或小于 2 m 时,均应采用跳打法。为提高沉管灌注桩的质量和承载能力,可采用复打法。

(2)振动沉管灌注桩

振动沉管灌注桩的适用范围除与锤击沉管灌注桩相同外,还适用于稍密及中密的碎石土地基。

复打法施工

施工前,先安装好桩机,将桩管下端活瓣合起来或套入桩靴,对准桩位,徐徐放下套管,压入土中,即可开动振动锤或振动冲击锤沉管。桩管受振后与土体之间摩阻力减小,同时利用振动锤自重在套管上加压,套管即能沉入土中。沉管时,必须严格控制最后的贯入速度,其值按设计要求,或根据试桩和当地的施工经验确定。

振动沉管灌注桩可采用单打法、反插法或复打法施工。

3)长螺旋钻孔压灌桩

长螺旋钻孔压灌桩是我国近年来开发且应用较广的一种新工艺,适用于黏性土、粉土、砂土、填土、非密实的碎石类土、强风化岩等。它具有穿透力强、噪声低、无振动、无泥浆污染、施工效率高、质量稳定等优点。

(1)施工设备

施工使用钻头类如图 2.22 所示,螺旋钻杆中央是贯通的管道,作为混凝土压送的通道,与混凝土泵的输送管连接。

(2)施工方法

通过长螺旋钻钻孔,钻至设计标高后,进行空转清孔,并提钻 200 mm 左右后开始泵送混凝土,管内空气从排气阀排出,待管内混凝土达到充满状态后开始持续提钻、持续泵送,通过螺旋叶将孔中的土钻出,混凝土占据整个钻孔。在混凝土初凝前在桩内插入钢筋笼。

长螺旋钻孔压灌桩施工应注意以下几点:为保证泵送混凝土的密实度,一般在混凝土内掺入粉煤灰,用量为每立方米混凝土 70~90 kg,坍落度控制在 160~200 mm,为防止堵管,粗骨料的粒径不宜大于 30 mm。应准确掌握提拔钻杆的时间,不得在泵送混凝土前提钻,以免造成桩端虚土或混凝土的离析。提钻时要连续泵送,防止桩身缩颈或短桩,这在饱和砂土、饱和粉土中尤其要重视。

钢筋笼的放置在混凝土灌注后采用专用插筋器插入。钢筋笼的端部应做成锥形封闭状,笼内插入插筋器,采用振动锤激振插筋器将钢筋插至设计标高。钢筋笼插入施工中,应根据具体条件采取措施,保证其垂直度和保护层厚度。

4)人工挖孔灌注桩

人工挖孔灌注桩是指桩孔采用人工挖掘方法进行成孔,然后安放钢筋笼,浇筑混凝土而成的桩。需要注意的是,人工挖孔灌注桩属限制使用的工艺,存在下列条件之一的区域不得使用:地下水丰富、软弱土层、流沙等不良地质条件的区域;孔内空气污染物超标准;机械成孔设备可以到达的区域。

人工挖孔桩的直径除了能满足设计承载力的要求外,还应考虑施工操作的要求,故桩径不宜小于 800 mm,桩底一般都扩大。人工挖孔桩构造如图 2.23 所示,护壁厚度一般不小于 $D/10+5$(cm)(其中 D 为桩径),每步高 1 m,并有 100 mm 放坡。

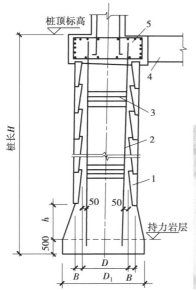
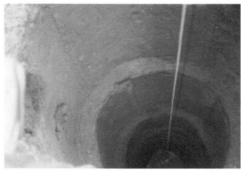

人工挖孔桩
施工

图 2.23　人工挖孔灌注桩构造图
1—护壁;2—主筋;3—箍筋;4—地梁;5—桩帽

（1）施工设备

人工挖孔桩施工机具比较简单,一般可根据孔径、孔深和现场具体情况加以选用,主要有:垂直运输工具,如电动葫芦和提土桶,用于施工人员、材料和弃土等垂直运输;排水工具,如潜水泵,用于抽出桩孔中的积水;通风设备,如鼓风机、输风管,用于向桩孔中强制送入新鲜空气;挖掘工具,如镐、锹、土筐等,若遇到坚硬的土层或岩石,还需准备风镐和爆破设备。此外,还有照明灯、对讲机、电铃等。

（2）施工工艺

现浇混凝土分段护壁的人工挖孔桩的施工工艺流程:按设计图纸放线、定桩位→分段开挖桩孔土方→支设护壁模板→浇筑护壁混凝土→护壁混凝土达到 1.2 MPa、拆除模板继续下段施工→循环施工直至挖到设计要求的深度→排出孔底积水、验槽封底→放置钢筋笼、浇筑桩身混凝土。

（3）质量要求

①必须保证桩孔的挖掘质量。桩孔挖成后应有专人下孔检验,检查土质是否符合勘察报告,扩孔几何尺寸与设计是否相符,孔底虚土残渣情况要作好施工记录并归档。

②按规范规定桩孔中心线的平面位置偏差不大于 50 mm,桩的垂直度偏差不大于 0.5%桩长,桩径不得小于设计直径。

③钢筋骨架要保证不变形,箍筋与主筋要点焊,钢筋笼吊入孔内后,要保证其与孔壁间有足够的保护层。

④混凝土坍落度宜为 40~80 mm,用串筒或溜管下料,连续分层浇筑,每层厚不超过 1 m,必须振捣密实。

（4）安全措施

人工挖孔桩的施工安全应予以特别重视。工人在桩孔内作业,应严格按安全操作规程施工,并有切实可靠的安全措施。施工人员进入孔内必须戴安全帽;孔下有人时孔口必须有人监督防护;护壁要高出地面 150~200 mm,挖出的土方不得堆在孔四周 2 m 范围内,以防滚入孔内;孔内设安全绳及安全软梯,孔外周围设安全防护栏杆;孔下照明采用安全电压;潜水泵必须设有防漏电装置;应设鼓风机向井下输送洁净空气等。

2.3　沉井施工

沉井施工

2.3.1　沉井施工程序

沉井是深基础施工的一种常用方法,也是深基础工程的一种结构形式。其特点是:将位于地下一定深度的建筑物基础或构筑物,先在地面以上制作,形成一个筒状结构,然后在筒内不断挖土,借助井体自重而逐步下沉,下沉到预定设计标高后,进行封底,构筑筒内底板、梁、楼板、内隔墙、顶板等构件,最终形成一个地下建筑物基础或构筑物。

沉井施工的一般程序为:平整场地→测量放线→开挖基坑→井壁放线→铺砂垫层和垫木或砌刃脚砖座→沉井制作→挖排水沟、集水井→抽出垫木→沉井内挖土、下沉→基底整形、浇筑垫层和底板→施工内隔墙、梁、板、顶板及辅助设施→机电设备、管道、动力、照明线路安装→调试、土建收尾。

2.3.2　沉井的制作

沉井制作有一次制作和多节制作、地面制作和基坑中制作等方式。一般来讲,如果沉井高度不大,施工方便,宜采取一次制作下沉方案,有利于减少接高作业工序,加快施工进度。如果沉井高度和质量都很大,重心高,而地基处理不好,操作控制不严,则在下沉前易于产生倾斜,在这种情况下,一次制作困难,就应采用分节制作,节数应尽量减少。沉井的制作高度和基坑深度应根据计算确定,一般每节高度以 6~8 m 为宜。

沉井制作时,下部刃脚的支设可视沉井质量、施工荷载和地基承载力情况,采用垫架法、半垫架法、砖垫座或土胎模(图 2.24)。较大、较重的沉井,在软弱地基上制作时,常采用垫架或半垫架法。

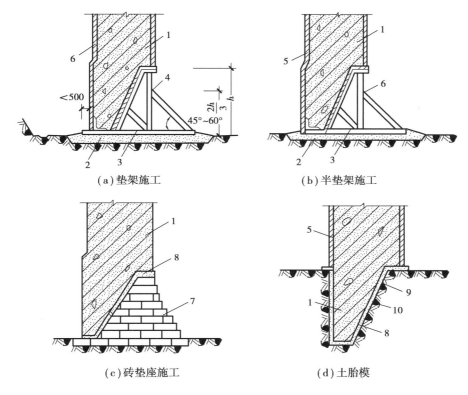

图 2.24 沉井刃脚支设

1—刃脚;2—砂垫层;3—枕(垫)木;4—垫架;5—模板;6—半垫架;
7—砌砖;8—抹水泥砂浆;9—土胎模;10—刷隔离层

沉井支模、绑扎钢筋和浇筑混凝土与一般混凝土结构施工方法相同,应重点注意的是拆模时间。大型沉井应在混凝土强度达到设计要求的强度,小型沉井应达到设计要求强度的 70%后,方可拆模。刃脚部分抽除其下的垫木应分区、分组、依次、对称、同步地进行,最后仅由 4~6榀定位垫架或垫木支承,应验算井壁的抗裂强度,以免受力不均造成井壁破裂。抽除方法是:将垫木底部的土挖去一部分,利用卷扬机或绞磨将相应垫木抽出,每抽除 1 根,刃脚下都应立即用砂砾石填实,在刃脚内外侧填筑成适当高度的小砂土堤,使沉井质量传给垫层。如有内隔墙,应在支承排架拆除后,用草袋或水泥编织袋装砂回填。采取分节制作,可在前一节下沉接近地面0.5 m时,继续加高井筒。

2.3.3 沉井下沉方法

沉井下沉有排水下沉和不排水下沉两种方式,前者适用于渗水量不大(每 1 m² 不大于

1 m³/min)、稳定的黏性土,或在砂砾层中渗水量虽很大,但排水并不困难时使用;后者适用于严重的流砂地层和渗水量大的砂砾层中使用,以及地下水无法排除或大量排水会影响附近建筑物安全的情况。

采用排水下沉法施工,多在沉井内设泵排水,沿井壁挖排水沟、集水井,用泵将地下水排出井外,边挖土边排水下沉,随着加深集水井。挖土采用人工或风动工具,对直径或边长 16 m 以上的大型沉井,可在沉井内用 0.25~0.60 m 小型反铲挖掘机挖土。挖土方法一般是采用碗形挖土自重破土方式,先挖中间,逐渐挖向四周,每层挖土厚 0.4~0.5 m,沿刃脚周围保留 0.8~1.5 m 宽土堤,然后再按每人负责 2~3 m 一段向刃脚方向逐层、全面、对称、均匀地削薄土层,当土堤(垅)经不住刃脚的挤压时,便在自重作用下均匀垂直破土下沉[图 2.25(a)];对有流砂情况发生或遇软土层时,也可采取从刃脚挖起,下沉后再挖中间[图 2.25(b)]的顺序,挖出土方装在吊土斗内运出。当土垅挖至刃脚沉井仍不下沉,可采取分段对称地将刃脚下掏空或继续从中间向下进行第二层破土的方法。

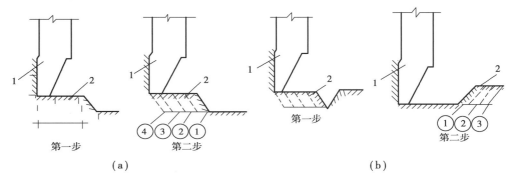

图 2.25　沉井下沉挖土方法
1—沉井刃脚;2—土堤(垅);①,②,③,④—刷坡次序

采用不排水下沉法施工,挖土多用高压水枪(压力 2.5~3.0 MPa)将土层破碎稀释成泥浆,然后用水力吸泥机(或空气吸泥机)将泥浆排出井外,井内的水位应始终保持高出井外水 1~2 m。也可用起重机吊抓斗进行挖土。作业时,一般先抓或冲井底中央部分的土形成锅底形,然后再均匀冲或抓刃脚边部,使沉井靠自重挤土下沉在密实土层中,刃脚土壤不易向中央坍落,则应配以射水管冲土。沉井下沉困难时,亦可采取一些辅助下沉方法,如在沉井外壁周围均匀布置水枪或射水管,借助高压水冲刷刃脚下面的土层,使沉井易于下沉;或在沉井外壁设置宽 10~20 cm 的泥浆槽,充满触变泥浆(触变泥浆是以适当比例的膨润土和碳酸钠加水调制而成的),以减小井壁下沉的摩阻力;如果采用多节下沉,则可继续接高井身,增加下沉重量。

2.3.4　沉井封底

沉井封底亦有排水封底和不排水封底两种方式。前者系将井底水抽干进行封底混凝土浇筑,又称干封底,因其施工操作方便,质量易于控制,是应用较多的一种方法;后者多采用导管法在水中浇筑混凝土封底,施工较为复杂,只有在涌水量很大,难以排干且出现流砂现象时才应用。

排水封底方法是将新老混凝土接触面冲刷干净或凿毛,并将井底修整成锅底形,由刃脚向中心挖放射形排水沟,填以卵石形成滤水暗沟,在中部设 2~3 个集水井,深 1~2 m,井间用盲沟相互连通,插入 $\phi600$~800 四周带孔的钢管或无砂混凝土管,四周填以卵石,使井底的水流汇集于井中,再用潜水电泵排出(图 2.26),保持地下水位低于井底 0.5 m 以上。封底时,井底先铺一层 150~500 mm 厚卵石或碎石,再在其上浇一层 0.5~1.5 m 厚的混凝土垫层,在刃脚下切实填严捣实,以保证沉井的最后稳定。垫层混凝土强度达到设计要求强度的 50% 后,在其上绑钢筋,钢筋两端应伸入刃脚凹槽内,再浇筑底板混凝土。混凝土养护期间应继续抽水,混凝土强度达到设计要求强度的 70% 后,将集水井中的水逐个抽干,在套管内迅速用干硬性混凝土进行堵塞捣实,盖上法兰盘,用螺栓拧紧或四周焊接封闭,上部用混凝土填实抹平。

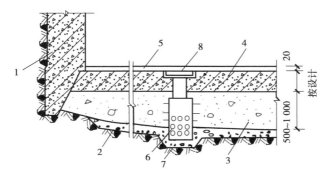

图 2.26　沉井封底构造

1—沉井;2—15~75 mm 粒径卵石盲沟;3—封底混凝土;4—底板;5—抹防水水泥砂浆层;
6—$\phi600$~800 mm 带孔钢板或无砂混凝土管;7—集水井;8—法兰盘盖

不排水封底方法是将井底浮泥用导管以泥浆置换,清除干净,新老混凝土接触面用水冲刷净,并在井底抛毛石、铺碎石垫层。封底水下混凝土采用多组导管灌注,其方法与一般灌注桩水下浇筑混凝土相同。混凝土养护 7~14 d 后,方可从沉井内抽水,检查封底情况,进行检漏补修,按排水封底方法施工上部底板。

思 考 题

1.简述砖基础的施工要点。

2.钢筋混凝土柱下独立基础的施工要点有哪些?

3.钢筋混凝土条形基础的施工要点有哪些?

4.钢筋混凝土筏板基础的施工要点有哪些?

5.钢筋混凝土箱形基础的施工要点有哪些?

6.预制桩的制作方法及要求怎样?其吊点如何确定?

7.简述预制桩的施工过程。其施工质量应如何保证?

8.如何确定桩架高度和选择桩锤?

9.打桩顺序有几种？与哪些因素有关？打桩过程中应注意哪些事项？

10.试述静力压桩的优点及适用情况。

11.灌注桩成孔有哪些方法？各适用于什么情况？

12.怎样控制沉管灌注桩的施工质量？

13.长螺旋钻孔压灌桩混凝土灌注和钢筋笼放置有何特点？

14.人工挖孔灌注桩的特点是什么？有哪些施工要点和需注意的问题？

15.沉井的施工程序如何？

16.沉井下沉方法有哪些？需要处理的下沉问题有哪些？

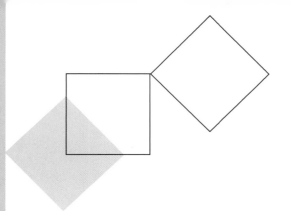

3

砌体工程

石河子城市
建设

本章导读：

● **基本要求**　了解砌筑材料的性能；掌握砖砌体施工工艺、质量要求及保证质量和安全的技术措施；了解中小型砌块的种类、规格及施工工艺；掌握砌块排列组合及错缝搭接要求；了解砌体冬期施工方法；掌握脚手架类型与搭设要求。

● **重点**　砌筑对材料的基本要求，砖砌体的砌筑施工工艺及质量要求，砌块施工的工艺及特点，砌块施工的质量要求，砌体冬期施工概念及施工方法，脚手架类型。

● **难点**　砖砌体组砌方式、施工工艺；砌块的组砌方式与构造要求。

砌体工程是利用砂浆将砖、石、砌块砌筑成满足设计要求的构筑物或建筑物的施工过程。砌体结构具有就地取材、造价低、耐久性、耐火性好、施工简便、保温隔热性良好等优点，但抗震能力较低，砌筑劳动强度较大，不利于工业化施工。

3.1　砖砌体施工

大国工匠
——梁智滨

3.1.1　砌筑材料

砖砌体主要由砖和砂浆组成，其中砂浆作为胶结材料将砖结合成整体，以满足正常使用要求及承受结构的各种荷载。因此，砖和砂浆的质量是影响砖砌体质量的首要因素。

1）砖

砌筑用砖按照生产工艺分为烧结砖和非烧结砖。经焙烧制成的砖为烧结砖，经碳化或蒸汽（压）养护硬化而成的砖属于非烧结砖。按照孔洞率的大小，砌筑用砖又分为实心砖、多孔砖和空心砖。

砖应按设计要求的数量、品种、强度等级组织进场,并按砖的强度等级、外观、几何尺寸进行验收。常温下施工时,砖应提前 1~2 d 浇水湿润,以避免砖干燥吸收砂浆中过多的水分而影响黏结力,并可除去砖面上的粉末。湿润程度以水浸入砖内 1 cm 左右为宜。

2)砂浆

砂浆在砌体中的作用是传递上部荷载,黏结砌体,提高砌体的整体强度。砂浆种类选择及其等级的确定,应根据设计要求而定。块体砌筑中常用的砌筑砂浆有石灰砂浆、水泥砂浆、混合砂浆等。

3.1.2 砖砌体的施工

1)组砌方式

砖砌体的组砌方式是指砖在砌体中的排列方式。为了保证砌体的强度和稳定性,在砌筑时应遵循以下组砌原则:上下错缝、内外搭砌、组砌要有规律、节约材料等。常见的组砌方式有一顺一丁、三顺一丁、梅花丁、全顺(120 厚)、两平一侧(180 厚或 300 厚)和全丁(图 3.1)。

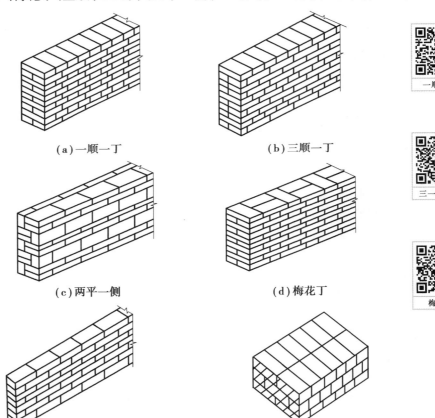

(a)一顺一丁　　　　　　　　　(b)三顺一丁

(c)两平一侧　　　　　　　　　(d)梅花丁

(e)全顺　　　　　　　　　(f)全丁

图 3.1　砖砌体组砌方式

2）砌筑工艺

砌砖施工通常包括抄平、放线、摆砖样、立皮数杆、砌筑、清理和勾缝等工序。

（1）抄平

砌砖前应在基础顶面或楼面上定出各楼层标高，并用 M7.5 的水泥砂浆或 C10 细石混凝土找平，使各段砖墙能在同一标高位置开始砌筑。

（2）放线

根据轴线桩或龙门板上轴线位置，在做好的基础顶面，弹出墙身中线及边线，同时弹出门洞口的位置。二层以上墙的轴线可以用经纬仪或锤球将轴线引上，并弹出各墙的轴线、边线、门窗洞口位置线（图 3.2）。

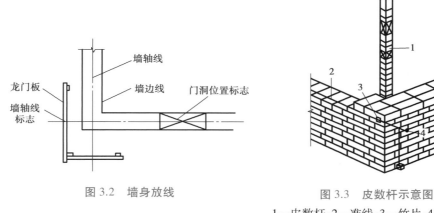

图 3.2　墙身放线

图 3.3　皮数杆示意图
1—皮数杆；2—准线；3—竹片；4—圆铁钉

（3）摆砖样

在基础顶面放线位置试摆砖样（不铺灰），尽量使门窗垛等处符合砖的模数，偏差小时可通过调整竖向灰缝，以减少砍砖数量，并使砌体灰缝均匀、整齐，同时可提高砌筑的效率。

（4）立皮数杆

皮数杆是指在 1 根硬木方杆上画有每皮砖和灰缝厚度，以及门窗洞口、过梁、楼板、梁底、预埋件等标高位置，它是一根木制方杆，如图 3.3 所示。其作用是砌筑时控制砌体的竖向尺寸，同时可以保证砌体的垂直度。

皮数杆一般立于房屋的四大角，内外墙交接处、楼梯间以及洞口多的地方，砌体较长时，每隔 10~15 m 增设 1 根。

（5）砌筑

砖砌体的砌筑方法较多，常用的有"三一"砌砖法、挤浆法和满口灰法等，其中最常用的是"三一"砌筑法和挤浆法。

①"三一"砌砖法：一块砖、一铲灰、一挤揉，并将挤出的砂浆刮去的砌筑方法。其特点是灰缝饱满，黏结力好，墙面整洁。砌筑实心墙时宜选用"三一"砌砖法。

②挤浆法：先在墙顶面铺一段砂浆，然后双手或单手拿砖挤入砂浆中，达到下齐边、上齐线，横平竖直的要求。其特点是：可连续组砌几块砖，减少烦琐的动作，平推平挤可使灰缝饱满，效率高。操作时铺浆长度不得超过 750 mm，气温超过 30 ℃时，铺浆长度不得超过 500 mm。

③满口灰法:将砂浆刮满在砖面和砖棱上,然后砌筑。其特点是砌筑质量好,但效率低,仅适用于砌筑砖墙的特殊部位,如保暖墙、烟囱等。

砌砖时,通常先在墙角以皮数杆进行盘角,每次盘角不得超过5皮砖,然后将准线挂在墙侧,作为墙身砌筑的依据,24墙及其以下墙体单侧挂线,37墙及其以上墙体双侧挂线(图3.3)。

(6)清理

为保持墙面的整洁,每砌10皮砖应进行一次墙面清理,当该楼层墙体砌筑完毕后,应进行落地灰的清理。

(7)勾缝

内墙面或混水墙可采用砌筑砂浆随砌随勾缝,称为原浆勾缝。清水墙应采用1:(1.5~2)水泥砂浆勾缝,称为加浆勾缝。勾缝应横平竖直,深浅一致,横竖缝交接处应平整,表面应充分压实赶光。

3.1.3 砖砌体施工的质量要求

砖砌体砌筑质量的基本要求是:横平竖直,砂浆饱满,错缝搭砌,接槎牢固。

1)横平竖直

横平要求每一皮砖必须保持在同一水平面上,每块砖必须摆平。

墙体垂直与否直接影响砌体的稳定性,墙面平整与否影响墙体的外观质量。在施工过程中要做到"三皮一吊,五皮一靠",随时检查砌体的横平竖直。

2)砂浆饱满

对砖砌体工程,要求每一皮砖的灰缝横平竖直、砂浆饱满。砖砌体水平灰缝的砂浆饱满度不得低于80%;竖向灰缝不得出现透明缝、瞎缝和假缝。水平缝厚度和竖缝宽度宜为10 mm,但不应小于8 mm,也不应大于12 mm。

3)错缝搭砌

错缝搭砌是指上下错缝,内外搭砌。上下错缝是指砖砌体上下两皮砖的竖缝应当错开,以避免上下通缝。

4)接槎牢固

为保证砌体的整体稳定性,砖墙转角处和交接处应同时砌筑。不能同时砌筑而需临时间断,先砌的砌体与后砌的砌体之间的接合处称为接槎。为使接槎牢固,必须保证接槎部分的砌体砂浆饱满,一般应砌成斜槎(图3.4),斜槎的长度不应小于高度的2/3。临时间断处的高差不得超过一步脚手架的高度。留斜槎确有困难时,除转角外可留直槎,但必须做成阳槎,即从墙面引出不小于120 mm的直槎(图3.5),并设拉结筋,拉结筋的设置应沿墙高每500 mm设一道,每道按墙厚120 mm设一根φ6钢筋,伸入墙内长度每边不小于500 mm。

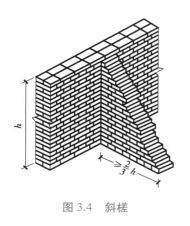

图 3.4 斜槎

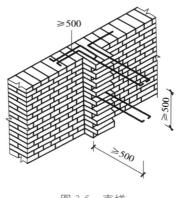

图 3.5 直槎

3.2 砌块砌体施工

3.2.1 砌块

砌块的品种、强度等级必须符合设计要求,并应有产品合格证书和性能检测报告,进场后应进行复验。普通混凝土小砌块吸水率很小,砌筑前无需浇水;当天气干燥炎热时,可提前洒水湿润。轻骨料混凝土小砌块吸水率较大,应提前 2 d 浇水湿润,含水率宜为 5%~8%。小砌块表面有浮水时,不得施工。加气混凝土砌块砌筑时,应向砌筑面适量浇水,但含水量不宜过大,以免砌块孔隙中含水过多,影响砌体质量。砌块堆放、运输时应有防雨措施,装卸时应轻码轻放,严禁抛掷、倾倒。

3.2.2 小砌块砌体的组砌方式与构造要求

①混凝土空心砌块的主规格为 390 mm×190 mm×190 mm,墙厚等于砌块的宽度(图3.6)。小砌块组砌形式只有全顺一种,即各皮砌块均为顺砌,上下皮竖缝相互错开 1/2 砌块长(图3.7)。

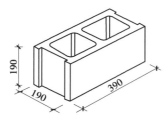

图 3.6 混凝土小型空心砌块

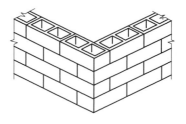

图 3.7 全顺砌法

②小砌块墙体应对孔错缝搭砌,搭接长度不应小于 90 mm。墙体的个别部位不能满足上述要求时,应在灰缝中设置拉结钢筋或钢筋网片(图 3.8)。但竖向通缝仍不得超过两皮小砌块。

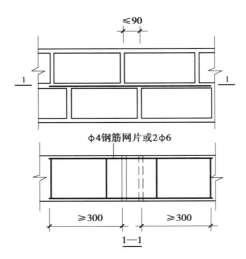

图 3.8　小砌块砌体灰缝中设置拉结钢筋或钢筋网片

③为增强房屋的刚度或为抗震设防需要,在外墙转角、楼梯间四角的纵横墙交接处宜设置素混凝土芯柱;5 层及 5 层以上的房屋或抗震设防的房屋,应在上述部位设置钢筋混凝土芯柱(图 3.9)。

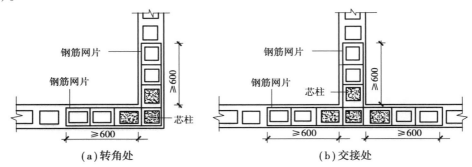

（a）转角处　　　　　　　　　　　　　　（b）交接处

图 3.9　钢筋混凝土芯柱

3.2.3　混凝土小型空心砌块砌体砌筑工艺

混凝土小型空心砌块砌体的砌筑工艺与传统的砖砌体砌筑工艺相似,其施工工艺流程为:底层抄平放线→砌块排列→立皮数杆→拉线→底层组砌墙体→底层钢筋混凝土芯柱施工→底层圈梁、楼板及楼梯施工→二层至顶层施工。

1)抄平放线

砌筑前应在基础面或楼面上定出各层的轴线位置和标高,并用 1:2 水泥砂浆或 C15 细石混凝土找平。

2)砌块排列、立皮数杆及拉线

砌筑前应绘制砌块排列图,并据此制作皮数杆,杆上注明砌块的高度、皮数、灰缝厚度及门窗洞口高度,并将皮数杆竖立于墙的转角处和交接处,间距宜小于 15 m。然后根据皮数杆拉准线,小砌块按准线进行砌筑。

3）砌筑

砌筑时小砌块应底面朝上反砌于墙上,称为"反砌法"。若使用一端有凹槽的砌块时,应将有凹槽的一端接着平头的一端砌筑。

砌筑一般采用坐浆法逐块铺砌,先用瓦刀在已砌好砌块底面的周肋上满铺灰浆,再在待砌的砌块端头刮满砂浆(也可在砌筑好的砌块端头刮满砂浆),然后双手搬运砌块上墙,进行挤浆砌筑。

4）钢筋混凝土芯柱施工

填充墙砌筑及构造柱施工

芯柱部位宜采用不封底的通孔小砌块。在楼(地)面砌筑第一皮小型砌块时,芯柱部位应用开口砌块(或U形砌块)砌出操作孔。在操作孔侧面宜预留连通孔,以便在底部开口处绑扎放入的芯柱钢筋。砌完一个楼层高度后,应连续浇灌芯柱混凝土。每浇灌 400~500 mm 高度捣实一次,或边浇灌边捣实,严禁灌满一个楼层后再捣实。

3.2.4　混凝土小型空心砌块砌体的砌筑质量要求

①小砌块和砌筑砂浆强度等级是砌体力学性能能否满足设计要求的最基本的条件,因此小砌块和砂浆的强度等级必须符合设计要求。

②小砌块砌体砌筑时,灰缝、砌块应平直,砌体砂浆必须密实饱满,水平灰缝的砂浆饱满度按净面积计算应不得小于 90%,垂直灰缝的砂浆饱满度不得小于 80%,竖缝凹槽部位应用砌筑砂浆填实;不得出现瞎缝、透明缝。

③墙体转角处和纵横交接处应同时砌筑,临时间断处应砌成斜槎,斜槎水平投影长度不应小于高度的 2/3。

④小砌块墙体的水平灰缝厚度和竖向灰缝宽度宜为 10 mm,但不应大于 12 mm,也不应小于 8 mm。

3.3　砌体的冬期施工

当室外日平均气温连续 5 d 稳定低于 5 ℃时,砌体工程应采取冬期施工措施,气温根据当地气象资料统计确定。冬期施工期限以外,当日最低气温低于 0 ℃时,也应按冬期施工的有关规定进行。

砌体工程的冬期施工最突出的问题就是砂浆遭受冻结后硬化停止,并且不产生强度,失去了胶结作用,并且砂浆强度降低,使水平或垂直灰缝的紧密度减弱,解冻后的砂浆,在上层砌体的重压下,就可能引起不均匀沉降。因此,冬期砌筑时必须采取有效措施,控制雨、雪、霜对墙体材料的侵袭。

普通砖在正温度条件下砌筑应适当浇水润湿,在负温度条件下砌筑时可不浇水,可适当加大砂浆的稠度。

砌体工程的冬期施工方法有外加剂法、冻结法和暖棚法等。

（1）外加剂法

使用氯盐或亚硝酸钠等盐类外加剂（抗冻、早强）拌制砂浆。氯盐以氯化钠为主。当气温低于−15 ℃时，也可与氯化钙复合使用。

（2）冻结法

用普通砂浆砌筑，砌体允许冻结，转入常温后砂浆强度继续增长。砂浆受冻后强度会降低40%~60%，黏结力下降。冻结法施工时应适当提高砂浆强度等级。

（3）暖棚法

将砌体置于搭设的棚中，内部设置电热器、火炉等加热棚内空气，使砌体处于正常环境下养护。由于搭暖棚需要大量的材料、人工，加温时要消耗能源，所以暖棚法成本高、效率低，一般不宜多用，主要适用于地下室墙、挡土墙、局部性事故修复工程的砌体工程。

3.4　脚手架工程

脚手架是土木工程施工必备的重要设施，它是为保证高处作业安全、顺利进行施工而搭设的工作平台或作业通道。它对建筑施工具有特殊的重要性，不管是砌体砌筑、结构施工、室内外装饰施工还是设备安装施工都需要使用脚手架。

在建筑工程施工中，脚手架的主要作用是：作为施工作业人员进行操作的平台；能堆放及运输一定数量的建筑材料；确保施工作业人员在高空作业时的安全。

3.4.1　脚手架的分类与基本要求

1）脚手架的分类

脚手架的类别，按其用途可分为操作用脚手架（如砌筑、装修）、防护用脚手架和承重、支撑用脚手架（如支模架）；按其所用材料分为木、竹和金属脚手架，目前广泛采用的是各种类型的金属脚手架；按其构造形式分为多立杆式、门式、桥式、悬吊式、挑式、升降式以及用于层间操作的工具式脚手架；按其搭设位置分为外脚手架和里脚手架；按其支固方式分为落地式和悬挑式脚手架。

外脚手架按搭设安装的方式有4种基本形式，即落地式脚手架、悬挑式脚手架、吊挂式脚手架及升降式脚手架（图3.10）。里脚手架搭设高度不大时一般用小型工具式脚手架，搭设高度较大时可用移动式里脚手架或满堂搭设的脚手架。

2）脚手架的基本要求

①脚手架要有足够的强度和刚度，应能安全地承受上部的施工荷载和自重。

②脚手架要有足够的稳定性，不发生变形、倾斜或摇晃，确保施工人员人身安全。

③脚手架要有适当的宽度、步架高度、离墙距离，能满足工人操作、材料堆放和运输需要。

④脚手架必须保证安全，符合高空作业的要求。对脚手架的绑扎、护身栏杆、挡脚板、安全网等应按有关规定执行。

⑤要力求构造简单，装拆方便，能多次周转使用。

⑥要因地制宜，就地取材，尽量节约脚手架的用料。

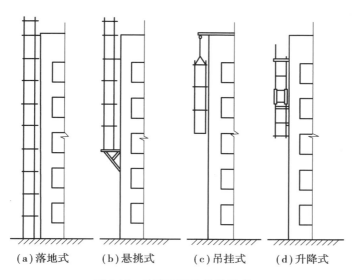

(a)落地式　　(b)悬挑式　　(c)吊挂式　　(d)升降式

图 3.10　外脚手架的几种形式

3.4.2　外脚手架

落地式脚手架
施工工艺

1)扣件式钢管脚手架

扣件式钢管脚手架(图 3.11)由立杆、大横杆、小横杆、斜撑、连墙杆、脚手板等组成。它可用作外脚手架,也可作内部的满堂脚手架。

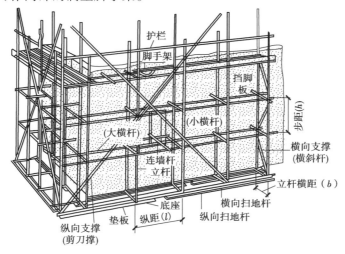

图 3.11　扣件式钢管脚手架组成

(1)扣件式钢管脚手架的构配件

①钢管杆件。钢管杆件包括立杆、大横杆、小横杆、剪刀撑、斜杆和抛撑。钢管杆件一般采用外径 48 mm、壁厚 3.5 mm 的焊接钢管或无缝钢管,也有外径 50~51 mm、壁厚 3~4 mm 的焊接钢管或其他钢管。

②扣件。扣件(图 3.12)是构成架子的连接件和传力件,它通过与立杆之间形成的摩擦阻

力将横杆的荷载传给立杆。扣件的基本形式有 3 种,对接扣件用于两根钢管的对接连接;旋转扣件用于两根钢管呈任意角度交叉的连接;直角扣件用于两根钢管呈垂直交叉的连接。

(a)直角扣件　　　　(b)回转扣件　　　　(c)对接扣件

图 3.12　扣件形式

③脚手板。脚手板可采用钢、木、竹等材料制作,各材质应符合现行国家或行业标准的规定。

④底座。扣件式钢管脚手架的底座用于承受脚手架立柱传递下来的荷载,底座一般采用厚 8 mm、边长 150~200 mm 的钢板作底板,上焊 150 mm 高的钢管。底座形式有内插式和外套式 2 种(图 3.13)。

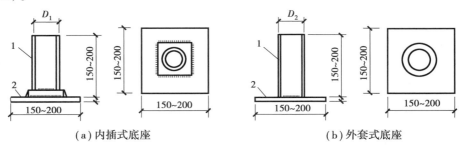

(a)内插式底座　　　　　　　　　　(b)外套式底座

图 3.13　扣件钢管架底座

1—承插钢管;2—钢板底座

(2)扣件式钢管脚手架的搭设要求

扣件式钢管脚手架分为双排式和单排式两种形式(图 3.14),在钢筋混凝土工程施工中还可作为满堂脚手架。双排式脚手架沿墙外侧设两排立杆,大横杆沿墙外侧垂直于立杆搭设,小横杆的两端支承在大横杆上。双排脚手架的搭设高度不宜超过 50 m。单排式脚手架沿墙外侧仅设一排立杆,其小横杆与大横杆连接,另一端支承在墙上,仅适用于荷载较小、高度较低(≤24 m)且墙体有一定强度的多层房屋。

①立杆。立杆(也称立柱、站杆)是平行于建筑物并垂直于地面的杆件,是传递脚手架结构自重、施工荷载与风荷载的主要受力杆件。每根立杆均应设置底座,由底面向上 200 mm 处设置纵、横向扫地杆,用直角扣件与立杆相连接。立杆接头除顶层可以采用搭接外,其余各接头必须采用对接扣件连接。

②大横杆。大横杆是平行于建筑物,在纵向连接各立杆的通长水平杆,是承受并传递施工荷载给立柱的主要受力杆件。大横杆要设置水平,长度不应小于 3 跨,大横杆与立杆要用直角扣件扣紧,且不能隔步设置或遗漏。两大横杆的接头必须采用对接扣件连接。

③小横杆。小横杆是垂直于建筑物,在横向连接脚手架内、外排立杆的水平杆件(单排脚手架时,一端连接立杆,另一端搭在建筑物的外墙上),是承受并传递施工荷载给立柱的主要受力杆件。小横杆设置在立杆与大横杆的相交处,用直角扣件与大横杆扣紧,且应贴近立杆布置,

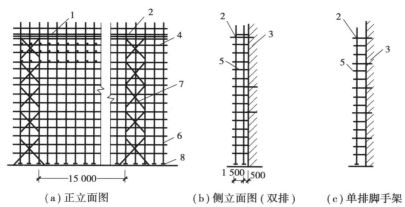

（a）正立面图　　　　（b）侧立面图（双排）　　　（c）单排脚手架

图 3.14　扣件式钢管脚手架

1—脚手架板;2—连墙杆;3—墙身;4—纵向水平杆;

5—横向水平杆;6—立杆;7—剪刀撑;8—底座

小横杆距离立杆轴心线的距离不应大于 150 mm。

④支撑。支撑有剪刀撑（又称十字撑）、横向支撑（又称横向斜拉杆、之字撑）和抛撑（图 3.15）。剪刀撑是设置在脚手架外侧面并与外墙面平行的十字交叉斜杆,可增强脚手架的纵向刚度;横向支撑是设置在脚手架内、外排立杆之间的、呈之字形的斜杆,可增强脚手架的横向刚度;抛撑用于 3 步以下脚手架防倾覆。

⑤连墙件。连墙件（又称连墙杆）是连接脚手架与建筑物的部件,是脚手架中既要承受、传递风荷载,又要防止脚手架在横向失稳或倾覆的重要受力部件。

连墙件根据传力性能、构造形式的不同,可分为刚性连墙件和柔性连墙件。24 m 以上的双排脚手架必须设刚性连墙件,用钢管、型钢或粗钢筋等使脚手架与建筑物连接可靠。

刚性连接一般通过连墙杆、扣件和墙体上的预埋件连接［图 3.16（a）］。这种连接方式具有较大的刚度,其既能受拉,又能受压,在荷载作用下变形较小。

柔性连接则通过钢丝或小直径的钢筋、顶撑、木楔等与墙体上的预埋件连接,其刚度较小［图 3.16（b）］,只能用于高度 24 m 以下的脚手架。

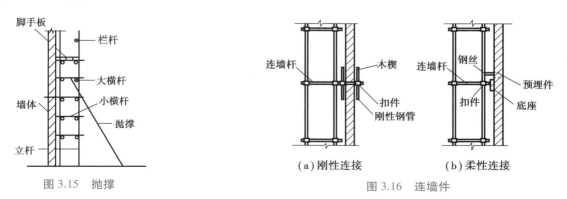

图 3.15　抛撑　　　　　　　　　　　　图 3.16　连墙件

⑥脚手板。脚手板一般应设置在 3 根小横杆上,采用三点支撑。当脚手板长度小于 2 m 时,可采用两点支撑,但应将脚手板两端可靠地固定在小横杆上,以防止倾翻。脚手板宜采用对

接平铺,也可采用搭接铺设。

2)碗扣式钢管脚手架

碗扣式钢管脚手架是一种多功能脚手架,可用于里、外脚手架。其杆件节点处采用碗扣承插连接,由于碗扣是固定在钢管上的,构件全部轴向连接,力学性能好,连接可靠,组成的脚手架整体性好,不存在扣件丢失问题。

(1)基本构造

碗扣式钢管脚手架由钢管立杆、横杆、碗扣接头等组成。其基本构造和搭设要求与扣件式钢管脚手架类似,不同之处主要在于碗扣接头。

碗扣接头(图 3.17)由上碗扣、下碗扣、横杆接头和上碗扣的限位销等组成。组装时,将横杆接头插入下碗扣内,压紧和旋转上碗扣,利用限位销固定上碗扣。碗扣间距 600 mm,碗扣处可同时连接 4 根横杆。

(2)搭设要求

碗扣式钢管脚手架立柱横距为 12 m,纵距根据脚手架荷载可为 1.2~2.4 m,步架高为 1.6~2.0 m。脚手架垂直度当搭设高度在 30 m 以下时应控制在 1/200 以内,高度在 30 m 以上时应控制在 1/400~1/600;总高垂直度偏差应不大于 100 mm。

碗扣式脚手架的连墙件应均匀布置。对高度在 30 m 以下的脚手架,脚手架每 40 m² 竖向面积应设置 1 个;对高度大于 40 m 的高层脚手架或荷载较大的脚手架每 20~25 m² 竖向面积应设置 1 个。连墙件应尽可能设置在碗扣接头内(图 3.18)。

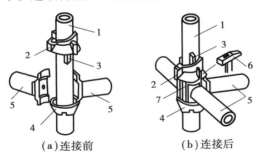

图 3.17　碗扣接头

1—立杆;2—上碗扣;3—限位销;
4—下碗扣;5—横杆;6—铁锤;7—流水槽

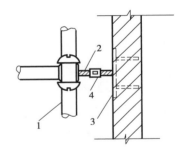

图 3.18　碗扣式脚手架的连墙件

1—脚手架;2—连墙杆;
3—预埋件;4—调节螺栓

3)门式脚手架

(1)基本构造

门式钢管脚手架(图 3.19)的基本单元是由 1 副门式框架、2 副剪刀撑、1 副水平梁架和 4 个连接器组合而成。若干基本单元通过连接器在竖向叠加,扣上臂扣,组成一个多层框架。在水平方向,用加固杆和水平梁架使相邻单元连成整体,加上斜梯、栏杆和横杆组成上下步相通的外脚手架。

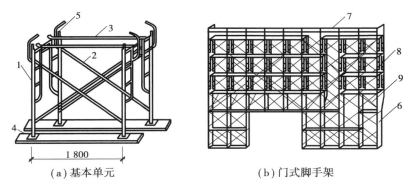

(a) 基本单元　　　　　　　(b) 门式脚手架

图 3.19　门式脚手架

1—门式框架;2—剪刀撑;3—水平梁架;4—调节螺旋;5—连接器;
6—梯子;7—栏杆;8—脚手板;9—交叉斜杆

(2) 搭设要求

门式脚手架的搭设顺序为:铺放垫木→安放底座→设立门架→安装剪刀撑→安装水平梁架→安装梯子→安装水平加固杆→安装连墙杆→……逐层向上……→安装交叉斜杆。

门式脚手架高度一般不超过 45 m,每 5 层至少应架设水平架一道,垂直和水平方向每隔 4~6 m 应设一个连墙件,脚手架的转角应用钢管通过扣件扣紧在相邻两个门式框架上[图 3.20(a)]。

门式脚手架架设超过 10 层应加设辅助支撑。高度方向每 8~11 层门式框架、宽度方向 5 个门式框架之间,应加设一组,使脚手架与墙体可靠连接[图 3.20(b)、(c)]。

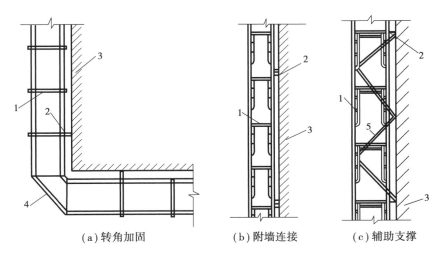

(a) 转角加固　　　　　(b) 附墙连接　　　　　(c) 辅助支撑

图 3.20　门式脚手架的加固处理

1—门式框架;2—连墙件;3—墙体;4—钢管;5—辅助支撑

4) 悬挑式脚手架

悬挑式脚手架(图 3.21)简称挑架。搭设在建筑物外边缘向外伸出的悬挑结构上,将脚手架荷载全部或部分传递给建筑结构。悬挑支承结构宜采用双轴对称截面的型钢,在悬挑结构上搭设的双排外脚手架与落地式脚手架相同,分段悬挑脚手架的高度一般控制在 20 m 以内。该形式的脚手架适用于高层建筑施工。

5) 吊挂式脚手架

吊挂式脚手架也称吊篮(图 3.22),主要用于高层建筑施工的装修作业和平时的维修保养。它是将架子(吊篮)的悬挂点固定在建筑物顶部悬挑出来的结构上,通过设在架子上的简易提升机械和钢丝绳,使吊篮升降,以满足施工要求。

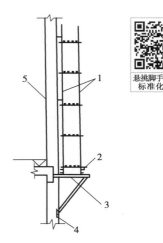

悬挑脚手架搭设标准化施工

图 3.21 悬挑式脚手架
1—钢管脚手架;2—型钢横梁;
3—三角支承架;4—预埋件;
5—钢筋混凝土柱(墙)

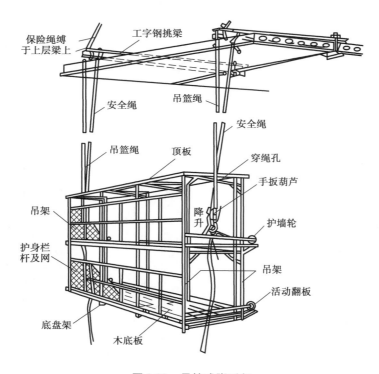

图 3.22 吊挂式脚手架

6) 升降式脚手架

升降式脚手架是沿结构外表面满搭的脚手架,它通过脚手架构件之间或脚手架与墙体之间互为支承、相互提升,可随结构施工逐渐提升,用于结构施工;在结构完成后,又可逐渐下降,作为装饰施工脚手架。近年来在高层建筑及筒仓、竖井、桥墩等施工中发展了多种形式的升降式脚手架,其中常用的有自升降式、互升降式、整体升降式 3 种类型。

升降式脚手架主要优点有:脚手架不需沿建(构)筑物全高搭设(一般搭设 3~4 层高);脚手架不落地,不占施工场地;可用于结构与装饰施工。但这种脚手架一次性投资较大,因此设计时应使其具有通用性,以便在不同的结构施工中周转使用。

(1)自升降式脚手架

自升降式脚手架由一个脚手架全高的固定架与一个 2 m 左右高度的活动架组成,它们均可独立附墙,而两者之间又可相互上下运动。固定架及活动架的升降是通过手动或电动倒链来实现的。在结构或装饰施工时,活动架和固定架用附墙螺栓与墙体锚固;当脚手架需要升降时,活动架与固定架中的一个架子仍然锚固在墙体上,另一个架子则放松附墙螺栓,以固定在墙上的架子为支承,用倒链对另一个架子进行升降。通过活动架和固定架交替附墙,互相升降,脚手架即可沿着墙体上逐层升降(图 3.23)。

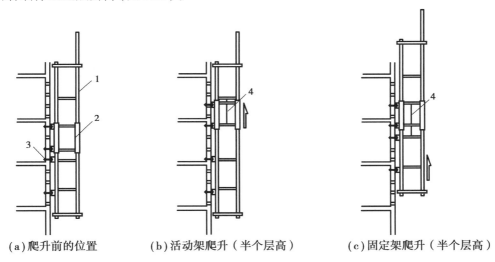

(a)爬升前的位置　　　(b)活动架爬升(半个层高)　　　(c)固定架爬升(半个层高)

图 3.23　自升降式脚手架爬升过程

1—固定架;2—活动架;3—附墙螺栓;4—倒链

(2)互升降式脚手架

互升降式脚手架分为甲、乙两种单元,通过倒链交替对甲、乙两单元进行升降,有时也可用塔式起重机提升。在结构或装饰施工时,甲单元与乙单元均用附墙螺栓与墙体锚固,两架之间无相对运动;当脚手架需要升降时,甲(或乙)锚固在墙体上,将相邻的乙(或甲)单元与墙体分离,使用倒链对其升降,过甲、乙两单元交替附墙,相互升降,脚手架即可沿着墙体逐层升降(图 3.24)。

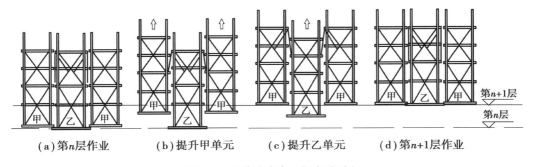

(a)第 n 层作业　　　(b)提升甲单元　　　(c)提升乙单元　　　(d)第 $n+1$ 层作业

图 3.24　互升降式脚手架爬升过程

（3）整体升降式脚手架

超高层建筑或超高的构筑物的结构施工中，整体升降式脚手架有明显的优越性，它结构整体好、升降快捷方便、机械化程度高、经济效益显著，是一种很有推广价值的外脚手架。

整体升降式外脚手架（图 3.25）一般以电动升降机为提升动力，使整个外脚手架沿建筑物外墙或柱整体向上爬升。搭设高度依结构施工层的层高而定，一般取 4 个层高加上安全栏的高度为架体的总高度。脚手架宽以 0.8~1 m 为宜。

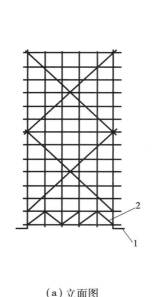

（a）立面图

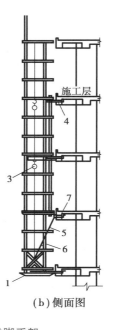

（b）侧面图

附着式升降
脚手架施工

图 3.25　整体升降式脚手架

1—承力架；2—加固桁架；3—电动提升机；
4—挑梁；5—斜拉杆；6—调节螺栓；7—附墙螺栓

架体设计时可将架子沿建筑物外围分成若干单元，每个单元的宽度根据建筑物的开间而定，一般为 4~6 m。

3.4.3　里脚手架

里脚手架搭设于建筑物内部，每砌完一层墙后，即将其转移到上一层楼面，进行上一层墙体砌筑。里脚手架装拆较频繁，因此要求轻便灵活，装拆方便。通常将其做成工具式的脚手架，常见的有折叠式、支柱式和门架式 3 种。

角钢折叠式里脚手架（图 3.26），其架设间距，砌墙时宜为 1.0~2.0 m，粉刷时宜为 2.2~2.5 m。根据施工层高，沿高度可以搭设两步脚手架，第一步高约 1 m，第二步高约 1.65 m。

套管式支柱脚手架（图 3.27）由若干支柱和横杆组成。将插管插入立管中，以销孔间距调节高度，在插管顶端的凹形支托内搁置方木横杆，横杆上铺设脚手板。搭设间距，砌墙时宜为 2.0 m，粉刷时不超过 2.5 m。

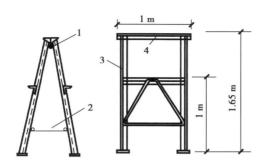

图 3.26 角钢折叠式里脚手架
1—铁铰链；2—挂钩；3—立柱；4—横楞

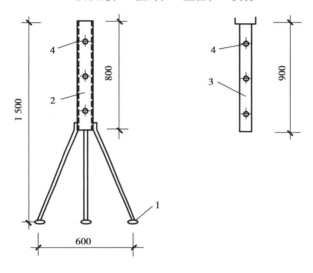

图 3.27 套管式支柱
1—支脚；2—立管；3—插管；4—销孔

门架式里脚手架(图 3.28)由两片 A 形支架与门架组成。其架设高度为 1.5~2.4 m,两片 A 形支架间距 2.2~2.5 m。

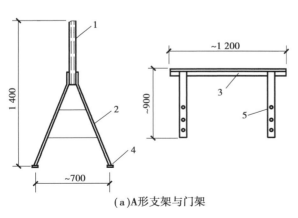

(a)A形支架与门架

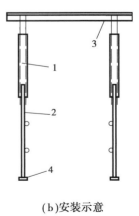

(b)安装示意

图 3.28 门架式里脚手架
1—立管；2—支脚；3—门架；4—垫板；5—销孔

对高度较高的结构内部施工,如建筑的顶棚等可利用移动式里脚手架(图 3.29)。如作业面大、工程量大,则常常在施工区内搭设满堂脚手架,材料可用扣件式钢管、碗扣式钢管或毛竹等。

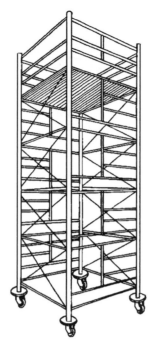

图 3.29 移动式内脚手架

思考题

1.常用砌筑材料有哪些基本要求?

2.砖砌体的砌筑施工工艺是什么?

3.砖砌体的砌筑质量有何要求?

4.砌砖施工时,皮数杆上一般标明哪些尺寸,皮数杆的主要作用是什么?

5.砖砌体接槎方式有哪些? 有何具体要求?

6.砌块砌体施工有何特点?

7.混凝土小型空心砌块砌体砌筑工艺是什么?

8.冬期施工的概念是什么? 砌体的冬期施工的方法是什么?

9.砌体冬期施工所用的材料应符合什么规定?

10.脚手架作用及其基本要求是什么?

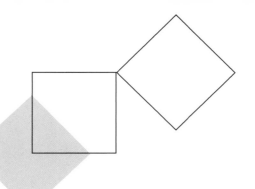

4

混凝土结构工程

本章导读：

● **基本要求** 了解混凝土结构工程特点及应用，了解钢筋的验收和加工；掌握钢筋连接和下料长度计算；掌握模板的概念、组成、基本作用，了解模板的分类、构造、受力特点及安拆方法，了解模板的设计内容；了解混凝土原材料、掌握混凝土施工工艺原理和施工方法、施工配料、质量检验和评定方法；了解预应力混凝土工程的特点和工作原理；掌握先张法、后张法的施工工艺及放张要求，掌握张拉力的计算和校验；了解无粘结预应力筋施工工艺。

● **重点** 钢筋连接和下料长度计算；模板的概念、组成、基本作用；混凝土施工工艺原理和施工方法、施工配料、质量检验和评定方法；先张法、后张法的施工工艺及放张要求，张拉力的计算和校验。

● **难点** 钢筋下料长度计算；混凝土施工配料；先张法、后张法张拉力的计算和校验。

混凝土结构指以混凝土为主要材料制作的结构，包括素混凝土结构、钢筋混凝土结构和预应力混凝土结构等。

当构件的配筋率小于钢筋混凝土中纵向受力钢筋最小配筋百分率时，应视为素混凝土结构。

当在混凝土中配以适量的钢筋时，则为钢筋混凝土。由于钢筋混凝土结构合理地利用了钢筋和混凝土两者性能的特点，可形成强度较高、刚度较大的结构，其耐久性和防火性能好，可塑性好，结构造型灵活，以及整体性、延性好，适用于抗震结构等特点，在建筑结构及其他土木工程中得到了广泛应用。

在混凝土结构构件承受荷载之前，利用张拉配在混凝土中的高强度预应力钢筋，放张后可使混凝土受到挤压，所产生的预压应力可以抵消外荷载所引起的大部分或全部拉应力，也就提高了混凝土结构构件的抗裂度和刚度,即为预应力混凝土。预应力混凝土适宜于建造大跨度结构,还可建造水工、储水等不渗漏结构。

4.1 钢筋工程

4.1.1 钢筋进场验收

钢筋出厂时,应在每捆(盘)上都挂有标牌(注明生产厂、生产日期、钢号、炉罐号、钢筋级别、直径等),并附有质量证明文件。

钢筋进场时应进行复检。进场时应按炉罐(批)号及直径分别存放、分批检验,并按现行国家有关标准的规定抽取试样作外观检查及力学性能试验,合格后方可使用。

4.1.2 钢筋连接

钢筋的连接包括钢筋网片、骨架的形成和钢筋的接长两部分,网片、骨架的形成可采用点焊、绑扎方法,常用钢筋接长连接方法有绑扎连接、焊接连接、机械连接等。

1)绑扎连接

钢筋绑扎连接工艺简单、工效高,不需要连接设备;但当钢筋较粗时,相应地需增加接头钢筋长度,浪费钢材且绑扎接头的刚度不如焊接接头(图4.1)。

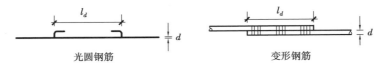

光圆钢筋　　　　　　　　变形钢筋

图 4.1　绑扎连接

2)焊接连接

工程中经常采用的焊接方法有闪光对焊、电弧焊、电渣压力焊、埋弧压力焊、气压焊和电阻点焊等。

焊接属于国家限制使用的落后技术,这里不再详细介绍。

3)机械连接

钢筋的机械连接是指通过钢筋与连接件或其他介入材料的机械咬合作用或钢筋端面的承压作用,将一根钢筋中的力传递至另一根钢筋的连接方法。常用的机械连接有冷挤压连接、直螺纹连接等。机械连接方法具有工艺简单、节约钢材、改善工作环境、接头性能可靠、技术易掌握、工作效率高、节约成本等优点。

钢筋套筒
挤压连接

(1)冷挤压连接

冷挤压连接就是将两根待接钢筋插入钢套筒,用液压压接钳沿径向挤压套筒,使之产生塑性变形,通过套筒与钢筋肋纹的咬合力将两根钢筋连接成整体(图4.2)。这种接头质量稳定可靠,但只能连接带肋钢筋,施工速度较慢,套筒体型大且对其强度

直螺纹机械连接

及塑性要求较高,故综合成本较高。

钢筋冷挤压连接适用于直径为 18～50 mm 的热轧带肋钢筋、操作净距大于 50 mm 的场合。

(2)直螺纹连接

直螺纹连接是将两根待连接的钢筋端部加工成直螺纹,然后旋入带有直螺纹的套筒中,从而将两根钢筋连接成一体的钢筋接头(图 4.3)。它施工速度快,对环境要求低,价格适中,目前已成为钢筋机械连接的主要形式。

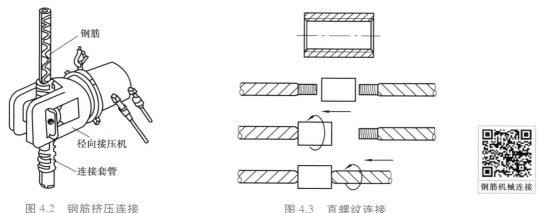

图 4.2　钢筋挤压连接　　　　　　图 4.3　直螺纹连接

4.1.3　钢筋配料

钢筋配料就是将设计图纸中各个构件的配筋图表,编制成便于实际加工、具有准确下料长度(钢筋切断时的直线长度)和数量的表格即配料单。

1)钢筋弯曲处的特点

钢筋下料长度的计算是配料计算的关键。由于结构受力上的要求,大多数成型钢筋在中间需要弯曲和两端弯成弯钩(图 4.4)。

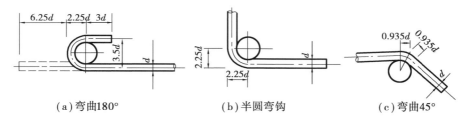

(a)弯曲180°　　　　　　(b)半圆弯钩　　　　　　(c)弯曲45°

图 4.4　钢筋弯钩

钢筋弯曲时的特点:一是在弯曲处内壁缩短、外壁伸长而中心线长度不变;二是在弯曲处形成圆弧。而钢筋的度量方法一般是沿直线(弯曲处为折线)量外包尺寸。因此,在配料中不能直接根据图纸中尺寸下料。

2)影响下料长度计算的因素

在实际工程计算中,影响下料长度计算的因素很多,如不同部位混凝土保护层厚度有变化;钢筋弯折后发生的变形;图纸上钢筋尺寸标注方法的多样化;弯折钢筋的直径、级别、形状、弯心半径的大小以及端部弯钩的形状等,在进行下料长度计算时,都应该考虑这些影响因素。

3) 计算方法

钢筋弯曲后,其中心线长度并没有变化,而图纸上标注的大多是钢筋的折线外包尺寸,而外包尺寸明显大于钢筋的轴线长度,如果按照外包尺寸下料、弯折,就会造成钢筋的浪费,而且也会给施工带来不便(由于尺寸偏大,致使保护层厚度不够,甚至不能放进模板)。因而应该根据弯折后钢筋成品的轴线总长度下料才是正确的加工方法,而在弯曲处外包尺寸和中心线长度之间存在一个差值,这一差值就被称为"量度差值"。量度差值的大小与钢筋直径、弯曲角度、弯心直径等因素有关。在实际工作中,为了方便计算,钢筋弯曲量度差可按表4.1取值进行计算。

表 4.1 钢筋量度差

钢筋弯曲角度	30°	45°	60°	90°	135°
钢筋弯曲量度差值	$0.35d$	$0.5d$	$0.85d$	$2d$	$2.5d$

箍筋调整值,即为弯钩增加长度和弯曲调整值两项相加或相减(采用外包尺寸时相减,采用内包尺寸时相加),实际计算时应按弯心直径和端部弯钩平直段长度有所调整。

钢筋下料长度计算可采用下列公式:

$$直钢筋下料长度 = 构件长度 - 保护层厚度 + 弯钩增加长度$$
$$弯起钢筋下料长度 = 直段长度 + 斜段长度 - 弯曲量度差 + 弯钩增加值$$
$$箍筋下料长度 = 箍筋周长 + 箍筋调整值$$

4) 注意事项

①理解混凝土保护层厚度的概念:是指从混凝土表面到最外层钢筋公称直径外边缘之间的最小距离。

②区分箍筋外包、内包尺寸(图4.5)。箍筋下料长度可用外包或内包尺寸两种计算方法,为简化计算,一般先按外包或内包尺寸计算出周长,再加上箍筋调整值即可,箍筋调整值的取值见表4.2。

③区分钢筋弯折角度,特别是45°及135°弯折:钢筋在直线状态下要形成一定形状而需要弯折的角度即为其弯折角度,也即对应相应角度的弯曲量度差值。梁中一般只有箍筋才可能出现135°弯折。

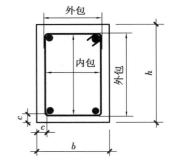

图 4.5 钢筋保护层概念

表 4.2 箍筋调整值

箍筋量度方法	箍筋直径(mm)			
	4~5	6	8	10~12
量外包尺寸	40	50	60	70
量内包尺寸	80	100	120	150~170

4.1.4   钢筋加工

钢筋加工包括调直、除锈、下料剪切、连接、弯曲等。

1）调直

钢筋宜采用无延伸功能的机械设备进行调直，也可采用冷拉方法调直。当采用冷拉方法调直时，HPB300 光圆钢筋的冷拉率不宜大于 4%；HRB400、HRB500、HRBF400、HRBF500 及 RRB400 带肋钢筋的冷拉率不宜大于 1%。

2）除锈

钢筋的除锈一般可通过以下两个途径进行：一是通过钢筋加工的其他工序如钢筋冷拉或钢丝调直同时除锈，这是一种最合理、最经济的方法；二是通过机械方法除锈，如使用较多的电动除锈机除锈。此外，还可采用手工除锈（过去常用钢丝刷、砂轮除锈）、酸洗除锈、喷砂除锈等。

3）下料剪切

钢筋下料时必须按下料长度切断。可用手工剪切器、钢筋切断机或其他方法进行。手工剪切器只用于直径小于 12 mm 的钢筋；钢筋切断机可切断直径小于 40 mm 的钢筋。直径大于 40 mm 的钢筋可用氧乙炔焰、电弧割切或锯断。

4）钢筋弯曲

钢筋弯曲宜采用弯曲机和弯箍机进行。弯曲机可弯直径 6～40 mm 的钢筋。直径小于 25 mm 的钢筋，当无弯曲机时也可采用扳钩进行。

4.1.5   钢筋绑扎安装

加工完毕的钢筋即可进行绑扎、安装。钢筋绑扎一般采用 20～22 号铁丝或镀锌铁丝，铁丝过硬时，可经过退火处理。钢筋绑扎时其交叉点应采用铁丝扎牢；板和墙的钢筋网，除靠近外围两排钢筋的交叉点全部扎牢外，中间部分交叉点可间隔交错扎牢，但必须保证受力钢筋不发生位置偏移；双向受力的钢筋，其交叉点应全部扎牢；梁柱箍筋，除设计有特殊要求外，应与受力钢筋垂直设置，箍筋弯钩叠合处，应沿受力主筋方向错开设置；柱中竖向钢筋搭接时，角部钢筋的弯钩平面与模板面的夹角，对矩形柱应为 45°，对多边形柱应为模板内角的平分角；对圆形柱钢筋的弯钩平面应与模板的切平面垂直；中间钢筋的弯钩面应与模板面垂直；当采用插入式振捣器浇筑小型截面柱时，弯钩平面与模板面的夹角不得小于 15°。钢筋安装时，受力钢筋的品种、级别、规格和数量等必须符合设计要求。

空中造楼机

4.2 模板工程

4.2.1 模板的概念、组成、作用及分类

模板工程指新浇混凝土成型的模板以及支承模板的一整套构造体系,其中,接触混凝土并控制预定尺寸、形状、位置的构造部分称为模板,支持和固定模板的杆件、桁架、连接件、金属附件、工作便桥等构成支承体系(对于滑动模板、自升模板则增设提升动力以及提升架、平台等)。模板工程在混凝土施工中是一种临时结构。

模板的分类有各种不同的方法:按照形状分为平面模板和曲面模板两种;按受力条件分为承重和非承重模板(即承受混凝土的重量和混凝土的侧压力);按照材料分为木模板、钢模板、钢木组合模板、重力式混凝土模板、钢筋混凝土镶面模板、铝合金模板、塑料模板等;按照结构和使用特点分为拆移式、固定式两种。

4.2.2 模板的基本要求

①保证工程结构和构件各部分形状尺寸和相互位置的正确,保证成型质量。

②具有足够的强度、刚度和稳定性,能可靠地承受新浇混凝土的重量和侧压力,以及在施工过程中所产生的荷载,保证安全。

③构造简单,装拆方便,并便于钢筋的绑扎与安装,符合混凝土的浇筑及养护等工艺要求,保证经济性。

④模板接缝应严密,不得漏浆,保证成型质量。

4.2.3 模板的构造

1)基础模板

基础的特点是高度较小而体积较大。在安装基础模板前,应将地基垫层的标高及基础中心线先行核对,弹出基础边线。如系独立柱基,即将模板中心线对准基础中心线;如系条形基础,即将模板对准基础边线。然后再校正模板上口的标高,使之符合设计要求。经检查无误后将模板钉(卡、栓)牢撑稳。在安装柱基础模板时,应与钢筋工配合进行。

如果地质良好、地下水位较低,可取消阶梯形模板的最下一阶,进行原槽浇筑。模板安装时应牢固可靠,保证混凝土浇筑后不变形和发生位移。

各种基础模板如图4.6所示。

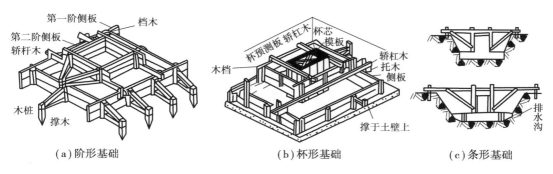

图 4.6　基础模板

2）柱模板

柱子的特点是断面尺寸不大而比较高。因此,柱模主要解决垂直度、施工时的侧向稳定及抵抗混凝土的侧压力等问题。

为抵抗混凝土的侧压力,柱模板应加柱箍,两方向加支撑和拉杆。根据需要留梁口、浇筑口、模底清扫口。

在安装柱模板前,应先绑扎好钢筋,同时在基础面上或楼面上弹出纵横轴线和四周边线,固定小方盘;然后立模板,并用临时斜撑固定;再进行垂直度校正,检查其标高位置无误后,即用斜撑卡牢固定。

柱模板如图 4.7 所示。

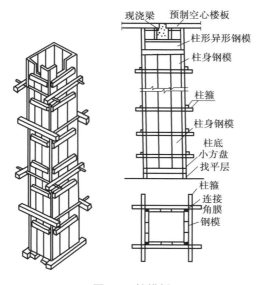

图 4.7　柱模板

3）梁板模板

梁板的下面一般是架空的,要求其模板、支撑系统稳定性好,有足够的强度、刚度,不产生过大的变形(图 4.8)。

图 4.8　梁板模板

4) 滑升模板

滑升模板(简称滑模)是一种工具式模板(图 4.9),宜用于现场浇筑高耸的构筑物和建筑物等,如烟囱、筒仓、电视塔、竖井、沉井、冷却塔和剪力墙体系及筒体体系的高层建筑等。

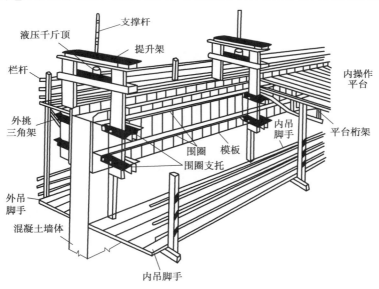

图 4.9　滑升模板

滑模施工

滑升模板施工时,在构筑物或建筑物底部,沿其墙、柱、梁等构件的周边组装高 1.2 m 左右的滑升模板,随着向模板内不断地分层浇筑混凝土,用液压提升设备使模板不断地向上滑升,直到需要浇筑的高度为止。

5）爬升模板

爬升模板（简称爬模）是一种以钢筋混凝土竖向结构为支承点，利用爬升设备自下而上逐层爬升的模板体系。液压自爬模附着在建筑物的墙体或柱子上，基本组成为预埋件、导轨、爬升支架、模板及液压控制系统等（图 4.10）。液压自爬模是以液压为动力，通过导轨与支架互爬实现爬模的自爬升，整个爬升过程均不需要任何其他吊升设备（安装及拆除除外）。

液压爬升模板

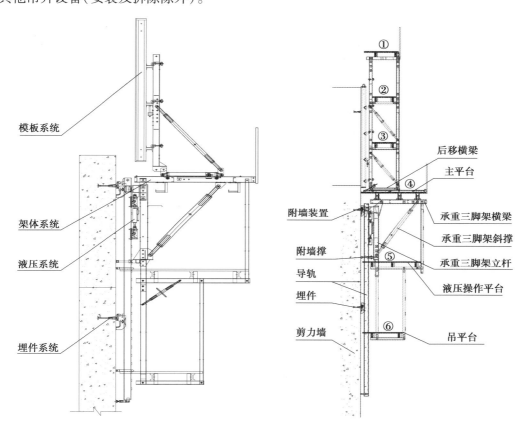

图 4.10　液压自爬模总体构造图

6）大模板

大模板是一种大尺寸的工具式模板（图 4.11），主要用于剪力墙或框架-剪力墙结构中的剪力墙施工，也可用于筒体结构中竖向结构的施工。一般是一块墙面用一块大模板。因为其质量大，所以配以相应的起重吊装机械，通过合理的施工组织，以工业化生产方式在施工现场浇筑钢筋混凝土墙体。装拆皆需起重机械吊装，提高了机械化程度，减少了用工量并缩短了工期。

7）台模

台模（又称桌模、飞模）是一种由平台板、梁、支架、支撑、调节支腿及配件组成的工具式模板（图 4.12），适用于大柱网、大空间的现浇钢筋混凝土楼盖施工，尤其适用于无梁楼盖结构，即大柱网板柱结构的楼盖施工。

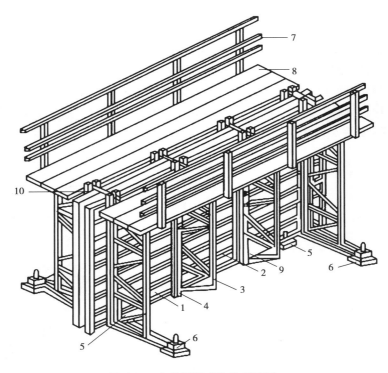

图 4.11　大模板组成构造示意图

1—面板；2—水平加劲肋；3—支撑桁架；4—竖楞；5、6—螺旋千斤顶；
7—栏杆；8—脚手板；9—穿墙螺栓；10—卡具

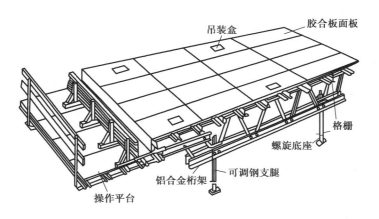

图 4.12　台模

4.2.4　模板安装及拆除要求

1) 安装质量要求

模板及其支承结构的材料、质量应符合规范规定和设计要求；模板安装时，为了便于模板的周转和拆卸，梁的侧模板应盖在底模的外面，次梁的模板不应伸到主梁模板的开口里面，梁的模板亦不应伸到柱模板的开口里面;模板安装好后应卡紧撑牢,各种连接件、支撑件、加固配件必须安装牢固,无松动现象;模板拼缝要严密;不得发生不允许的下沉与变形。

2)模板的拆除

在进行模板的施工设计时,应考虑模板的拆除顺序和拆除时间,以便更多的模板参加周转,减少模板用量,降低工程成本。模板的拆除时间与构件混凝土的强度以及模板所处的位置有关。《混凝土结构工程施工规范》(GB 50666—2011)中的相关规定见表4.3。

表4.3　底模拆除时的混凝土强度要求

构件类型	构件跨度(m)	达到设计混凝土强度等级值的百分率(%)
板	≤2	≥50
	>2,≤8	≥75
	>8	≥100
梁、拱、壳	≤8	≥75
	>8	≥100
悬臂结构		≥100

4.2.5　模板设计

模板及其支架的设计应根据工程结构形式、荷载大小、地基土类别、施工设备和材料等条件进行。其一般设计思路为:选型→选材→荷载计算→结构设计→绘制模板图→拟订安装、拆除方案。

1)模板及其支架设计的基本规定

①应具有足够的承载能力、刚度和稳定性,应能可靠地承受新浇混凝土的自重、侧压力和施工过程中所产生的荷载及风荷载。

②构造应简单,装拆方便,便于钢筋的绑扎、安装和混凝土的浇筑、养护等。

③当验算模板及其支架在自重和风荷载作用下的抗倾覆稳定性时,应符合相应材质结构设计规范的规定。

2)模板设计基本内容

①根据混凝土的施工工艺和季节性施工措施,确定其构造和所承受的荷载。

②绘制模板设计图、支撑设计布置图、细部构造和异型模板大样图。

③按模板承受荷载的最不利组合对模板进行验算。

④制订模板安装及拆除的程序和方法。

⑤编制模板及配件的规格、数量汇总表和周转使用计划。

⑥编制模板施工安全、防火技术措施及设计、施工说明书。

4.3 混凝土工程

混凝土工程包括配料、搅拌、运输、浇筑、养护等施工过程,各工序相互联系又相互影响。

4.3.1 原材料的选择

混凝土的原材料包括水泥、骨料、水和外加剂、掺合料,等等。

1)水泥

水泥的品种和成分不同,其凝结时间、早期强度、水化热、吸水性和抗侵蚀的性能等也不相同,这些都直接影响混凝土的质量、性能和适用范围。水泥在进场时必须具有出厂合格证或进场试验报告,并对其品种、强度等级、包装或散装仓号、出厂日期等内容进行检查验收。

2)细骨料

混凝土配制中所用细骨料一般为砂,根据其平均粒径或细度模数可分为粗砂、中砂、细砂和特细砂 4 种。作为混凝土用砂,在颗粒级配、含泥量、坚固性、有害物质含量等性质方面必须满足国家有关标准的规定。

3)粗骨料

混凝土级配中所用粗骨料指的是碎石或卵石,碎石或卵石的颗粒级配和最大粒径对混凝土的强度影响较大,级配越好,混凝土的和易性与强度也越高。

4)水

混凝土拌和用水一般采用饮用水,当采用其他来源水时,水质必须符合国家现行标准《混凝土用水标准》(JGJ 63—2006)的规定。

5)外加剂

在混凝土中掺入少量外加剂,可改善混凝土的性能,加快工程进度或节约水泥,满足混凝土在施工和使用中的一些特殊要求,保证工程顺利进行。

外加剂的种类很多,用途和用法各不相同,常用的有早强剂、减水剂、缓凝剂、抗冻剂和加气剂等,可根据工程需要进行选用。

6)掺合料

掺合料是指以氧化硅、氧化铝为主要成分,在混凝土中可以代替部分水泥、改善混凝土性能,且掺量不小于 5% 的具有火山灰活性的粉体材料,如粉煤灰、矿渣、沸石粉及复合矿物掺合料等。

4.3.2 混凝土配合比的确定

合理的混凝土配合比应能满足两个基本要求:既要保证混凝土的设计强度,又要满足施工所需要的和易性。对于有抗冻、抗渗等要求的混凝土,尚应符合相关的规定。

1) 混凝土试配

普通混凝土和轻骨料混凝土的配合比,应分别按国家现行标准进行计算,并通过试配确定。

2) 施工配合比的确定

混凝土的实验室配合比,是在砂、石等原材料处于完全干燥状态下配制确定的。而在现场施工中,砂、石两种原材料都采用露天堆放,不可避免地含有一些水分,配料时必须把这部分含水量考虑进去,才能保证混凝土配合比的准确,从而保证混凝土的质量。所以,在施工时应及时测量砂、石的含水率,并将混凝土的实验室配合比换算成考虑了砂石含水率条件下的施工配合比。

若混凝土的实验室配合比为水泥:砂:石:水 $= 1:s:g:w$,而现场测出砂的含水率为 w_s,石的含水率为 w_g,则换算后的施工配合比为:

$$1:s(1+w_s):g(1+w_g):[w-s \cdot w_s - g \cdot w_g]$$

混凝土拌制

4.3.3 混凝土拌制

混凝土的拌制就是将水泥、水、粗细骨料和外加剂等原材料混合在一起进行均匀拌和的过程。搅拌后的混凝土要求匀质,且达到设计要求的和易性和强度。

预拌混凝土,从市场属性看,也称商品混凝土,是混凝土拌制的趋势。商品混凝土是指以集中搅拌、远距离运输的方式向建筑工地供应一定要求的混凝土。

为了获得均匀优质的混凝土拌合物,除合理选择搅拌机的型号外,还必须合理确定搅拌制度。具体内容包括搅拌机的转速、搅拌时间、装料容积和投料顺序等。

1) 装料容积

装料容积指的是搅拌一罐混凝土所需各种原材料松散体积之和。一般来说装料容积是搅拌机搅拌筒几何容积的 $1/3 \sim 1/2$。

搅拌完毕混凝土的体积称为出料容积,一般为搅拌机装料容积的 $0.55 \sim 0.75$。目前,搅拌机上标明的容积一般为出料容积。

2) 装料顺序

在确定混凝土各种原材料的投料顺序时,应考虑如何才能保证混凝土的搅拌质量,减少机械磨损和水泥飞扬,减少混凝土的粘罐现象,降低能耗和提高劳动生产率等。目前采用的装料顺序有一次投料法、二次投料法等。

(1) 一次投料法

目前使用广泛,是将砂、石、水泥依次放入料斗后再和水一起进入搅拌筒进行搅拌。这种方法工艺简单、操作方便。当采用自落式搅拌机时常用的加料顺序是先倒石子,再加水泥,最后加砂。这种加料顺序的优点就是水泥位于砂石之间,进入搅拌筒时可减少水泥飞扬,同时砂和水泥先进入搅拌筒形成砂浆,可缩短包裹石子的时间,也避免了水向石子表面聚集产生的不良影响,可提高搅拌质量。

（2）二次投料法

二次投料法又可分为预拌水泥砂浆法和预拌水泥净浆法。预拌水泥砂浆法是指先将水泥、砂和水投入搅拌筒搅拌 1~1.5 min 后加入石子再搅拌 1~1.5 min。预拌水泥净浆法是先将水和水泥投入搅拌筒搅拌 1/2 搅拌时间，再加入砂石搅拌到规定时间。实验表明，由于预拌水泥砂浆或水泥净浆对水泥有一种活化作用，因而搅拌质量明显高于一次投料法。

3）搅拌时间

搅拌时间指的是从全部原材料装入搅拌筒时起，到开始卸料时为止的时间。一般来说，随着搅拌时间的延长，混凝土的均质性有所增加，相应地混凝土的强度也随着有所提高。但超过一定限度后，混凝土的强度不再随着搅拌时间的增加而增加，而且时间过长，将导致混凝土出现离析现象，多耗费电能，增加机械磨损，降低搅拌机生产效率。

4.3.4　混凝土运输

混凝土搅拌完毕后应及时将混凝土运输到浇筑地点。其运输方案应根据施工对象的特点、混凝土的工程量、运输的客观条件及现有设备等综合进行考虑。

1）基本要求

①混凝土在运输过程中应保持其匀质性，不分层、不离析、不漏浆，运到浇筑地点后应具有规定的坍落度，并保证有充足的时间进行浇筑和振捣。

②混凝土应以最少的转运次数和最短的时间，从搅拌地点运至浇筑现场，在混凝土初凝前浇筑完毕。

③混凝土自高处倾落的自由高度不应超过 2 m；否则，应使用串筒、溜槽或振动溜管等工具协助下落，并应保证混凝土出口的下落方向垂直。

2）运输工具

运输混凝土的工具很多，根据工程情况和设备配置选用。可采用如下方案：

现场搅拌：塔式起重机（现场垂直运输）+小推车（操作面水平运输）

现场搅拌：混凝土运输泵（现场垂直运输兼操作面水平运输）

商品混凝土：混凝土搅拌运输车（搅拌站→现场）+塔式起重机

（现场垂直运输）+小推车（操作面水平运输）

商品混凝土：混凝土搅拌运输车（搅拌站→现场）+混凝土运输泵

（现场垂直运输兼操作面水平运输）

利用混凝土泵输送混凝土是当今混凝土工程施工中的一项主流技术，也是今后的发展趋势。混凝土泵的工作原理就是利用泵体的挤压力将混凝土挤压进管路系统并到达浇筑地点，同时完成水平运输和垂直运输。混凝土泵连续浇筑混凝土、中间不停顿、施工速度快、生产效率高、工人劳动强度明显降低，还可提高混凝土的强度和密实度（图 4.13）。

混凝土泵送运输

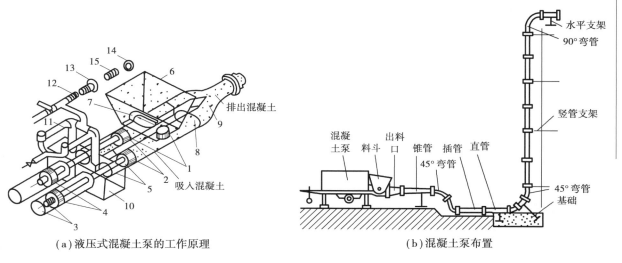

（a）液压式混凝土泵的工作原理　　　　（b）混凝土泵布置

图 4.13　混凝土输送泵

1—混凝土缸；2—推压混凝土活塞；3—液压缸；4—液压活塞；5—活塞杆；6—料斗；7—吸入阀门；8—排出阀门；9—Y 形管；10—水箱；11—水洗装置换向阀；12—水洗用高压软管；13—水洗用法兰；14—海绵球；15—清洗活塞

4.3.5　混凝土浇筑

1）浇筑前准备工作及一般规定

混凝土浇筑前应检查模板的标高、尺寸、位置、强度、刚度等内容是否满足要求，模板接缝是否严密；钢筋及预埋件的数量、型号、规格、摆放位置、保护层厚度等是否满足要求；做好隐蔽工程验收；模板中的垃圾应清理干净，木模板应浇水湿润，但不允许留有积水。一般规定如下：

①混凝土应在初凝前浇筑，如已有初凝现象，则应进行一次强力搅拌；如有离析现象，亦须重新拌和后才能浇筑。

②防止混凝土浇筑时产生分层离析现象，混凝土倾落高度应符合规定，否则应采取串筒、斜槽、溜管等下料。

③在浇筑竖向结构混凝土前，宜在底部先铺一层不大于 30 mm 厚与所浇混凝土成分相同的水泥砂浆，以避免构件底部产生蜂窝现象。

④为保证混凝土密实，混凝土施工时必须分层浇筑、分层捣实。

⑤混凝土的浇筑工作应连续进行。若间歇超过规定时间，该部位应设置为施工缝。

2）施工缝

（1）概念

由于施工技术或组织原因，导致混凝土浇筑不能连续进行，先浇混凝土已经凝结硬化，再继续浇筑混凝土时形成的新旧混凝土之间的结合面。

（2）留设原则

留设在结构受剪力较小、施工方便的部位。

（3）留设具体位置

柱宜留置在基础的顶面、梁或吊车梁牛腿的下面、吊车梁的上面、无梁楼板柱帽的下面；与板连成整体的大截面梁，留置在板底面以下 20~30 mm 处，当板下有梁托时，留置在梁托下部；单向板，留置在平行于板的短边的任何位置；有主次梁的楼板宜顺着次梁方向浇筑，施工缝应留置在次梁跨度的中间 1/3 范围内；墙宜留置在门洞口过梁跨中 1/3 范围内，也可留在纵横墙的交接处；双向受力楼板、大体积混凝土结构、拱、穿拱、薄壳、蓄水池、斗仓、多层刚架及其他结构复杂的工程，施工缝的位置应按设计要求留置（图 4.14）。

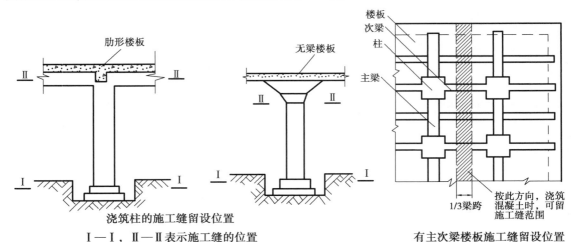

图 4.14　混凝土施工缝留设位置

（4）处理方法

已浇混凝土强度达 1.2 N/mm^2 后，剔除表面松动、薄弱层→浇水湿润、冲洗→铺一层水泥浆或水泥砂浆→继续浇筑。

3）混凝土浇筑

（1）现浇混凝土框架结构

现浇混凝土框架结构施工时，一般按结构层来划分施工层。当结构平面尺寸较大时，还应划分施工段，以便组织各工序流水施工。

台阶式基础施工时一般按台阶分层浇筑，中间不允许留施工缝。在框架结构每层每段施工时，混凝土的浇筑顺序是先浇柱，后浇梁、板。柱的浇筑宜在梁板模板安装后进行，以便利用梁板模板稳定柱模并作为浇筑混凝土的操作平台用；柱高在 3 m 以下时，可直接从柱顶浇入混凝土，若柱高超过 3 m，断面尺寸小于 400 mm×400 mm，并有交叉箍筋时，应在柱侧模每段不超过 2 m 的高度开口（不小于 30 cm 高），装上斜溜槽分段浇筑，也可采用串筒直接从柱顶进行浇筑（图 4.15）。

如柱、梁和板混凝土是一次连续浇筑，则应在柱混凝土浇筑完毕后停歇 1~1.5 h，待其初步沉实，排除泌水后，再浇筑梁、板混凝土。

梁、板混凝土一般同时浇筑，浇筑方法应先将梁分层浇捣成阶梯形，当达到板底位置时即与板的混凝土一起浇捣，而且倾倒混凝土的方向与浇筑方向相反。

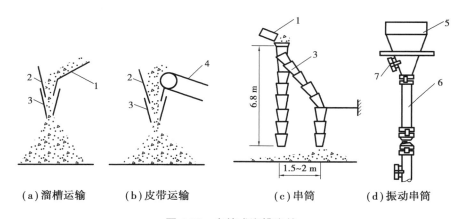

图 4.15　串筒或溜槽浇筑

1—溜槽;2—挡板;3—串筒;4—皮带运输机;5—漏斗;6—节管;7—振动器

（2）水下混凝土的浇筑

水下或泥浆中浇筑混凝土一般采用导管法（图 4.16）。其特点是:利用导管输送混凝土并使其与环境水或泥浆隔离,依靠管中混凝土自重,挤压导管下部管口周围的混凝土在已浇筑的混凝土内部流动、扩散,边浇筑边提升导管,直至混凝土浇筑完毕。

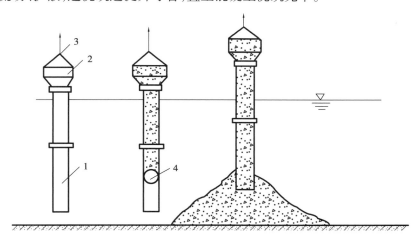

图 4.16　导管法水下浇筑混凝土

1—导管;2—承料漏斗;3—提升机具;4—球塞

4）混凝土振捣

混凝土浇筑入模后,内部还存在着很多空隙。为了使混凝土充满模板内的每一部分,而且具有足够的密实度,必须对混凝土进行捣实,使混凝土构件外形正确、表面平整、强度和其他性能符合设计及使用要求。

（1）振实原理

当混凝土拌合料受到振动时,振动能降低和消除混凝土拌合料间的摩擦力、提高混凝土的流动性,此时的混凝土拌合料暂时被液化,处于"重质液体状态"。于是混凝土拌合料能像液体一样很容易地充满容器;物料颗粒在重力作用下下沉,能迫使气泡上浮,排除原拌合料中的空气和消除孔隙。通过振动使混凝土骨料和水泥砂浆在模板中得到致密的排列和有效的填充。

（2）振动设备的选择及操作要点

混凝土的振动机械按其工作方式不同,可分为内部振动器、表面振动器、外部振动器和振动台等。这些振动机械的构造原理基本相同,主要是利用偏心锤的高速旋转,使振动设备因离心力而产生振动。

①内部振动器又称插入式振动器,它由振动棒、软轴和电动机组成(图4.17)。插入式振动器的适用范围最广泛,可用于大体积混凝土、基础、柱、梁、墙、厚度较大的板及预制构件的捣实工作。

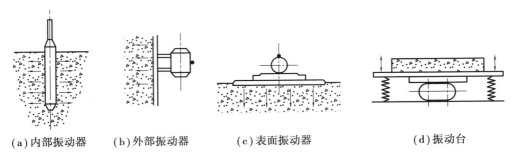

(a)内部振动器　(b)外部振动器　(c)表面振动器　(d)振动台

图4.17　混凝土振捣设备

使用插入式振动器垂直操作时的要点是:直上和直下,快插与慢拔;插点要均匀,切勿漏插点;上下要插动,层层要扣搭;时间掌握好,密实质量佳。

振捣时插点排列要均匀,可采用"行列式"或"交错式"(图4.18)的次序移动,且不得混用,以免漏振。

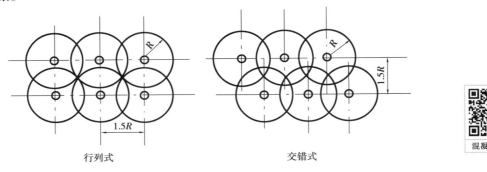

行列式　　　　　　　　　交错式

图4.18　插入式振动器的插点排列

②表面振动器又称平板式振动器(图4.17)。它是将在电动机转轴上装有左右两个偏心块的振动器固定在一个平板上而成。电机开动后,带动偏心块高速旋转,从而使整个设备产生振动,通过平板将振动传给混凝土。其振动作用深度较小,仅适用于厚度较薄而表面较大的结构,如平板、楼地面、屋面等构件。

③外部振动器又称附着式振动器(图4.17)。它是固定在模板外侧的横档或竖档上,振动器的偏心块旋转时产生的振动力通过模板传给混凝土,从而使混凝土被振捣密实。它适用于振捣钢筋较密、厚度较小等不宜使用插入式振动器的结构。

④振动台(图4.17)。它是一个支撑在弹性支座上的工作平台,平台下面有振动机构,模板固定在平台上。振动机构工作时,就带动工作台一起振动,从而使在工作台上制作构件的混凝土得到振实。振动台主要用于混凝土制品厂预制构件的振捣,具有生产效率高、振捣效果好的优点。

4.3.6   混凝土养护

1）基本条件

养护的目的就是给混凝土提供一个较好的强度增长环境。混凝土的强度增长是水泥水化反应进行的结果,而影响水泥水化反应的主要因素是温度和湿度,因此混凝土养护实际上是为混凝土硬化提供必要的温度、湿度条件。

2）常用方法

混凝土养护的常用方法主要有标准养护、自然养护、加热养护、蓄热养护。其中蓄热养护多用于冬季施工,而加热养护除用于冬季施工外,还常用于预制构件的生产。

混凝土养护

（1）标准养护

混凝土在温度为(20±2)℃和相对湿度为95%以上的潮湿环境或水中的条件下进行的养护。

（2）自然养护

自然养护是指在自然气温条件下（平均气温高于+5 ℃）,用适当的材料对混凝土表面实施覆盖、浇水、挡风、保温等养护措施,使混凝土的水泥水化作用在所需的适当温度和湿度条件下顺利进行。自然养护又分为覆盖浇水养护和塑料薄膜养护。

覆盖浇水养护是指混凝土在浇筑完毕后 3~12 h 内,用草帘、芦席、麻袋、锯木、湿土和湿沙等适当材料将混凝土表面覆盖,并经常浇水使混凝土表面处于湿润状态的养护方法。

塑料薄膜养护就是以塑料薄膜为覆盖物,使混凝土表面空气隔绝,可防止混凝土内的水分蒸发,水泥依靠混凝土中的水分完成水化作用而凝结硬化,从而达到养护目的。

（3）加热养护

加热养护是通过对混凝土加热来加速混凝土的强度增长。常用的方法有蒸汽室养护、热模养护等。

蒸汽室养护就是将混凝土构件放在充满蒸汽的养护室内,使混凝土在高温高湿度条件下,迅速达到要求的强度。

热模养护也属于蒸汽养护,蒸汽不与混凝土接触,而是将蒸汽通在模板内,热量通过模板与刚成型的混凝土进行热交换从而达到养护的目的。此法养护用气少,加热均匀,既可用于预制构件,又可用于现浇墙体。

4.3.7   混凝土质量检查

混凝土的质量检查包括施工过程中的质量检查和施工后的质量检查。施工中的检查主要是指对混凝土拌制和浇筑过程中材料的质量及用量、搅拌地点和浇筑地点的坍落度等进行检查。施工后的质量检查主要是指对已完工的混凝土进行外观质量检查和强度检查。对有抗冻、抗渗等特殊要求的混凝土,还应进行抗冻、抗渗性能检查。

1）强度检验

检查混凝土质量应通过留置试块做抗压强度试验的方法进行。当有特殊要求时,还需做混凝土的抗冻性、抗渗性等试验。试块制作及强度评定应按《建筑工程施工质量验收统一标准》（GB 50300—2013）和《混凝土强度检验评定标准》（GB/T 50107—2010）的规定进行。

当对混凝土试件强度的代表性有怀疑时，可采用非破损检验方法或从结构、构件中钻取芯样的方法，按有关标准的规定，对结构构件中的混凝土强度进行推定，作为是否进行处理的依据。

2）外观检查

混凝土结构构件拆模后，应从其外观上检查其表面有无麻面、蜂窝、露筋、裂缝、孔洞等缺陷，预留孔道是否通畅无堵塞，如有类似情况应加以修正。

对于面积较小且数量不多的蜂窝、麻面、露筋、露石的混凝土表面，可在表面进行修补。具体办法是先用钢丝刷或压力水洗刷基层，洗去软弱层后，再用 1∶2~1∶2.5 的水泥砂浆抹平即可。

对于较大面积的蜂窝、露筋和露石应按其全部深度凿去薄弱的混凝土层和个别突出的混凝土颗粒，然后用钢丝刷或压力水将表面冲洗干净，再用比原混凝土强度等级高一级的细骨料混凝土填塞，并仔细振捣密实。

孔洞是指混凝土结构构件局部没有混凝土，形成空腔，一般处理方法是将混凝土表面按施工缝的方法进行处理。

裂缝是混凝土结构常见的质量缺陷，其修补方法根据具体情况而定。对于结构构件承载力和整体性影响较小的表面细小裂缝可先用压力水将裂缝冲洗干净，再用水泥浆填补。当裂缝较大较深时，需先将裂缝凿成凹槽，用压力水冲洗干净后，再用 1∶2~1∶2.5 水泥砂浆或环氧胶泥填补。

对于影响结构性能的缺陷，应会同设计单位共同研究，制订出合理、可靠的修补方案。

4.4　预应力混凝土工程

预应力混凝土是在外荷载作用前，预先建立有内应力的混凝土。混凝土的预压应力一般是在结构或构件受拉区域，通过对预应力筋进行张拉、锚固、放松，借助钢筋的弹性回缩，使受拉区混凝土事先获得预压应力来实现的。按施加应力方式可分为先张法预应力混凝土、后张法预应力混凝土和自应力混凝土。按预应力筋的黏结状态可分为有黏结预应力混凝土和无黏结预应力混凝土。

4.4.1　先张法施工

先张法是在浇筑混凝土前铺设、张拉预应力筋，并将张拉后的预应力筋临时锚固在台座或钢模上，然后浇筑混凝土，待混凝土养护到一定强度（一般不应低于设计的混凝土立方体抗压强度标准值的 75%），保证预应力筋与混凝土有足够的黏结时，放松预应力筋，借助混凝土与预应力筋的黏结，对混凝土施加预应力的施工工艺（图 4.19）。

先张法生产构件可采用长线台座法，或在钢模中采用机组流水法进行。

1）台座及张拉机具

台座是先张法施工中主要的设备之一。它必须有足够的强度、刚度和稳定性，以免因台座的变形、倾覆和滑移而引起预应力值的损失，以确保先张法生产构件的质量。台座按构造形式不同可分为墩式台座和槽式台座两类。

张拉预应力钢丝时,一般直接采用卷扬机或电动螺杆张拉机,亦可采用液压千斤顶张拉。张拉预应力钢筋时,在槽式台座中常采用四横梁式成组张拉装置,用千斤顶张拉。

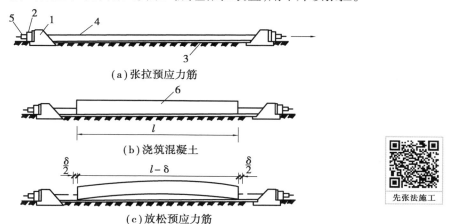

（a）张拉预应力筋

（b）浇筑混凝土

（c）放松预应力筋

图 4.19　先张法施工工艺示意图

1—台座;2—横梁;3—台面;4—预应力筋;5—夹具;6—混凝土构件

预应力筋张拉后用锚固夹具直接锚固于横梁上,锚固夹具都可以重复使用。预应力钢丝常采用圆锥齿板式锚固夹具锚固,预应力钢筋常采用螺丝端杆锚固。

2）先张法施工工艺

用先张法在台座上生产预应力混凝土构件时,其一般工艺流程如图 4.20 所示。

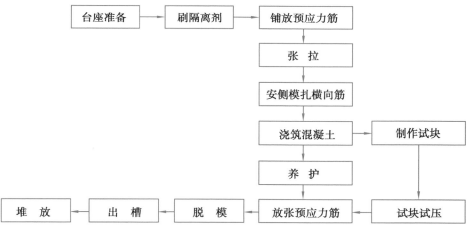

图 4.20　先张法工艺流程图

（1）预应力筋铺设

预应力筋应采用砂轮锯或切断机切断,不得采用电弧切割。为便于脱模,长线台座（或胎模）在铺放预应力筋前应先刷隔离剂,并应采取措施,防止隔离剂污损预应力筋,影响其与混凝土的黏结。预应力钢丝宜用牵引车铺设。

（2）预应力筋张拉及预应力值校核

预应力筋的张拉应根据设计要求,采用合适的张拉方法、张拉顺序和张拉程序进行,并应有可靠的质量和安全保证措施。

预应力筋的张拉可采用单根张拉或多根同时张拉,当预应力筋数量不多,张拉设备拉力有限时常采用单根张拉。当预应力筋数量较多且密集布筋,张拉设备拉力较大时,则可采用多根同时张拉。在确定预应力筋张拉顺序时,应考虑尽可能减少台座的倾覆力矩和偏心力,先张拉靠近台座截面重心处的预应力筋。

预应力筋的张拉控制应力 σ_{con} 应符合设计要求。对于要求提高构件在施工阶段的抗裂性能而在使用阶段受压区设置的预应力筋,或当要求部分抵消由于应力松弛、摩擦、钢筋分批张拉以及预应力筋与张拉台座之间的温差等引起的应力损失时,可提高 $0.05f_{ptk}$。

预应力钢丝由于张拉工作量大,宜采用一次张拉程序:

$$0 \rightarrow 1.03 \sim 1.05\sigma_{con}\text{锚固}$$

其中,σ_{con} 系预应力筋的张拉控制应力;超张拉系数 $1.03 \sim 1.05$ 是考虑弹簧测力计的误差、温度影响、台座横梁或定位板刚度不足、台座长度不符合设计取值、工人操作影响等因素造成预应力损失。

采用低松弛钢绞线时,可采用一次张拉程序:

对单根张拉,$0 \rightarrow \sigma_{con}$ 锚固

对整体张拉,$0 \rightarrow$ 初应力调整值 $\rightarrow \sigma_{con}$ 锚固

多根预应力筋同时张拉时,应预先调整初应力,使其相互之间的应力一致。

预应力筋张拉锚固后实际建立的预应力值与工程设计规定检验值的允许偏差为±5%。

预应力钢丝张拉时,伸长值不作校核。钢丝张拉锚固后,应采用钢丝内力测定仪检查钢丝的预应力值,其偏差应符合上述要求。钢绞线预应力筋的张拉力,一般采用伸长值校核。张拉时预应力的实际伸长值与设计计算理论伸长值的相对允许偏差为±6%。

(3)预应力筋的放张

预应力筋放张过程是预应力值的建立过程,是先张法构件能否获得良好质量的一个重要环节,应根据放张要求,确定适宜的放张顺序、放张方法及相应的技术措施。

①放张要求。预应力筋放张时,混凝土强度应符合设计要求,当设计无具体要求时,不应低于设计强度等级的75%。放张过早会由于混凝土强度不足,产生较大的混凝土弹性回缩或滑移而引起较大的预应力损失。

②放张方法。放张过程中,应使预应力构件自由压缩。放张工作应缓慢进行,避免过大的冲击与偏心。当预应力筋为钢丝时,若钢丝数量不多,可采用剪切、锯割或氧-乙炔焰预热熔断的方法进行放张。放张时,应从靠近生产线中间处剪(熔)断钢丝,这样比在靠近台座一端处(熔)断时回弹减小,且有利于脱模。钢丝数量较多时,所有钢丝应同时放张,不允许采用逐根放张的方法,否则最后的几根钢丝将可能由于承受过大的应力而突然断裂,导致构件应力传递长度骤增,或使构件端部开裂。

③放张顺序。预应力筋的放张顺序应符合设计要求,当设计无特殊要求时,应遵循下列规定:对承受轴心预压力的构件(如压杆、桩等),所有预应力筋应同时放张;对承受偏心预压力的构件,应先同时放张预压力较小区域的预应力筋,再同时放张预压力较大区域的预应力筋;当不能按上述规定放张时,应分阶段、对称、相互交错地放张,以防止在放张过程中,构件产生弯曲、裂纹及预应力筋断裂等现象。

放张后预应力筋的切断顺序,宜由放张端开始,逐次切向另一端。

4.4.2 后张法施工

后张法是先制作构件或结构,待混凝土达到一定强度后,再张拉预应力筋的方法。其施工方法可以分为有黏结预应力施工和无黏结预应力施工两类。后张法预应力施工示意如图4.21所示。

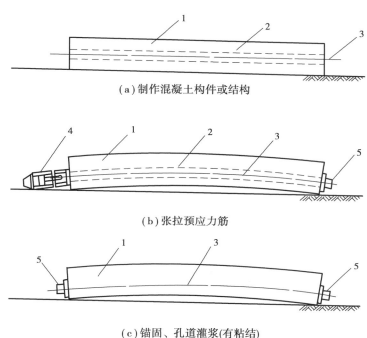

（a）制作混凝土构件或结构

（b）张拉预应力筋

（c）锚固、孔道灌浆(有粘结)

图 4.21 后张法预应力施工示意图
1—混凝土构件或结构;2—预留孔道;3—预应力筋;4—千斤顶;5—锚具

后张法预应力施工的特点是直接在构件或结构上张拉预应力筋,混凝土在张拉过程中受到预压力而完成弹性压缩,因此,混凝土的弹性压缩不直接影响预应力筋有效预应力值的建立。

后张法预应力的传递主要依靠预应力筋两端并压在混凝土构件上的锚具,该锚具作为预应力筋的组成部分,永远留置在构件上,不能重复使用,称为工作锚。因此,后张法预应力施工需要耗用的钢材较多,锚具加工要求高,费用昂贵。另外,后张法工艺本身要预留孔道、穿筋、张拉、灌浆等,故施工工艺比较复杂,整体成本也比较高。

1）预应力筋及锚具

目前,我国后张法预应力施工中采用的预应力钢材主要有钢绞线、钢丝和精轧螺纹钢筋等。

锚具是后张法预应力混凝土构件中或结构中为施加或保持预应力筋的拉力的锚固装置。后张法张拉用的夹具又称工具锚,是将千斤顶(或其他张拉设备)的张拉力传递到预应力筋上的装置。连接器是在预应力施工中将预应力从一根预应力筋传递到另一根预应力筋上的装置。在后张法混凝土施工中,预应力筋锚固体系包括锚具、锚垫板、螺旋筋等。

（1）锚具

钢绞线锚具主要形式有夹片锚、挤压锚、压花锚等形式。夹片锚可分为单孔和多孔形式。

单孔夹片锚具由锚环和夹片组成(图 4.22)。夹片的种类很多,按片数可分为三片式和二片式。

单孔夹片锚固体系如图 4.23 所示。

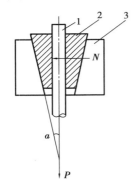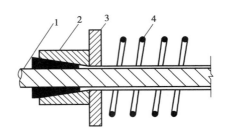

图 4.22　锚固原理示意图　　　　　　图 4.23　单孔夹片锚固体系

1—预应力筋;2—夹片;3—锚环　　　1—钢绞线;2—单孔夹片锚具;3—承压钢板;4—螺旋筋

多孔夹片锚具由多孔锚板、锚垫板、螺旋筋等组成(图 4.24)。这种锚具是在一块多孔的锚板上,利用每一个锥形孔装一副夹片,夹持一根钢绞线。其优点是任何一根钢绞线锚固失效,都不会引起整体锚固失效。

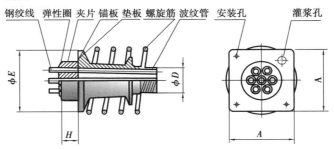

图 4.24　多孔夹片锚具

挤压锚具可埋在混凝土结构内,也可安装在结构之外,对有粘结钢绞线预应力筋和无粘结钢绞线预应力筋都适用,应用范围较广。P 形挤压锚具是在钢绞线端部安装异形钢丝衬圈和挤压套,利用专用挤压机挤过模孔后,使其产生塑性变形而握紧钢绞线,形成可靠的锚固(图4.25)。压花锚具仅适用于固定端空间较大且有足够的粘结长度的情况,但成本较低。

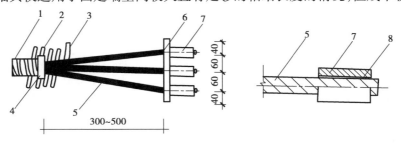

图 4.25　挤压锚具

1—金属波纹管;2—螺旋筋;3—排气管;4—约束圈;5—钢绞线;

6—锚板垫;7—挤压锚具;8—异形钢丝衬圈

（2）钢绞线预应力筋的制作

钢绞线的质量大、盘卷小、弹力大，为了防止在下料过程中钢绞线紊乱并弹出伤人，事先应制作一个简易的铁笼。下料时，将钢绞线盘卷装在铁笼内，从盘卷中逐步抽出，较为安全。

钢绞线下料宜用砂轮锯或切断机切断，不得采用电弧切割。钢绞线编束宜用 20 号铁丝绑扎，间距 2~3 m。编束时应先将钢绞线理顺，并尽量使各根钢绞线松紧一致。如钢绞线单根穿入孔道，则不编束。

2）张拉机具和设备

预应力筋的张拉工作必须配置有成套的张拉机具设备。后张法预应力施工用张拉设备由液压千斤顶、高压油泵和外接油管等组成。张拉设备宜装有测力仪器，以准确建立预应力值。张拉设备应有专人使用和保管，并定期维护和校验。

3）后张法施工工艺

后张法有粘结预应力的施工工艺流程如图 4.26 所示。下面主要介绍孔道留设、穿筋、预应力筋张拉和锚固、孔道灌浆等内容。

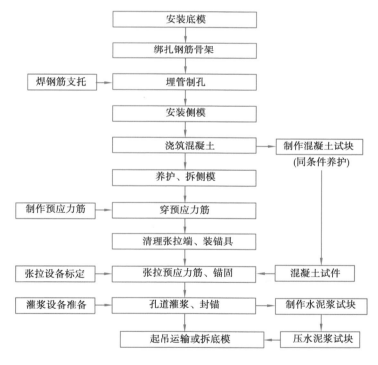

图 4.26　后张法有粘结预应力施工工艺流程
（穿预应力筋也可以在浇混凝土前进行）

（1）孔道留设

预留孔道的规格、数量、位置和形状应符合设计要求；预留孔道的定位应牢固，浇筑混凝土时不应出现位移和变形；孔道应平顺，端部的预埋锚垫板应垂直于孔道中心线。

①预埋波纹管留孔

预埋波纹管成孔时，波纹管直接埋在构件或结构中不再取出，这种方法特别适用于留设曲线孔道。按材料不同,波纹管分为金属波纹管和塑料波纹管。

波纹管的安装,应事先按设计图中预应力筋的曲线坐标在箍筋上定出曲线位置。波纹管的固定应采用钢筋支托,支托钢筋间距为 0.8~1.2 m。支托钢筋应焊在箍筋上,箍筋底部应垫实。波纹管固定后,必须用铁丝扎牢,以防止浇筑混凝土时波纹管上浮而引起严重的质量事故。

预应力
金属波纹管

②钢管抽芯法

制作后张法预应力混凝土构件时,在预应力筋位置预先埋设钢管,待混凝土初凝后再将钢管旋转抽出,从而留出孔道。为防止在浇筑混凝土时钢管产生位移,每隔 1.0 m 用钢筋井字架固定牢靠。钢管接头处可用长度为 300~400 mm 的铁皮套管连接。在混凝土浇筑后,每隔一定时间慢慢同向转动钢管,使之不与混凝土粘结;待混凝土初凝后、终凝前抽出钢管,即形成孔道。钢管抽芯法仅适用于留设直线孔道。

③胶管抽芯法

制作后张法预应力混凝土构件时,在预应力筋的位置处预先埋设胶管,待混凝土结硬后再将胶管抽出的留孔方法。采用 5~7 层帆布胶管。为防止在浇筑混凝土时胶管产生位移,直线段每隔 600 mm 用钢筋井字架固定牢靠,曲线段应适当加密。胶管两端应有密封装置。在浇筑混凝土前,胶管内充入压力为 0.6~0.8 MPa 的压缩空气或压力水,管径增大约 3 mm,待浇筑的混凝土初凝后,放出压缩空气或压力水,管径缩小,混凝土脱开,随即拔出胶管。胶管抽芯法适用于留设直线与曲线孔道。

在预应力筋孔道两端,应设置灌浆孔和排气孔。灌浆孔可设置在锚垫板上或利用灌浆管引至构件外,其间距对抽芯成型孔道不宜大于 12 m,孔径应能保证浆液畅通,一般不宜小于 20 mm,曲线孔道的曲线波峰部位应设置排气兼泌水管,必要时可在最低点设置排水孔,泌水管伸出构件顶面的高度不宜小于 0.5 m。

(2)预应力筋穿入孔道

预应力筋穿入孔道,简称穿筋。根据穿筋与浇筑混凝土之间的先后关系,可分为先穿筋和后穿筋两种。先穿筋法即在浇筑混凝土之前穿筋。此法穿筋省力,但穿筋占用工期,预应力筋的自重引起的波纹管摆动会增大摩擦损失,预应力筋端保护不当易生锈。后穿筋法即在浇筑混凝土之后穿筋。此法可在混凝土养护期内进行,不占工期,便于用通孔器或高压水通孔,穿筋后即行张拉,易于防锈,但穿筋较为费力。

根据一次穿入数量,可分为整束穿和单根穿。钢丝束应整束穿;钢绞线宜采用整束穿,也可用单根穿。穿筋工作可由人工、卷扬机和穿筋机进行。

(3)预应力筋的张拉

①准备工作

a.混凝土强度检验。预应力筋张拉时,混凝土强度应符合设计要求;当设计无具体要求时,不应低于设计混凝土强度等级的 75%。

b.构件端头清理。构件端部预埋钢板与锚具接触处的焊渣、毛刺、混凝土残渣等应清除干净。

c.张拉操作台搭设。高空张拉预应力筋时,应搭设可靠的操作平台。张拉操作平台应能承受操作人员与张拉设备的质量,并装有防护栏杆。

　　d.锚具与张拉设备安装。对钢绞线束夹片锚固体系,安装锚具时应注意工作锚板或锚环对中,夹片均匀打紧并外露一致;千斤顶上的工具锚孔与构件端部工作锚的孔位排列要一致,以防钢绞线在千斤顶穿心孔内打叉。安装张拉设备时,对直线预应力筋,应使张拉力作用线与孔道中心线重合;对曲线预应力筋,应使张拉力的作用线与孔道中心线末端的切线重合。

　　②预应力筋张拉方式

　　根据预应力混凝土结构特点、预应力筋形状与长度以及方法的不同,预应力筋张拉方式有以下几种:

　　a.一端张拉方式。张拉设备放置在预应力筋的一端进行张拉。适用于锚固损失影响长度 $L_f \geq 1/2L$(L 为预应力筋水平投影长度)的预应力筋。

　　b.两端张拉方式。张拉设备放置在预应力筋两端进行张拉。适用于 $L_f < 1/2L$ 的预应力筋。

　　c.分批张拉方式。对配有多束预应力筋的构件或结构分批进行张拉。后批预应力筋张拉所产生的混凝土弹性压缩对先批张拉的预应力筋造成预应力损失;所以先批张拉的预应力筋张拉力应加上该弹性压缩损失值,使分批张拉后,每根预应力筋的张拉力基本相等。若为两批张拉,则第一批张拉的预应力筋的张拉控制应力 σ'_{con} 应为:

$$\sigma'_{con} = \sigma_{con} + \alpha_E \sigma_{pc}$$

式中　σ'_{con}——第一批张拉的预应力筋的张拉控制应力;

　　　　σ_{con}——设计控制应力,即第二批张拉的预应力筋的张拉控制应力;

　　　　α_E——钢筋与混凝土的弹性模量比;

　　　　σ_{pc}——第二批预应力筋张拉时,在已张拉预应力筋重心处产生的混凝土法向应力。

　　另外,对较长的多跨连续梁可采用分段张拉方式;在后张传力梁等结构中,为了平衡各阶段的荷载,可采用分阶段张拉方式;为达到较好的预应力效果,也可采用在早期预应力损失基本完成后再进行张拉的补偿张拉方式等。

　　③预应力筋张拉顺序

　　预应力筋的张拉顺序,应使混凝土不产生超应力、构件不扭转与侧弯、结构不变位等,因此,张拉宜对称进行。同时还应考虑到尽量减少张拉设备的移动次数。

　　④张拉程序

　　预应力筋的张拉操作程序,主要根据构件类型、张拉锚固体系、松弛损失等因素确定。

　　a.采用低松弛钢丝和钢绞线时,张拉程序为:

$$0 \rightarrow P_j 锚固$$

　　其中,P_j 为预应力筋的张拉力,$P_j = \sigma_{con} \cdot A_p$,式中 A_p 为预应力筋的截面面积。

　　b.采用普通松弛预应力筋时,按超张拉程序进行:

　　对镦头锚具等可卸载锚具:　　　$0 \rightarrow 1.05P_j \xrightarrow{持荷\,2\,min} P_j$ 锚固

　　对夹片锚具等不可卸载锚具:　　　$0 \rightarrow 1.03P_j$ 锚固

后张法预应力
张拉

　　超张拉并持荷 2 min 的目的是加快预应力筋松弛损失的早期发展。以上各种张拉操作程序,均可分级加载。

　　⑤张拉伸长值校核

　　当采用应力控制方法张拉时,应校核预应力筋的伸长值。实际伸长值与设计计算理论伸长值的相对允许偏差为±6%。

a.伸长值 ΔL 的计算。直线预应力筋,不考虑孔道摩擦影响时：

$$\Delta L = \frac{\sigma_{con}}{E_s}L$$

式中　　σ_{con}——施工中实际张拉控制应力；

$\quad\quad E_s$——预应力筋的弹性模量；

$\quad\quad L$——预应力筋长度。

直线预应力筋,考虑孔道摩擦影响,一端张拉时：

$$\Delta L = \frac{\overline{\sigma}_{con}}{E_s}L$$

式中　　$\overline{\sigma}_{con}$——预应力筋的平均张拉应力,取张拉端与固定端应力的平均值,即为跨中应力值；

$\quad\quad E_s$——预应力筋的弹性模量；

$\quad\quad L$——预应力筋长度。

计算时,对多曲线段或直线段与曲线段组成的预应力筋,张拉伸长值应分段计算,然后分段叠加。预应力筋弹性模量取值对伸长值的影响较大,重要的预应力混凝土结构,预应力筋的弹性模量应事先测定。

b.伸长值的测定。预应力筋张拉伸长值的量测,应在建立初应力之后进行。其实际伸长值应为：

$$\Delta L = \Delta L_1 + \Delta L_2 - A - B - C$$

式中　　ΔL_1——从初应力至最大张拉力之间的实测伸长值；

$\quad\quad \Delta L_2$——初应力以下的推算伸长值；

$\quad\quad A$——张拉过程中锚具揳紧引起的预应力筋内缩值,包括工具锚、远端工作锚、远端补张拉工具锚等回缩值；

$\quad\quad B$——千斤顶体内预应力筋的张拉伸长值；

$\quad\quad C$——施加预应力时,后张法混凝土构件的弹性压缩值(其值微小时可略去不计)。

初应力以下的推算伸长值 ΔL_2,可根据弹性范围内张拉力与伸长值成正比的关系,用计算法或图解法确定。

(4)孔道灌浆

预应力筋张拉后,利用灌浆泵将水泥浆压灌到预应力筋孔道中去,其作用有二：一是保护预应力筋,防止锈蚀；二是使预应力筋与构件混凝土有效地粘结,以控制超载时裂缝的间距与宽度并减轻梁端锚具的负荷状况。

预应力筋张拉后,应尽早进行孔道灌浆。孔道内水泥浆应饱满、密实,应采用强度等级不低于 32.5 级的普通硅酸盐水泥配制水泥浆,其水灰比不应大于 0.45；搅拌后 3 h 泌水率不宜大于2%,且不应大于3%。泌水应能在 24 h 内全部重新被水泥浆吸收。为改善水泥浆性能,可掺缓凝减水剂。水泥浆应采用机械搅拌,以确保拌和均匀。搅拌好的水泥浆必须过滤(网眼不大于5 mm)置于贮浆桶内,并不断搅拌以防泌水沉淀。

灌浆设备包括砂浆搅拌机、灌浆泵、贮浆桶、过滤网、橡胶管和喷浆嘴等。灌浆泵应根据灌浆高度、长度、形态等选用,并配备计量校验合格的压力表。

灌浆前应全面检查构件孔道及灌浆孔、泌水孔、排气孔是否畅通。对抽拔管成孔,可采用压力水冲洗孔道;对预埋波纹管成孔,必要时可采用压缩空气清孔。宜先灌下层孔道,后灌上层孔道。灌浆工作应缓慢均匀地进行,不得中断,并应排气通顺,在出浆口出浓浆并封闭排气孔后,宜再继续加压至 $0.5\sim0.7$ N/mm² ,稳压 2 min,再封闭灌浆孔。当孔道直径较大且水泥浆不掺微膨胀剂或减水剂进行灌浆时,可采取二次压浆法或重力补浆法。超长孔道、大曲率孔道、扁管孔道、腐蚀环境的孔道等可采用真空辅助灌浆。

4.4.3　无粘结预应力筋施工

无粘结预应力筋张拉程序等有关要求基本上与有粘结后张法相同。

无粘结预应力混凝土楼盖结构的张拉顺序,宜先张拉楼板,后张拉楼面梁。板中的无粘结筋,可依次张拉。梁中的无粘结筋宜对称张拉。

板中的无粘结筋一般采用前卡式千斤顶单根张拉,并用单孔夹片锚具锚固。

无粘结曲线预应力筋的长度超过 35 m 时,宜采取两端张拉。当筋长超过 70 m 时,宜采取分段张拉。如遇到摩擦损失较大,宜先松动一次再张拉。

在梁板顶面或墙壁侧面的斜槽内张拉无粘结预应力筋时,宜采用变角张拉装置。

无粘结预应力筋张拉伸长值校核与有粘结预应力筋相同;对超长无粘结筋,由于张拉初期的阻力大,初拉力以下的伸长值比常规推算伸长值小,应通过试验修正。

无粘结预应力筋的锚固区,必须有严格的密封防护措施,严防水汽进入锈蚀预应力筋。

无粘结预应力筋锚固后的外露长度不小于 30 mm,多余部分宜用手提砂轮锯切割,但不得采用电弧切割。在锚具与锚垫板表面涂以防水涂料。为了使无粘结筋端头全封闭,在锚具端头涂防腐润滑油脂后,罩上封端塑料盖帽(图 4.27)。

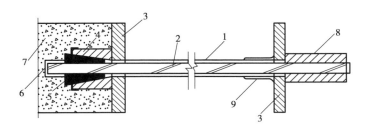

图 4.27　无粘结预应力筋全密封构造

1—护套;2—钢绞线;3—承压钢板;4—锚环;5—夹片;

6—塑料帽;7—封头混凝土;8—挤压锚具;9—塑料套管或橡胶带

对凹入式锚固区,锚具表面经上述处理后,再用微胀混凝土或低收缩防水砂浆密封。对凸出式锚固区,可采用外包钢筋混凝土圈梁封闭。对留有后浇带的锚固区,可采取二次浇筑混凝土的方法封锚。

思考题

1.简述模板的基本要求。

2.钢筋连接的方法有哪些? 各自特点及适用范围如何?

3.什么是钢筋量度差？影响钢筋量度差的主要因素有哪些？

4.影响钢筋下料长度计算的主要因素有哪些？

5.简述钢筋加工的内容。

6.简述混凝土使用的主要外加剂。

7.为什么要进行混凝土施工配合比的计算？

8.简述混凝土运输的基本要求。

9.简述泵送混凝土的原理、特点及适用范围。

10.什么是施工缝？留置原则及处理方法是什么？

11.简述混凝土振捣机械的工作特点及适用范围。

12.简述先张法、后张法预应力混凝土的施工工艺、特点及适用范围。

13.简述后张法预应力混凝土施工中孔道灌浆的作用及施工要求。

习　题

1.混凝土实验室配合比为 1∶2.16∶4.05,水灰比为 0.5,每立方米混凝土的水泥用量为 300 kg。现场实测砂的含水率为 3%,石子的含水率为 1%。现选用 JZ250 型搅拌机。

试计算:

(1)施工配合比。

(2)当采用 JZ250 型搅拌机并使用袋装水泥(每袋 50 kg)时,搅拌机的一次投料量是多少？

2.某基础梁采用 C20 普通混凝土,实验室配合比提供的水泥用量为 300 kg/m³,砂子为 580 kg/m³,石子为 1 300 kg/m³,$W/C=0.55$,现场实测砂子含水率为 4%,石子含水率为 2%。

试求:

(1)施工配合比。

(2)当采用 JZ350 型搅拌机并使用散装水泥时,求每盘下料量。

3.计算下图(a)中钢筋及图(b)中箍筋的下料长度。

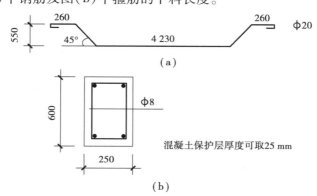

(a)

(b)

附:

①钢筋弯曲量度差取值如下。

弯曲角度	30°	45°	60°	90°	135°
弯曲量度差	0.35d	0.5d	0.85d	2d	2.5d

注:d 为弯曲钢筋直径。

②箍筋调整值:箍筋直径为 8 mm,量外包尺寸时,箍筋调整值为 60 mm;量内包尺寸时,箍筋调整值为 120 mm。

4.后张法施工某预应力混凝土梁,孔道长 12 m,混凝土强度等级 C30,每根梁配有 7 束 $\Phi^j15.2$ 钢绞线,每束钢绞线截面面积为 139 mm^2,钢绞线 $f_{ptk}=1\,860$ MPa,弹性模量 $E_s=1.95\times10^5$ MPa,张拉控制应力 $\sigma_{con}=0.70f_{ptk}$,拟采用超张拉程序:$0\rightarrow1.05\sigma_{con}$,试计算:

(1)同时张拉 7 束 $\Phi^j15.2$ 钢绞线所需的张拉力;

(2)$0\rightarrow1.0\sigma_{con}$ 过程中,钢绞线的伸长值。

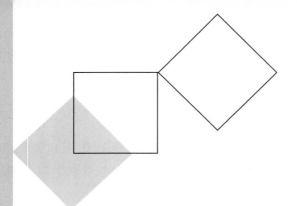

5 结构安装工程

本章导读：
- **基本要求**　掌握土木工程用各种起重机械；熟悉混凝土结构构件的制作、运输和堆放；掌握混凝土结构构件的安装工艺过程。
- **重点**　混凝土构件的制作、混凝土构件的运输和堆放、混凝土构件的安装工艺。
- **难点**　履带式起重机的主要技术参数及其相互间的关系。

结构安装工程即在现场或工厂制作结构构件或构件组合，用起重机械在施工现场将其起吊并安装到设计位置，形成装配式结构。结构安装工程按结构类型可分为混凝土结构安装工程和钢结构安装工程。

5.1　起重机械与设备

在结构安装工程中常用的起重机械有桅杆式起重机、自行杆式起重机和塔式起重机三大类。

5.1.1　桅杆式起重机

桅杆式起重机是用木材或金属材料制作的起重设备。它制作简单、装拆方便、起重量较大，受地形限制小，能用于其他起重机不能安装的一些特殊结构和设备的安装。

桅杆式起重机可分为独脚把杆、人字把杆、悬臂把杆和牵缆式桅杆起重机等。

1）独脚把杆

独脚把杆可用圆木、钢管或金属格构柱制作。它由把杆、起重滑轮组、卷扬机、缆风绳和锚碰等组成(图 5.1)。使用时,把杆应保持不大于 10°的倾角,以便吊装的构件不致碰撞把杆,底部应设置拖子以便移动。把杆主要依靠缆风绳维持稳定。

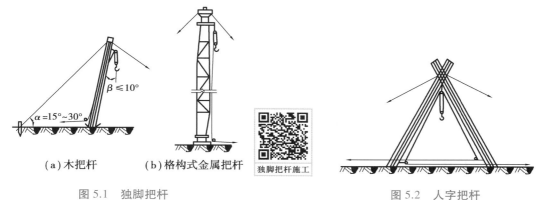

(a)木把杆	(b)格构式金属把杆
独脚把杆施工	

图 5.1 独脚把杆 图 5.2 人字把杆

2)人字把杆

　　人字把杆是由两根圆木或两根钢管或两根格构式截面的独脚把杆在顶部相交成 20°~30°夹角,以钢丝绳绑扎或铁件铰接而成(图 5.2),下悬起重滑轮组,底部设置有拉杆或拉绳,以平衡把杆本身的水平推力。其下端两脚的距离为高度的 1/3~1/2。人字把杆的特点是侧向稳定性好,缆风绳较少,但构件起吊后活动范围小,一般仅用于安装重型构件或作为辅助设备以吊装厂房屋盖体系上的轻型构件。

3)悬臂把杆

　　在独脚把杆的中部或 2/3 高度处装上一根起重臂,即成悬臂把杆。起重杆可以回转和起伏,可以固定在某一部位,亦可根据需要沿杆升降(图 5.3)。悬臂把杆的特点是有较大的起重高度和相应的起重半径,但因起重量较小,多用于轻型构件的安装。

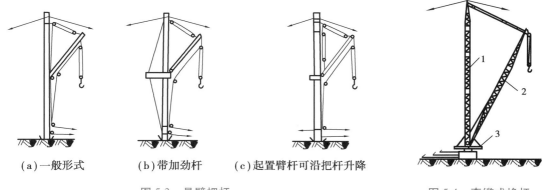

(a)一般形式　　　(b)带加劲杆　　　(c)起置臂杆可沿把杆升降

图 5.3 悬臂把杆

图 5.4 牵缆式桅杆
1—把杆;2—回转盘;3—起重臂

4)牵缆式桅杆

　　牵缆式桅杆是在独脚把杆的下端装上一根可以回转和起伏的起重臂而成(图 5.4)。整个机身可回转 360°,具有较大的起重量和起重半径,灵活性好,可以在较大起重半径范围内,将构件吊到需要的位置。

5.1.2 自行杆式起重机

土木工程中常用的自行杆式起重机有履带式起重机、汽车式起重机和轮胎式起重机 3 种。

1)履带式起重机

履带式起重机是一种自行杆式全回转起重机,其工作装置经改造后可作挖土机或打桩架,是一种多功能的机械。该机由行走装置、回转机构、机身及起重臂等部分组成(图 5.5)。行走装置采用两条链式履带,以减少对地面的平均压力;回转机构为装在底盘上的转盘,使机身可作 360° 回转;机身内部有动力装置、卷扬机及操纵系统;起重臂为角钢组成的格构式结构,下端铰接于机身上,随机身回转,顶端设有两套滑轮组(起重及变幅滑轮组),钢丝绳通过起重臂顶端滑轮组连接到机身的卷扬机上,起重臂可分节制作并接长,履带式起重机操作灵活、使用方便,可在一般道路上行走,有较大的起重能力及工作速度,在平整坚实的道路上还可负载行驶。

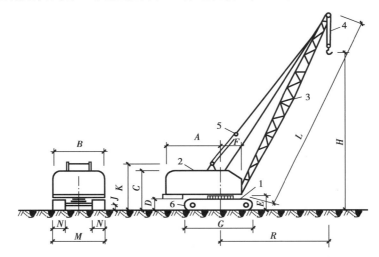

图 5.5 履带式起重机

1—底盘;2—机棚;3—起重滑轮组;4—起重臂;5—变幅滑轮组;6—履带;

A、B…—外形尺寸符号;L—起重高度;R—工作幅度;H—起重高度

履带式起重机主要技术性能包括 3 个主要参数:起重量 Q、起重半径 R 和起重高度 H。起重量 Q 一般不包括吊钩、滑轮组的重量;起重半径 R 是指起重机回转中心至吊钩的水平距离;起重高度 H 是指起重吊钩中心至停机面的距离。常用的履带式起重机的主要技术性能见表 5.1。

表 5.1 履带式起重机技术性能表

参数	单位	型号										
		W_1-50			W_1-100		W_1-200			西北 78D(80D)			
起重臂长度	m	10	18	18 带鸟嘴	13	23	15	30	40	18.3	24.4	30.25	37
最大起重半径	m	10.0	17.0	10.0	12.5	17.0	15.5	22.5	30.0	18.0	18.0	17.0	17.0

续表

参数		单位	型号											
			W₁-50			W₁-100		W₁-200			西北78D(80D)			
最小起重半径		m	3.7	4.5	6.0	4.23	6.5	4.5	8.0	10.0	4.7	7.5	8.0	10.0
起重量	最小起重半径时	t	10.0	7.5	2.0	15	8.0	50.0	20.0	8.0	20.0	10.0	9.0	3.0
	最大起重半径时	t	2.6	1.0	1.0	3.5	1.7	8.2	4.3	1.5	3.3	2.9	3.5	1.0
起重高度	最小起重半径时	m	9.2	17.2	17.2	11.0	19.0	12.0	26.8	36.0	18.0	23.0	29.1	36.0
	最大起重半径时	m	3.7	7.6	14.0	5.8	16.0	3.0	19.0	25.0	7.0	16.4	24.3	34.0

起重量、起重半径和起重高度的大小,取决于起重臂长度及其仰角。即当起重臂长度一定时,随着仰角的增加,起重量和起重高度增加,而起重半径减小。当起重仰角不变时,随着起重臂长度增加,则起重半径和起重高度增加,而起重量减小。

2)汽车式起重机

汽车式起重机是将起重机构安装在通用或专用汽车底盘上的全回转起重机,起重机构动力由汽车发动机供给,其行驶的驾驶室与起重操纵室分开设置(图5.6),该机特点是转移迅速,对路面损伤小,但吊重时需使用支腿,因此不能负重行驶。

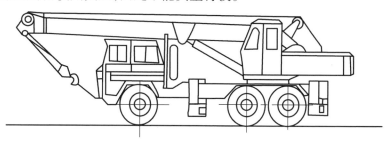

图5.6 QY-16型汽车式起重机

3)轮胎式起重机

轮胎式起重机在构造上与履带式起重机基本相似,但其行走装置采用轮胎。起重机构及机身装在特制的底盘上,能全回转。随着起重量的大小不同,底盘下装有若干根轮轴,配备有4~10个或更多个轮胎,并有可伸缩的支腿(图5.7);起重时,利用支腿增加机身的稳定性,并保护轮胎。必要时,支腿下可加垫块,以扩大支承面。轮胎式起重机的特点与汽车式起重机相同。

5.1.3 塔式起重机

塔式起重机(图5.8)是一种塔身直立,起重臂安在塔身顶部且可作360°回转的起重机。一般可按行走机构、变幅方式、回转机构的位置以及爬升方式的不同而分成若干类型。塔式起重机广泛用于多层及高层民用建筑和多层工业厂房结构安装施工。

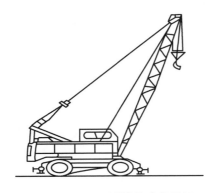

图 5.7　QL3-16 型轮胎式起重机

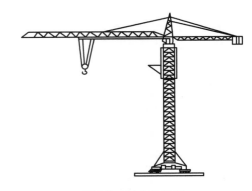

图 5.8　塔式起重机

下面就爬升式和附着式塔式起重机作简要介绍。

1) 爬升式塔式起重机

爬升式塔式起重机是安装在建筑物内部电梯井或特设开间的结构上,借助于爬升机构随建筑物的升高而向上爬升的起重机械。一般每隔 1~2 层楼便爬升一次。其特点是塔身短,不需轨道和附着装置,用钢量省,造价低,不占施工现场用地;但塔机荷载作用于楼层,建筑结构需进行相对加固,拆卸时需在屋面架设辅助起重设备。该机适用于施工现场狭窄的高层建筑工程(图 5.9)。

爬升式塔式起重机由底座、塔身、爬升套架、塔顶起重臂及平衡臂等组成。

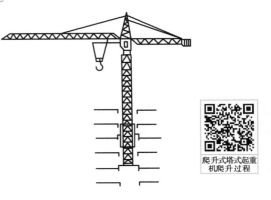

图 5.9　爬升式塔式起重机
1—爬升套架;2—塔身底座;3—塔身

2) 附着式塔式起重机

附着式塔式起重机是固定在建筑物近旁混凝土基础上的起重机械,它可借助顶升系统将塔身自行向上接高,从而满足施工进度的要求。为了减小塔身的计算长度,应每隔 20 m 左右将塔身与建筑物用锚固装置相连(图 5.10)。该塔式起重机可用于多层及高层建筑施工。

5.1.4　起重设备

结构吊装工程施工中除了起重机外,还要使用许多辅助工具及设备,如卷扬机、钢丝绳、滑轮组、横吊梁等。下面分别作简要介绍。

1) 卷扬机

在建筑施工中常用的卷扬机有快速和慢速两种。快速卷扬机(JJK 型)又有单筒和双筒之分,其牵引力为 4.0~50 kN,主要用于垂直、水平运输和打桩作业;慢速卷扬机(JJM 型)多为单筒式,其牵引力为 30~200 kN,主要用于结构吊装、钢筋冷拉和预应力筋张拉作业。

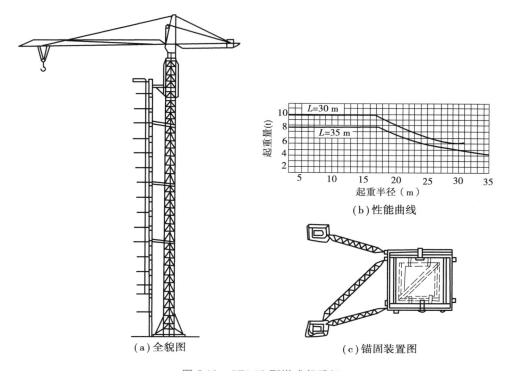

（a）全貌图

（b）性能曲线

（c）锚固装置图

图 5.10   QT4-10 型塔式起重机
1—液压千斤顶;2—顶升套架;
3—锚固装置;4—塔身套箍;5—撑杆;6—柱套箍

卷扬机的主要技术参数为卷筒牵引力、钢丝绳的速度和卷筒绳容量。卷扬机在使用时必须用地锚予以固定,以防止工作时产生滑移或倾覆。

2）滑轮组

滑轮组是由一定数量的定滑轮和动滑轮以及绕过它们的绳索组成。滑轮组具有省力和改变力的方向的功能,是起重机械的重要组成部分。滑轮组共同负担构件重量的绳索根数称为工作线数。通常,滑轮组的名称以组成滑轮组定滑轮与动滑轮的数目表示。如由 4 个定滑轮和 4 个动滑轮组成的滑轮组称为四四滑轮组。

3）钢丝绳

结构吊装施工中常用的钢丝绳是先由若干根钢丝捻成股,再由若干股围绕绳芯捻成绳,其规格有 6×19 和 6×37 两种(6 股,每股分别由 19、37 根钢丝捻成)。前者钢丝粗、较硬、不易弯曲,多用作缆风绳;后者钢丝细、较柔软,多用作起重用索。

4）横吊梁

横吊梁亦称铁扁担,常用于柱和屋架等构件的吊装。用横吊梁吊柱可使柱身保持垂直,便于安装;用横吊梁吊屋架则可降低起吊高度和减少吊索的水平分力对屋架的压力。

横吊梁有滑轮横吊梁、钢板横吊梁、桁架横吊梁和钢管横吊梁等型式。滑轮横吊梁由吊环、滑轮和轮轴等部分组成[图 5.11（a）]。一般用于吊装 8 t 以内的柱。钢板横吊梁由 Q235 钢板制作而成[图 5.11（b）],一般用于 10 t 以下柱的吊装。桁架横吊梁用于双机抬吊安装柱子

[图 5.11(c)]。钢管横吊梁的钢管长 6~12 m(图 5.12),一般用于吊屋架。

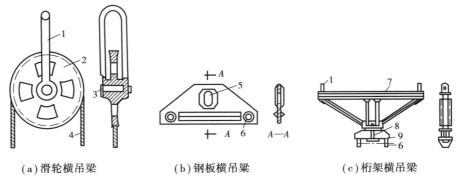

(a)滑轮横吊梁　　　　　(b)钢板横吊梁　　　　　(c)桁架横吊梁

图 5.11　横吊梁

1—吊环;2—滑轮;3—轮轴;4—吊索;5—挂吊索的孔眼;7—桁架;8—转轴;9—横梁

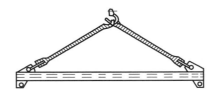

图 5.12　钢管横吊梁

5.2　混凝土结构安装工程

5.2.1　混凝土构件的制作

单厂施工概述

　　混凝土构件的制作分为工厂制作和现场制作。中小型构件,如屋面板、墙板、吊车梁等,多采用工厂制作;大型构件或尺寸较大不便运输的构件,如屋架、桥面板、大梁、柱等,则采用现场制作。

　　混凝土构件的制作,可采用台座、钢平模和成组立模等方法。台座表面应光滑平整,在气温变化较大的地区应留有伸缩缝。预制构件模板可根据实际情况选择木模板、组合钢模板进行搭设。钢筋安装时,要保证其位置及数量的正确,确保保护层厚度符合设计的要求。

　　对于混凝土薄板可采用平板式振动器,对于厚大构件则可采用插入式振动器。

5.2.2　混凝土构件的运输和堆放

吊装准备

单厂构件布置

　　构件运输过程,通常要经过起吊、装车、运输和卸车等工序。目前构件运输的主要方式为汽车运输,多采用载重汽车和平板拖车;除此之外,在距离远而又有条件的地方,也可采用铁路和水路运输。在运输过程中为防止构件变形、倾倒、损坏,对高宽比过大的构件或多层叠放运输的构件,应采用设置工具或支架框架、固定架、支撑等予以固定,构件的支承位置和方法要得当,以保证构件受力合理,各构件间应有隔板或垫木,且上下垫木应保证在同一垂直线上。运输道路应坚实平整,有足够的转弯半径和宽度,运速适当,行驶平稳,构件运输时混凝土强度应满足设计要求,若设计无要求时,则不应低于设计强度等级的75%。

构件应按照施工组织设计的平面布置图进行堆放,以免出现二次搬运。堆放构件时,应使构件堆放状态符合设计受力状态。构件应放置在垫木上,各层垫木的位置应在一条垂直线上,以免构件折断。构件的堆置高度,应视构件的强度、垫木强度、地面承载力等情况而定。

5.2.3　构件安装工艺

构件安装一般包括绑扎、起吊、对位、临时固定、校正和最后固定等工序。

1)单层厂房柱的安装

(1)柱的绑扎

柱的绑扎方法、绑扎位置和绑扎点数应视柱的形状、长度、截面、配筋、起吊方法及起重机性能等因素而定。因柱起吊时吊离地面的瞬间由自重产生的弯矩最大,其最合理的绑扎点位置应按柱产生的正负弯矩绝对值相等的原则来确定。一般中小型柱大多采用一点绑扎;重柱或配筋少而细长的柱为防止在起吊过程中柱身断裂,常采用两点甚至三点绑扎。对于有牛腿的柱,其绑扎点应选在牛腿以下200 mm处。工字形断面和双肢柱,应选在矩形断面处,否则应在绑扎位置用方木加固翼缘,以免翼缘在起吊时损坏。

按柱起吊后柱身是否垂直,分为直吊法和斜吊法,相应的绑扎方法有:

①斜吊绑扎法。当柱平卧起吊的抗弯能力满足要求时,可采用斜吊绑扎(图5.13)。该方法的特点是柱不需翻身,起重钩可低于柱顶,当柱身较长,起重机臂长不够时,用此法较方便,但因柱身倾斜,就位时对中较困难。

②直吊绑扎法。当柱平卧起吊的抗弯能力不足时,吊装前需先将柱翻身后再绑扎起吊,这时就要采取直吊绑扎法(图5.14)。该方法的特点是吊索从柱的两侧引出,上端通过卡环或滑轮挂在铁扁担上;起吊时,铁扁担位于柱顶上,柱身呈垂直状态,便于柱垂直插入杯口和对中、校正。但由于铁扁担高于柱顶,须用较长的起重臂。

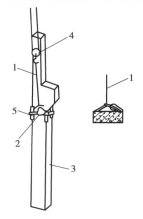

图 5.13　柱的斜吊绑扎法

1—吊索;2—活络卡环;

3—柱;4—滑车;5—方木

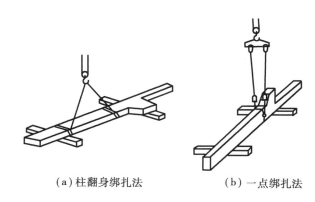

　(a)柱翻身绑扎法　　　　　(b)一点绑扎法

图 5.14　柱的翻身及直吊绑扎法

③两点绑扎法。当柱身较长,一点绑扎和抗弯能力不足时可采用两点绑扎起吊(图5.15)。

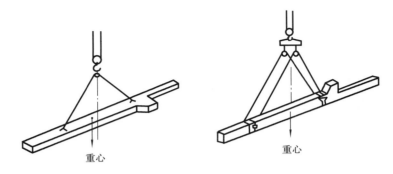

图 5.15 柱的两点绑扎法

（2）柱的起吊

柱子起吊方法主要有旋转法和滑行法。按使用机械数量可分为单机起吊和双机抬吊。

①单机吊装

a.旋转法。起重机边升钩边回转起重臂，使柱绕柱脚旋转而呈直立状态，然后将其插入杯口中（图 5.16）。其特点是：柱在平面布置时，柱脚靠近基础，为使其在吊升过程中保持一定的回转半径，应使柱的绑扎点、柱脚中心和杯口中心点三点共弧。该弧所在圆的圆心即为起重机的回转中心，半径为圆心到绑扎点的距离。旋转法吊升柱振动小，生产效率较高，但对起重机的机动性要求高。此法多用于中小型柱的吊装。

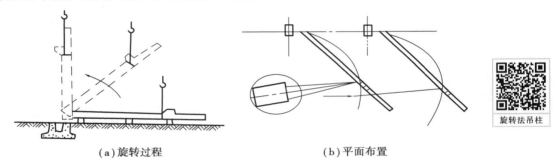

（a）旋转过程　　　　　　　　　　　　（b）平面布置

图 5.16 旋转法吊柱

b.滑行法。柱起吊时，起重机只升钩，起重臂不转动，使柱脚沿地面滑升逐渐直立，然后插入基础杯口（图 5.17）。采用此法起吊时，柱的绑扎点布置在杯口附近，并与杯口中心位于起重机的同一工作半径的圆弧上，以便将柱子吊离地面后，稍转动起重臂杆，就可就位。采用滑行法

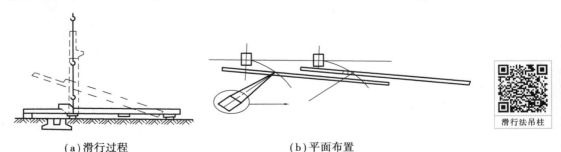

（a）滑行过程　　　　　　　　　　　　（b）平面布置

图 5.17 滑行法吊柱

吊柱,具有以下特点:在起吊过程中起重机只需转动起重臂即可吊柱就位,比较安全。但柱在滑行过程中受到振动,使构件、吊具和起重机产生附加内力。为了减少滑行阻力,可在柱脚下面设置托木或滚筒。滑行法用于柱较重、较长或起重机在安全荷载下的回转半径不够,现场狭窄,柱无法按旋转法排放布置或采用桅杆式起重机吊装等情况。

②双机抬吊

当柱子体形、质量较大,一台起重机为性能所限,不能满足吊装要求时,可采用两台起重机联合起吊。其起吊方法可采用旋转法(两点抬吊)和滑行法(一点抬吊)。

双机抬吊旋转法是用一台起重机抬柱的上吊点,另一台抬柱的下吊点,柱的布置应使两个吊点与基础中心分别处于起重半径的圆弧上;两台起重机并立于柱的一侧(图5.18)。起吊时,两机同时同速升钩,至柱离地面0.3 m高度时,停止上升;然后,两起重机的起重臂同时向杯口旋转;此时,从动起重机 A 只旋转不提升,主动起重机 B 则边旋转边提升吊钩直至柱直立,双机以等速缓慢落钩,将柱插入杯口中。

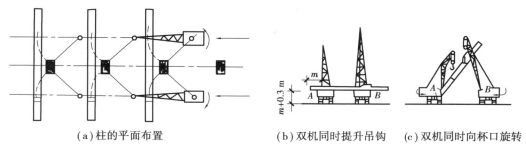

（a）柱的平面布置　　　（b）双机同时提升吊钩　（c）双机同时向杯口旋转

图5.18　双机抬吊旋转法

双机抬吊滑行法,柱的平面布置与单机起吊滑行法基本相同。两台起重机相对而立,其吊钩均应位于基础上方(图5.19)。起吊时,两台起重机以相同的升钩、降钩、旋转速度工作。故宜选择型号相同的起重机。

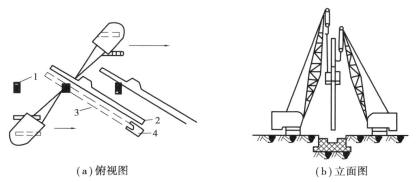

（a）俯视图　　　　　　　（b）立面图

图5.19　双机抬吊滑行法

1—基础;2—柱预制位置;3—柱翻身后位置;4—滚动支座

（3）柱的对位与临时固定

柱脚插入杯口后,应悬离杯底30~50 mm处进行对位。对位时,应先沿柱子四周向杯口放入8只楔块,并用撬棍拨动柱脚,使柱子安装中心线对准杯口上的安装中心线,保持柱子基本垂直。当对位完成后,即可落钩将柱脚放入杯底,并复查中线,待符合要求后,即可将楔子打紧,使

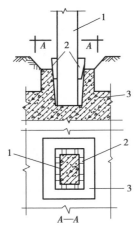

图 5.20　柱的临时固定
1—柱;2—楔块;3—基础

之临时固定(图 5.20)。

(4)柱的校正

柱的校正包括平面位置校正、垂直度校正和标高校正。平面位置的校正,在柱临时固定前进行对位时就已完成,而柱标高则在吊装前已通过按实际柱长调整杯底标高的方法进行了校正。垂直度的校正,则应在柱临时固定后进行。柱垂直度的校正方法,对中小型柱或垂直偏差值较小时,可用敲打楔块法;对重型柱则可用千斤顶法、钢管撑杆法、缆风绳校正法(图 5.21)。

(5)柱的最后固定

柱校正后,应将楔块以每两个一组对称、均匀、分次打紧,并立即进行最后固定。其方法是在柱脚与杯口的空隙中浇筑比柱混凝土强度等级高一级的细石混凝土。混凝土的浇筑分两次进行。第一次浇至楔块底面,待混凝土达到 25% 的强度后,拔去楔块,再浇筑第二次混凝土至杯口顶面,并进行养护;待第二次浇筑的混凝土强度达到 75%设计强度后,方能安装上部构件。

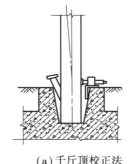
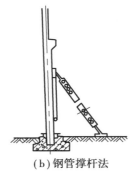

　(a)千斤顶校正法　　　　(b)钢管撑杆法

图 5.21　柱垂直度校正方法

2)吊车梁的安装

吊车梁安装时应采用两点绑扎,对称起吊,当跨度为 12 m 时亦可采用横吊梁,一般为单机起吊,特重的也可用双机抬吊。吊钩应对准吊车梁重心使其起吊后基本保持水平,对位时不宜用撬棍顺纵轴方向撬动吊车梁。吊车梁的校正可在屋盖吊装前进行,也可在屋盖吊装后进行;对于重型吊车梁宜在屋盖吊装前进行,边吊吊车梁边校正。吊车梁的校正包括标高、垂直度和平面位置等。

吊车梁标高主要取决于柱子牛腿标高,在柱吊装前已进行了调整,若还存在微小偏差,可待安装轨道时再调整。

吊车梁垂直度和平面位置的校正可同时进行。

吊车梁的垂直度可用垂球检查,偏差值应在 5 mm 以内。若有偏差,可在两端的支座面上加斜垫铁纠正,每叠垫铁不得超过 3 块。

吊车梁平面位置的校正,主要是检查吊车梁纵轴线以及两列吊车梁间的跨度是否符合要求。在屋架安装前校正时,跨距不得有正偏差,以防屋架安装后柱顶向外偏移。吊车梁平面位置的校正方法,通常有通线法和平行移轴法。通线法是根据柱的定位轴线用经纬仪和钢尺准确地校好一跨内两端的4根吊车梁的纵轴线和轨距,再依据校正好的端部吊车梁,沿其轴线拉上钢丝通线,两端垫高200 mm左右,并悬挂重物拉紧,逐根拨正吊车梁(图5.22)。平行移轴法是根据柱和吊车梁的定位轴线间的距离(一般为750 mm),逐根拨正吊车梁的安装中心线(图5.23)。

吊车梁校正后,应立即焊接牢固,并在吊车梁与柱接头的空隙处浇筑细石混凝土进行最后固定。

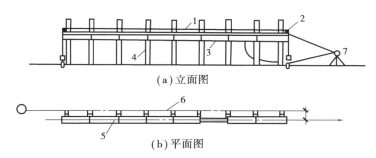

吊车梁吊装

（a）立面图

（b）平面图

图5.22　通线法校正吊车梁

1—通线;2—支架;3—吊车梁;4—柱;5—吊车梁纵轴线;6—柱轴线;7—经纬仪

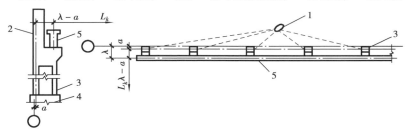

图5.23　平行移轴法校正吊车梁

1—经纬仪;2—标记;3—柱;4—柱基础;5—吊车梁

3）钢筋混凝土屋架的安装

（1）屋架的扶直与就位

钢筋混凝土屋架一般在施工现场平卧重叠预制,吊装前尚应将屋架扶直和就位。

按起重机与屋架相对位置不同,屋架扶直可分为正向扶直与反向扶直两种。

①正向扶直。起重机位于屋架下弦一侧,首先以吊钩中心对准屋架上弦中点,收紧吊钩,然后略略起臂使屋架脱模,接着起重机升钩并升臂使屋架以下弦为轴缓慢转为直立状态[图5.24(a)]。

②反向扶直。起重机位于屋架上弦一侧,首先以吊钩对准屋架上弦中点,接着升钩并降臂,使屋架以下弦为轴缓慢转为直立状态[图5.24(b)]。

正向扶直与反向扶直的区别在于扶直过程中,一升臂,一降臂,以保持吊钩始终在上弦中点的垂直上方。升臂比降臂易于操作且比较安全,应尽可能采用正向扶直。

屋架扶直后,应立即就位,即将屋架移往吊装前的规定位置。就位的位置与屋架的安装方法、起重机的性能有关。应考虑屋架的安装顺序、两端朝向等问题且应少占场地,便于吊装作业。一般靠柱边斜放或以3~5榀为一组平行柱边纵向就位,用支撑或8号铁丝等与已安装好的柱或已就位的屋架拉牢,以保持稳定。

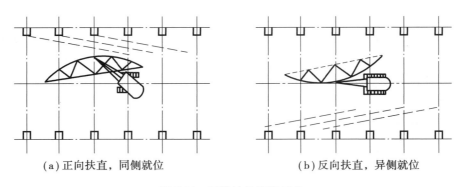

(a) 正向扶直, 同侧就位   (b) 反向扶直, 异侧就位

图 5.24   屋架的扶直与就位

(2)屋架的绑扎

屋架的绑扎点应选在上弦节点处,左右对称,并高于屋架重心,以免屋架起吊后晃动和倾翻。吊索与水平线的夹角不宜小于 45°,以免屋架承受过大的横向压力。必要时,为了减小绑扎高度及所受的横向压力可采用横吊梁。吊点的数目及位置与屋架的形式和跨度有关,一般应经吊装验算确定。

当屋架跨度小于或等于 18 m 时,采用两点绑扎[图 5.25(a)];当跨度为 18~24 m 时,采用四点绑扎[图 5.25(b)];当跨度为 30~36 m 时,采用 9 m 横吊梁,四点绑扎[图 5.25(c)];侧向刚度较差的屋架,必要时应进行临时加固[图 5.25(d)]。

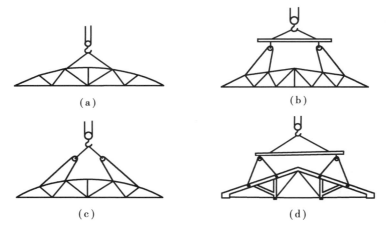

(a)   (b)

(c)   (d)

图 5.25   屋架的绑扎方法

(3)屋架的起吊和临时固定

屋盖吊装

屋架的起吊是先将屋架吊离地面约 500 mm,然后将屋架转至吊装位置下方,再将屋架吊升超过柱顶约 300 mm,然后将屋架缓慢放至柱顶,对准建筑物的定位轴线。屋架的临时固定方法是:第一榀屋架用 4 根缆风绳从两边将屋架拉牢,亦可将

屋架吊装

屋架临时支撑在抗风柱上。其他各榀屋架的临时固定是用 2 根工具式支撑(屋架校正器)撑在前一榀屋架上(图 5.26)。

(4)屋架的校正与最后固定

屋架的校正一般可采用校正器校正(图 5.26)。对于第一榀屋架则可用缆风绳进行校正。屋架的垂直度可用经纬仪或线锤进行检查。用经纬仪检查竖向偏差的方法是在屋架上安装 3

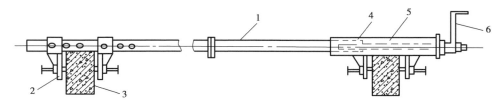

图 5.26 屋架校正器

1—钢管;2—撑脚;3—屋架上弦;4—螺母;5—螺杆;16—摇把

个卡尺,一个安在上弦中点附近,另两个分别安在屋架两端。自屋架几何中心向外量出一定距离(一般 500 mm),在卡尺上作出标记,然后在距离屋架中心线同样距离(500 mm)处安设经纬仪,观测 3 个卡尺上的标记是否在同一垂直面上。用线锤检查屋架竖向偏差的方法与上述步骤基本相同,但标记距屋架几何中心的距离可短些(一般为 300 mm),在两端头卡尺的标记间连一通线,自屋架顶部卡尺的标记向下挂线锤,检查 3 个卡尺标记是否在同一垂直面上。若卡尺的标记不在同一垂直面上,可通过转动工具式支撑上的螺栓纠正偏差,并在屋架两端的柱顶垫入斜垫铁。

屋架校正完毕后,立即用电焊最后固定。焊接时,应先焊接屋架两端成对角线的两侧边,避免两端同侧施焊,以免因焊缝收缩使屋架倾斜。

(5)屋架的双机抬吊

当屋架的质量较大,一台起重机的起重量不能满足要求时,则可用两台起重机抬吊屋架,其方法有一机回转、一机跑吊及双机跑吊两种。

①一机回转,一机跑吊。该方法屋架布置在跨中,两台起重机分别停于屋架的两侧[图 5.27(a)],1 号机在吊装过程中只回转不移动。因此,其停机位置距屋架起吊前的吊点与屋架安装至柱顶后的吊点应相等。2 号机在吊装过程中需回转及移动,其行走中心为屋架安装后各屋架吊点的连线。开始时两台起重机同时提升屋架至一定高度(超过履带),2 号机将屋架由起重机一侧转至机前,然后两机同时提升屋架至超过柱顶,2 号机带屋架前进至屋架安装就位的停机点,1 号机则作回转动作以相配合,最后两机同时缓慢将屋架下降至柱顶对位。

②双机跑吊。屋架在跨内一侧就位。开始时,两台起重机同时提升吊钩,将屋架提升至一定高度,使屋架回转时不致碰及其他屋架或柱;然后 1 号机带屋架向后退至停机点,2 号机则带屋架向前移动,使屋架到达安装就位位置。两机再同时升高屋架超过柱顶,最后同时缓慢下降至柱顶就位[图 5.27(b)]。

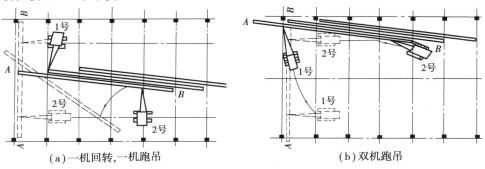

(a)一机回转,一机跑吊   (b)双机跑吊

图 5.27 屋架的双机抬吊

4)天窗架及板的安装

天窗架可与屋架组合一次安装,亦可单独安装,视起重机的起重能力和起吊高度而定。钢筋混凝土天窗架一般可采用两点或四点绑扎(图 5.28)。其校正、临时固定亦可用缆风绳、木撑或临时固定器(校正器)进行。

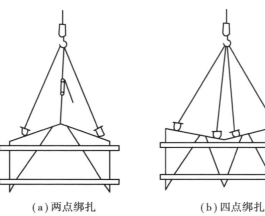

(a)两点绑扎   (b)四点绑扎

图 5.28   天窗架的绑扎

屋面板、桥面板等均预埋有吊环,为充分发挥起重机效率,一般采用一钩多吊(图 5.29)。板的安装应自两边檐口左右对称地逐块吊向屋脊或两边左右对称地逐块吊向中央,以免支承结构不对称受荷。板就位、校正后,应立即与屋架上弦或支承梁焊牢。

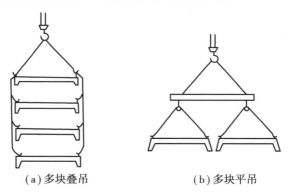

(a)多块叠吊   (b)多块平吊

图 5.29   板安装

思 考 题

1.试述桅杆式起重机的分类、构造和应用。

2.自行杆式起重机有哪几种类型,各有何特点?

3.履带式起重机有哪几个主要技术参数及它们之间的相互关系?

4.塔式起重机有哪几种类型? 试述其适用范围。

5.简述附着式塔式起重机的构造及自升原理。

6.简述爬升式塔式起重机的构造及爬升原理。

7.简述混凝土构件的安装工艺。

8.柱绑扎有哪几种方法？试述其适用范围。

9.如何进行柱的对位与临时固定？

10.简述柱的最后固定方法。

11.吊车梁的校正方法有哪些？如何进行最后固定？

12.试述屋架的扶直就位方法及绑扎点的选择，正向扶直和反向扶直各有何特点？

13.屋架如何绑扎、吊升、对位、临时固定、校正和最后固定？

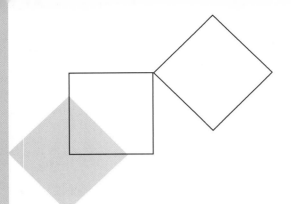

6 建筑结构施工

本章导读：
- **基本要求** 熟悉砖混结构房屋施工方案与施工组织设计方法；了解单层工业厂房结构安装方案与施工组织设计方法；掌握多层装配式结构房屋施工方案与施工组织设计方法；掌握钢结构房屋施工方案与施工组织设计方法。
- **重点** 多层装配式结构房屋施工方案与施工组织设计方法；钢结构房屋施工方案与施工组织设计方法。
- **难点** 多层装配式结构房屋施工方案与施工组织设计方法；钢结构房屋施工方案与施工组织设计方法。

6.1 砖混结构施工

　　混合结构房屋是指用两种或两种以上材料作承重结构的房屋。如梁、楼板用钢、木、钢筋混凝土，承重墙体、柱、基础用各种砌体或钢筋混凝土等建成的房屋。砖混结构房屋指以砖（砌块）砌体和钢筋混凝土梁、楼板作承重构件的房屋。

6.1.1 砖混结构概述

　　砖混结构房屋以砖、石或砌块为砌筑墙体的主要材料。其基础一般为条形砖石基础、条形素混凝土基础或条形钢筋混凝土基础。当有主大梁及柱作为部分承重构件时，柱下常有钢筋混凝土独立基础。

　　砖混结构中，一般墙为主要的竖向承重构件，钢筋混凝土楼板（预制板或现浇板）为横向承重构件，现浇或预制的钢筋混凝土楼梯作为上下通道。砖混结构房屋如住宅、教学楼、办公楼、宿舍等可能还有外挑的阳台或走廊兼通连式的阳台;外门口上有雨篷;门窗口上要设置过梁;墙体的某些部位可能还要有圈梁和构造柱。

砖混结构房屋具有便于就地取材、便于施工、造价低廉、耐火、耐久、保温隔热性能好、能调节室内湿度等优点;但也具有自重大、强度低、砌筑工作量大、劳动强度高、抗震性能差、消耗土地资源等缺点。

砖混结构的未来发展,应尽量采用轻质高强材料,大力利用废渣制砖和发展水泥制品,也要注意改善砌体的受力性能,并提高其机械化施工水平。

6.1.2　混合结构房屋施工设计

房屋施工程序如图 6.1 所示。

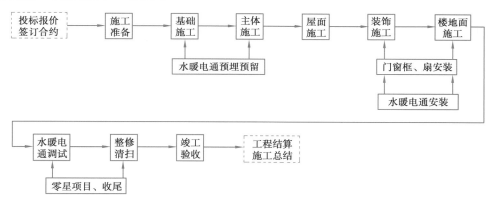

图 6.1　房屋施工程序

1)施工准备

施工准备工作的内容大致有:建立现场管理班子;签订各种合同;进行图纸会审;编制和完善施工组织设计;编制施工预算;翻样工作;踏勘现场;确定并引测水准点;确定定位基准并进行定位放线;做好"五通一平";搭建临时设施;组织机具、材料和人员进场等工作。

(1)选择材料运输方案

选择运输方案是指选用什么机械和方法来进行材料、预制构件等的垂直运输及上下水平运输(指楼、地面上的水平运输)。

在一般砖混结构施工中,可采用塔式起重机或井架、龙门架加小车的方案。塔式起重机既可运输材料又宜于安装预制构件,如图 6.2 所示。起重机布置在拟建房屋的一侧,运到工地的材料和构件可由塔式起重机卸车,堆放在附近,再按施工需要将材料吊至使用地点或将预制构件安装就位。

塔式起重机的工作效率取决于垂直运输的高度、堆放场地的远近、场内布置的合理程度、起

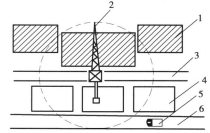

图 6.2　塔式起重机布置示意图
1—拟建建筑物;2—塔式起重机;3—起重机轨道;
4—构件、材料堆场;5—汽车;6—道路

重机司机的技术熟练程度和装卸工配合默契程度等方面。

塔式起重机作综合利用(运输材料和安装预制构件)时,可以采取下述措施来提高工作效率:

①充分利用塔式起重机的起重能力以减少吊次。如构件可多件一次吊运。

②尽量减少二次搬运,减少总吊装次数。如预制构件组织随运随吊,脚手台做到一次即运到应安放的位置上,做到不必吊运到地面或在楼板面上存放一次再就位。

③合理紧凑地布置施工平面,减少起重机每次运转的时间。如砂浆搅拌站最好布置在拟建建筑物的适中位置,使起重机能直接吊到砂浆斗,砖的堆放尽可能放在最靠近拟建建筑物旁,构件、半成品全放在起重机的有效回转半径以内,而且应放在靠近使用地点。

④合理安排施工顺序,保证起重机能连续均衡地工作。最好做到吊装工艺固定,每天每小时该吊哪些构件,数量多少,都事先安排好计划。

这种用塔式起重机作综合利用的施工方法,对房屋的施工速度来说,往往是由起重机的运输能力所控制,所以要详细计算每班的运输量,充分发挥起重机的效率,以提高施工速度。

使用井架或龙门架时,一般要有小推车配合作水平运输。

塔式起重机的竖立和井架、龙门架的搭设,一般可在基础工程的后期,大量土方工程完工时才开始,不必太早进场,以免影响土方施工和增加机械的租赁费用。一般要求在主体工程施工前三天装好即可。

(2)主体工程施工顺序

砖混结构主体工程的施工顺序是:检查验收基础→放线、验线→砌第一施工层墙(有构造柱应留出)→搭脚手架→砌第二施工层墙(有构造柱应留出)→圈梁、阳台、楼梯施工→安装楼板及灌缝→放线→砌上一层楼第一施工层墙→…→重复以上工序至屋顶→安装屋面板及灌缝。

(3)施工层、施工段的划分

工人砌筑砖墙时,劳动生产率受砌筑高度的影响,在距脚底 0.6 m 时生产率最高,低于或高于 0.6 m 时生产率均下降。工人可以达到的砌筑高度与本人的身高有关,通常为从脚底以下 0.2 m 处砌至 1.6 m 高,超过这个范围就要搭脚手架,站在脚手架上继续向上砌。因此,层高 3 m 左右时,一般分两个施工层来砌(或称两个可砌高度)。

施工中为保证主要工种的工作连续而有节奏,应将拟建工程在平面上划分为若干施工段。砖混结构房屋施工中,一般划分两个施工段(当建筑群施工时可将一个或几个建筑物作为一个施工段)即可保证砌筑和楼板安装两个工种的施工连续。

2)施工组织

(1)基础施工

砖混结构房屋的基础有多种形式,其中以砖砌大放脚的刚性基础和钢筋混凝土条形基础为多。砖砌基础的主要施工工序为:定位放线→土方开挖→地基处理→垫层施工→砖基础砌筑→地圈梁、防潮层施工→基础验收→回填。

(2)主体施工(以砖砌体为主)

①放线和抄平。为了保证房屋平面尺寸以及各层标高的正确,要求非常细致地做好墙、柱、楼板、门窗等轴线、标高的放线和抄平工作。而且必须走在施工的前面,在施工到该部位时应做

到标志齐全,以对施工起控制作用。

②立门窗框。立门窗框有两种做法:一种是先立好门框再砌砖,立好窗框再砌窗间墙,木门窗框有条件的最好采用这种做法;另一种是留好洞口,以后将门窗框钉在洞口的木砖上(对木门窗框的做法),或焊在洞口预埋的钢筋上(对钢门窗框的做法),洞口尺寸每边比框至少大20 mm,钢门窗框通常采用这种做法。

③摆砖。有的地方称为摆底,即砌筑前根据墙身长度和组砌方式,在基面上先用砖块试摆(干铺),以使墙体每一皮的砖块排列和灰缝宽度均匀,并尽可能少砍砖。摆砖的好坏,对墙身质量、美观、砌筑效率、材料节约都有很大影响,应组织有经验的工人进行。

④砌砖。砌墙一般先从墙角开始,墙角的砌筑质量对整个房屋的砌筑质量影响很大。

砖墙砌筑时,从结构整体性来看最好是内外墙同时砌筑,这样内外墙连接牢固,也能使墙体在上部荷载作用下压缩及灰缝本身干缩时砌体下沉均匀,避免产生裂缝。在实际施工中,有时受施工条件限制,内外墙不能同时砌筑,这时就要留槎。槎以斜槎较好,它能保证接槎中砂浆饱满、搭接严密,容易形成整体。施工中不能留斜槎时,除转角处外,可留直槎,但必须做成凸槎,并应加设拉结筋。

⑤脚手架搭设。脚手架有外脚手架和里脚手架两种。外脚手架搭在建筑物外围,从地面向上搭设,一般随墙体的不断砌高而逐步搭设。外脚手架适用于砌筑外墙与室外装饰施工合用的情况。里脚手架搭在房间内,砌完一个施工段的砖墙后,搬到下一施工段,安装完楼板后再搭到楼板上,里脚手架比较经济、方便(用里脚手架砌的外墙需要做室外装饰时,可用吊脚手等)。

脚手架要求牢固稳定,要有足够的宽度,便于工人在上面操作、行走和堆放砖及砂浆等材料,同时还要求构造简单,易于装拆及搬运,能多次周转使用,以降低工程成本。

⑥楼板安装。预制构件安装前,应分型号集中在安装部位附近,为了节省预制构件的堆放面积,可以重叠堆放。楼板安装前,应先对基面找平,以免楼板铺放不平。安装时,楼板缝亦应留设均匀,最好事先将楼板安放位置画好线。注意楼板支撑在墙上的尺寸和不要漏放构造筋(按设计图纸上规定)。

⑦圈梁、构造柱、阳台、楼梯施工。在砖混结构房屋的墙体砌筑施工中,圈梁、构造柱、阳台(或外廊)和楼梯的施工也要随之进行,最后吊装楼板完成一层结构的施工,再重复该施工程序,直到主体结构施工完成。

⑧门窗施工。木门窗的安装一般是先安框、后安扇。框的安装应在抹灰开始之前,抹灰及楼地面工程完成后,即可进行木门窗扇的安装。钢门窗、铝合金门窗和塑钢门窗等均由加工厂制造,并由专业队伍到现场安装,现场主要是协作配合工作。

(3)屋面及装饰施工

屋面工程的施工,在屋面板安装完毕后即可进行。由于各地屋面所用材料不一,构造处理也不相同。

装饰工程分为室内装饰及室外装饰,其方案有自上而下和自下而上两种。自下而上的方案使装饰工程与主体施工流向一致,可在主体工程施工的同时插入装饰工程,因而可以使建筑物及早的自下向上逐层交付使用,常用在高层建筑中。砖混结构房屋一般层数不多,为使施工方便起见,往往自上而下进行装饰施工。

6.2 单层工业厂房结构安装

6.2.1 结构安装方案

单层工业厂房结构安装方案的主要内容是:起重机的选择、结构安装方法、起重机开行路线及停机点的确定、构件平面布置等。

起重机的选择直接影响构件安装方法,起重机开行路线与停机点位置、构件平面布置等在安装工程中占有重要地位。起重机的选择包含起重机类型的选择和起重机型号的确定两方面内容。

1)起重机类型的选择

单层工业厂房结构安装起重机的类型,应根据厂房外形尺寸、构件尺寸、质量和安装位置、施工现场条件、施工单位机械设备供应情况以及安装工程量、安装进度要求等因素,综合考虑后确定。对于一般中小型厂房,由于平面尺寸不大,构件质量较小,起重高度较小,厂房内设备为后安装,因此以采用自行杆式起重机比较适宜,其中尤以履带式起重机应用最为广泛。

对于重型厂房,因厂房的跨度和高度都大,构件尺寸和质量亦很大,设备安装往往要同结构安装平行进行,故以采用重型塔式起重机或纤缆式桅杆起重机较为适宜。

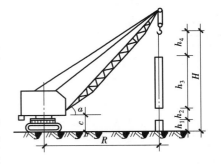

图 6.3 起重机工作参数的选择

2)起重机型号的确定

起重机的型号应根据构件质量、构件安装高度和构件外形尺寸确定,使起重机的工作参数,即起重量、起重高度及回转半径足以适应结构安装的需要(图 6.3)。以下主要讨论履带式起重机型号的选择。

(1)起重量

起重机的起重量必须满足下式要求:

$$Q \geqslant Q_1 + Q_2 \tag{6.1}$$

式中　Q——起重机的起重量,t;

　　　Q_1——构件质量,t;

　　　Q_2——索具质量,t。

(2)起重高度

起重机的起重高度必须满足所吊构件的高度要求(图 6.3):

$$H \geqslant h_1 + h_2 + h_3 + h_4 \tag{6.2}$$

式中　H——起重机的起重高度,从停机面至吊钩的垂直距离,m;

　　　h_1——安装支座表面高度,从停机面算起,m;

　　　h_2——安装间隙,一般不小于 0.3 m;

　　　h_3——绑扎点至构件底面的距离,m;

h_4——索具高度,自绑扎点至吊钩中心的距离,视具体情况而定,不小于 1 m。

(3)起重半径

起重机起重半径的确定可按以下 3 种情况考虑:

①当起重机可以不受限制地开到构件安装位置附近安装时,对起重半径无要求,在计算起重量和起重高度后,便可查阅起重机起重性能表或性能曲线来选择起重机型号及起重臂长,并可查得在此起重量和起重高度下相应的起重半径,作为确定起重机开行路线及停机位置时参考。

②当起重机不能直接开到构件安装位置附近去安装构件时,应根据起重量、起重高度和起重半径 3 个参数,查起重机起重性能表或性能曲线来选择起重机型号及起重臂长。

③当起重机的起重臂需要跨过已安装好的结构去安装构件时(如跨过屋架或天窗架吊屋面板),为了避免起重臂与已安装结构相碰;或当所吊构件宽度大,为使构件不碰起重臂,均需要计算出起重机吊该构件的最小臂长及相应的起重半径。其计算方法如下(图6.4):

$$L=L_1+L_2=\frac{h}{\sin \alpha}+\frac{f+g}{\cos \alpha} \tag{6.3}$$

式中　L——起重臂长度,m;

　　　h——起重臂底铰至屋面板安装支座的高度,m;

　　　f——起重钩需跨过已安装好构件的距离,m;

　　　g——起重臂轴线与已安装好结构间的水平距离,至少取 1 m;

　　　α——起重臂的仰角。

$$h=h_1-E$$

式中　h_1——停机面至屋面板安装支座的高度,m;

　　　E——起重臂底铰至停机面的距离,m。

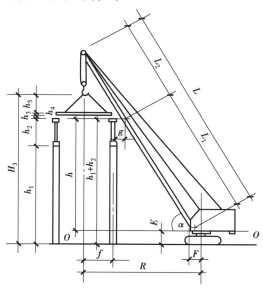

图 6.4　数解法求最小起重臂长

为求得最小起重臂长,可对式(6.3)进行微分,并令 $\mathrm{d}L/\mathrm{d}\alpha=0$,即

$$\frac{dL}{d\alpha} = \frac{-h \cos \alpha}{\sin^2 \alpha} + \frac{(f+g) \sin \alpha}{\cos^2 \alpha} = 0$$

得
$$\alpha = \arctan \sqrt[3]{\frac{h}{f+g}} \qquad (6.4)$$

将 α 的值代入式(6.3),可求得所需起重臂的最小长度。据此,可选出适当的起重臂长。然后由实际采用的 L 及 α 值,计算出起重半径 R:

$$R = F + L \cos \alpha \qquad (6.5)$$

根据 R 和 L 查起重机性能表或性能曲线,复核起重量及起重高度,即可由 R 值确定起重机安装屋面板时的停机位置。

6.2.2 结构安装方法

单层工业厂房的结构安装方法有分件安装法和综合安装法两种。

1)分件安装法(又称大流水法)

分件安装法是起重机每开行一次只安装一种或几种构件。通常起重机分三次开行安装完单层工业厂房的全部构件(图6.5)。

这种安装法的一般顺序是:起重机第一次开行,安装完全部柱子并对柱子进行校正和最后固定;第二次开行,安装全部吊车梁、连系梁及柱间支撑等;第三次开行,按节间安装屋架、天窗架、屋盖支撑及屋面构件(如檩条、屋面板、天沟等)。

2)综合安装法(又称节间安装法)

综合安装法是起重机每移动一次就安装完一个节间内的全部构件。即先安装这一节间柱子,校正固定后立即安装该节间内的吊车梁、屋架及屋面构件,待安装完这一节间全部构件后,起重机移至下一节间进行安装(图6.6)。

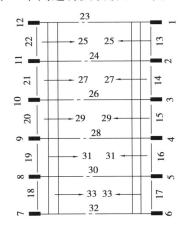

图 6.5　分件安装
1,2,3,…为安装构件顺序

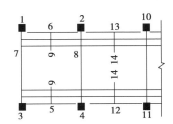

图 6.6　综合安装
1,2,3,…为安装顺序

6.2.3 起重机的开行路线及停机位置

起重机的开行路线与停机位置和起重机的性能、构件尺寸及质量、构件平面位置、构件的供应方式、安装方法等有关。

1) 沿跨中开行或跨边开行

安装柱子时,根据厂房跨度、柱的尺寸及质量、起重机性能等情况,可沿跨中开行或跨边开行(图 6.7)。

①若柱布置在跨内,起重机在跨内开行,每个停机位置可安 1~4 根柱。

当起重半径 $R \geqslant L/2$ 时,起重机沿跨中开行,每停机点可安装 2 根柱[图 6.7(a)];

当起重半径 $R \geqslant \sqrt{\left(\dfrac{L}{2}\right)^2 + \left(\dfrac{b}{2}\right)^2}$ 时,则可安装 4 根柱[图 6.7(b)];

当起重半径 $R < L/2$ 时,起重机沿跨边开行,每个停机位置可安装 1 根柱[图 6.7(c)];

当起重半径 $R \geqslant \sqrt{a^2 + \left(\dfrac{b}{2}\right)^2}$ 时,沿跨边开行,每个停机位置可安装 2 根柱[图 6.7(d)]。

式中 R——起重机的起重半径,m;

  L——厂房跨度,m;

  b——柱的间距,m;

  a——起重机开行路线至跨边的距离,m。

②若柱布置在跨外,起重机沿跨外开行,停机位置与沿跨内靠边开行相似。

2) 在跨内开行

屋架扶直就位及屋盖系统安装时,起重机在跨内开行,图 6.8 所示为一单跨车间采用分件安装法起重机开行路线及停机位置图。起重机从 A 轴线进场,沿跨外开行安装 A 列柱,再沿 B 轴线跨内开行安装 B 列柱,然后再转到 A 轴线一侧扶直屋架并将其就位,再转到 B 轴线安装 B 列连系梁、吊车梁等,随后再转到 A 轴线安装 A 列连系梁、吊车梁等构件,最后再转到跨中安装屋盖系统。

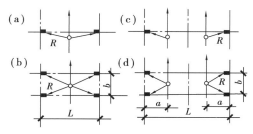

图 6.7 起重机安装柱时的开行
路线及停机位置

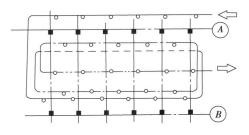

图 6.8 起重机开行路线及停机位置

当厂房为多跨并列且有纵横跨时,可先安装各纵向跨,以保证起重机在各纵向跨安装时运输道路畅通。若有高低跨,则应先安高跨后安低跨,并向两边逐步展开安装作业。

6.2.4　构件平面布置与安装前构件的就位、堆放

1）构件的平面布置

（1）构件平面布置的要求

构件平面布置应尽可能满足以下要求：

①各跨构件宜布置在本跨内，如有困难可考虑布置在跨外且便于安装的地方；

②构件布置应满足其安装工艺要求，尽可能布置在起重机起重半径内；

③构件间应有一定距离（一般不小于1 m），便于支模和浇筑混凝土，对重型构件应优先考虑，若为预应力构件尚应考虑抽管、穿筋的操作场所；

④各种构件的布置应力求占地最少，保证起重机及其他运输车辆运行道路的畅通，当起重机回转时不致与建筑物或构件相碰；

⑤构件布置时应注意安装时的朝向，避免空中调头，影响施工进度和安全；

⑥构件应布置在坚实的地基上，在新填土上布置构件时，应采取措施（如夯实、垫通长木板等）防止地基下沉，以免影响构件质量。

（2）柱的布置

柱的布置按安装方法的不同，有斜向布置和纵向布置两种。

①柱的斜向布置。若以旋转法起吊，按三点共弧布置（图6.9），其步骤如下：

首先确定起重机开行路线至柱基中心的距离 a，随即确定起重机的停机位置。以柱基中心 M 为圆心，安装该柱的起重半径 R 为半径画弧，与起重机开行路线相交于 O 点，该 O 点即为安装该柱的起重机停机位置。然后，以停机位置 O 为圆心，OM 为半径画弧，在靠近柱基的弧上选点 K 作为柱脚中心的位置，再以 K

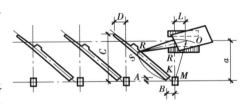

图6.9　柱斜向布置方式之一
（三点共弧）

为圆心，以柱脚到吊点的距离为半径画弧，与 OM 为半径所画弧相交于 S，连接 KS 得柱的中心线。据此画出预制位置图，标出柱顶、柱脚与柱到纵横轴线的距离 A、B、C、D，作为支模依据。

布置柱时尚应注意牛腿的朝向。当柱布置在跨内，牛腿应朝向起重机；当柱布置在跨外，牛腿则应背向起重机。

由于受场地或柱子尺寸的限制，有时难以做到三点共弧，则可按两点共弧布置，其方法有以下两种（图6.10、图6.11）：

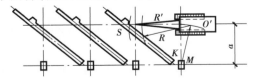

图6.10　柱斜向布置方式之二
（柱脚、柱基中心两点共弧）

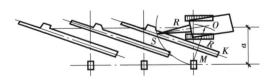

图6.11　柱斜向布置方式之三
（吊点、柱基两点共弧）

②柱的纵向布置。当采用滑行法安装柱时,可纵向布置,预制柱的位置与厂房纵轴线相平行(图6.12)。

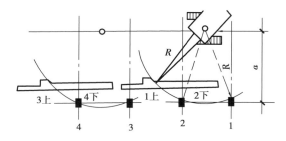

图6.12　柱的纵向布置

(3)屋架的布置

屋架一般在跨内平卧叠浇预制,每叠3~4榀,其布置方式有3种:正面斜向布置、正反斜向布置和正反纵向布置(图6.13)。因正面斜向布置使屋架扶直就位方便,故应优先选用该布置方式。

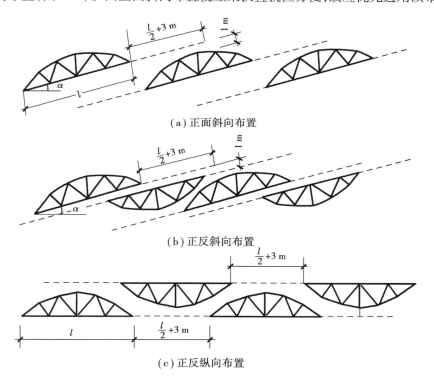

(a)正面斜向布置

(b)正反斜向布置

(c)正反纵向布置

图6.13　屋架预制时的布置方式

(4)吊车梁的布置

若吊车梁在现场预制,一般应靠近柱基础顺纵轴线或略作倾斜布置,亦可插在柱子之间预制。若具备运输条件,可另行在场外集中预制。

2)构件安装前的就位和堆放

由于柱在预制阶段已按安装阶段的就位要求布置,当柱的混凝土强度达到安装要求后,应先吊柱,以便空出场地布置其他构件,如屋面板、屋架、吊车梁等。

（1）屋架的就位

屋架在扶直后,应立即将其转移到吊装前的就位位置。屋架按就位位置的不同,可分为同侧就位和异侧就位(图 6.14)。屋架的就位方式一般有两种:一种是斜向就位(图 6.15),另一种是成组纵向就位(图 6.16)。

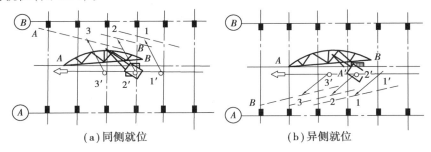

（a）同侧就位   （b）异侧就位

图 6.14　屋架就位示意图

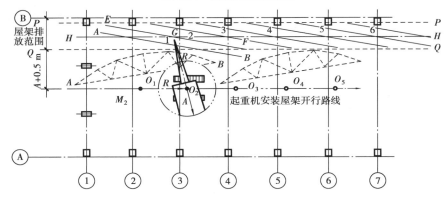

图 6.15　屋架的成组斜向就位位置(虚线表示屋架预制位置)

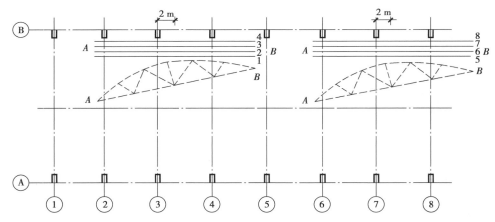

单层工业厂房
结构吊装方案

图 6.16　屋架的成组纵向就位位置(虚线表示屋架预制位置)

（2）吊车梁、连系梁和屋面板的堆放

吊车梁、连系梁就位位置,一般在其安装位置的柱列附近,跨内跨外均可,有时对屋面板等小型构件可采用随运随吊,以免现场过于拥挤。梁式构件可叠放 2~3 层,屋面板的就位位置可布置在跨内或跨外,根据起重机吊屋面板时所需要的起重半径,当屋面板跨内就位时,应退后

3~4个节间沿柱边堆放;当跨外就位时,则应退 1~2 个节间靠柱边堆放。屋面板的叠放一般为6~8 层。

6.3　多层装配式结构安装

多层装配式框架结构施工的特点是:高度大、占地少、构件类型多、数量大,接头复杂,技术要求高。为此,应着重解决起重机械选择、构件的供应、现场平面布置以及结构安装方法等。

1)起重机械选择

起重机械选择主要根据工程特点(平面尺寸、高度、构件质量和大小等)、现场条件和现有机械设备等来确定。

目前,装配式框架结构安装常用的起重机械有自行式起重机(履带式、汽车式、轮胎式)和塔式起重机(轨道式、自升式)。一般 5 层以下的民用建筑或高度在 18 m 以下的多层工业厂房及外形不规则的房屋,宜选用自行式起重机。10 层以下或房屋总高度在 25 m 以下,宽度在 15 m 以内,构件质量在 2~3 t,一般可选用 QT 1—6 型塔式起重机或具有相同性能的其他轻型塔式起重机。

2)起重机械布置

塔式起重机的布置主要应根据建筑物的平面形状、构件质量、起重机性能及施工现场环境条件等因素确定。通常塔式起重机布置在建筑物的外侧,有单侧布置和双侧(或环形)布置两种方案(图 6.17)。

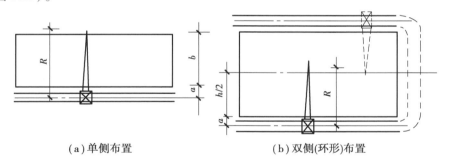

(a)单侧布置　　　　　　　　　(b)双侧(环形)布置

图 6.17　塔式起重机跨外布置

(1)单侧布置

当建筑物宽度较小(15 m 左右),构件质量较轻(2 t 左右)时常采用单侧布置。其起重半径应满足:

$$R \geqslant b + a \tag{6.6}$$

式中　R——起重机吊最远构件时的起重半径,m;

b——房屋宽度,m;

a——房屋外侧至塔轨中心线的距离,$a = 3~5$ m。

该布置方案具有轨道长度较短,构件堆放场地较宽等特点。

(2)双侧布置

当建筑物宽度较大($b > 17$ m)或构件较重,单侧布置时起重力矩不能满足最远构件的安装要求,起重机可双侧布置,其起重半径应满足:

$$R \geqslant \frac{b}{2} + a \qquad (6.7)$$

当场地狭窄,在建筑物外侧不可能布置起重机或建筑物宽度较大,构件较重,起重机布置在跨外其性能不能满足安装需要时,也可采用跨内布置,其布置方式有跨内单行布置和跨内环形布置两种(图6.18)。

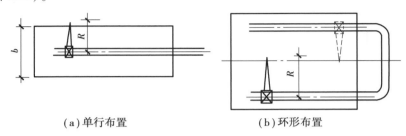

(a)单行布置   (b)环形布置

图6.18   塔式起重机跨内布置

3)结构安装方法

多层装配式框架结构的安装方法与单层厂房相似,亦分为分件安装法和综合安装法两种(图6.19)。

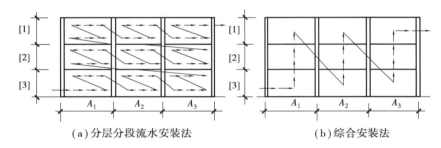

(a)分层分段流水安装法   (b)综合安装法

图6.19   多层装配式框架结构安装方法

A_1,A_2,A_3—施工段;[1],[2],[3]—施工层(与楼层高度相同)

(1)分件安装法

分件安装法根据流水方式的不同,又可分为分层分段流水安装法和分层大流水安装法两种。

分层分段流水安装法[图6.19(a)]即是以一个楼层为一个施工层(若柱是两层一节,则以两个楼层为一个施工层),每一个施工层再划分为若干个施工段。起重机在每一段内按柱、梁、板的顺序分次进行安装,直至该段的构件全部安装完毕,再转向另一施工段。待一层构件全部安装完毕并最后固定后再安装上一层构件。

分层大流水安装法是每个施工层不再划分施工段,而按一个楼层组织各工序的流水,其临时固定支撑很多,只适用于面积不大的房屋安装工程。

分件安装法是装配式框架结构最常用的方法,其优点是:容易组织安装、校正、焊接、灌浆等工序的流水作业;便于安排构件的供应和现场布置工作;每次安装同类型构件,可减少起重机变幅和索具更换的次数,从而提高安装速度和效率,各工序的操作比较方便和安全。

(2)综合安装法

综合安装法是以一个柱网(节间)或若干个柱网(节间)为一个施工段,以房屋的全高为一个施工层来组织各工序的流水。起重机把一个施工段的构件安装至房屋的全高,然后转移到下一个施工段[图 6.19(b)]。

4)构件的平面布置

装配式框架结构除有些较重、较长的柱需在现场就地预制外,其他构件大多在工厂集中预制后运往施工现场安装。因此,构件平面布置主要是解决柱的现场预制位置和工厂预制构件运到现场后的堆放。

构件平面布置是多层装配式框架结构安装的重要环节之一,其合理与否,将对安装效率产生直接影响。其原则是:

①尽可能布置在起重机服务半径内,避免二次搬运;

②重型构件靠近起重机布置,中小型构件则布置在重型构件的外侧;

③构件布置地点应与安装就位的布置相配合,尽量减少安装时起重机的移动和变幅;

④构件叠层预制时,应满足安装顺序要求,先安装的底层构件预制在上面,后安装的上层构件预制在下面。

柱为现场预制的主要构件,布置时应首先考虑。根据与塔式起重机轨道的相对位置的不同,其布置方式可分为平行、倾斜和垂直 3 种(图 6.20)。平行布置为常用方案,柱可叠浇,几层柱可通长预制,能减少柱接头的偏差;倾斜布置可用旋转法起吊,适宜于较长的柱;垂直布置适合起重机跨中开行,柱的吊点在起重机的起重半径内。

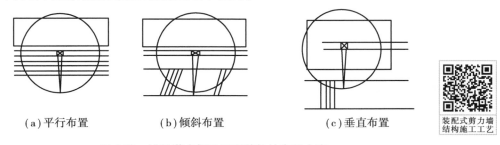

(a)平行布置　　　　　(b)倾斜布置　　　　　(c)垂直布置

图 6.20　使用塔式起重机安装柱的布置方案

6.4　钢结构安装

钢结构房屋施工设计主要包括工程概况简介、施工方案设计、施工进度计划编制、施工平面图设计等内容。本节将重点介绍钢结构单层工业厂房安装、高层钢结构安装、钢网架结构安装等内容。

6.4.1　工程概况

1)工程建设概况

工程建设概况主要介绍拟建工程的业主、设计单位、施工单位、监理单位;工程名称、性质、用途、作用;资金来源及工程投资额、开竣工日期、图纸情况;施工合同、主管部门有关文件或要求;组织施工的指导思想等。并拟附主要分部分项工程量一览表。

2）工程施工概况

（1）建筑设计特点

主要应包括拟建钢结构工程的建筑面积、层数、高度、平面形状和平面组合情况及室内外装修情况，并附平、立、剖面简图。

（2）结构设计特点

主要应包括钢柱、钢梁、压延型钢板、钢屋盖等构件的类型及主要截面形式，主要构件的安装位置等。

（3）建设地点特征

主要应包括拟建钢结构工程的位置、工程地质和水文地质条件、气温、冬雨季施工起止时间、主导风向及风力等。

（4）施工条件

主要应包括"三通一平"情况、现场临时设施及环境情况、交通运输条件、钢构件制作及供应情况、钢结构安装公司机械设备和施工队伍情况、劳动组织形式和内部承包方式等。

3）工程施工特点

简要指出钢结构工程的安装施工特点及施工中的构件吊装、连接、校正等关键问题，以便正确选择施工方案、组织资源供应、技术力量配备及施工准备上采取有效措施，保证施工的顺利进行。

6.4.2　施工进度计划编制及施工平面图设计

施工进度计划编制及施工平面图设计参见本书后续有关内容。

6.4.3　施工方案设计

钢结构安装施工方案设计主要包括选择吊装机械、确定流水程序、确定构件吊装方法、规划钢构件堆场、确定质量标准及安全措施和特殊施工技术等。

1）钢结构单层工业厂房安装

钢结构单层工业厂房安装主要包括钢构件堆放场、钢结构吊装准备、钢结构吊装等内容。

（1）钢结构堆放场

钢结构构件通常在专门的构件加工厂制作，然后运抵施工现场按设计要求经组装后进行吊装。为适应钢结构进场堆放、检验、油漆、组装和配套供应，对规模较大的工程需设立钢结构堆放场。

钢结构运抵堆放场，经过检验后分类配套按堆垛堆放。堆垛高度一般不大于 2 m，以保证安全。堆垛之间需留有通道，一般宽度为 2 m。柱子应放在木垫板上，并分层堆放，木垫板的位置和间距以保证不产生过大的变形为原则，桁架和桁架梁多斜靠立柱堆放，立柱间为 2~3 m。钢结构堆放场需临近铁路或公路设置，通常需配备必要的装卸机械，如门架式起重机、塔式起重机、汽车式起重机和轮胎式起重机等。此外，还必须保证水、电、压缩空气的供应。若要在堆放场内进行部分组装，则需设置拼装台。

（2）钢结构吊装准备

①选择吊装机械。选择吊装机械是钢结构吊装的关键。选择吊装机械的前提条件是：必须满足钢构件的吊装要求；机械必须确保供应；必须保证确定的工期。单层工业厂房面积大，宜用移动式起重机，对重型钢结构厂房，也可采用起重量大的履带式起重机。

②确定流水程序及吊装顺序。确定吊装流水程序主要应考虑每台吊装机械的工作内容和各台吊装机械之间的相互配合。其内容深度，要达到关键构件反映到单件，竖向构件反映到柱列，屋面部分反映到节间。因重型钢结构厂房的柱子质量大，一般情况下应分节吊装。确定钢结构吊装顺序的一般原则是：符合施工工艺程序的要求；要与结构吊装方法及施工机械协调一致；满足施工组织、质量、安全的要求；考虑气候条件的影响。

③基础准备和钢构件检验。基础准备包括轴线误差量测、基础支承面的准备、支承面和支座表面标高与水平度的检验、地脚螺栓位置和伸出支承面长度的量测等。柱子基础轴线和标高的正确与否是保证钢结构安装质量的关键，应根据基础验收资料复核各项数据，并标注在基础表面上。基础支承面的准备有两种做法：一种是基础一次浇筑到设计标高，即基础表面先浇到设计标高以下 20~30 mm 处，然后在设计标高处设角钢或槽钢制导架，测定其标高，再以导架为依据用水泥砂浆仔细铺筑支座表面；另一种是基础预留标高，安装时做足，即基础表面先浇筑至距设计标高 50~60 mm 处，柱子吊装时，在基础面上放置钢垫板以调整标高，待柱子吊装就位后，再在钢柱脚底板下浇筑细石混凝土。

④钢桁架吊装稳定性验算。吊装桁架时，若上、下弦角钢的最小规格能满足表 6.1 的规格，则不论绑扎点位于桁架上的何处，桁架在吊装过程中均能保持稳定。

表 6.1　保证桁架吊装稳定性的弦杆最小规格

弦杆断面	桁架跨度（m）						
	12	15	18	21	24	27	30
上弦杆┐ ┌（mm）	90×60×8	100×75×8	100×75×8	120×80×8	120×80×8	150×100×12 / 120×80×12	200×120×12 / 180×90×12
上弦杆┘ └（mm）	65×6	75×8	90×8	90×8	120×80×8	120×80×10	150×100×10

注：分数形式表示弦杆为不同的断面。

吊装桁架时，若上、下弦角钢的最小规格不能满足表 6.1 的规格，则应进行稳定性验算。

当弦杆的断面沿高度方向无变化时，其吊装稳定性可按下式验算：

$$q_\phi \cdot A \leqslant I \tag{6.8}$$

式中　q_ϕ——桁架单位长度质量，kg/m；

　　　A——系数，其值根据 $\alpha = 1/L$（L 为两吊点之间的距离，可查施工手册相关表格获得）；

　　　I——弦杆两角钢对垂直轴的惯性矩，cm^4。

当弦杆的断面沿高度方向有变化时，其吊装稳定性可按下式验算：

$$q_\phi \cdot A \leqslant \phi_1 I_1 \tag{6.9}$$

式中　I_1——断面较小的弦杆两角钢对垂直轴的惯性矩，cm^4；

　　　ϕ_1——考虑弦杆惯性矩变化的计算系数，其值根据 $\mu = I_2/I_1$ 和 $\eta = b/L$，可查施工手册相关表格获得。

若上述条件均不能满足,桁架在吊装之前需要进行加固。加固的方法是根据弦杆的受力情况将原木绑于弦杆上,使原木和弦杆同时受力,其吊装稳定性可按下式验算:

$$q_\phi \cdot A \le I_1 + \frac{I_2}{2} \tag{6.10}$$

$$q_\phi \cdot A \le \phi_1 I_1 + \frac{I_2}{2} \tag{6.11}$$

式中 I_2——原木的惯性矩,cm^4。其他符号同前。

（3）钢结构吊装

钢结构单层工业厂房主要由柱、吊车梁、桁架、天窗架、檩条、支撑及墙架等构件组成,其形式、尺寸、质量、安装标高各不相同,因此所采用的起重设备、吊装方法等亦应随之而变化,以满足工程技术及经济需要。

①钢柱吊装与校正

钢柱的吊装方法与装配式钢筋混凝土柱子相似,亦有旋转法和滑行法两种吊装方法,根据柱子质量情况,可选择单机起吊或双机抬吊。

钢柱经过初校,待垂直度偏差控制在 20 mm 以内方可使起重机脱钩。钢柱的垂直度用经纬仪检验,如有偏差,用千斤顶进行校正(图 6.21),在校正过程中,随时观察柱底部和标高控制块之间是否脱空,以防校正过程中造成水平标高的误差。对于重型钢柱还可用螺旋千斤顶加链条套环托座(图 6.22),沿水平方向顶校钢柱,为防止钢柱校正后的位移,需在柱四边用 10 mm 厚的钢板定位,并及时采用电焊固定。待钢柱复校后,再紧固锚固螺栓,并将承重块上下点焊固定,防止移动。

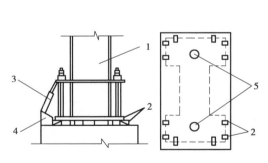

图 6.21 钢柱垂直度校正及承重块布置
1—钢柱;2—承重块;3—千斤顶;
4—钢托座;5—标高控制块

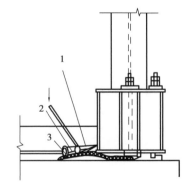

图 6.22 钢柱位置校正
1—螺旋千斤顶;2—链条;3—千斤顶托座

②吊车梁吊装与校正

钢吊车梁均为简支梁,两端之间留有 10 mm 左右的空隙。梁的搁置处与牛腿面之间留有空隙,设置钢板。梁与牛腿用螺栓连接,梁与制动架之间用高强度螺栓连接。

用于吊装钢吊车梁的吊装机械主要有履带式起重机、塔式起重机、桅杆式起重机等,其中以履带式起重机应用最为广泛。对重型吊车梁可采用双机抬吊。

钢吊车梁的校正主要包括标高、垂直度、轴线和跨距等。标高的校正可在屋盖吊装前进行,其他项目的校正宜在屋盖吊装完成后进行。吊车梁标高的校正,可用千斤顶或起重机等设备;

轴线和跨距的校正可用撬棍、钢楔、花篮螺丝、千斤顶等设备。吊车梁跨距的检验,一般用钢皮尺量测,跨度大的厂房用弹簧秤拉测(拉力一般为 100~200 N),以防止下垂。

吊车梁轴距的检验以跨距为准,通常是在吊车梁上面沿车间长度方向拉通钢丝,再用垂球检验各根吊车梁的轴线。亦可用经纬仪在柱子侧面放一根与吊车梁轴线的校正基线,作为校正吊车梁轴线的依据。

③钢桁架的吊装与校正

钢桁架可用自行杆式起重机、塔式起重机和桅杆式起重机等进行吊装。由于桁架尺寸和质量均较大,为保持其在吊装过程中的稳定性或避免在空中与其他构件相碰撞,需在桁架的适当节点处绑扎绳索,随吊随放松。此外,因钢桁架的侧向稳定性较差,常采用地面组合吊装法或空中单元组装法进行安装作业。地面组合吊装法即是在地面上将两榀桁架及其上的天窗架、檩条、支撑等拼装成整体后,一次进行吊装。空中单元组装法即是当所有柱均吊装完毕后,先在厂房的适当位置处搭设胎架,然后在胎架上将工厂制作的钢桁架拼装单元进行组拼,待一个屋盖节间的所有构件组装完成后,方可利用动力设备将屋盖节间整体平移到设计位置固定。

钢桁架临时固定可采用临时螺栓和冲钉,钢桁架的最后固定通常采用焊接连接和高强螺栓连接,若焊接宜用对称焊。

钢桁架的检验校正项目主要是垂直度和弦杆正直度。钢桁架的垂直度可用挂线锤球检验,而弦杆正直度则可用拉紧的测绳进行检验。

某钢结构厂房吊装施工方案

2)高层钢结构安装

(1)结构安装前的准备工作

高层钢结构安装前的准备工作主要有:编制施工方案,拟订技术措施,构件检查,安排施工设备、工具、材料,组织安装力量等。

①制订钢结构安装方案

在制订钢结构安装方案时,主要应根据建筑物的平面形状、高度、单个构件的质量、施工现场条件等来确定安装方法、流水段的划分、起重机械等。

高层钢结构安装的平面流水段划分应考虑钢结构在安装过程中的对称性和整体稳定性。其安装顺序一般应由中央向四周扩展,以利焊接误差的减少和消除(图 6.23)。立面流水以一节钢柱(各节所含层数不一)为单元,每个单元以主梁或钢支撑、带状桁架安装成框架为原则;其次是次梁、楼板及非结构构件的安装(图 6.24)。

高层钢结构安装皆用塔式起重机,要求塔式起重机有足够的起重能力和起重幅度及起重高度;所用钢丝绳长度要满足起吊高度要求;其起吊速度应能满足安装要求。在多机作业时,臂杆要有足够的高差且塔机之间应保持足够的安全距离,以保证施工安全。

②高层钢结构构件质量检查

高层钢结构构件数量多,制作精度要求高,因此,在构件制作时,安装单位应派人参加构件制作过程及成品的质量检查工作;构件成品出厂时,各项检验数据应交安装单位,作为采取相应技术措施的依据。其内容包括:施工图中设计变更修改部位;材质证明和试验报告;构件检查记录;合格证书;高强螺栓摩擦系数试验;焊接无损伤检查记录及试组装记录等技术文件。

高层钢结构的柱、主梁和支撑等主要构件,在中转库进行质量复检。其复检的主要内容是:

a.构件尺寸与外观检查。根据施工图,测量构件长度、宽度、高度、层高、坡口位置与角度、节点位置,高强螺栓或铆钉的开孔位置、间距、孔数等,应以轴线为基准一次检查符合验收标准。

外观检查内容为构件弯曲、变形、扭曲和碰伤等。

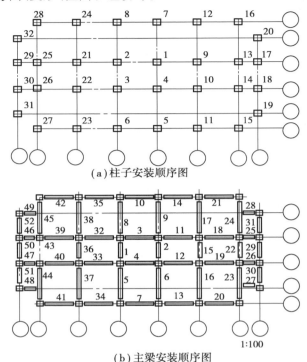

（a）柱子安装顺序图

钢结构建筑
整体BIM施工

（b）主梁安装顺序图

图 6.23　某钢结构安装平面流水段划分

　　b.构件加工精度的检查。切割面的位置、角度及粗糙度、毛刺、变形及缺陷；弯曲构件的弧度和高强螺栓摩擦面等。

　　c.焊缝的外观检查和无损探伤检查。当焊缝有未焊透、漏焊和超标准的夹渣、气孔等缺陷，必须待清除缺陷后重焊；对焊缝尺寸不足、间断、弧坑、咬边等缺陷应补焊，补焊焊条直径一般不宜大于 4 mm；焊缝中出现裂缝时，应分析原因后再采取适当措施予以处理。

　　对于全部熔透焊缝的超声波探伤，抽检30%。若不合格，应再加倍检查；仍不合格时，则需全数检查。超声波探伤应在焊缝外观检查合格，并对超声波探伤部位修磨后方可进行。

　　③钢构件的运输和现场堆放

　　钢构件的运输可采用公路、铁路或海（河）运等方式，运输工具的选用需考虑钢构件的尺寸、质量、桥涵、隧道的净空尺寸等因素。钢构件一般宜采用平运，其吊点位置应合理选择。钢构件的运输过程中的支垫应受力合理且牢固，多层叠放时，应保证支垫在同一垂线上。

　　钢构件按照安装流水顺序由中转堆场配套运入现场堆放。其堆放场地应平整、坚实、排水良好；构件应分类型、单元、型号堆放，便于清点和预检。堆放构件应确保不变形，无损伤，稳定性好，一般梁、柱叠放不宜超过 6 块。在布置堆放场地时，应尽量考虑少占场地，一般情况下，结构安装用地面积宜为结构占地面积的 1.5 倍。

　　④钢柱基础准备

　　钢结构安装前应对建筑物的定位轴线、基础中心线和标高、地脚螺栓位置等进行检查，并应进行基础检测和办理交接验收。

　　定位轴线以控制桩为基准。待基础混凝土浇筑完毕后根据控制桩将定位轴线引测到柱基钢筋混凝土底板面上,随后预检定位线是否同原定位线重合、封闭,纵横定位轴线是否垂直、平行。

独立柱基的中心线应与定位轴线相重合,并以此为依据检查地脚螺栓的预埋位置。

在柱基中心表面和钢柱底面之间,应有安装间隙作为钢柱安装的标高调整。基准标高点一般设置在柱基底板的适当位置,作为整个高层钢结构工程施工阶段的标高依据。以基准标高点为依据,对钢柱柱基表面进行标高实测,将测得的标高偏差用平面图表示,作为临时支承标高块调整的依据。

⑤柱基地脚螺栓准备

柱基地脚螺栓的预埋方法主要有直埋法和套管法两种。

直埋法是利用套板控制地脚螺栓间的距离,立固定支架控制地脚螺栓群不变形,在柱基底板绑扎钢筋时埋入并同钢筋连成一体,然后浇筑混凝土一次固定。此法产生的偏差较大且调整困难。

套管法是先按套管直径比地脚螺栓大 2~3 倍制作套管,并立固定架将柱基埋入浇筑的混凝土中,待柱基底板的定位轴线和柱中心线检查无误后,再在套管内插入螺栓,使其对准中心线,通过附件和焊接加以固定,最后在套管内注浆锚固螺栓。此法能保证地脚螺栓的施工质量,但费用较高。

⑥标高块设置

图 6.24　一个立面安装流水段内的安装程序

在钢柱吊装之前,应根据钢柱预检(实际长度、牛腿间距离、钢板底板平整度等)结果,在柱子基础表面浇筑标高块,以精确控制钢结构上部结构的标高。标高块采用无收缩砂浆并立模浇筑,其强度不宜小于 30 N/mm²,标高块表面须埋设厚度为 16~20 mm 的钢面板。浇筑标高块之前应凿毛基础表面,以增强黏结。

(2)钢结构构件的安装

钢结构安装时,先安装楼层的一节柱,随即安装主梁,迅速形成空间结构单元,并逐步扩大拼装单元。柱与柱、主梁与柱的接头处用临时螺栓连接;临时螺栓数量应根据安装过程所承受的荷载计算确定,并要求每个节点上临时螺栓不应少于安装孔总数的 1/3 且不少于 2 个,待校正结束后,再按设计所要求的连接方式进行连接。

①钢构件的起吊

高层钢结构柱多以 3~4 层为一节,节与节之间用剖口焊连接。钢柱的吊点在吊耳处。根据钢柱的质量和起重机的起重量,钢柱的吊装可采用单机起吊或双机抬吊(图 6.25)。

钢梁吊装时,一般在钢梁上翼缘处开孔作为吊点。对于重量轻的次梁和其他小梁,可采用多头吊索一次吊装若干根(图 6.26)。有时为了减少高空作业,加快吊装速度,也采用将柱梁在地面组装成排架后进行整体吊装。

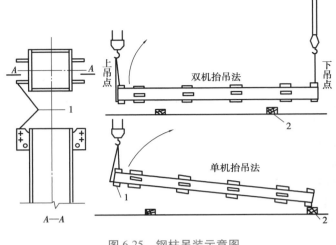

钢结构局部节点BIM安装模拟(一)

图 6.25　钢柱吊装示意图

1—吊耳;2—垫木

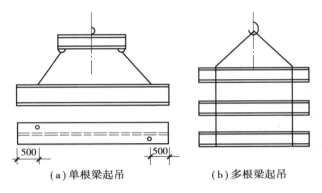

钢结构局部节点BIM安装模拟(二)

（a）单根梁起吊　　　　（b）多根梁起吊

图 6.26　钢梁吊装示意图

②钢构件的校正

a.柱的校正。柱的校正包括标高、轴线位移、垂直度等。钢柱就位后,其校正顺序是:先调整标高,再调整轴线位移,最后调整垂直度。柱要按规范要求进行校正,标准柱的垂直偏差应校正到零。当上下节柱发生扭转错位时,可在连接上下柱的耳板处加垫板予以调整。

高层钢结构安装中,建筑物的高度可以按相对标高控制,也可以按设计标高控制。采用相对标高安装时,不考虑焊缝收缩变形和荷载对柱的压缩变形,只考虑柱全长的累计偏差不大于分段制作允许偏差再加上荷载对柱的压缩变形值和柱焊接收缩值的总和。用设计标高控制安装时,每节柱的调整都要以地面第一节柱的柱底标高基准点进行柱标高的调整,要预留焊缝收缩量、荷载对柱的压缩量。同层柱顶标高偏差不超过 5 mm,否则需进行调整,多用低碳钢板垫到规定要求。如误差过大(大于 20 mm),不宜一次调整到位,可先调整一部分,待下次再调整,以免调整过大影响支撑的安装和钢梁表面标高。

高层钢结构每节柱的定位轴线,一定要从地面的控制轴线直接引上来,标注在下节柱顶,作为下节柱顶的实际中心线。安装上节柱只需柱底对准下节钢柱的实际中心线即可。应特别注意,不得用下节柱的柱顶位置线作为上节柱的定位轴线。

高层钢结构柱垂直度校正直接影响结构安装质量与安全,为了控制误差,通常应先确定标准柱。所谓标准柱即是能够控制框架平面轮廓的少数柱子,一般情况下多选择平面转角柱为标准柱。通常取标准柱的柱基中心线为基准点,用激光经纬仪以基准点为依据对标准柱的垂直度进行观测(图6.27)。在安装观测时,为了纠正因钢结构振动产生的误差和仪器安置误差、机械误差等,激光仪每测一次转动90°,在目标上共测4个激光点,以这4个激光点的相交点为准量测安装误差。为使激光束通

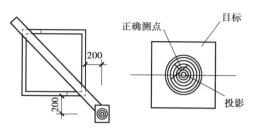

图 6.27 钢柱顶的激光测量目标

过,在激光仪上方的金属或混凝土楼板上皆需固定或埋设一个小钢管,激光仪设置在地下室底板的基准点上。

其他柱子的误差量测不用激光经纬仪,而用丈量法,即以标准柱为依据,在角柱上沿柱子外侧拉设钢丝绳组成平面方格封闭状,用钢尺丈量距离,超过允许范围则需调整。

b.梁的校正。安装框架主梁时,要根据焊缝收缩量预留焊缝变形量。安装主梁时对柱子垂直度的监测,除监测安放主梁的柱子的两端垂直度变化外,还要监测与主梁连接的相邻各根柱子的垂直度变化情况,保证柱子除预留焊缝收缩值外,各项偏差均符合规范的规定。框架梁应注意梁面标高的校正,在测出梁两端标高误差后,偏差超过允许误差,可通过扩大端部装连接孔的方法予以校正。

③高层钢结构的焊接施工

a.焊接准备工作:

• 检验焊条、垫板和引弧板:焊条必须符合设计要求的规格,应存放在仓库内并保持干燥。焊条的药皮如有剥落、变质、污垢、受潮生锈等均不准使用。垫板和引弧板均用低碳钢板制作,间隙过大的焊缝宜用紫铜板。垫板尺寸为:厚6~8 mm,宽50 mm;长度应与引弧板长度相适应。引弧板长50 mm左右,引弧长30 mm。

• 焊接工具、设备、电源准备:焊机型号正确且工作正常,必要的工具应配备齐全,放在设备平台上的设备排列应符合安全规定,电源线路要合理且安全可靠,要装配稳压电源,事先放好设备平台,确保能焊接到所有部位。

• 焊条预热:焊条使用前应在300~350 ℃的烘箱内焙烘1 h,然后在100 ℃温度下恒温保存。焊接时从烘箱内取出焊条,放在具有120 ℃保温功能的手提式保温桶内带到焊接部位,随用随取,在4 h内用完,超过4 h则焊条必须重新焙烘,当天用不完者亦应重新烘焙,严禁使用湿焊条。焊条烘焙预热的温度和时间,取决于焊条的种类,应根据工程实际情况确定。

• 焊缝剖口检查:柱与柱、柱与梁上下翼缘的剖口焊接,电焊前应对坡口组装的质量进行检查,若误差超过图6.28所示的允许范围,则应返修后再焊接。同时,焊前需对坡口进行清理,去除对焊接有妨碍的水分、油污、锈等。

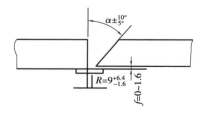

图 6.28 坡口允许误差

• 气象条件:气象条件对焊接质量有较大影响。原则上雨雪天气应停止焊接作业(除非采取相应措施),当风速超过10 m/s时,不准焊接,若有防雨雪及挡风措施,确认可保证焊接质量,亦可进行焊接。在-10 ℃气温条件下,焊缝应采取保温措施并延长降温时间。

b.焊接顺序。高层钢结构焊接顺序的正确与否,对焊接质量关系重大。一般情况下应从中心向四周扩展,采用结构对

称、节点对称的焊接顺序(图6.29)。一节柱(三层)的竖向焊接顺序是:

- 上层主梁→压型钢板支托→压型钢板点焊;
- 下层主梁→压型钢板支托→压型钢板点焊;
- 中层主梁→压型钢板支托→压型钢板点焊;
- 上柱与下柱焊接。

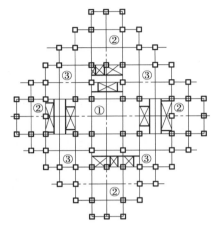

(a)京城大厦的焊接顺序

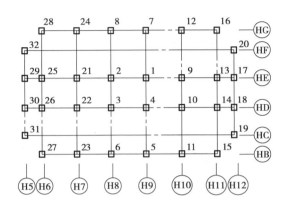

(b)长富宫柱子的焊接顺序

图6.29　高层钢结构的焊接顺序

c.焊接工艺:

- 预热:由于焊接时局部的激热速冷在焊接区可能产生裂缝,预热可以减缓焊接区的激热和速冷,避免产生裂纹。对约束力大的接头,预热后可减小收缩应力。预热还可排除焊接区的水分和湿气,从而避免产生氢气。

- 焊接:柱与柱的接头焊接,应由两名焊工在相对两面等温、等速对称施焊。加引弧板时,先焊第一个两相对面,焊层不宜超过4层,然后切除引弧板,清理焊缝表面,再焊第二个两相对面,焊层可达8层,再换焊第一个两相对面,如此循环直至焊满整个焊缝。不加引弧板焊接时,一个焊工可焊两面,也可以两个焊工从左向右逆时针方向转圈焊接。

梁与柱的接头焊缝,一种方法是:先焊H型钢的下翼缘板,再焊上翼缘板,梁的两端应先焊一端,待其冷却至常温后再焊另一端。另一种方法是:先焊上翼缘,下翼缘上端先焊一端板厚的1/2,待另一端满焊后,再焊完下部分。梁柱接头焊接时,必须在焊缝的两端头加引弧板。

d.焊缝质量检验。钢结构焊缝质量检验分3级:1级检验的要求是全部焊缝进行外观检查和超声波检查,焊缝长度的2%进行X射线检查,并至少应有一张底片;2级检验的要求是全部焊缝进行外观检查,并有50%的焊缝长度进行超声波检查;3级检验的要求是全部焊缝进行外观检查。钢结构高层建筑的焊缝质量检验,属于2级检验。应按2级焊缝的质量标准进行检查。

④高层钢结构的高强螺栓连接施工

a.高强螺栓连接副:高强螺栓连接副有扭矩型和扭剪型两类,由螺栓杆、螺母和垫圈组成(图6.30)。

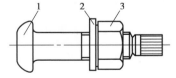

图6.30　高强螺栓连接

1—螺栓;2—垫圈;3—螺母

扭矩型高强螺栓连接副由一个螺栓杆、一个螺母和两个垫圈组成,用定扭矩扳手进行初拧和终拧。扭剪型高强螺栓连接副由一个螺栓杆、一个螺母和一个垫圈组成,用定扭矩扳手初拧,用扭剪型高强螺栓扳手终拧。

b.高强螺栓连接的施工:

● 一般要求:高强螺栓使用前,应按有关规定对高强螺栓的各项性能进行检验。运输过程中应防止损坏。螺栓有污染等异常现象,应用煤油清洗,并按高强螺栓验收规程进行复验,经复验扭矩系数合格后方能使用。高强螺栓应放在干燥、通风、避雨、防潮的仓库内,并不得污损。安装时,应按当天需用量领取,当天没用完的螺栓必须装回容器内加以妥善保管。安装高强螺栓时,接头摩擦面上不允许有毛刺、铁屑、油污、焊接飞溅物,摩擦面应干燥,无结露、积霜、积雪,并不得在雨天进行安装。使用定扭矩扳手紧固高强螺栓时,应扳前对其进行校核,合格后方能使用。

● 高强螺栓的安装顺序:一个接头上的高强螺栓,应从螺栓群中部开始安装,逐个拧紧。大型节点的拧紧应分为初拧、复拧、终拧。初拧扭矩为施工扭矩的 50% 左右,复拧扭矩等于初拧扭矩,终拧扭矩等于施工扭矩,施工扭矩按下式计算:

钢结构高强
螺栓安装施工

$$T_c = kp_c d = k(p + \Delta p)d \qquad (6.12)$$

式中　T_c——终拧扭矩值,N·m;

　　　k——扭矩系数平均值(按出厂批复验连接副的扭矩系数,每批复检 5 套,5 套扭矩系数的平均值应在 0.11~0.15,其标准偏差 ≤0.01);

　　　p_c——施工预拉力,kN;

　　　d——高强螺栓公称直径,mm;

　　　p——设计预拉力,见表 6.2;

　　　Δp——预拉力损失值,一般取 0.05p~0.1p。

表 6.2　每一个高强螺栓的设计预拉力 p(kN)

螺栓的性能等级	螺栓公称直径(mm)					
	M16	M20	M22	M24	M27	M30
8.8 s	70	110	135	155	205	250
10.9 s	100	155	190	225	290	355

当接头既有高强螺栓连接又有电焊连接时,是先紧固还是先焊接,应按设计要求规定的顺序进行。当设计无规定时,按先紧固后焊接的施工工艺顺序进行,即先终拧完高强螺栓再焊接焊缝。

高强螺栓应自由穿入螺栓孔内,当板层发生错孔时,应用铰刀扩孔修整,修整后孔的最大直径不得大于原孔径再加 2 mm;扩孔数量不得超过一个接头螺栓孔的 1/3。严禁用气割进行高强螺栓孔的扩孔修整工作。

一个接头多颗高强螺栓穿入方向应一致,垫圈有倒角的一侧应朝向螺栓头和螺母,螺母有圆台的一面应朝向垫圈,螺母和垫圈不应装反。在槽钢、工字钢翼缘上安装高强螺栓时,其斜面应使用斜度相协调的斜垫圈。

● 高强螺栓的紧固方法:高强螺栓的紧固是采用专门扳手拧紧螺母,使螺栓杆内产生要求的拉力。工程上,常用的大六角头高强螺栓一般用扭矩法和转角法拧紧。

扭矩法一般可用初拧和终拧两次拧紧。初拧扭矩用终拧扭矩的 60%~80%,其目的是通过初拧,使接头各层钢板达到充分密贴,再用终拧扭矩将螺栓拧紧。若板层较厚或叠层较多,初拧后板层达不到充分密贴,还需增加复拧,复拧扭矩和初拧扭矩相同。

转角法也是以初拧和终拧两次进行。初拧用定扭矩扳手以终拧扭矩的 30%～50% 进行,使接头各层钢板达到充分密贴,再在螺母和螺栓杆上面通过圆心画一条直线,然后用扭矩扳手转动螺母一个角度,使螺栓达到终拧要求。转动角度的大小在施工前由试验确定。转角法拧紧高强螺栓,初拧用扭矩法,终拧用转角法。因转角法拧紧高强螺栓时,其轴力的离散性很大,目前已很少采用转角法紧固高强螺栓。

扭剪型高强螺栓紧固也分初拧和终拧两次进行。初拧用定扭矩扳手,以终拧扭矩的 50%～80% 进行,使接头各层钢板达到充分密贴,再用电动扭剪型扳手把梅花头拧掉,使螺栓杆达到设计所要求的轴力。

● 高强螺栓连接的检查:对于大六角头高强螺栓,先用小锤(0.3～0.5 kg)逐个敲检,如发现欠拧、漏拧,应及时补拧;超拧应更换。然后对每个节点螺栓数的 10%(不少于 1 个)进行扭矩检查,即先在螺母与螺杆的相对应位置画一细直线,然后将螺母退回约 30°～50°,再拧至原位并测定扭矩,该扭矩与检查扭矩的偏差应在检查扭矩的 ±10% 以内。

扭剪型高强螺栓可采用目测法进行检查,即目测检查螺栓层部梅花头是否拧掉。

⑤高层钢结构安装的安全措施

a.高层钢结构安装时,应按规定在建筑物外侧搭设水平和垂直安全网。第一层水平安全网离地面 5～10 m,挑出网宽 6 m,先用粗绳大眼网作支承结构,上铺细绳小眼网。在钢结构安装工作面下设第二层水平安全网,挑出网宽 3 m。第一、二层水平安全网应随钢结构安装进度向上移动,即两者相差一节柱距离,网下层已安装好的钢结构的各层外侧,设置垂直安全网,并沿建筑物外侧封闭严密。同时,在建筑物内部的楼梯、各种洞口位置,均应设置水平防护网、防护挡板或防护栏杆。

b.凡是附在柱、梁上的爬梯、走道、操作平台、高空作业吊篮、临时脚手架等,应与钢构件连接牢靠。

c.操作人员需在水平钢梁上行走时,必须配戴安全带,安全带要挂在钢梁上设置的安全绳上,安全绳的立杆钢管必须与钢梁连接牢固。

d.高空操作人员携带的手动工具、螺栓、焊条等小件物品,必须放在工具袋内。

e.随着安装高度的增加,各类消防设施应及时上移,一般不得超过两个楼层。

f.各种用电设备要有接地装置,地线和电力用具的电阻不得大于 4 Ω。各种用电设备和电缆,要经常检查,以保证其绝缘性。进行电、气焊、柱钉焊等明火作业时,应配备专职人员值班。

g.风力大于 5 级、雨、雪和构件有积雪、结冰、积水时,应停止高空钢结构的安装作业。

3)钢网架结构安装

钢网架结构安装根据结构形式和施工条件的不同常采用高空散装法、分条或分块安装法、高空滑移法、整体吊装法、整体提升法、整体顶升法等。

(1)高空散装法

高空散装法即是将小拼单元或散件(单根杆件及单个节点)直接在设计位置进行总拼的方法,通常有全支架法和悬挑法两种。全支架法尤其适用于以螺栓连接为主的散件高空拼装。全支架法拼装网架时,支架顶部常用木板或其他脚手板满铺,作为操作平台,焊接时应注意防火。由于散件在高空拼装,无需大型垂直运输设备,但搭设大规模的拼装支架需耗用大量的材料。

悬挑法则多用于小拼单元的高空拼装,或球面网壳三角形网格的拼装。悬挑法拼装网架时,需要预先制作好小拼单元,再用起重机将小拼单元吊至设计标高就位拼装。悬挑法拼装网架搭设支架少,节约架料,但要求悬挑部分有足够的刚度,以保证其几何尺寸的不变。

①吊装机械的选择与布置

吊装机械的选择,主要应根据结构特点、构件质量、安装标高以及现场施工与现有设备条件而定。高空拼装需要起重机操作灵活和运行方便,并使其起重幅度覆盖整个钢网架结构施工区域。工程上多选用塔式起重机,当选用多台塔式起重机,在布置时还应考虑其工作时的相互干扰。

②拼装顺序的确定

拼装时一般从脊线开始,或从中间向两边发展,以减少积累偏差和便于控制标高。其具体方案应根据建筑物的具体情况而定。图 6.31 所示是某工程的拼装顺序(大箭头表示总的拼装顺序,小箭头表示每榀钢桁架的拼装顺序),总的拼装顺序是从建筑物一端开始向另一端以两个三角形同时推进,待两个三角形相交后,即按人字形逐拼向前推进,最后在另一端的正中闭合。每榀屋架的拼装顺序,在开始的两个三

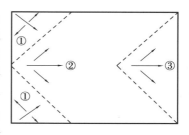

图 6.31　网架的拼装顺序

角形部分由屋脊部分开始分别向两边拼装,两个三角形相交后,则由交点开始同时向两边拼装。

③标高及轴线的控制

大型网架为多支承结构,支承结构的轴线和标高是否准确,影响网架的内力和支承反力。因此,支承网架的柱子的轴线和标高的偏差应小,在网架拼装前应予以复核(要排除阳光温差的影响)。拼装网架时,为保证其标高和各榀屋架轴线的准确,拼装前需预先放出标高控制线和各榀屋架轴线的辅助线。若网架为折线形起拱,则可以控制脊线标高为准;若网架为圆弧线起拱,则应逐个节点进行测量。在拼装过程中,应随时对标高和轴线进行测量并依次调整,使网架总拼装后纵横总长度偏差、支座中心偏移、相邻支座高差、最低最高支座差等指标均符合网架规程的要求。

④支架的拼装

网架高空散装法的支架应进行专门设计,对重要的或大型工程还应进行试压,以保证其使用的可靠性。首先要保证拼装支架的强度和刚度,以及单肢及整体稳定性要求。其次支架的沉降量要稳定,在网架拼装过程中应经常观察支架的变形情况,避免因拼装支架变形而影响网架的拼装精度,必要时可用千斤顶进行调整。

⑤支架的拆除

网架拼装完毕并进行全面检查后,拆除全部支顶网架的方木和千斤顶。考虑到支架拆除后网架中央沉降最多,故按中央、中间和边缘 3 个区分阶段按比例下降支架,即分 6 次下降,每次下降的数值 3 个区的比例是 2∶1.5∶1。下降支架时要严格保证同步下降,避免由于个别支点受力而使这些支点处的网架杆件变形过大甚至破坏。

(2)分条或分块安装法

分条或分块安装法是指将网架分成条状或块状单元,分别由起重机吊装至高空设计位置就位搁置,然后再拼装成整体的安装方法。条状单元即是网架沿长跨方向分割为若干区段,而每个区段的宽度可以是 1 个网格至 3 个网格,其长度则为短跨的跨度。块状单元即是网架沿纵横方向分割后的单元形状为矩形或正方形。当采用条状单元吊装时,正放类网架通常在自重作用

下自身能形成稳定体系,可不考虑加固措施,比较经济;而斜放类网架分成条状单元后需要大量的临时加固杆件,不太经济。当采用块状单元吊装时,斜放类网架则只需在单元周边加设临时杆件,加固杆件较少。

分条或分块安装法的特点是:大部分焊接拼装工作在地面进行,有利于提高工程质量;拼装支架耗用量极少;网架分单元的重量与现场起重设备相适应,有利于降低工程成本。

①网架单元划分

网架分条分块单元的划分,应以起重机的负荷能力和网架结构特点而定。其划分方法主要有下述几种:

a.网架单元相互紧靠,可将下弦双角钢分开在两个单元上。此法多用于正放四角锥网架(图6.32)。

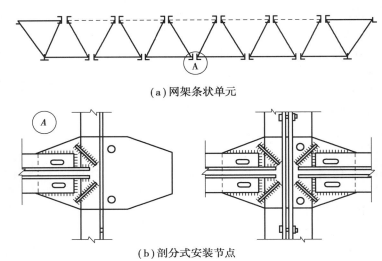

(a)网架条状单元

(b)剖分式安装节点

图6.32　正放四角锥网架条状单元划分

b.网架单元相互紧靠,单元间上弦用剖分式安装节点连接。此法多用于斜放四角锥网架(图6.33)。

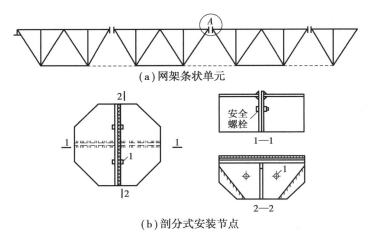

(a)网架条状单元

1—1

2—2

(b)剖分式安装节点

图6.33　斜放四角锥网架条状单元划分

c.单元之间空一节间,该节间在网架单元吊装后再在高空拼装,此法多用于两向正交正放等网架(图6.34)。

图6.34　两向正交正放网架条状单元划分

注:实线部分为条状单元,虚线部分为在高空后拼的杆件

②网架挠度的调整

网架条状单元在吊装就位过程中的受力状态为平面结构体系,而网架结构是空间结构体系,因此条状单元两端搁置在支座上后,其挠度值比网架设计挠度值要大。若网架跨度较大,相对高跨比小,或采用轻屋面,则条状单元两端搁置后的中央挠度往往超过形成整体后网架的挠度。因此,条状单元合龙前应先将其顶高,使中央挠度与网架形成整体后该处挠度相同。由于分条分块安装法多在中小跨度网架中应用,可用钢管作顶撑,在钢管下端设千斤顶,调整标高时将千斤顶顶高即可。如果在设计时考虑到分条安装的特点而加高了网架高度,则分条安装时就不需要调整挠度。

③网架尺寸控制

分条或分块网架单元尺寸必须准确,以保证高空总拼时节点吻合和减少偏差。一般可采用预拼装或套拼的办法进行尺寸控制。同时,还应尽量减少中间转运,如需运输,应用特制专用车辆,防止网架单元变形。

(3)高空滑移法

高空滑移法是指分条的网架单元在事先设置的滑轨上单条滑移到设计位置拼接成整体的安装方法。此条状单元可以在地面拼成后用起重机吊至支架上,亦可用小拼单元或散件在高空拼装平台上拼成条状单元。高空支架一般设在建筑物的一端。高空滑移法由于是在土建完成框架或圈梁后进行,网架的空中安装作业可与建筑物内部施工平行进行,缩短了工期;拼装支架只在局部搭设,节约了大量的支架架料;对牵引设备要求不高,通常只需卷扬机即可。高空滑移法适用于现场狭窄的地区施工;也适用于车间屋盖的更换、轧钢、机械等厂房设备基础、设备与屋面结构平行施工或开口施工方案等的跨越施工;体育馆、影剧院等建筑物的屋盖网架施工(图6.35)。

①挠度控制

当单条滑移时,施工挠度情况与分条安装法相同。当逐条积累滑移时,滑移过程中仍呈两端自由搁置的立体桁架。若网架设计未考虑施工工况,则在施工中应采取增加起拱高度、开口部分增设三层网架、在中间增设滑轨等措施。一般情况下应按施工工况(滑移和拼装阶段)进行网

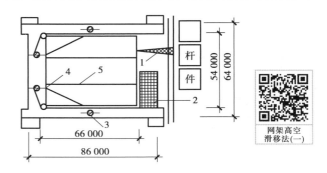

图6.35　网架高空滑移施工的平面布置图

1—拼装用塔式起重机;2—拼装平台

3—绞磨;4—滑轮;5—滑移轨道

架挠度验算,其验算内容是:当跨度中间无支点时,杆件内力和跨中挠度值;当跨度中间有支座时,杆件内力、支点反力和挠度值。

②网架单元的滑移

网架单元拼装工作完成后,即可进行滑移。通常是在网架支座下设滚轮,使滚轮在滑动轨道上滑移(图6.36);亦可在网架支座下设支座底板,使支座底板沿预埋在钢筋混凝土框架梁上的预埋钢板滑移(图6.37)。网架滑移可用卷扬机或手扳葫芦牵引。

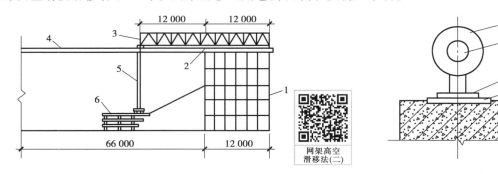

图6.36 滑移轨道和滑移程序
1—拼装平台;2—杆件滚轮;3—网架;
4—主滑动轨道;5—格构式钢柱;6—辅助滑动轨道

图6.37 钢板滑动支座
1—球节点;2—杆件;3—支座钢板;
4—预埋钢板;5—钢筋混凝土框架梁

(4)整体安装法

整体安装法即先将网架在地面上拼装成整体,然后用起重设备将其整体提升到设计标高位置并加以固定。该施工方法不需要高大的拼装支架,高空作业少,易保证焊接质量,但需要起重量大的起重设备,技术较复杂。因此,此法对球节点的钢管网架(尤其是三向网架等杆件较多的网架)较适宜。根据所用设备的不同,整体安装法又分为多机抬吊法、拔杆提升法、千斤顶提升法和千斤顶顶升法等。

①多机抬吊法

多机抬吊法即先在地面上对网架进行错位拼装(即拼装位置与安装轴线错开一定距离,以避开柱子的位置),然后用多台起重机(多为履带式起重机或汽车式起重机)将拼装好的网架整体提升到柱顶以上,在空中对位后落于柱顶并加以最后固定。多机抬吊法适用于高度和质量都不大的中、小型网架结构。

a.网架的拼装。为防止网架整体提升时与柱子相碰,错开的距离取决于网架提升过程中网架与柱子或柱子牛腿之间的净距,一般不得小于10~15 cm,同时要考虑网架拼装的方便和空中移位时起重机工作的方便。需要时可与设计单位协商,将网架的部分边缘杆件留待网架提升后再焊接,或变更部分影响网架提升的柱子牛腿(图6.38)。

钢网架在构件厂加工后,将单件拼成小单元的平面桁架或立体桁架运至工地,再在拼装位置将小单元桁架拼成整个网架。工地拼装可采用小钢柱或小砖墩(顶面做10 cm厚的细石混凝土找平层)作为临时支柱。临时支柱的数量及位置,取决于小单元桁架的尺寸和受力特点。为保证拼装网架的稳定,每个立体桁架小单元下设4个临时支柱。此外,在框架轴线的支座处必须设临时支柱,待网架全部拼装和焊接之后,框架轴线以内的各个临时支柱先拆除,整个网架就支承在周边的临时支柱上。为便于焊接,框架轴线处的临时支柱高约 80 cm,其余临时支柱的高度按网架的起拱要求相应提高。

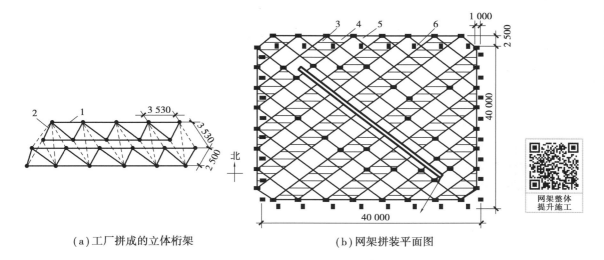

（a）工厂拼成的立体桁架　　　　　（b）网架拼装平面图

图 6.38　网架的地面拼装

1—平面桁架;2—连接平面桁架的钢管;3—砖墩;

4—工厂拼成的立体桁架;5—现场拼装的构件;6—柱子

网架的尺寸应根据柱轴线量出(要预放焊接收缩量),标在临时支柱上。网架球形支座与钢管的焊接,一般采用等强度对接焊,为保证安全,在对焊处增焊 6~8 mm 的贴角焊缝。管壁厚度大于 4 mm 的焊件,接口宜做成坡口。为使对接焊缝均匀和钢管长度稍可调整,应加用套管。拼装时先装上下弦杆,后装斜腹杆,待两榀桁架间的钢管全部放入并矫正后,再逐根焊接钢管。

b.网架的吊装。中小型网架多用 4 台履带式起重机(或汽车式起重机、轮胎式起重机)抬吊,亦可用 2 台履带式起重机或 1 根拔杆吊装。

②拔杆提升法

拔杆提升法即先在地面上错位拼装网架,然后用多根独脚拔杆将网架整体提升到柱顶以上,再空中移位,就位安装。此法多用于大型钢管球节点网架的安装。

a.网架空中移位。网架空中移位是利用每根拔杆两侧起重滑轮组中的水平力不等而使网架水平移动。网架提升时[图 6.39(a)],每根拔杆两侧滑轮组夹角相等,上升速度一致,两侧滑轮组受力相等 $T_1 = T_2$,其水平分力亦相等 $H_1 = H_2$,此时网架以水平状态垂直上升。滑轮组内拉力及其水平力按下式求得:

$$\left.\begin{array}{c} T_1 = T_2 = \dfrac{G}{2 \sin \alpha} \\[2mm] H_1 = H_2 = T_1 \cos \alpha \end{array}\right\} \tag{6.13}$$

式中　G——每根拔杆所负担的网架重量;

α——起重滑轮组与网架间的夹角(此时 $\alpha_1 = \alpha_2 = \alpha$)。

网架在空中移位时[图 6.39(b)],每根拔杆同一侧的滑轮组钢丝绳缓慢放松,而另一侧则不动。放松的钢丝绳因松弛而使拉力 T_2 变小,这就形成钢丝绳内力的不平衡($T_1 > T_2$),因而 $H_1 > H_2$,也使网架失去平衡,使网架向 H_1 所指方向移动,直至滑轮组钢丝绳不再放松又重新拉紧时为止,即此时又恢复了水平力相等($H_1 = H_2$),网架也就又恢复了平衡状态[图 6.39(c)]。网架在空中移位时,拔杆两侧起重滑轮组受力不等,可按下式计算:

$$\left.\begin{array}{l} T_1 \sin \alpha_1 + T_2 \sin \alpha_2 = G \\ T_1 \cos \alpha_1 = T_2 \cos \alpha_2 \end{array}\right\} \tag{6.14}$$

由于 $\alpha_1 > \alpha_2$,所以 $T_1 > T_2$。

网架在空中移位时,要求至少有 2 根拔杆吊住网架,且其同一侧的起重机滑轮组不动,因此在网架空中移位时只平移而不倾斜。由于同一侧滑轮组不动,所以网架除平移外,还产生以 O 点为圆心,OA 为半径的圆周运动,而使网架产生少量的下降。网架空中移位的方向,与拔杆的布置有关。图 6.39(d)所示矩形网架,4 根拔杆对称布置,拔杆的起重平面都平行于网架一边。因此,使网架产生位移的水平分力 H 亦平行于网架的一边,因而网架便产生平移运动。图 6.39(e)所示圆形网架,用 6 根均布在圆周上的拔杆提升,拔杆的起重平面垂直于网架半径,因此,水平分力 H 是作用在圆周上的切向力,使网架产生绕圆心的旋转运动。

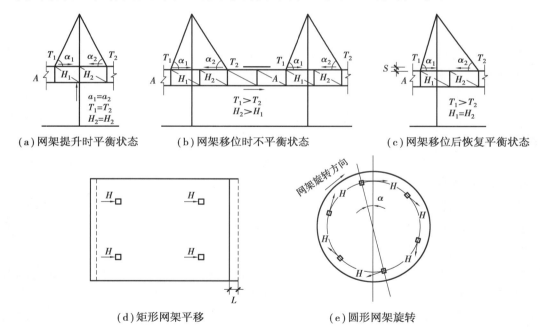

(a)网架提升时平衡状态　　(b)网架移位时不平衡状态　　(c)网架移位后恢复平衡状态

(d)矩形网架平移　　　　(e)圆形网架旋转

图 6.39　拔杆提升法的空中移位

S—网架移位时下降距离;L—网架水平移位距离;α—网架旋转角度

b.起重设备的选择与布置。网架拔杆提升施工起重设备的选择与布置的主要工作包括:拔杆选择与吊点布置、缆风绳与地锚布置、起重滑轮组与吊点索具的穿法、卷扬机布置等。图6.40所示为某直径 124.6 m 的钢网架用 6 根拔杆整体提升时的起重设备布置情况。

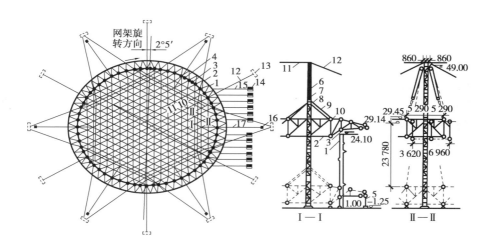

图 6.40　直径 124.6 m 的钢网架用拔杆提升时的设备布置

1—柱子;2—钢网架;3—网架支座;4—提升后再焊的杆件;5—拼装用钢支柱;6—独脚拔杆;7—滑轮组;

8—铁扁担;9—吊索;10—吊点;11—平缆风绳;12—斜缆风绳;13—地锚;14—起重卷扬机;

15—起重钢丝绳(从网架边缘到拔杆底座一段未画出);16—校正用卷扬机;17—校正用钢丝绳

拔杆的选择取决于其所承受的荷载和吊点布置。网架安装时的计算荷载为:

$$Q = (K_1 Q_1 + Q_2 + Q_3) K_2 \tag{6.15}$$

式中　Q—— 计算荷载,kN;

　　　K_1—— 荷载系数 1.1(如网架重量经过精确计算可取 1.0);

　　　Q_1—— 网架自重,kN;

　　　Q_2—— 附加设备(包括脚手架、通风管等)自重,kN;

　　　Q_3—— 吊具自重,kN;

　　　K_2—— 由提升差异引起的受力不均匀系数,如网架重量基本均匀,各点提升差异控制在
　　　　　　 10 cm 以下时,此系数取 1.30。

网架吊点的布置不仅与吊装方案有关,还与提升时网架的受力性能有关。在网架提升过程中,不但某些杆件的内力可能会超过设计时的计算内力,而且对某些杆件还可能引起内力符号改变而使杆件失稳。因此,应经过网架吊装验算来确定吊点的数量和位置。当起重能力、吊装应力和网架刚度满足要求时,应尽量减少拔杆和吊点的数量。

缆风绳的布置,应使多根拔杆相互连成整体,以增加整体稳定性。每根拔杆至少要有 6 根缆风绳(有平缆风绳与斜缆风绳之分,用平缆风绳将几根拔杆连成整体),缆风绳要根据风荷载、吊重、拔杆偏斜、缆风绳初应力等荷载,按最不利情况组合后计算选择;地锚要可靠,缆风绳的地锚可合用,地锚也应计算确定。

卷扬机的规格,要根据起重钢丝绳的内力大小确定。为减少提升差异,尽量采用相同规格的卷扬机。起重用的卷扬机宜集中布置,以便于指挥和缩短电气线路。校正用的卷扬机宜分散布置,以便就位安装。

c.轴线控制。网架拼装支柱的位置,应根据已安装好的柱子的轴线精确量出,以消除基础制作与柱子安装时轴线误差的积累。柱子安装后如先灌浆固定,应选择阳光温差影响最小的时刻测量柱子的垂直偏差,绘出柱顶位移图,再结合网间的制作误差来分析网架支座轴线与柱顶轴线吻合的可能性和纠正措施。如柱子安装后暂时不灌浆固定,则网架提升前,将6根控制柱先校正灌浆固定,待网架吊上去对准6根控制柱的轴线后,其他柱顶轴线则根据网架支座轴线来校正,并先及时吊柱间梁,以增加柱子的稳定性,然后再将网架落位固定。

d.拔杆拆除。网架吊装工作完成后,拔杆宜用倒拆法拆除。即在网架上弦节点处挂两副起重滑轮组吊住拔杆,然后由最下一节开始逐节拆除拔杆。

③电动螺杆提升法

电动螺杆提升法是利用电动螺杆提升机,将在地面上拼装好的钢网架整体提升至设计标高,再就位固定。其优点是不需要大型吊装设备,施工简便。

电动螺杆提升机安装在支承网架的柱子上,提升网架时的全部荷载均由这些柱子承担,且只能进行垂直提升,设计时要考虑在两柱间设置托梁,网架的支点坐落在托梁上。网架拼装不需要错位,可在原位进行拼装。提升机设置的数量和位置,既要考虑吊点反力与提升机的提升能力相适应,又要考虑使各提升机的负荷大致相等,各边中间支座处较大,越往两端反力越小(图6.41)。网架提升过程中要特别重视结构的稳定性,结构设计要考虑施工工况,施工时还应有保证稳定的措施。通常,为设置提升机,在柱顶上设置短钢柱,短钢柱上设置钢横梁,提升机则安装在横梁跨度中间(图6.42)。提升机的螺杆下端连接吊杆,吊杆下端连接横吊梁,在横吊梁中部用钢销与网架支座钢球上的吊环相连。在上横梁上用螺杆吊住下横梁,用作拆卸吊杆时工人的操作。提升网架要注意同步控制,提升过程中要随时纠正提升差异。待网架提升到托梁以上时安装托梁,待托梁固定后网架即可下落就位。

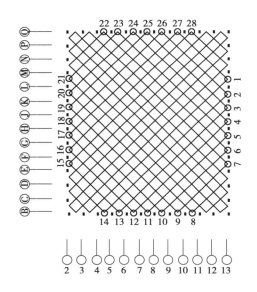

图6.41 网架提升时吊点布置
(标〇处为吊点位置)

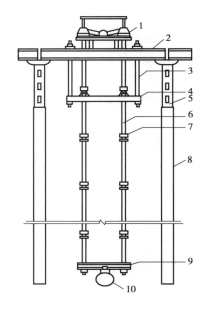

图6.42 网架提升设备
1—提升机;2—上横梁;3—螺杆;
4—下横梁;5—短钢柱;6—吊杆;7—接头;
8—框架柱子;9—横吊梁;10—支座钢球

④液压千斤顶提升法

液压千斤顶提升法是利用安装在结构上方的液压提升装置,将在地面上拼装好的钢结构整体提升至设计标高,再就位固定的一种安装方法。该方法的优点是所需设备较小,用小设备可安装大型结构。

计算机控制液压同步提升技术是一种较新颖的钢结构整体提升安装技术,它采用柔性钢绞线承重、提升油缸集群、计算机控制、液压同步提升原理,结合现代化施工工艺,将经地面拼装完成后的钢结构构件,整体提升到预定位置安装就位,实现大吨位、大跨度、大面积的超大型构件超高空整体同步提升。

计算机控制液压同步提升系统由钢绞线及提升油缸(承重部件)、液压泵站(驱动部件)、传感检测及计算机控制(控制部件)和远程监视系统等几个部分组成(图6.43)。

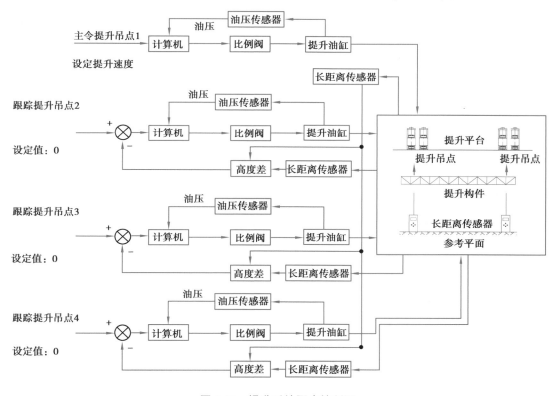

图 6.43 提升系统同步控制图

提升时可利用主体结构或另设的临时支架作为提升的临时支承结构,提升点的数量及位置宜与结构支座相同或接近,这样提升过程中自重作用下结构中产生的内力与结构就位后自重作用下的内力相近,从而避免在提升阶段中产生超过设计承载的内力。

工作时,随着提升油缸活塞杆的伸缩和上下夹紧机构的交替开闭(图6.44),钢绞线索被向上提升,从而带动钢结构构件逐步向上运动,直至到达设计标高而被最后固定。

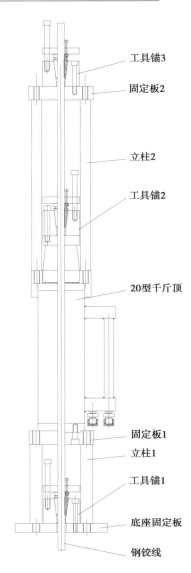

工具锚3

固定板2

立柱2

工具锚2

20型千斤顶

固定板1

立柱1

工具锚1

底座固定板

钢铰线

图 6.44　液压提升油缸示意图

钢构连廊
整体提升

思 考 题

1.简述砖混结构房屋施工准备工作的主要内容。

2.如何进行砖混结构房屋材料运输方案的选择,砖混结构房屋材料运输方案有哪些?

3.使用塔式起重机进行材料运输和安装预制构件时,如何采取措施提高工作效率?

4.简述砖混结构主体工程的施工顺序。

5.砖混结构房屋施工时,如何进行施工层、施工段的划分?

6.简述单层工业厂房结构安装方案的主要内容。

7.单层工业厂房结构安装时如何选择起重机类型?

8.简述单层工业厂房结构安装起重机型号的确定方法。

9.单层工业厂房结构安装方法有哪几种？各有什么优缺点？

10.单层工业厂房结构安装时,如何确定起重机开行路线和停机位置？

11.单层工业厂房柱的布置方式有哪几种？各有什么要求和特点？

12.单层工业厂房屋架的就位方式有哪几种？各有什么要求和特点？

13.简述多层装配式框架结构施工的特点。

14.多层装配式框架结构施工时,如何选择起重机械？

15.多层装配式框架结构施工时,起重机械如何布置？

16.简述多层装配式框架结构构件平面布置的原则。

17.简述钢结构安装施工方案设计的主要内容。

18.简述高层钢结构安装前的主要准备工作内容。

19.简述高层钢结构柱校正的主要工作内容及顺序。

20.简述钢网架结构安装的常用方法和特点。

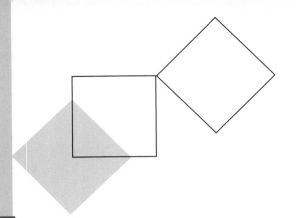

7 桥梁结构施工

本章导读：

● **基本要求** 在熟悉内容的基础上，能够针对施工现场的具体要求和性质，选择合适的施工机械、施工方法，并能进行质量控制和检查验收。

● **重点** 装配式桥梁施工中构件的预制、运输，构件的架设方法；预应力混凝土梁桥悬臂施工中施工挂篮的结构构造及结构的主要特点、梁段的浇筑程序、梁段合龙的临时支承及施工要点、分段吊装系统的设计与施工、接缝的类型与技术处理；拱桥施工中拱架的设计、施工预拱度的设置；有支架拱桥拱圈混凝土的浇筑程序，拱架的卸落装置和卸落、拆除程序；劲性骨架拱肋的构造及特点；缆索吊装系统的组成以及吊装系统的设计，装配式钢筋混凝土拱桥的施工验算；悬索桥索的施工工艺。

● **难点** 掌握现代桥梁常用的施工机械和施工方法。

7.1　桥梁墩台施工

　　桥梁墩台是桥梁的重要结构，它不仅起到支承上部结构荷载的作用，而且可将上部结构荷载传递给基础，还要受到风力、流水压力以及可能发生的冰压力、船只和漂流物的撞击力作用，还要连接两岸道路，挡住桥台台背的填土。

　　桥梁墩台的施工方法通常可分为两大类：一类是现场浇筑与砌筑；另一类是预制拼装的混凝土砌块、钢筋混凝土或预应力混凝土构件。浇筑与砌筑的墩台工序简便、所采用的机具较少、技术操作难度较小，但施工工期较长、需耗费较多的劳动力与物力。预制拼装构件其结构形式轻便，既可以确保工程质量、减轻工人劳动强度，又可以加快工程进度、提高工程效益，主要用于山谷架桥、跨越平缓无漂流物的河沟、河滩等桥梁，尤其是在缺少砂石地区与干旱缺水地区、工地干扰多、施工现场狭窄的墩台建造,其效果更为显著。

7.1.1　石料及混凝土砌块墩台施工

石料及混凝土砌块墩台砌筑施工要点:

①石砌墩台在砌筑前,应按设计放出实样挂线砌筑。形状比较复杂的墩台,应先做出配料设计图,注明砌块尺寸;形状比较单一的,也要根据砌体高度、尺寸、错缝等,先行放样配备材料。

②墩台在砌筑基础的第一层砌块时,如基底为土质,只在已砌石块侧面铺上砂浆即可,不需坐浆;如基底为岩层或混凝土基础,应将其表面清洗、润湿后,先坐浆再砌筑石块。

③砌筑斜面墩台时,斜面应逐层收坡,以保证规定的坡度。若用块石或料石砌筑,应分层放样加工,石料应分层分块编号,砌筑时对号入座。

④墩台应分段分层砌筑。

⑤混凝土预制块墩台安装顺序应从角石开始,竖缝应用厚度较灰缝略小的铁片控制,安装后立即用扁铲捣实砂浆。

⑥墩台砌筑方法:同一层石料及水平灰缝的厚度要均匀一致,每层按水平砌筑、丁顺相间,砌筑灰缝要相互垂直。砌筑顺序应先角石,再镶面,后填腹。填腹石的分层高度应与镶面相同;圆端、尖端及转角形砌体的砌筑顺序应自顶点开始,按丁顺排列接砌镶面石。

7.1.2　混凝土及钢筋混凝土墩台施工

钢筋混凝土墩台施工

1)混凝土及钢筋混凝土墩台施工

①墩台施工前,应在基础顶面放出墩台中线和内外轮廓线的准确位置。

②现浇混凝土墩台钢筋的绑扎应与混凝土的浇筑配合进行。

③浇筑混凝土的质量应从准备工作、拌和材料、操作技术和浇筑后养护这4个方面加以控制。

④注意掌握混凝土的浇筑速度。若墩台面积不大时,混凝土应连续一次浇筑完成,以保证其整体性;若墩台面积过大时,应分段分块浇筑。

⑤在混凝土的浇筑过程中,应随时观察所设置的预留螺栓、预留孔、预埋支座的位置是否移动,若发现移位应及时校正;还应注意模板、支架情况,如有变形或沉陷,应立即校正并加固。

2)特殊外形墩台混凝土施工

特殊外形墩台包括V形、Y形和X形等形式,其施工方法与桥梁结构体系有密切的关系。

(1)V形墩台施工

通常对这类桥梁可分为V形墩结构、锚跨结构和挂孔部分3个施工阶段,其中V形墩是全桥的施工重点,是由两个斜腿和其顶部主梁组成倒三角形结构。其施工步骤如图7.1所示。

①将斜腿内的高强钢丝束、锚具与高频焊管连成一体并和第1节劲性骨架一起安装在墩座及斜腿位置处,浇筑墩座混凝土,如图7.1(a)所示。

②安装平衡架、角钢拉杆及第2节劲性骨架,如图7.1(b)所示。

③分两段对称浇筑斜腿混凝土,如图7.1(c)所示。

④张拉临时斜腿预应力拉杆,并拆除角钢拉杆及部分平衡架构件,如图7.1(d)所示。

⑤安装V形腿间墩旁膺架,浇筑主梁0号节段混凝土,张拉斜腿及主梁钢丝束或粗钢筋。最后拆除临时预应力拉杆及墩旁膺架,使其形成V形结构,如图7.1(e)所示。

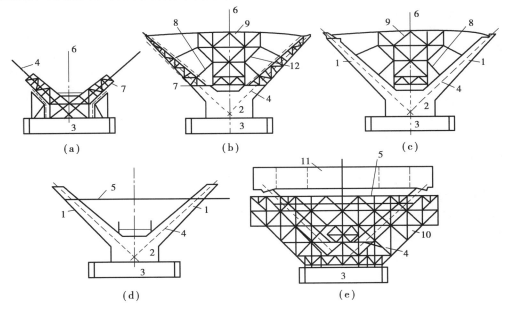

图7.1 V形墩台施工步骤

1—斜腿;2—墩座;3—承台;4—高频焊管、钢丝束;5—预应力拉杆;6—墩中心线;

7—劲性钢架(第1节);8—角钢拉杆;9—平衡架;10—膺架;11—梁体;12—劲性钢架(第2节)

注意,斜腿内采用劲性骨架和在斜腿顶部采用临时预应力拉杆的作用:一是吊挂斜腿模板及其他施工荷载;二是在结构中替代部分主筋及箍筋;三是可以减少施工时的斜腿截面内力。

(2)Y形墩台施工

Y形墩台施工的难点有以下几点:

①模板的拼装与就位。

②必须保证混凝土的浇捣质量,尤其是中横梁和上节柱的交接处混凝土的密实度。

③拆模时保证Y形柱根部不受自重力的影响。

Y形墩台一般常规的施工顺序为下节柱、中横梁、上节柱、盖梁。

7.1.3 高桥墩施工

公路通过深沟宽谷或大型水库时,常采用高桥墩。高桥墩可分为实体墩、空心墩与刚架墩。高桥墩的施工设备与一般桥墩所采用的设备大致相同,但其模板有所不同。高桥墩的模板一般有滑升模板、提升模板、滑升翻板、爬升模板、翻板钢模等几种,而这些模板都是依附于已浇筑混凝土墩壁上,随着墩身的逐步加高而向上升高。

高桥墩施工的注意事项:

①根据墩柱特点合理选用设备或支架的投入量。如果墩柱无法用机械设备施工,可以采用

支架法,但应保证支架的稳定性和吊装设备的安全性。

②尽量保证一根墩柱施工的连续性,减少中间停顿时间,做好工序的安排工作,加快施工进度。

③由于高墩墩身的垂直度要求较高,施工测量时应采取相应的办法,控制墩身倾斜度和轴线偏位。

④根据墩柱高度及截面,设计合适的模板,在保证模板强度和刚度的前提下,尽量减少模板的起吊、安装及对接次数。优先采用大钢模板,亦可采用表面特殊处理过的木模板,以减少高空吊装、安装重量。

⑤在恶劣环境下的高墩施工,应采取措施解决混凝土快速施工与养护之间的矛盾,保证高墩施工的流水作业。

⑥混凝土布料应沿模板周边均匀多点布料。墩身混凝土浇筑完毕后,必须将墩顶冒出的多余水分及时清理,并做第二次振捣,以保证墩顶混凝土的施工质量。

⑦作业高度处风力超过 6 级,或遇雷雨等天气时,应立即停止任何作业。

⑧搞好安全施工是高墩施工的关键环节之一,各工序应按安全操作规程办事。

7.2 桥梁上部结构施工

7.2.1 装配式桥梁施工

装配式桥梁施工包括构件的预制、运输和安装等各个阶段和过程。其特点为:

①保证工程质量、有利于提高劳动生产率。由于构件是在工厂预制,运到桥位处进行安装,这样有利于保证构件质量和尺寸精确度。在运输、安装过程中尽可能采用机械化施工,有利于降低劳动强度,从而提高劳动生产率。

②缩短工程进度及现场施工工期。构件可以根据全桥总体布置,提前进行预制工作,也可以在下部结构施工时,做到上、下部结构同时施工,其施工速度快,缩短工期。

③节约支架、模板。由于装配式梁桥采用无支架或少支架施工,这样节约大量的支架;在预制时采用的模板,很容易做到简便合理、重复使用,从而降低工程造价。

④减少混凝土收缩、徐变影响。构件预制好后,一般需要存放一段时间,以保证在安装过程中能够做到连续、均衡地施工,这样可以保证混凝土收缩、徐变充分发展,以减少由于混凝土收缩徐变而引起的变形。

⑤需要大型吊装设备。由于梁体结构构件尺寸大、质量大,这样就需要大型设备与之相适应。

1)人字扒杆悬吊架设法

人字扒杆悬吊架设法又称吊鱼架设法,是利用人字扒杆来架设梁桥上部结构构件,而不需要特殊的脚手架或木排架。

架设方法有人字扒杆架设法,人字扒杆两梁连接悬吊架设法,人字扒杆、托架架设法 3 种。人字扒杆又有两副扒杆和一副扒杆架设两种。在两副扒杆架设中,一副是吊鱼滑车组,用以牵引预制梁悬空拖曳,另一绞车是牵引前进,梁的尾端设有制动绞车,起溜绳配合作用,后扒杆的主要作用是预制梁吊装就位时,配合前扒杆吊起梁端,抽出木垛,便于落梁就位,如图7.2(a)所示。在一副扒杆架设中,其基本方法同两副扒杆架设,只是采用千斤顶顶起预制梁,抽出木垛,落梁就位,如图7.2(b)所示。

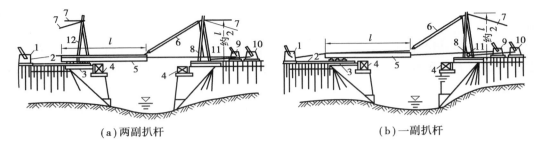

(a)两副扒杆　　　　　　　　　　(b)一副扒杆

图7.2　人字扒杆架设示意图

1—制动绞车;2—滑道木;3—滚轴;4—临时木垛;5—预制梁;6—吊鱼滑车组;
7—缆风索;8—前扒杆;9—牵引绞车;10—吊鱼用绞车;11—转向滑车;12—后扒杆

联合架桥机
架设法

2)联合架桥机架设法

当桥面标高很高、水很深的情况下,优选联合架桥机进行预制构件的架设。联合架桥机系由龙门架、托架和导梁为主体而组成的成套架设预制构件设备。用联合架桥机架设预制构件的程序如下:

①安装导梁、托架、龙门架。在桥头路堤轨道上拼装导梁,纵移就位,如图7.3(a)所示;在路堤上拼装托架,并将托架吊起固定在平车上,推入桥孔,如图7.3(b)所示;在路堤上拼装龙门架,用托架运至墩台就位,如图7.3(c)所示。

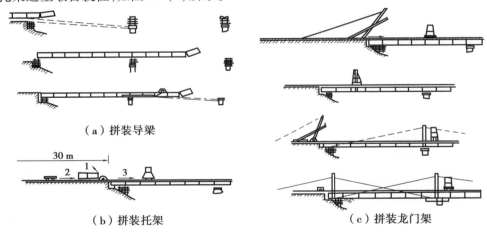

(a)拼装导梁

(b)拼装托架　　　　　　　　　　(c)拼装龙门架

图7.3　拼装导梁托架龙门架示意图

1—拼装托架;2—平车前移;3—托架吊上平车后推入桥孔

②用平车将预制梁运至导梁上面,预制梁两端放在龙门架下。

③用龙门架吊起预制梁,并横移下落就位。

④预制梁纵向架设。托架后撤至导梁范围以外,撤开导梁与路基钢轨连接,将导梁牵引至前方跨;用龙门架将未安装到位的梁吊起安装就位,然后把各梁电焊连接起来;用托架托运龙门架至前方跨;用同样的程序吊装前方跨。

3）双导梁穿行式架设法

双导梁穿行式架设法是在架设跨间设置两组导梁,导梁上配置有悬吊预制梁的轨道平车和起重行车或移动式龙门架,将预制梁在双导梁内吊运到指定位置后,再落梁、横移就位。双导梁穿行式架设法如图7.4所示。

双导梁
穿行式架设法

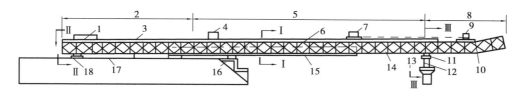

图7.4　双导梁穿行式架设法

1—平衡压重;2—平衡部分;3—人行便桥;4—后行车;5-承重部分;6—行车轨道;7—前行车;
8—引导部分;9—绞车;10—装置特殊接头;11—横移设备;12—墩上排架;13—花篮螺丝;
14—钢桁架导梁;15—预制梁;16—预制梁纵向滚移设备;17—纵向滚道;18—支点横移设备

双导梁穿行式架设法的安装程序为:在桥头路堤上拼装导梁和行车→吊运预制梁→预制梁和导梁横移→先安装两个边梁,再安装中间各梁。全跨安装完毕横向焊接联系后,将导梁推向前进,安装下一跨。

7.2.2　预应力混凝土梁桥悬臂施工

预应力混凝土梁桥悬臂施工分为悬臂浇筑法(简称悬浇)和悬臂拼装法(简称悬拼)两种。悬臂施工适用于梁的上翼缘承受拉应力的桥梁形式,如连续梁、悬臂梁、T形钢构、连续钢构等桥型。采用悬臂施工法不仅在施工期间对桥下通航、通行干扰小,而且充分利用了预应力混凝土抗拉和承受负弯矩的特性。

1）预应力混凝土梁结构悬臂浇筑

预应力混凝土梁式结构悬臂浇筑施工法,包括移动挂篮悬臂施工法、移动悬吊模架悬臂施工法和滑移支架悬臂施工法。这里只介绍移动挂篮悬臂施工法。

移动挂篮悬臂施工法的主要工作内容包括,在墩顶浇筑起步梁段(0号块),在起步梁段上拼装悬浇挂篮并依次分段悬浇梁段,最后分段及总体合龙,如图7.5所示。

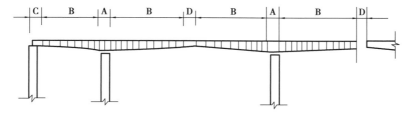

图7.5　悬浇分段示意图

A—墩顶梁段;B—对称悬浇梁段;C—支架现浇梁段;D—合龙梁段

（1）施工挂篮的结构构造

挂篮是一个能沿梁顶滑动或滚动的承重构架,锚固悬挂在已施工的前端梁段上,在挂篮上可进行下一梁段的模板、钢筋、预应力管道的安设、混凝土浇筑、预应力筋张拉、孔道灌浆等项工作。完成一个节段的循环后,挂篮即可前移并固定,进行下一节段的施工,如此循环直至悬浇完成。

悬臂浇筑施工法1

（2）分段悬臂浇筑施工法

用挂篮逐段悬浇施工的主要工序为:浇筑 0 号段→拼装挂篮→浇筑 1 号（或 2 号）段→挂篮前移、调整、锚固→浇筑下一梁段。以此类推完成悬臂浇筑,挂篮拆除,合龙。

悬臂浇筑施工法2

①0 号段浇筑。0 号段位于桥墩上方,是给挂篮提供一个安装场地。0 号段的长度依两个挂篮的纵向安装长度而定,当 0 号段设计较短时,常将对称的 1 号段浇筑后再安装挂篮。0 号（1 号）段均在墩顶托架上现浇。

采用悬浇施工的预应力混凝土连续梁桥或悬臂梁桥时,必须考虑施工期间结构的稳定性,因而连续梁桥在合龙前,应采取墩、梁临时固结的约束措施。

悬臂浇筑施工法3

a.利用悬浇时梁与墩的双排预应力锚杆和临时支座固结,即将锚杆的下端预埋在墩顶,浇筑梁部混凝土时,将其引伸至梁顶,混凝土达到设计强度等级后予以张拉锚固,形成约束。

b.在墩顶和梁部预埋型钢固结,必要时可附设预应力筋锚固。

c.将活动支座的顶、底板在顺桥向的两侧用钢板临时焊接,形成固结的约束,如图 7.6 所示。

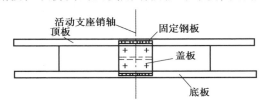

图 7.6　活动支座临时固结措施

②拼装挂篮。挂篮运至工地时,应在试拼台上试拼,以便发现由于制作不精确及运输中变形造成的问题,保证在正式安装时顺利进行及工程进度。

③梁段混凝土浇筑施工。当挂篮安装就位后,即可进行梁段混凝土浇筑施工。其工艺流程:挂篮前移就位→安装箱梁底模→安装底板及肋板钢筋→浇筑底板混凝土并养生→安装肋板模板、顶板模板及肋内预应力管道→安装顶板钢筋及顶板预应力管道→浇筑肋板及顶板混凝土→检查并清洁预应力管道→混凝土养生→拆除模板→穿预应力钢束→张拉预应力钢束→孔道灌浆。

④梁段合龙。由于不同的悬浇和合龙程序,引起的结构恒载内力不同,体系转换时徐变引起的内力重分布也不相同,因而采取不同的悬浇和合龙程序将在结构中产生不同的最终恒载内力,对此应在设计和施工中充分考虑。

a.合龙口的临时锁定支承:

● 内外刚性支撑锁定措施。这种锁定措施是在箱梁顶、底板的顶面预埋钢板,将外刚性支撑焊接(或栓接)在其上;并在箱梁顶、底板中沿纵向设置内刚性支撑支顶共同锁定合龙口。由于内刚性支撑仅能抗压且吸收部分预应力,所以用钢量较大。

●外(或内)刚性支撑和张拉临时束共同锁定:即除用外(或内)刚性支撑锁定外,再利用永久性的部分预应力束临时张拉,以抵抗降温时产生的收缩变形。

●仅设外(或内)刚性支撑锁定:即根据实际受力要求,仅布置外(或内)刚性支撑即可满足要求时,仅用一种锁定措施。

b.合龙程序:

●程序一:从一岸顺序悬浇、合龙(图7.7)。采用这种合龙方法,施工机具、设备、材料可从一岸通过已成结构直接运输到作业面或其附近。

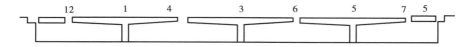

图7.7　合龙程序一

●程序二:从两岸向中间悬浇、合龙。采用这种合龙方法较程序一可增加一个作业面,其施工进度可加快。

●程序三:按T构—连续梁顺序合龙(图7.8)。采用这种合龙方法是将所有悬臂施工部分由简单到复杂地连接起来,最后在边跨或次边跨合龙。其最大特点是由于对称悬浇和合龙,因而对结构受力及分析较为有利,特别是对收缩、徐变,但在结构总合龙前,单元呈悬臂状态的时间较长,稳定性较差。

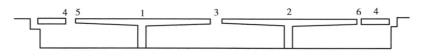

图7.8　合龙程序三

c.合龙口的弯曲问题。一般来说,中跨梁合龙口两端的悬臂部分长度和截面基本对称,在合龙的短时期内,两端悬臂因箱梁竖向温差产生的合龙口挠度基本相同,合龙口刚性支撑仅承受角变位产生的弯矩。当边跨或次边跨合龙时往往一端是膺架现浇梁,一端是悬浇梁;或一端是等截面梁,一端是变截面梁。而对于一端是膺架现浇梁,一端是悬浇梁而言,当合龙口用吊架浇筑混凝土时,与一端是等截面梁,一端是变截面梁一样,箱梁竖向温差都会使合龙口梁截面产生挠度差和角变位,使合龙段混凝土受弯,为了抵抗此类弯矩一般需设外刚性支撑。

但特别注意,合龙口在上述情况下也受剪切,由于剪切力较小,为抗弯而设的刚性支撑也可抵抗此剪力,因此不另行考虑。

d.施工要点:

●掌握合龙期间的气温预报情况,测试分析气温与梁温的相互关系,以确定合龙时间并为选择合龙口锁定方式提供依据。

●根据结构情况及梁温的可能变化情况,选定适宜的合龙口锁定方式并作力学验算。

●选择日气温较低、温度变化幅度较小时锁定合龙口,并浇筑合龙段混凝土。

• 合龙口的锁定,应迅速、对称地进行,先将外刚性支撑一端与梁端部预埋件焊接(或栓接),再将内刚性支撑顶紧并焊接,尔后迅速将外刚性支撑另一端与梁连接,临时预应力束也应随之快速张拉。在合龙口锁定后,立即释放一侧的固结约束,使梁一端在合龙口锁定的连接下能沿支座自由伸缩。

• 合龙口混凝土宜比梁体提高一个等级,并要求早强,最好采用微膨胀混凝土,应作特殊配合比设计,浇筑时应注意振捣和养生。

• 为保证浇筑混凝土过程中,合龙口始终处于稳定状态,必要时浇筑之前可在各悬臂端加与混凝土重量相等的配重,加、卸载均应对称梁轴线进行。

• 混凝土达到设计要求的强度后,解除另一端的支座临时固结约束,完成体系转换,然后按设计要求张拉全桥剩余预应力束,当利用永久束时,只需按设计顺序将其补拉至设计张拉力即可。

• 若考虑梁在合龙后的收缩、徐变的影响,可采用两种方法来处理。其一,将梁收缩徐变值的影响视为梁降温来等效处理,即选择合龙温度时在原设计的基础上再降低一个 $\Delta t'$ 值,此 $\Delta t'$ 值即为梁收缩、徐变引起的缩短与梁降温产生的缩短的等效值;其二,在合龙锁定前将梁预订一个 Δl 值,即可抵消梁体后期收缩、徐变产生的收缩影响。

2)预应力混凝土梁式结构悬臂拼装

预应力混凝土梁式结构悬臂拼装(简称悬拼)施工法,是将主梁沿顺桥向划分成适当长度并预制成块件,将其运至施工地点进行安装,经施加预应力后使块件成为整体的桥梁施工方法。预制块件的预制长度,主要取决于悬拼吊机的起重能力,一般为 2~5 m。因而悬拼吊机的起重能力是决定悬拼施工法的前提条件。

(1)梁段预制

梁段块件的预制方法有长线预制和短线预制两种。

①长线预制法。长线预制法是在工厂或施工现场按桥梁底缘曲线制作固定式底座,在底座上安装模板进行梁段混凝土浇筑工作。固定式底座可采用预制场的地形堆筑土胎,上铺砂石并浇筑混凝土而形成;也可在盛产石料的地区,用石料砌成所需的梁底缘形状;在地质情况较差的预制场地,还可采用桩基础,在基础上搭设排架而形成梁底缘曲线,如图 7.9 所示。

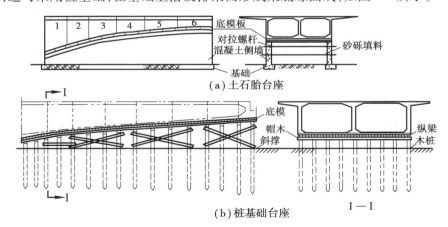

图 7.9　长线预制箱梁梁段台座

②短线预制法。短线预制法是由可调整内、外模板的台车与端梁来进行的。当第一节段块件混凝土浇筑完毕,在其相对位置上安装下一节段块件的模板,并利用第一节段块件混凝土的端面作为第二节段的端模来完成第二节段块件混凝土的浇筑工作,如图 7.10 所示。

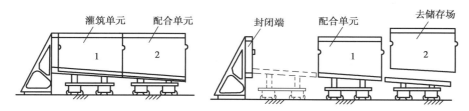

图 7.10　短线预制法示意图

(2)梁段吊运、存放、整修及运输

梁段吊点一般设置在腹板附近,有在翼板下腹板两侧留孔,用钢丝绳与钢棒穿插起吊;直接用钢丝绳捆绑;在腹板上预留孔穿过底板,用精扎螺纹钢穿过底板锚固起吊;在腹板上埋设吊环等 4 种设置方式。

(3)分件吊装系统的设计与施工

0 号块件常采用在托架上现浇混凝土,待 0 号块件混凝土达到设计强度等级后,才开始悬拼 1 号块件。因而,分段吊装系统是桥梁悬拼施工的重要机具设备,其性能直接影响着施工进度和施工质量。常用的吊装系统有浮运吊装、移动式吊车吊装、悬臂式吊车吊装、桁式吊车吊装、缆索吊车吊装、浮式吊车吊装等类型。

(4)悬臂拼装接缝设计与施工

①悬臂拼装接缝的类型与技术处理:

a.悬臂拼装接缝的类型。悬臂拼装时,预制块件接缝的处理分湿接缝和胶接缝两大类。湿接缝系用高强细石混凝土或高标号水泥砂浆,湿接缝施工占用工期长,但有利于调整块件的位置和增强接头的整体性,通常用于拼装与 0 号块联结的第一对预制块件,也是悬拼 T 构的基准梁段。胶接缝是在梁段接触面上涂一层约 0.8 mm 厚的环氧树胶加水泥薄层而形成的接缝。

b.悬臂拼装接缝的技术处理。由于 1 号块件的施工精度直接影响到以后各节段的相对位置,以及悬拼过程中的标高控制,1 号块件与 0 号块件之间采用湿接缝处理,即在悬拼 1 号块件时,先调整 1 号块件的位置、标高,然后用高强细石混凝土或高标号水泥砂浆填实,待接缝混凝土或水泥砂浆达到设计强度以后,施加预应力,以保证 0 号块件与 1 号块件的连接紧密。

②悬臂拼装接缝的施工:

a.湿接缝施工。湿接缝施工程序为:吊机就位→提升、起吊 1 号梁段→安设波纹管→中线测量→丈量湿接缝宽度→调整铁皮管→高程测量→检查中线→固定 1 号梁段→安装湿接缝模板→浇筑湿接缝混凝土→湿接缝的养护、拆模→张拉力筋→压浆。

b.胶接缝施工。2 号块件以后各节段的拼装,其接缝采用胶接缝。胶接缝的施工程序为:吊机前移就位→梁段起吊→初步定位试拼→检查并处理管道接头→移开梁段→穿临时预应力筋入孔→接缝面上涂胶接材料→正式定位、贴紧梁段→张拉临时预应力筋→放松起吊索→穿永久预应力筋→张拉预应力筋后移挂篮→进行下一梁段拼装。

7.2.3 拱桥施工

1）拱架

砌筑石拱桥或安装混凝土预制块拱桥，以及现浇混凝土或钢筋混凝土拱圈时，需要搭设拱架，以承受全部或部分主拱圈和拱上建筑的重量，保证拱圈的形状符合设计要求。在设计和安装拱架时，应结合实际条件进行多方面的技术经济比较。主要原则：稳定可靠，结构简单，受力情况清楚，装卸便利和能重复使用。

（1）拱架的构造与安装

①钢桁架拱架

装配式公路钢桥桁架节段拼装式拱架是在装配式公路钢桁架节段的上弦接头处加上一个不同长度的钢铰接头，即可拼成各种不同曲度和跨径的拱架，在拱架两端应另加设拱脚段和支座，构成双铰拱架。拱架的横向稳定由各片拱架间的抗风拉杆、撑木和风缆等设备来保证。拱架构造如图 7.11 所示。

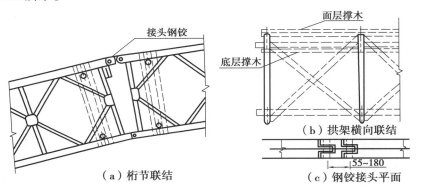

（a）桁节联结　（b）拱架横向联结　（c）钢铰接头平面

图 7.11　装配式公路钢桥桁架节段拼装式拱架

②扣件式钢管拱架

扣件式钢管拱架一般有满堂式、预留孔满堂式、立柱式扇形等几种形式。满堂式钢管拱架（图 7.12）用于高度较小，在施工期间对桥下空间无特殊要求的情况。立柱式扇形钢管拱架是先用型钢组成立柱，以立柱为基础，在起拱线以上范围用扣件钢管组成扇形拱架。

图 7.13 是一种组合钢管拱架，即在拱肋下用型钢组成的钢架（或用贝雷桁片组成）拼成 4 排纵梁，并置于万能杆件框架上，再在纵梁上用钢管扣件组成拱架，其横向两侧各拉两道抗风索，以加强拱架稳定性。

（2）拱架的卸落与拆除

由于拱上建筑、拱背材料、连拱等因素对拱圈受力有影响，因此应选择对拱体产生最小应力时来卸架，一般在砌筑完成后 20～30 天卸架。卸架应选择在下列阶段并符合下列规定：

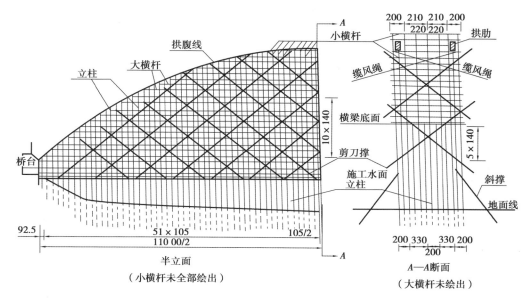

图 7.12 满堂式钢管拱架示意图

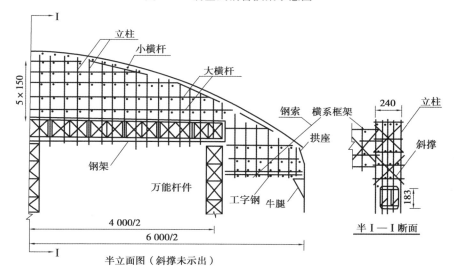

图 7.13 组合式钢管拱架

①实腹式拱在护拱、侧墙完成后。

②空腹式拱在拱上小拱横墙完成后、小拱圈砌筑前。

③裸拱卸架时,应对裸拱进行截面强度及稳定性验算,并采取必要的稳定措施。

④如必须提前卸架时,应适当提高砂浆(或混凝土)强度或采取其他措施。

⑤较大跨径拱桥的拱架卸落,一般在设计文件中有明确规定,应按设计规定进行。

卸架设备主要有木楔和砂筒等。木楔有简单木楔和组合木楔等不同构造,如图 7.14 所示,用木楔作为卸落设备,在满布式拱架中较常用,在拱式拱架中也有应用。

砂筒[图 7.14(c)]是由铸铁制成圆筒或用方木拼成方盒,砂筒上面的顶心可用方材或混凝土制成,砂筒与顶心间的空隙应以沥青填塞,以免砂子受潮不易流出。卸架是靠砂子从砂筒下部的泄砂孔流出而实现的,因此要求砂筒内的砂子干燥、均匀、洁净,卸架时靠砂子的泄出量来控制砂筒顶心的降落量(即控制拱架卸落的高度)分数次进行卸落,这样能使拱架均匀下降而不受震动。

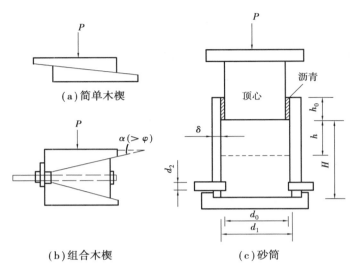

图 7.14　卸落设备

拱架卸落的过程,实质上是由拱架支承的拱圈(或拱上建筑已完成的整个拱桥上部结构)的重力逐渐转移给拱圈自身来承担的过程,为了使拱圈受力有利,应采取一定的卸架程序和方法来进行。

2)现浇钢筋混凝土拱桥

(1)在支架和拱架上浇筑拱圈的上施工程序

钢筋混凝土拱桥的施工程序为:先在拱架上现浇钢筋混凝土拱圈以及拱上立柱的底座,待混凝土达到设计文件所规定的强度等级或施工验收规范所规定的强度等级后,拆除拱架,但必须事先对拆除拱架后的裸拱进行稳定性验算,然后浇筑拱上立柱、联结系及横梁等,最后浇筑桥面系,完成整个拱桥施工。

(2)拱圈的浇筑

①连续浇筑

当拱桥的跨径较小(一般小于 16 m)时,拱圈混凝土应按全拱圈宽度,自两端拱脚向拱顶对称地连续浇筑,并在拱脚混凝土初凝前浇筑完毕。如果预计不能在规定的时间内浇筑完毕,应在拱脚处预留一个隔缝,最后浇筑隔缝混凝土。

②分段浇筑

当拱桥跨径较大(一般大于 16 m)时,为了避免拱架变形而产生裂缝以及减少混凝土收缩应力,拱圈应采取分段浇筑的施工方案。分段位置的确定以使拱架受力对称、均衡、拱架变形小为原则,一般分段长度为 6~15 m。但应在拱架挠曲线为折线的拱架支点、节点、拱脚、拱顶等处设置分段点,并适当预留间隔缝。间隔缝的位置应避开横撑、隔板、吊杆及刚架节点等处;间隔缝的宽度一般为 50~100 cm,以便施工操作和钢筋连接;为了缩短拱圈合龙和拱架拆除的时间,间隔缝内的混凝土强度可用比拱圈高一等级的半干硬性混凝土。

③箱形截面拱圈的浇筑

对于大跨径的箱形截面的拱桥,一般采取分段分环的浇筑方案。分环又分成二环浇筑和三环浇筑两种方案。分成二环浇筑是先分段浇筑底板(第一环),然后分段浇筑腹板、横隔板及顶板混凝土(第二环);分成三环浇筑是先分段浇筑底板(第一环),然后分段浇筑腹板和横隔板(第二环),最后分段浇筑顶板(第三环)。图 7.15 是箱形截面拱圈采用分段分环浇筑示意图。

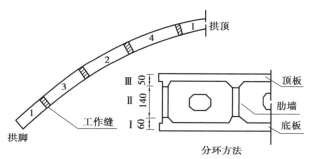

图 7.15　分段分环浇筑施工程序

3)装配式钢筋混凝土拱桥施工

(1)构件的预制、堆放与运输

拱肋的预制有立式预制和卧式预制两种。

拱肋的立式预制主要有土牛拱胎立式预制、木架立式预制和条石台座立式预制。当取土及填土困难时,可采用木架立式预制,但在拆除支架时应注意拱肋的强度和受力状态。

装配式拱桥构件在脱模、移运、堆放、吊装时,混凝土的强度等级不应低于设计所要求的吊装强度等级。当采用 2 点吊时,吊点位置应设在拱肋弯曲平面重心轴之上。当拱肋较长或曲率较大时,应采用 3 点吊或 4 点吊。采用 4 点吊时,外吊点设在离拱肋两端头 $0.17L$(L 为预制拱长度)处,内吊点设在离拱肋两端头 $0.37L$ 处,4 个吊点应左右对称布置。

场内运输可采用龙门架、胶轮平板挂车、汽车平板车、轨道平板车或船只等机具进行。

拱肋堆放时,应尽可能卧放,特别是矢跨比小的构件,卧放时应垫 3 个点且同高度。如果必须立放时,应搁放在符合拱肋曲度的弧形支架上,各支点高度应符合拱肋曲度,以免拱肋折断。堆放高度一般以 2 层为宜,不应超过 3 层。

(2)无支架施工

箱形拱的无支架施工包括扒杆、龙门架、塔式吊机、浮吊、缆索吊装等吊装方案,而缆索吊装是应用为广泛的施工方案。这里主要阐述缆索吊装施工。

根据拱桥缆索吊装的特点,其一般的吊装程序为(针对五段吊装方案):边段拱肋的吊装并悬挂,次边段的吊装并悬挂,中段的吊装及合龙,拱上构件的吊装等。

缆索吊装施工

①吊装前的准备工作

缆索吊装前的准备工作包括预制构件的质量检查、墩台拱座尺寸的检查、跨径与拱肋的误差调整等工作。

②缆索吊装设备

缆索设备(图7.16)由主索、天线滑车、起重索、牵引索、起重及牵引绞车、主索地锚、塔架、风缆、主索平衡滑轮、电动卷扬机、链滑车及各种滑轮等部件组成。在吊装时,缆索设备除上述各部件外,还有扣索、扣索排架、扣索地锚、扣索绞车等部件。缆索设备适用于高差较大的垂直吊装和架空纵向运输,吊运量在几吨到几十吨范围内变化,纵向运距在几十米到几百米范围内变化。

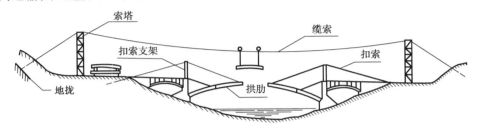

图 7.16　缆索吊装布置示意图

③拱肋缆索吊装

三段和五段缆索吊装螺栓接头拱肋吊装就位的方法基本相似,这里重点阐述五段缆索吊装方案。首先是边段拱肋悬挂就位,在无支架施工中,边段拱肋和次边段拱肋的悬挂均采用扣索,扣索按支承扣索的结构物的位置和扣索本身的特点可分为天扣、塔扣、通扣和墩扣等类型,如图7.17、图7.18所示。

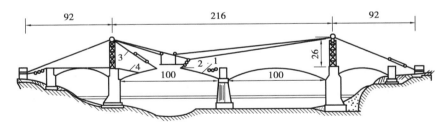

图 7.17　边段拱肋悬挂方法(单位:m)

1—墩扣;2—天扣;3—塔扣;4—通扣

④拱肋施工稳定措施

拱肋的稳定包括纵向稳定和横向稳定。拱肋的纵向稳定主要取决于拱肋的纵向刚度,在拱肋的结构设计中已考虑裸拱状态下的纵向稳定,只要在吊装过程中控制好接头标高,选择合适单位接头形式,及时完成接头的连接工作,使拱肋尽快由铰接状态转化为无铰状态,就能满足纵向稳定,如采用稳定缆风绳、临时横向连系等措施。而拱肋的横向稳定只有在拱肋形成无铰拱,并在拱肋之间用钢筋混凝土横系梁联结成整体后才能保证,但在施工过程中一片或两片拱肋的横向稳定必须通过设置缆风绳和临时横向联结等措施才能实现,如采用下拉索、拱肋多点张拉等措施。

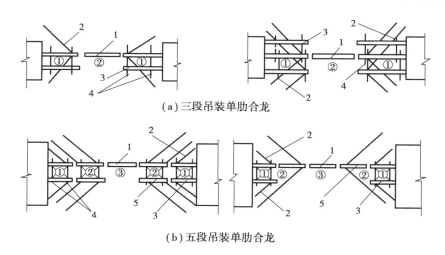

（a）三段吊装单肋合龙

（b）五段吊装单肋合龙

图 7.18　三段、五段吊装单肋合龙示意图（图中数字为施工程序号）

1—基肋；2—风缆；3—边段；4—横夹木；5—次边段

4）钢管混凝土拱桥

（1）钢管混凝土材料的制作与施工要求

①钢管的加工制作

钢管混凝土拱桥中的钢管可采用直缝焊接管、螺旋焊接管和无缝钢管。螺旋焊接管和无缝钢管均由专业生产厂家生产，除非用量很大，一般要根据厂家的生产规格选用。

无缝钢管分热轧（挤压、扩）和冷拔（轧）两种，其钢管的内外表面不得有裂缝、折叠、轧折、离层、发纹和结疤，这些缺陷必须完全清除干净。

用于直缝焊接管的钢板在下料之前应根据设计图纸绘制加工图，其内容包括按杆件编号的加工大样图、厂内试拼简图、工地试拼简图和堆放与发送顺序图等。卷管方向应与钢板压延方向一致；在卷板过程中，应注意保证管端平面与管轴线垂直。为了满足小直径钢管接缝处的圆度要求，可在卷管前沿钢板边缘 15 cm 左右进行局部压圆。卷管后应进行校圆，校圆分整体校圆和局部校圆两道工序。整体校圆可在卷板机上进行，也可在整体校圆夹具上进行；局部校圆采用薄钢板剪成直径为钢管内径的圆弧的一部分作为样板，将样板内靠筒体口附近进行检查。校圆后的筒体直缝焊接采用自动焊，板端坡口应在卷管前开好。

②钢管骨架加工制作

钢管拱肋的加工以节段为单元，根据实际情况每条拱肋分数段安装，钢骨架的加工制作台应能满足每段拱肋按 1∶1 大样放样的要求。钢管组拼时以拱肋中轴线为准。

钢管拱肋骨架的弧线当采用直缝焊接管时，由于管节较短（通常为 1.2～2.0 m），可以采用分段直线逼近，相邻管节长度不应过于悬殊；当采用螺旋焊接管时，由于管节较长（一般为12.0～20.0 m），则应将其弯成弧形。

钢管拱肋组拼成拱肋在焊接前，对于小直接钢管可采用点焊定位；对于大直接钢管可另用附加钢筋焊于钢管外壁，作为临时固定联焊，固定点的距离宜取 300 mm 左右，但不得少于

3点。

重要的受力肢管,为了确保联结处的焊接质量,可在管内接缝处增加附加衬管,衬管可采用宽为 20 mm、厚度为 3 mm 的钢板,与管内壁保持 0.5 mm 的膨胀间隙,以确保焊缝根部的质量。

对于桁式拱肋的钢管骨架,弦杆与腹杆及平联的连接尺寸和角度必须准确,连接处的间隙应按板全展开图要求进行放样。焊接时应根据间隙大小,选用适当品种的焊条,其焊接顺序应考虑焊接变形的影响,由焊接工艺试验确定,要求焊接变形及焊接残余应力最小。

③管内混凝土制备

为了便于混凝土的浇筑,要求混凝土的坍落度大、和易性好,且不泌水、不离析,同时为充分发挥钢管的套箍作用,要求混凝土的收缩率小,填充饱满,因此主要靠外加剂来解决。

为了满足混凝土强度、和易性要求,常采用减水剂和高效减水剂,以降低用水量,减少水胶比,增大混凝土流动性,提高混凝土强度和耐久性。

钢管内混凝土的填充程度对钢管极限承载力影响极大。为了保证管内混凝土的密实性,减小混凝土收缩系数和空隙率的最好做法是加入膨胀剂。为了改善混凝土性能,降低干缩变形和水化热,减少水泥用量,钢管混凝土的管内混凝土有时还掺入粉煤灰。

(2)钢管混凝土拱桥的施工技术

钢管混凝土拱桥的拱肋形成分钢管拱肋的形成和管内混凝土的浇灌,因此,钢管拱肋既是结构的一部分,又兼作浇灌混凝土的支架和模板。拱肋的安装方法有:无支架缆索吊装,整片拱肋或少支架浮吊安装,少支架缆索吊装,吊桥式缆索吊装,转体施工,支架上组装,千斤顶斜拉扣挂悬拼等。

①悬臂拼装

悬臂拼装的拼装顺序如图 7.19 所示。

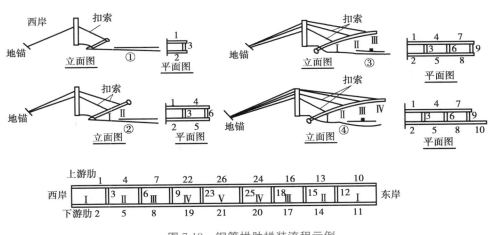

图 7.19　钢管拱肋拼装流程示例

注:图中阿拉伯数字表示吊装就位顺序;罗马数字表示钢骨架分段

由于钢管混凝土劲性骨架中,先浇的混凝土凝结成形后可作为承重结构的一部分与劲性骨架共同承受后浇各部分混凝土的重力;同时,钢管中的混凝土也参与钢骨架共同承受钢骨架外包混凝土的重力,从而降低了钢骨架的用钢量,减少了钢骨架的变形。图 7.20 是一座主拱肋为单箱三室截面、采用钢管混凝土作为劲性骨架施工的上承式钢管混凝土拱桥的劲性骨架构造图;图 7.21 是钢管混凝土拱肋缆索吊装示意图。

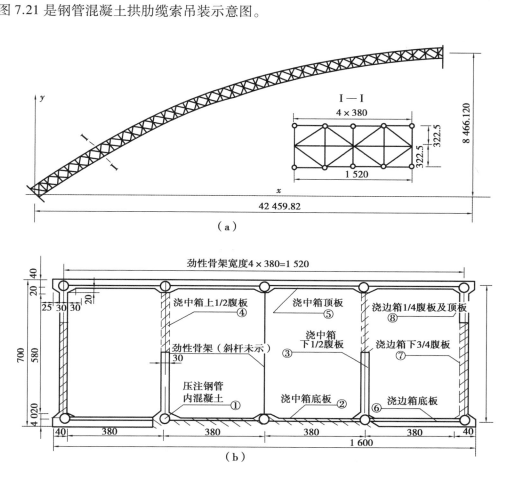

图 7.20　钢管混凝土劲性骨架构造及浇筑顺序图(单位:cm)

②管内混凝土浇筑工艺

钢管混凝土拱肋的管内混凝土有泵送顶升、高位抛落和人工浇捣等 3 种浇筑方法。加载顺序是从拱脚向拱顶对称、均衡地浇灌,并可通过严格控制拱顶上帽及墩台位移来调整浇灌顺序。泵送顶升是在两拱脚设置输送泵,对称泵送混凝土;泵送时应在钢管上每隔一定距离开设气孔,以便减少管内空气压力;在泵送时应按设计规定的浇灌顺序浇灌,如设计无规定,应以有利于拱肋受力和稳定性为原则进行浇灌,并严格控制拱肋变形。图 7.22 为桁式钢管混凝土拱肋采用泵送顶升浇灌法施工示例。

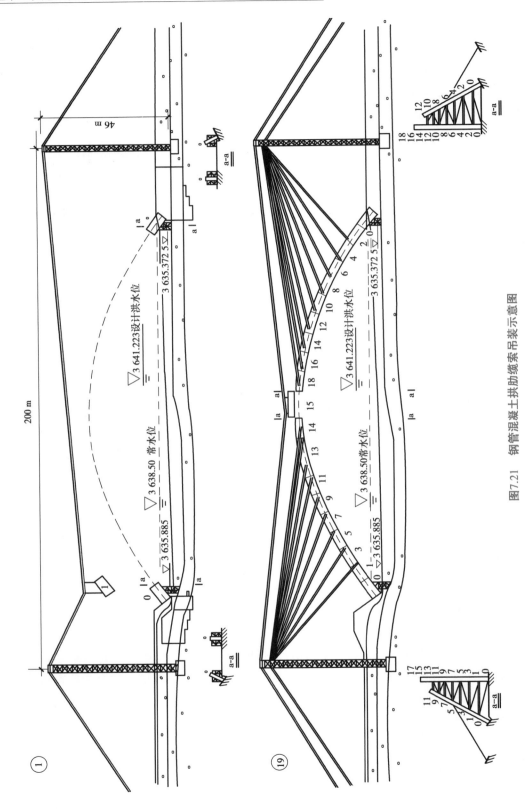

图7.21　钢管混凝土拱肋缆索吊表示意图

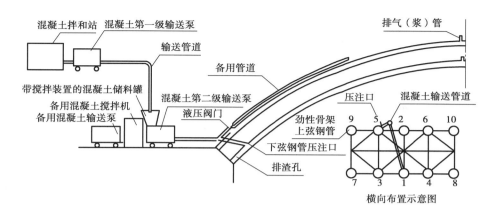

图 7.22 泵送顶升法浇灌管内混凝土示例

7.2.4 悬索桥施工

悬索桥上部工程施工一般为主塔工程、主缆工程、加劲梁工程施工,如图 7.23 所示。

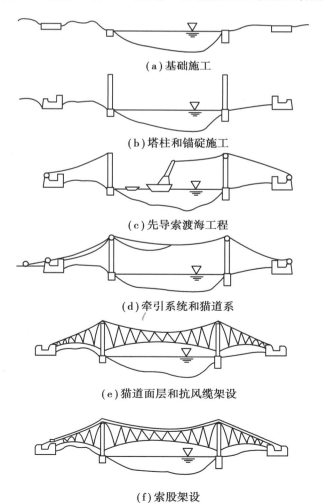

(a) 基础施工

(b) 塔柱和锚碇施工

(c) 先导索渡海工程

(d) 牵引系统和猫道系

(e) 猫道面层和抗风缆架设

(f) 索股架设

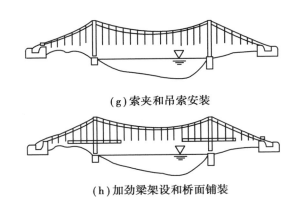

(g)索夹和吊索安装

(h)加劲梁架设和桥面铺装

图 7.23　悬索桥架设示意图

1)悬索桥加工件的制作

(1)主、散索鞍和索夹

①主索鞍

主索鞍是设置于悬索桥主塔塔顶,用于支撑主缆的永久性大型钢构件,其功能是承受主缆拉力产生的竖向压力以及不平衡水平力,并传递到索塔上。

②散索鞍

散索鞍设置于锚碇前段,将锚面与主索之间的主缆分为锚跨和边跨,其主要功能是将主缆索股在竖直方向散开,引入锚固点,如图 7.24 所示。

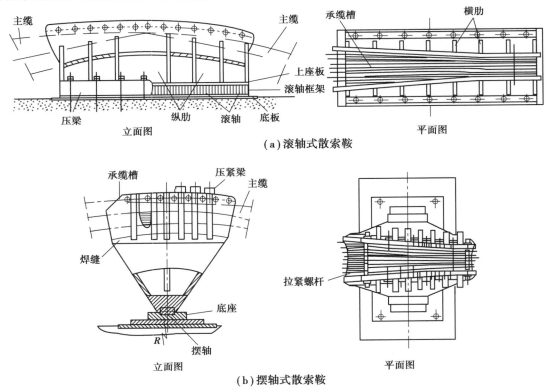

(a)滚轴式散索鞍

(b)摆轴式散索鞍

图 7.24　散索鞍示意图

③索夹

索夹是将主缆和吊索相连接的连接件,大跨悬索桥的索夹一般为两个半圆形铸钢构件,由高强螺栓将其上紧在主缆上。

(2)主缆的制作

主缆有钢丝绳钢缆和直径为 5 mm 的镀锌钢丝组成的平行钢丝钢缆,由于平行钢丝钢缆的弹性模量高、空隙率低、防锈蚀性能好,因此较多采用。主缆的形成有空中纺丝法(AS 法)和预制平行索股法(PPWS 法)两种。AS 法是利用两个锚碇间的牵引系统,由在空中走行的纺轮带着高强钢丝来回纺丝形成丝股。PPWS 法是在工厂做成平行索股,并打在钢盘上,然后运至工地进行架设;为了便于使主缆截面最终被压缩成圆形,PPWS 法一般将丝股先排成六边形,最后通过紧缆挤压成圆形。

①标准丝的制作

在每一个索股中有一根标准丝,标准丝用来准确地控制索股长度。标准丝在制作时首先要设置生产基线,生产基线是由标记台、支承滚筒、放丝盘、收丝盘、加载系统、测温装置等组成,如图 7.25 所示。为了便于识别,标准丝在锚头前面(离锚头前面 1 m 的点)、散索鞍中心位置、边跨中央、塔顶索鞍中心位置、中跨中点位置上加以标记。

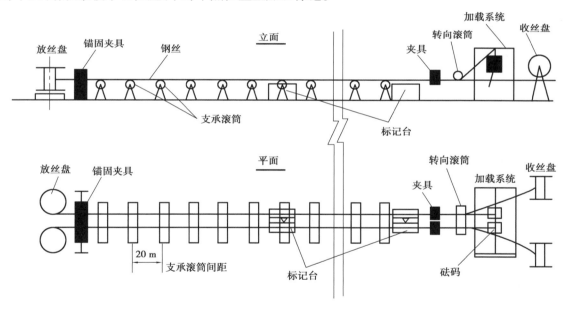

图 7.25　标准丝生产基线示意图

②索股的制作

索股一般由 61、91、127 根高强钢丝组成,根据索股制作和架设设备的能力,目前采用 91 丝和 127 丝两种,其索股截面呈六边形。索股制作流程为钢丝上架、引出;合股与成型;缠带;索股牵引;标识;索股切断;灌锚;打盘卷取。如图 7.26 所示。

(3)吊索的制作

钢丝绳吊索工艺流程为:材料准备、预张拉、弹性模量测定、长度标记、切割下料、灌铸锥形锚块、灌铸热铸锚头、恒载复核、吊索上盘。

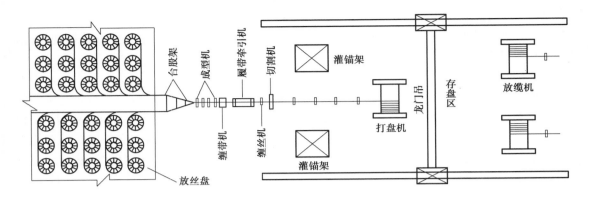

图 7.26　索股制作工艺流程图

平行钢丝索股吊索在制作时钢丝要平行、无接头,紧密地包在 PVC 套管内,套管最小厚度为 6 mm;长度测量应在温度稳定、有遮盖条件下或夜间进行,索股下料时,应留有调整长度的富余量,而在基准温度下,吊索的长度误差应小于 $l/5\ 000$(l 为吊索长度);采用锌铜合金灌铸锚头的要求基本与主缆索股锚头相同。

(4)锚头

灌铸锚头的施工顺序为:

①将索股端部的适当位置绑扎钢丝(用 $\phi 3.4$ mm 的退火镀锌钢丝),以防止索股扭转和滑动。

②清洗索股端部钢丝和锚杯内壁的污物,同时量测锚杯容积,以控制灌铸量。

③将索股端部穿入锚杯并均匀散开,使其中心尽量与锚杯中心一致,用清洗剂清洗插入的钢丝和锚杯内壁,并安装定位夹具,以保证正确位置和钢丝的锚股长度。

④将以上准备好的索股提升到灌锚架上,对锚具进行抄平、定位,以保证锚杯顶面与索股保持垂直,然后封底。

⑤用预热罩对装好的锚杯进行预热,用坩埚电炉融合事先已配好的镀锌铜合金,当溶液温度为(460±5)℃(其他按设计要求),锚杯预热温度达到 100 ℃(其他按设计要求)时,进行灌铸,并通过称量法检查合金的实际灌铸量(不得小于理论值的 92%)。

⑥灌铸后待合金温度降至 80 ℃以下时,用千斤顶从锚杯后面对灌铸的合金进行预压,其变形量应符合设计要求。

(5)加劲梁的制造

①制造工艺设计

钢箱梁和钢桁梁的工艺设计一般应包括总体工艺流程及说明文件;零部件分类、编码和运作规定及流向(含有关说明文件),典型工艺流程;零部件生产车间制造流水线及说明文件;主要质量控制点及说明文件;零件制作工艺细则;板件或杆件制作及组装工艺细则和工艺流程及说明文件;部件制作及组装工艺细则和工艺流程及说明文件;梁段组装规程和顺序及说明文件。

②加劲梁制造

钢箱梁的制造过程为:切割;零件和部件的矫正和弯曲;部件及组拼见的制造;梁段的制造;梁段预拼及验收;焊接。

钢桁梁的制造过程为:切割;制孔;部件组装;梁段试装;焊接、栓接、铆接、栓焊接。

2）主缆锚固体系

后锚式是将索股直接穿过锚块,在锚块后面锚固;前锚式是索股锚头在锚块前锚固,通过锚固系统将缆力作用到锚体上。

3）主缆工程

（1）牵引系统

牵引系统是架于两锚碇之间,跨越索塔的用于空中拽拉的牵引设备,常用的有循环式和往复式两种形式。

循环式牵引系统还可分为大循环和小循环(图7.27),主要适用于AS法的主缆架设,以及悬索桥跨径较小时的PPWS法索股架设。往复式牵引系统的牵引索的两端分别卷入主、副卷扬机,一端用于卷绳进行牵引,另一端用于放绳,两台驱动装置联动,使牵引索作往复运动。

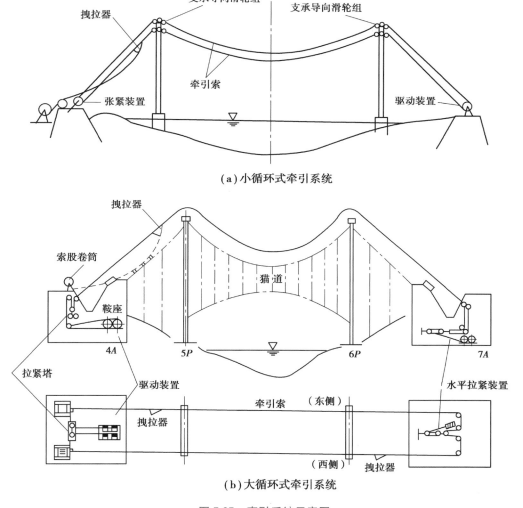

图 7.27　牵引系统示意图

牵引系统的架设方法是先将比牵引索细的先导索渡江(或海、河),然后利用先导索将牵引索架设。先导索渡江、海的方法可采用水下过渡法、水面过渡法和空中过渡法(图7.28)。先导索过渡后拉到设计位置,在锚碇处将先导索与牵引索的前端连接,在另一端锚碇处用卷扬机卷取先导索,牵引索随之前进到对岸,在后端施加反拉力使其维持通航标高。

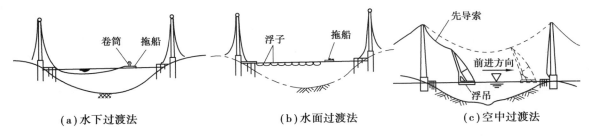

(a)水下过渡法　　　　(b)水面过渡法　　　　(c)空中过渡法

图 7.28　先导索渡江(海)方法示意图

(2)猫道

猫道的主要承重结构是猫道承重索,一般按三跨分离式设置,边跨的两端分别锚于锚碇与索塔的锚固位置上,中跨两端分别锚于两索塔的锚固位置上,承重索既可采用钢丝绳,也可采用钢绞线制造,其架设顺序如图7.29所示。

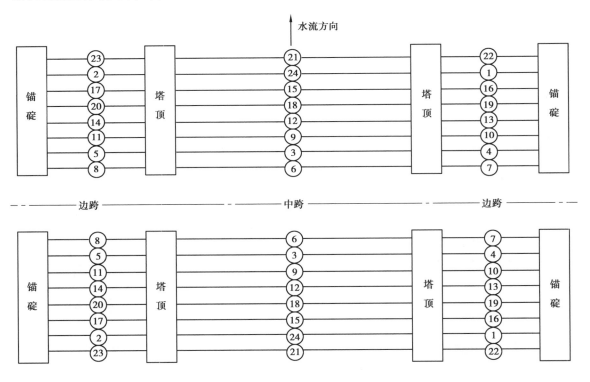

图 7.29　猫道承重索架设顺序

猫道面层一般由上下两层粗细钢丝网组成,可预先在平地上将这两层钢丝网及其上的防滑木条按要求位置用铁丝绑扎好,并卷成卷,借助于吊机,将预制卷安放在塔顶平台的临时支架上,猫道面层及横向通道按图7.30所示的顺序逐次下滑就位。

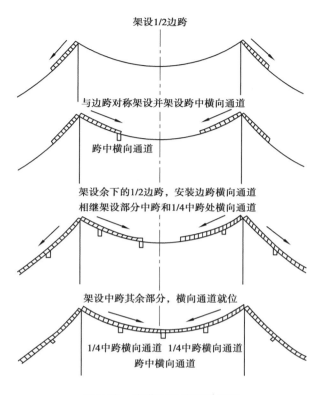

架设1/2边跨

与边跨对称架设并架设跨中横向通道

跨中横向通道

架设余下的1/2边跨，安装边跨横向通道
相继架设部分中跨和1/4中跨处横向通道

架设中跨其余部分，横向通道就位

1/4中跨横向通道 1/4中跨横向通道
跨中横向通道

图 7.30 猫道面层的架设顺序

（3）主缆架设

主缆的架设方法主要有空中纺丝法（AS 法）和预制平行索股法（PPWS 法）。

①空中纺丝法

如图 7.31 所示,空中纺丝法施工步骤为:

a.标准丝段的架设:应在温度稳定无风的夜间,将预先在工厂作好的标准丝段引上猫道,并按设计位置架设就位。

b.丝股架设:通过多次的纺丝,钢丝在散索鞍、主索鞍和猫道上的成形导具内按设计位置排列,形成丝股。

c.丝段调整:其工作内容包括丝股调整的准备工作和丝股相对垂度测定。丝股相对垂度测定要在丝股与标准丝的温度均一的情况下进行,采用特定的工具测出被测丝段与标准丝之间的相关纵向距离,求出应该调的相对垂度。

②预制平行索股法

a.索股架设。索股的牵引可采用门架拽拉器式牵引方式和小车式牵引方式两种。对于门架拽拉器式牵引方式的施工为:

● 索股前端锚头的引出:索股前端从卷筒上引出,由吊机吊起,把索股从卷筒上放出必要的长度,并放在卷筒的水平滚筒上。

● 锚头与拽拉器连接:把锚头牵引到拽拉器的位置后,与拽拉器进行连接,连接后,检查拽

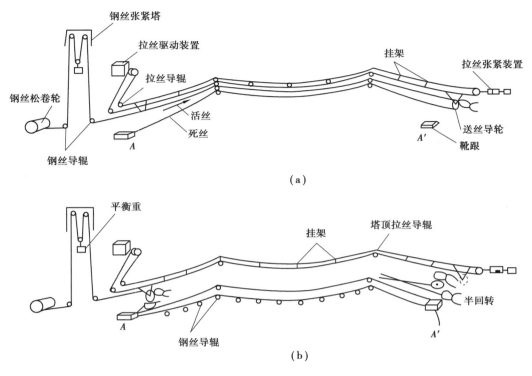

图 7.31 AS 法施工过程示意图

拉器的倾斜状况,如有必要可用平衡重进行调整。

• 索股牵引:把锚头连接于拽拉器上以后,把索股向对岸锚碇牵引,牵引工作应在由索股卷筒对索股施加反拉力的情况下进行。拽拉器到达对岸锚碇所指定的位置后,用吊机把锚头吊起从拽拉器上卸下。

• 锚头引入装置的安装:牵引完成后,安装锚头引入装置,锚头引入长度不应过量,否则会使散索鞍部位的索股拉力加大,增加索股整形的难度。

b.索股横移、整形:

• 索股的横移:牵引完成后的索股放在猫道滚筒上,在塔顶索鞍部位、散索鞍部位把临时拽拉装置、握索器、葫芦安装在索股上,并把索股从猫道滚筒上提起,利用塔顶和散索鞍顶的横移装置将其横移到所规定的位置。

• 索股整形、入鞍:索股横移以后,在鞍座部位将索股整形成矩形,放入鞍座内所规定的位置。整形是使用整形工具按在相同位置有着色丝的原则把索股整形成矩形,从钢丝箍的位置开始,其方向为:塔顶鞍座部位是从边跨向中跨方向进行,而散索鞍部位是从锚跨向边跨方向进行。入鞍是将鞍座部位临时吊起的索股经整形后放入鞍座内,其方向为:塔顶索鞍部位是从边跨侧向中跨侧方向进行,散索鞍部位是从锚跨侧向边跨侧方向进行。

• 锚头引入及锚固:索股整形入鞍完成后,把引到所规定的锚杆前面的锚头引入并临时锚固。

③紧缆

a.准备工作。准备工作主要是为紧缆作业、索夹安装、吊索架设提供便利的运载、起吊设备,可根据具体情况采取经济有效的措施。

b.预紧缆。预紧缆是把架设完成的索股群大致整形成圆形的作业。为了使主缆索股沿全桥分布均匀,钢丝的松弛不集中在一个地方,预紧缆时可把全长分成约 40 m 的间隔,并按图 7.32 所示顺序进行。

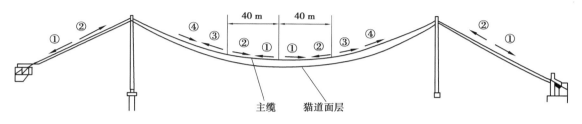

图 7.32 预紧缆顺序图

c.正式紧缆。正式紧缆是用专用的紧缆机把主缆整形成圆形,并紧到所规定的空隙率,且紧缆施工一般是在白天进行。正式紧缆时是由各跨中心向索鞍方向进行,如图 7.33 所示。

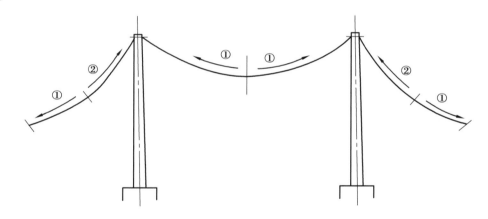

图 7.33 正式紧缆进行方向示意图

④索夹安装

紧缆完成后,把猫道改吊于主缆上进行形状计测,根据形状计测的结果,在主缆上将索夹安装位置作出标记。索夹就位后,插入索夹螺栓,并按设计要求施加轴力,而轴力根据螺栓伸长量和千斤顶的读数来进行管理,因此应对螺栓预先进行检查,测定无应力长度;经过试验掌握轴力与伸长的关系;通过索夹紧固试验观察并确定螺栓由于缆重和螺栓非弹性变形、螺母弹性变形的影响所造成的应力损失量。

索夹安装时,其中跨是从跨中向塔顶进行,而边跨是从散索鞍向塔顶进行,如图 7.34 所示。

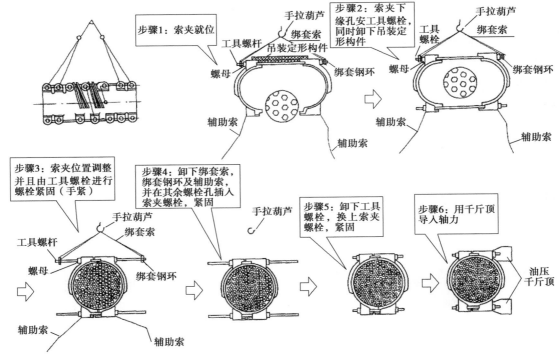

图 7.34　索夹安装顺序示意图

⑤吊索架设

吊索是由塔顶吊机提到索塔顶部,在各塔顶用缆索天车从放丝架上一边放出一边吊运到架设地点。在架设地点预先在猫道上开孔,在开孔部位,把吊索沿导向滚筒设置,吊索锚头从开孔处落下,由缆索天车移动就位。

4)加劲梁施工

(1)架设方法

①桁架式加劲梁的架设

a.按架设单元的架设方法。按架设单元可分为按单根杆件、桁片(平面桁架)、节段(空间桁架)进行架设的 3 种方法。3 种方法的比较见表 7.1。

加劲梁施工

表 7.1　不同架设单元施工方法比较

方法	架设单元	架设要领	特征
单根杆件架设	 单根杆件		1.小型施工架设机械 2.受施工架设地形影响小 3.现场接头多 4.施工架设工期长

方法	架设单元	架设要领	特征
桁片架设	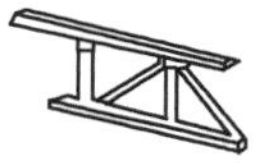 主桁架面块  横向桁架面块	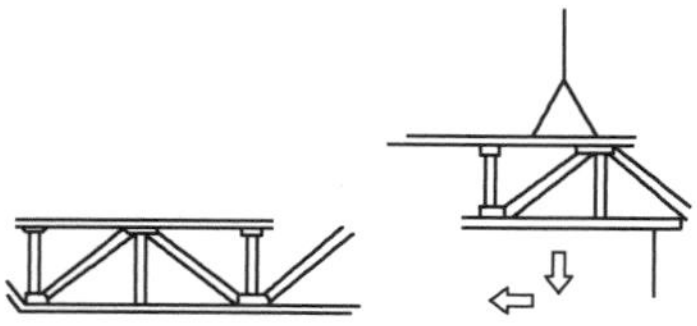	1.中型施工架设机械 2.受施工架设地形影响小 3.现场接头少,架设误差小 4.可以缩短工期
节段架设	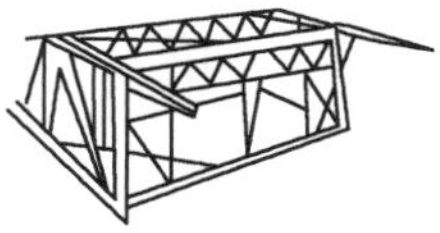 不带桥面板的块件 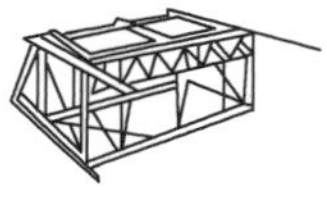 带桥面板的块件	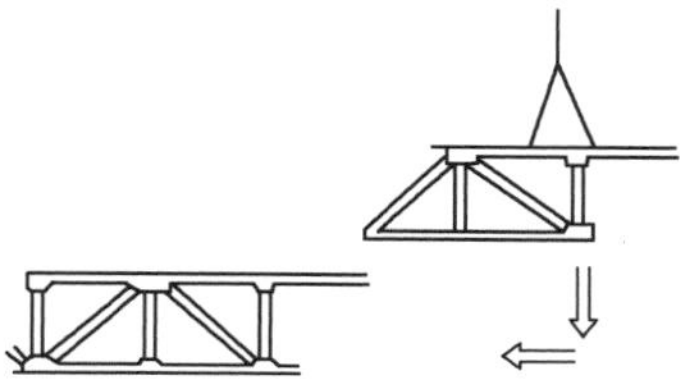	1.架设质量大,要使用大型施工架设机械 2.受架设地点地形和海江面使用条件影响大 3.节段在工厂预制拼装,可提高架设精度 4.可缩短工期

b.按连接状态的架设方法:

全铰法:加劲桁架各节段用铰连接。施工架设顺序如图 7.35(a)所示。

逐次刚接法:将节段与架设好的部分刚接后,再用吊索将其固定。施工架设顺序如图 7.35(b)所示。

有架设铰的逐次刚接法:在应力过大的区段设置减少应力的架设铰。施工架设顺序如图 7.35(c)所示。

②箱形加劲梁的架设

箱形加劲梁的架设一般是采用节段架设法,是在工厂预制成梁段,并进行预拼,将梁段运到现场,用垂直起吊法架设就位,最后进行焊接。

③节段的架设顺序

加劲梁节段的架设顺序是根据架设中桥塔和加劲梁的结构特性、人员、机械配备、工作面、运输线路、海洋气候等条件综合考虑并由设计单位决定的(图 7.36)。

(2)加劲梁节段正下方起吊的架设方法

当悬索桥的加劲梁为扁平钢箱梁、预应力混凝土箱形梁时,一般采用加劲梁节段正下方起吊的架设方法。

图 7.37 是钢箱加劲梁从跨中开始对称向两塔推进的架设顺序图。其施工过程为跨中段、标准段提升架设;端梁(端部梁段)架设;合龙段架设。

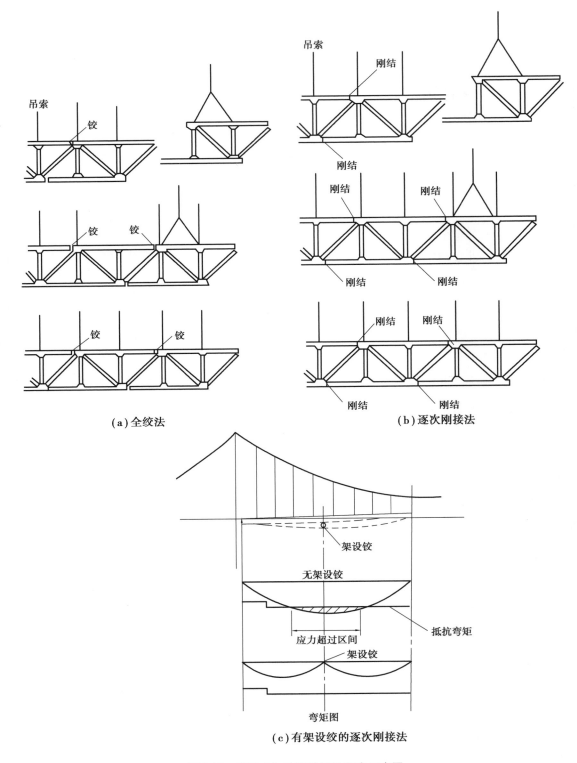

（a）全绞法 （b）逐次刚接法

（c）有架设绞的逐次刚接法

图 7.35 桁架式加劲梁的架设顺序示意图

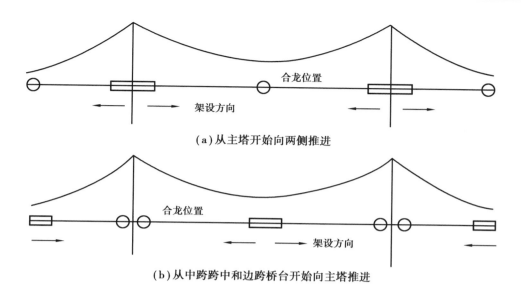

（a）从主塔开始向两侧推进

（b）从中跨跨中和边跨桥台开始向主塔推进

图 7.36　架设顺序和闭合位置示意图

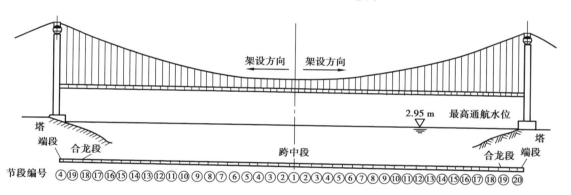

图 7.37　加劲梁节段提升架设顺序示意图

思考题

1. 桥梁上部结构的施工方法有哪些？各有何特点？

2. 桥梁的常备式结构与常用的主要施工设备有哪些？

3. 缆索起重机的构造如何？如何进行设计计算？

4. 装配式桥梁预制构件的移运和堆放有何要求？其方法有哪些？

5. 装配式桥梁的架设安装方法有哪些？

6. 利用装配式安装桥梁上部构件的特点、构造及使用要求是什么？

7. 用钢桁架导梁安装桥跨上部构件的特点及施工工艺是什么？

8. 预应力混凝土连续梁桥的施工方法有哪些？各有何特点？

9. 悬臂施工法可分为哪几类？各有何特点？

10. 试简述挂篮和吊机的构造和设计要求。

11.块件悬臂拼装的接缝有哪几类？接缝的施工要求和程序是什么？

12.拱桥的施工方法有哪些？各有何特点？

13.拱架的种类有哪些？对拱架的要求是什么？

14.拱架的卸架方法有哪些？其卸架程序是什么？

15.悬索桥的施工特点及施工工艺是什么？

16.散索鞍及索夹的制作工艺流程是什么？

17.吊索、加劲梁的施工特点，及施工工艺流程是什么？

18.主缆的制作特点是什么？主缆安装方法有哪些？主缆安装的工艺流程是什么？

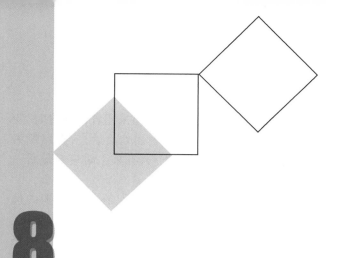

8 路面施工

本章导读：
- **基本要求** 要求在熟悉内容的基础上，能够针对施工现场的具体要求和性质，选择合适的施工机械、施工方法，并能进行质量控制和检查验收。
- **重点** 沥青路面的特性和基本要求，施工前的准备工作、施工方法以及质量控制与检查验收；水泥混凝土路面的技术要求、施工方法、质量控制与检查验收。
- **难点** 沥青路面的特性和基本要求，施工前的准备工作、施工方法以及质量控制与检查验收；水泥混凝土路面的技术要求、施工方法、质量控制与检查验收。

8.1 沥青混凝土路面施工

8.1.1 沥青表面处治路面施工

沥青表面处治路面，是用沥青和细粒矿料按拌和法或层铺法施工成厚度不超过 30 mm 的薄层路面面层，主要适用于三级及三级以下的公路、城市道路的支路、县镇道路、各级公路的施工便道及在旧沥青面层上加铺的罩面层或磨耗层。由于处置层很薄，一般不起提高路面强度的作用，主要是用来抵抗行车的磨损和大气作用，并增强防水性，提高平整度，改善路面的行车条件。

沥青表面处治路面可分为单层式、双层式和三层式 3 种。单层式沥青表面处治路面是浇洒一次沥青，撒布一次集料铺筑而成的厚度为 1.0~1.6 cm（乳化沥青表面处治为 0.5 cm）；双层式是浇洒二次沥青，撒布二次集料铺筑而成的厚度为 1.5~2.5 cm（乳化沥青表面处治为 1 cm）；三层式是浇洒三次沥青，浇洒三次集料铺筑而成的厚度为 2.5~3.0 cm（乳化沥青表面处治为 3 cm）。

1）材料规格和用量

沥青表面处治所用的矿料的最大粒径应与所处治的层次厚度相当。当采用乳化沥青时,应减少乳液流失,可在主层集料中掺加 20%以上较小粒径的集料。沥青表面处治后,应在路侧另备碎石或石屑、粗砂或小砾石作为初期养护用料;城市道路的初期养护料,在施工时应与最后一遍料一起撒布。

沥青表面处治各层沥青的用量应根据施工气温、沥青标号、基层等情况,在规定范围内选用。在施工气温较低的寒冷地区、当沥青针入度较小、基层空隙较大时,沥青用量宜采用高限。在旧沥青路面、清扫干净的碎(砾)石路面、水泥混凝土路面、块石路面上铺筑沥青表面处治路面时,可在第一层中增加 10%~20%沥青用量,不再另洒透层油。

2）施工准备

沥青表面处治施工应在路缘石安装完成以后进行,基层必须清扫干净。施工前应检查沥青洒布车的油泵系统、输油管道、油量表、保温设备等。集料撒布机使用前应检查其传动和液压调整系统,并应进行试洒,确定撒布各种规格集料时应控制下料间隙及行驶速度。

当为半幅施工并用人工撒布集料时,应先在半幅等距离划分小段,并应按规定用量备足集料,以后每层按同样办法备料。

3）施工方法

层铺法三层式沥青表面处治的施工一般可按下列工序进行。

(1)浇洒第一层沥青

在透层沥青充分渗透,或在已做透层(或封层)并已开放交通的基层清扫后,就可按要求的速度浇洒第一层沥青。沥青浇洒时的温度应根据施工气候以及沥青标号来选择,一般情况石油沥青的洒布温度为 130~170 ℃;煤沥青的洒布温度为 80~120 ℃;乳化沥青可在常温下洒布(当气温偏低,破乳及成型过慢时,可将乳液加温后洒布,但乳液温度不得超过 60 ℃)。浇洒应均匀,当发现浇洒沥青后有空白、缺边时,应及时进行人工补洒,当有沥青积聚时应刮除。沥青浇洒长度应与集料撒布机的能力相配合,应避免沥青浇洒后等待较长时间才撒布集料。除阳离子乳化沥青外,不得在潮湿的集料、基层或旧路面上浇洒沥青。

(2)撒布第一层集料

第一层集料在浇洒主层沥青后立即进行撒布,不宜在主层沥青全段洒布完成后进行。当使用乳化沥青时,集料撒布应在乳液破乳之前完成。撒布集料后应及时扫匀,应覆盖施工路面,厚度应一致,集料不应重叠,也不应露出沥青;当局部有缺料时,应及时进行人工找补,局部过多时,应将多余集料扫除。前幅路面浇洒沥青后,应在两幅搭接处暂留 10~15 cm 宽度不撒石料,待后幅浇洒沥青后一起撒布集料。

(3)碾压

撒布一段集料后,应立即用 6~8 t 钢筒双轮压路机碾压,碾压时每次轮迹应重叠约 30 cm,并应从路边逐渐移至路中心,然后再从另一边开始移向路中心,以此作为一遍,宜碾压 3~4 遍。碾压速度开始不宜超过 2 km/h,以后可适当增加。

(4)第二、三层施工

第二、三层的施工方法和要求应与第一层相同,但可采用 8~10 t 压路机。当使用乳化沥青时,第二层撒布规格为 S12 的碎石作嵌缝料后还应增加一层封层料,其规格为 S14,用量为 3.5~

$5.5 \text{ m}^3/1\ 000 \text{ m}^2$。

单层式和双层式沥青表面处治的施工顺序与三层式基本相同,只是相应地减少或增加一次洒布沥青、铺撒一次矿料和碾压工作。沥青表面处治应进行初期养护,当发现有泛油时,应在泛油处补撒嵌缝料,嵌缝料应与最后一层石料规格相同,并应扫匀;当有过多的浮动集料时,应扫出路面,并不得搓动已经粘着在位的集料;如有其他破坏现象,也应及时进行修补。

8.1.2 沥青贯入式路面施工

沥青贯入式路面是在初步压实的碎石(或破碎砾石)上分层浇洒沥青、撒布嵌缝料,或再在上部铺筑热拌沥青混合料封层,经压实而成的沥青面层,其厚度宜为4~8 cm,但乳化沥青贯入式路面的厚度不宜超过5 cm;当贯入层上部加铺拌和的沥青混合料面层时,路面总厚度宜为6~10 cm,其中拌和层厚度宜为2~4 cm。

沥青贯入式路面适用于二级及二级以下的公路、城市道路的次干路及支路;沥青贯入层也可作为沥青混凝土路面的粘结层。由于沥青贯入式路面的强度构成主要是靠矿料的嵌挤作用和沥青材料的粘结力,因而具有较高的强度和稳定性,而且沥青贯入式路面是一种多孔隙结构,为了防止路表水的浸入和增强路面的水稳定性,在最上层应撒布封层料或加铺拌和层;当乳化沥青贯入式路面铺筑在半刚性基层上时,应铺筑下封层;当沥青贯入层作为粘结层时,可不撒表面封层料。

沥青贯入式路面施工前,基层应清扫干净,当需要安装路缘石时,应在路缘石安装完成后进行施工。乳化沥青贯入式路面,必须浇洒透层或粘层沥青;当沥青贯入式路面厚度≤5 cm 时,也应浇洒透层或粘层沥青。一般按下列程序进行施工。

(1)撒布主层集料

撒布主层集料时应控制松铺厚度,避免颗粒大小不匀,尽可能采用碎石摊铺机摊铺主层集料,在无条件下也可采用人工撒布。撒布后严禁车辆在撒布好的集料层上通行。

(2)碾压主层集料

主层集料撒布后用6~8 t的钢筒压路机进行初压,碾压速度宜为2 km/h,碾压时应自边缘逐渐移向路中心,每次轮迹应重叠约30 cm,接着应从另一侧以同样的方法压至路中心,以此为碾压一遍。然后检查路拱和纵向坡度,当不符合要求时,应调整、找平后再压,直至集料无显著推移为止。再用10~12 t压路机进行碾压,每次轮迹重叠1/2 左右,碾压4~6 遍,直至主层集料嵌挤稳定,无显著轮迹为止。

(3)浇洒第一层沥青

主层集料碾压完毕后,应立即浇洒第一层沥青,浇洒方法与沥青表面处置层施工相同。沥青的浇洒温度应根据沥青标号及气温情况选择,当采用乳化沥青贯入时,应防止乳液下漏过多,可在主层集料碾压稳定后,先撒布一部分上一层嵌缝料,再浇洒主层沥青。乳化沥青在常温下洒布,当气温偏低需要加快破乳速度时,可将乳液加温后洒布,但乳液温度不得超过60 ℃。

(4)撒布第一层嵌缝料

主层沥青浇洒完成后,应立即撒布第一层嵌缝料,嵌缝料的撒布要均匀并应扫匀,不足处应找补。当使用乳化沥青时,石料撒布应在破乳前完成。

（5）碾压

嵌缝料扫匀后应立即用 8~12 t 钢筒式压路机进行碾压，轮迹应重叠轮宽的 1/2 左右，宜碾压 4~6 遍，直至稳定为止。碾压时随压随扫，并应使嵌缝料均匀嵌入。当气温较高使碾压过程发生较大推移现象时，应立即停止碾压，待气温稍低时再继续碾压。

（6）第二、三层施工

浇洒第二层沥青，撒布第二层嵌缝料，碾压，再浇洒第三层沥青。其施工方法同前。

（7）撒布封层料

与嵌缝料撒布相同。

（8）终压

用 6~8 t 压路机碾压 2~4 遍，然后开放交通，并进行交通管制，使路面全宽受到行车的均匀碾压。

8.1.3 热拌沥青混合料路面施工

沥青路面施工

热拌沥青混合料是由沥青与矿料在加热状态下拌和而成的混合料的总称，而热拌热铺沥青混合料路面是指沥青与矿料在热态下拌和、热态下铺筑施工成型的沥青路面。热拌沥青混合料适用于各种等级道路的沥青面层。高速公路、一级公路和城市快速路、主干路的沥青面层的上面层、中面层及下面层应采用沥青混凝土混合料铺筑；沥青碎石混合料仅适用于过渡层及整平层；其他等级道路的沥青面层上面层宜采用沥青混凝土混合料铺筑。

热拌沥青混合料路面采用厂拌法施工时，集料与沥青均在拌和机内进行加热与拌和，并在热的状态下摊铺碾压成型。

1）施工准备

施工前的准备工作主要包括原材料的检查、施工机械的选型与配套、拌和厂选址与备料、下承层的准备、试验路段铺筑等工作。由于拌和机工作时会产生大量的粉尘、噪声，再加上拌和厂内的各种油料和沥青等是可燃物，因此拌和厂的设置应符合国家有关环境保护、消防安全等规定，一般应设置在空旷、干燥、运输良好的地方。

高速公路和一级公路沥青路面在大面积施工前，应铺筑试验路；其他等级公路在缺乏施工经验或初次使用重要设备时，也应铺筑试验路段。试验段的长度应根据试验目的来确定，通常在 100~200 m 以上。通过试验路段的铺筑，应达到：

①通过试拌确定拌和机上料速度、拌和数量、拌和时间及拌和温度等；验证沥青混合料目标生产配合比，提出生产用的矿料配合比和沥青用量。

②通过试铺确定透层沥青的标号和用量、喷洒温度，确定热拌沥青混合料的摊铺温度、摊铺速度、摊铺宽度、自动找平方式等操作工艺，确定碾压顺序、碾压温度、碾压速度及遍数等压实工艺，确定松铺系数和接缝处理方法等；建立用钻孔法及核子密度仪法测定密实度的对比关系，确定粗粒式沥青混凝土或沥青碎石路面的压实密度，为大面积路面施工提供标准方法和质量检查标准。

③确定施工产量及作业段长度，制订施工进度计划，全面检查材料及施工质量，落实施工组织及管理体系、人员、通讯联络方式及指挥方式等。

2）热拌沥青混合料的拌制

　　沥青混合料必须在沥青拌和厂（场、站）采用拌和机械进行拌制。热拌沥青混合料可采用间歇式拌和机或连续式拌和机拌制，各类拌和机均应有防止矿粉飞扬散失的密封性能及除尘设备，并有检测拌和温度的装置。间歇式拌和机是拌和设备在拌和过程中骨料烘干与加热是连续进行的，而加入矿粉和沥青后的拌和是间歇（周期）式进行的；间歇式拌和机宜配置自动记录设备，在拌和过程中应逐盘打印沥青及各种矿料的用量；高速公路、一级公路和城市快速路、主干路的沥青混凝土宜采用间歇式拌和机拌和。连续式拌和机是矿料烘干、加热与沥青混合料拌和均为连续进行的，且拌和速度较高；连续式拌和机应具备根据材料含水量变化调整矿料上料比例、上料速度、沥青用量的装置，且当工程材料来源或质量不稳定时，不得采用连续式拌和机拌制。

3）热拌沥青混合料的运输

　　热拌沥青混合料应采用较大吨位的自卸汽车运输，运输时应防止沥青与车厢板粘结，车厢应清扫干净，车厢底板及周壁应涂一薄层油水（柴油∶水＝1∶3）混合液，但不得有余液积聚在车厢底部。运料车应用篷布覆盖以保温、防雨、防污染，夏季运输时间短于0.5 h时可不覆盖；混合料运料车的运输能力应比拌和机拌和或摊铺能力略有富余，施工过程中摊铺机前方应有运料车在等候卸料；对高速公路、一级公路、城市快速路、主干路，开始摊铺时在施工现场等候卸料的运料车不宜少于5辆。连续摊铺过程中，运料车应停在摊铺机前10～30 cm处，并不得撞击摊铺机，卸料过程中运料车应挂空挡，靠摊铺机推动前进。运至摊铺地点的沥青混合料温度应符合表8.19规定的摊铺温度，已结成团块、遭雨淋湿的混合料不得使用。

4）热拌沥青混合料摊铺

　　热拌沥青混合料的摊铺工作应包括摊铺前的准备工作、摊铺机各种参数的选择与调整、摊铺作业等。

　　（1）摊铺前的准备工作

　　摊铺前的准备工作应包括下承层的准备、施工测量、摊铺机的检查等。铺筑沥青混合料前，应检查确认下层的质量，当下层质量不符合要求，或未按规定洒布透层、粘层、铺筑下封层时，不得铺筑沥青面层。标高的测量是确定下承层表面高程与设计高程相差的确切数值，以便在挂线时纠正为设计值以保证施工层的厚度；还应进行平面测量，主要是控制摊铺宽度和方向。

　　（2）调整、确定摊铺机的参数

　　摊铺前应先调整摊铺机的机构参数和运行参数。其中，机构参数包括熨平板的宽度、摊铺厚度、熨平板的拱度、初始工作迎角、布料螺旋与熨平板前缘的距离、振捣梁行程等。在摊铺过程中，不得随意变更速度或中途停顿。

　　（3）摊铺机作业

　　摊铺机的各种参数确定以后，即可进行沥青混合料路面的摊铺作业。首先应对熨平板加热，以免热沥青混合料将会冷粘于熨平板底上，并随板向前移动时拉裂铺层表面，使之形成沟槽和裂纹。因此，每天开始施工前或停工后再工作前，应对熨平板进行加热，即使是夏季也必须如此，这样才能对铺层起到熨烫的作用，从而使路表面平整无痕。但加热温度应适当，否则过高的加热温度将会导致熨平板变形和加速磨耗，还会使混合料表面泛出沥青胶浆或形成拉沟。

热拌沥青混合料应采用机械摊铺,对高速公路、一级公路和城市快速路、主干路宜采用两台以上的摊铺机成梯队作业,进行联合摊铺;相邻两幅之间应有重叠,重叠宽度宜为 5~10 cm;相邻两台摊铺机宜间距为 10~30 m,且不得造成前面摊铺机的混合料冷却;当混合料不能满足不间断摊铺时,可采用全宽度摊铺机一幅摊铺。摊铺机在开始受料前应在料斗内涂刷防止粘结的柴油;摊铺机应具有自动式或半自动式调节摊铺厚度及找平装置;具有足够容量的受料斗,在运料车换车时能连续摊铺,并有足够的功率推动运料车;具有可加热的振动熨平板或振动夯等初步压实装置,且摊铺机宽度可以调整。

5)热拌沥青混合料的压实及成型

碾压是热拌沥青混合料路面施工的最后一道工序,要获得好的路面质量最终是靠碾压来实现。碾压的目的是提高沥青混合料的强度、稳定性和耐疲劳性。碾压工作包括碾压机械的选型与组合、压实温度、碾压速度、碾压遍数、压实方法的确定以及压实质量检查等。

沥青混合料路面的压实程序分为初压、复压、终压(包括成型)3 个阶段,压路机应以慢而匀速的速度碾压。初压后紧接着进行复压,复压是使混合料密实、稳定、成型。复压宜采用重型压路机,碾压遍数应经试压确定,并不宜少于 4~6 遍。终压应紧接着复压后进行,其目的是消除碾压轮产生的轮迹,最后形成平整的路面。终压可选择双轮钢筒式压路机或关闭振动的振动压路机碾压,碾压不宜少于 2 遍,路面应无轮迹。

6)接缝

在施工过程中应尽可能避免出现接缝,不可避免时,应做成垂直接缝,并通过碾压尽量消除接缝痕迹,提高接缝处沥青路面的传荷能力。

（1）纵向接缝

两条摊铺带相接处,必须有一部分搭接,才能保证该处与其他部分具有相同的厚度。搭接的宽度应前后一致,搭接施工有冷接缝和热接缝两种。

（2）横向接缝

相邻两幅及上下层的横向接缝均应错位 1 m 以上,横向接缝有斜接缝和平接缝两种。高速和一级公路中,下层的横向接缝可采用斜接缝,而上面层则应采用垂直的平接缝,其他等级公路的各层均应采用斜接缝。处理好横向接缝的基本原则是将第一条摊铺带的尽头边缘锯成垂直面,并与纵向边缘成直角。

8.1.4 乳化沥青碎石混合料路面施工

乳化沥青碎石混合料是指由乳化沥青与矿料在常温状态下拌和而成,压实后剩余空隙率在 10% 以上的常温沥青混合料。乳化沥青碎石混合料适用于三级及三级以下的公路、城市道路支线的沥青面层、二级公路的罩面层施工,以及各级道路的沥青路面的连接层或找平层。乳化沥青碎石混合料路面的沥青面层宜采用双层式,下层应采用粗粒式沥青碎石混合料,上层应采用中粒式或细粒式沥青碎石混合料;单层式只宜在少雨干燥地区或半刚性基层上使用;在多雨潮湿地区必须做上封层或下封层。

1)混合料拌和

乳化沥青碎石混合料宜采用拌和厂机械拌和,在条件限制时,也可在现场用人工拌制。混合料拌和时间应保证乳液与集料拌和均匀,其拌和时间应根据施工现场使用的集料级配情况、乳液裂解速度、拌和机械性能、施工时的气候等具体条件通过试拌确定。机械拌和时间不宜超过 30 s(自矿料加进乳液的时间算起),人工拌和时间不宜超过 60 s。

2)混合料摊铺

已拌制好的混合料应立即运至施工现场进行摊铺,拌制的混合料宜用沥青摊铺机摊铺,当采用人工摊铺时,应采取防止混合料离析的措施。混合料应具有充分的施工和易性,混合料的拌和、运输和摊铺应在乳液破乳前结束,在拌和与摊铺过程中已破乳的混合料,应予以废弃。

3)碾压

混合料摊铺完毕,厚度、平整度、路拱横坡等符合设计要求和规范要求后,即可进行碾压,其碾压可按热拌沥青混合料的规定进行,但在混合料摊铺后,采用 6 t 左右的轻型压路机初压,碾压 1~2 遍,使混合料初步稳定,再用轮胎压路机或轻型钢筒式压路机碾压 1~2 遍,初压时应匀速进退,不得在碾压路段上紧急制动或快速启动。

8.1.5　透层、粘层与封层

1)透层

透层是为使沥青面层与非沥青材料基层结合良好,在基层上浇洒乳化沥青、煤沥青或液体石油沥青而形成的透入基层表面的薄层,在级配碎(砾)石或粒料的半刚性基层上,以及水泥、石灰、粉煤灰等无机结合料稳定土上必须浇洒透层沥青。

透层沥青宜采用沥青洒布车喷洒,二级及二级以下公路、次干路以下城市道路,也可采用手工沥青洒布机喷洒。浇洒透层沥青应满足:浇洒透层前,路面应清扫干净,应采取防止污染路缘石及人工构筑物的措施;洒布的透层沥青应渗透入基层一定深度,不应在表面流淌,并不得形成油膜;如遇大风或即将降雨时,不得浇洒透层沥青;气温低于 10 ℃时,不宜浇洒透层沥青;应按设计的沥青用量一次浇洒均匀,当有遗漏时,应用人工补洒;浇洒透层沥青后,严禁车辆、行人通过;在铺筑沥青面层前,当局部地方有多余的透层沥青未渗入基层时,应予清除。

2)粘层

粘层是为加强在路面的沥青层与沥青层之间、沥青层与水泥混凝土路面之间的粘结而洒布的沥青材料薄层。以下情况应浇洒粘层:在铺筑双层式或三层式热拌沥青混合料路面的上层前,其下面的沥青层已被污染的;当旧沥青路面层上加铺沥青层时;当水泥混凝土路面上铺筑沥青面层时;与新铺沥青混合料接触的路缘石、雨水进水口、检查井等的侧面等情况和位置时。

粘层沥青宜采用沥青洒布车喷洒,应均匀洒布或涂刷,浇洒过量处应予刮除;路面有脏物尘土时应清除干净,当有沾粘的土块时,应用水刷净,待表面干燥后浇洒;当气温低于 10 ℃或路面潮湿时,不得浇洒粘层沥青;浇洒粘层沥青后,严禁除沥青混合料运输车外的其他车辆、行人等通行。粘层沥青洒布后应立即铺筑沥青层,当使用乳化沥青作粘层时,应待破乳、水分蒸发完后铺筑。

3) 封层

封层是为了封闭表面空隙、防止水分浸入面层或基层而铺筑的沥青混合料薄层,铺筑在面层表面的称为上封层,铺筑在面层下面的称为下封层。以下情况应在沥青面层上铺筑上封层:在沥青面层的空隙较大,透水严重;有裂缝或已修补的旧沥青路面;需加铺磨耗层改善抗滑性能的旧沥青路面;需铺筑磨耗层或保护层的新建沥青路面等。以下情况应在沥青面层上铺筑上封层:在位于多雨地区且沥青面层空隙较大,渗水严重;在铺筑基层后,不能及时铺筑沥青面层,且须开放交通等。

8.2 水泥混凝土路面施工

水泥混凝土路面是由混凝土面板与基层所组成,具有刚度大、强度高、稳定性好、使用寿命长等特点,适用于各级公路特别是高速公路和一级公路。水泥混凝土面板必须具有足够的抗折强度,良好的抗磨耗、抗滑、抗冻性能,以及尽可能低的线膨胀系数和弹性模量;混凝土拌和物应具有良好的施工和易性,使混凝土路面能承受荷载应力和温度应力的综合疲劳作用,为行驶的汽车提供快速、舒适、安全的服务。

8.2.1 轨模式摊铺机施工

轨模式摊铺机施工是由支撑在平底型轨道上的摊铺机将混凝土拌和物摊铺在基层上,摊铺机的轨道与模板连在一起,安装时同步进行。

轨道式摊铺机施工是各工序由一种或几种机械按相应的工艺要求和生产率进行控制。各施工工序可以采用不同类型的机械,而不同类型的机械的生产率和工艺要求是不相同的,因此,整个机械化施工需要考虑机械的选型和配套。

在运输过程中,为了保证混凝土的工作性,应考虑蒸发水和水化失水,以及因运输颠簸和振动使混凝土发生离析等。因此,要缩短运输距离,并采取适当措施防止水分损失和离析。

1) 铺筑与振捣

轨道式摊铺机施工的整套机械是在轨道上移动前进,并以轨道为基准控制路面表面高程。由于轨道和模板同步安装,统一调整定位,因此将轨道固定在模板上,既可作为水泥混凝土路面的侧模,也是每节轨道的固定基座。轨道的高程控制、铺轨的平直、接头的平顺,将直接影响路面的质量和行驶性能。

水泥混凝土摊铺后,就应进行振捣。振捣可采用振捣机或插入式振捣器进行。混凝土振捣机是跟在摊铺机后面,对混凝土拌和物进行再次整平和捣实的机械。插入式振捣器主要是对路面板的边部进行振捣,以达到应有的密实性和均匀性。

2) 表面修整

捣实后的混凝土要进行平整、精光、纹理制作等工序,使竣工后的混凝土路面具有良好的路用性能。采用机械修整时的表面修整机有斜向移动和纵向移动两种。

精光工序是对混凝土表面进行最后的精细修整,使混凝土表面更加致密、平整、美观,这是混凝土路面外观质量的关键工序。

纹理制作是提高高等级公路水泥混凝土路面行车安全的抗滑措施之一。水泥混凝土路面的纹理制作可分为两类:一类是在施工时,水泥混凝土处于塑性状态(即初凝前),或强度很低时采取的处理措施,如拉毛(槽)、压纹(槽)、嵌石等施工工艺;另一类是水泥混凝土完全凝结硬化后,或使用过程中所采取的措施。

3)接缝施工

混凝土面层是由一定厚度的混凝土板组成,具有热胀冷缩的性质,混凝土板会产生不同程度的膨胀和收缩,这些变形会受到板与基础之间的摩阻力和黏结力,以及板的自重和车轮荷载的约束,致使板内产生过大的应力,造成板的断裂或拱胀等破坏。为了避免这些缺陷,混凝土路面必须在纵横两个方向建造许多接缝,把整个路面分割成许多板块。在任何形式的接缝处,板体都不可能是连续的,其传递荷载的能力总不如非接缝处,而且任何形式的接缝都不免要漏水。因此,对各种形式的接缝,都必须为其提供相应的传荷与防水的设施。

(1)横向接缝

横向接缝是垂直于行车方向的接缝,横向接缝有 3 种,即胀缝、缩缝和施工缝。

①胀缝:是保证板体在温度升高时能部分伸张,从而避免产生路面板在热天的拱胀和折断破坏的接缝,胀缝与混凝土路面中心线垂直,缝壁垂直于板面,宽度均匀一致,相邻板的胀缝应设在同一横断面上。胀缝的施工分浇筑混凝土完成时设置和施工过程中设置两种。

②缩缝:是保证板因温度和湿度的降低而收缩时沿该薄弱断面缩裂,从而避免产生不规则裂缝的横向接缝。缩缝一般采用假缝形式,即只在板的上部设缝隙,当板收缩时将沿此薄弱断面有规则地自行断裂。横向缩缝的施工方法有压缝法和切缝法两种。

③施工缝:是由于混凝土不能连续浇筑而中断时设置的横向接缝。施工缝应尽量设在胀缝处,如不可能,也应设在缩缝处,多车道施工缝应避免设在同一横断面上。施工缝应用平头缝或企口缝的构造形式。

(2)纵向接缝

纵向接缝是指平行于混凝土行车方向的接缝。纵缝一般按 3~4.5 m 设置,当双车道路面按全幅宽度施工时,纵缝可做成假缝形式,并在板厚中央设置拉杆;按一个车道施工时,可做成平头式纵缝;为了便于板间传递荷载,可采用企口式纵缝;为了防止板沿两侧路拱横坡爬动拉开和形成错台,以及防止横缝错开,有时在平头式及企口式纵缝设置拉杆。

混凝土板养生期满后应及时填封接缝。填缝前,首先将缝隙内泥沙清除干净并保持干燥,然后浇灌填缝料。填缝料的灌注高度,夏天应与板面齐平,冬天宜稍低于板面。

8.2.2　滑模式摊铺机施工

水泥混凝土滑模施工是一种采用滑模摊铺机摊铺水泥混凝土路面的施工工艺方式,其特征是不架设边缘固定模板,将布料、松方控制、高频振捣棒组、挤压成型滑动模板、拉杆插入、抹面等机构安装在一台可自行的机械上,通过基准线控制,能够一遍摊铺出密实度高、动态平整度优良、外观几何形状准确的水泥混凝土路面。滑模式摊铺机不需要轨道,整个摊铺机的机架支承在 4 个液压缸上,可以通过控制机械上下移动,以调整摊铺机铺层厚度,并在摊铺机的两侧设置有随机移动的固定滑模板。滑模式摊铺机一次通过就可以完成摊铺、振捣、整平等多道工序。

1) 基准线设置

滑模摊铺水泥混凝土路面的施工基准设置有基准线、滑靴、多轮移动支架和搬动方铝管等多种方式。基准线应在摊铺前一天完成设置,设置好以后应进行校核复测,并注意防止弯道和渐变段出现差错。摊铺时严禁碰撞和振动,一旦碰撞变位,应立即重新测量设定。

2) 混凝土搅拌、运输

混凝土的最短搅拌时间,应根据拌和物的粘聚性(熟化度)、均质性及强度稳定性由试拌确定,一般情况下,单立轴式搅拌机总拌和时间为 80~120 s;双卧轴式搅拌机总搅拌时间为 60~90 s。上述两种搅拌机原材料到齐后的纯拌和最短时间分别不短于 30 s、35 s,连续式(双锅)搅拌楼的最短搅拌时间不得短于 40 s,最长搅拌时间不宜超过高限值的 2 倍。

混凝土运输时,应满足以下的技术要求:

①运送混凝土的车辆,在装料时应防止混凝土离析,每装一盘料应挪动一下车位,卸料落差高度不得大于 2 m。驾驶员必须了解拌和物运送、摊铺完毕的允许最长时间,超过摊铺允许最长时间的混凝土不得用于路面摊铺。混凝土一旦在车内停留超过混凝土初凝时间,应采取紧急措施处置,防止混凝土硬化在车厢内或车罐内。

②混凝土运输过程中要防止漏浆、漏料和污染路面;烈日、大风、雨天和冬季施工,应遮盖自卸汽车上的混凝土;运输车辆在每次装混凝土前,均应将车厢清洗干净并洒水湿润。

③使用翻斗车运输混凝土时,最大运输半径不宜超过 20 km,超过时应采用搅拌罐车运输混凝土。

3) 滑模摊铺水泥混凝土路面

滑模摊铺前,应对板厚、辅助施工设备机具、基层、横向连接摊铺等准备工作进行检查。

滑模摊铺机的施工要领如下:

①机手操作滑模摊铺机应缓慢、均速,连续不间断地摊铺。当料的稠度发生变化时,先调整振捣频率,后改变摊铺速度。

②摊铺中,机手应随时调整松方高度控制板进料位置,开始应略设高些,以保证进料。

③滑模摊铺机以正常摊铺速度施工时,振捣频率可在 6 000~11 000 r/min 调整,宜采用 9 000 r/min 左右。应防止混凝土过振、漏振、欠振。机手应随时根据混凝土的稠度大小,调整摊铺速度和振捣频率。

④滑模摊铺纵坡较大的路面,上坡时挤压底板前仰角应适当调小,同时适当调小抹平板压力;下坡时前仰角应适当调大,抹平板压力也应调大。

⑤滑模摊铺弯道和渐变段路面时,单向横坡,使滑模摊铺机跟线摊铺,应随时观察并调整抹平板内外侧的抹面距离,防止压垮边缘。

⑥摊铺单车道路面,应视路面的设计要求配置一侧或双侧打纵缝拉杆的机械装置。侧向拉杆装置的正确插入位置应在挤压底板的中下或偏后部。

⑦机手应随时密切观察所摊铺的路面效果,注意调整和控制摊铺速度,振捣频率,夯实杆、振动搓平梁和抹平板位置、速度和频率。

⑧连接摊铺时,滑模摊铺机一侧履带上前次水泥混凝土路面的时间应控制在养护 7 d 以后,最短不得少于 5 d。

思考题

1.路面的功能对路面的要求是什么？路面的作用是什么？

2.路面如何分级与分类？

3.沥青路面有哪几种类型？各类路面的基本特征及应用范围是什么？

4.水泥混凝土路面的构造由哪几部分组成？各种构造的基本要求是什么？

5.水泥混凝土路面的平面构造和要求是什么？

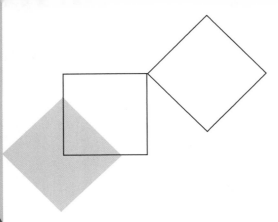

9 隧道施工

本章导读:

● **基本要求** 理解隧道工程的基本概念、分类、作用及特点;掌握隧道施工方法及其选择、新奥法施工基本原理及方法、监控量测、钻爆开挖、锚喷支护等;了解人工开挖、掘进机施工、洞口段及明洞施工方法、钢木支撑、预加固技术、塌方事故的处理等。

● **重点** 隧道工程的基本概念、分类、作用及特点;隧道施工方法及其选择、新奥法施工基本原理及方法、监控量测、钻爆开挖、预加固技术、塌方事故的处理。

● **难点** 隧道施工方法及其选择、新奥法施工基本原理及方法、锚喷支护等。

9.1 概述

9.1.1 隧道的基本概念

隧道是一种修筑在岩体、土体内或水底,两端有出入口,供车辆、行人、水流及管线等通行的工程建筑物。1970 年 OECD(国际经济合作与发展组织)隧道会议综合各方面因素将隧道定义为:以某种用途、在地面下用任何方法按规定形状和尺寸修筑的断面及大于 2 m^2 的洞室。隧道工程包含两方面的含义:一方面是指研究和建造各种隧道及地下工程的规划、勘测、设计、施工和养护的一门应用科学和工程技术,是土木工程的一个分支;另一方面是指在岩体或土层中修建的通道和各种类型的地下建筑物。

9.1.2 隧道的分类及其作用

隧道的种类繁多,从不同角度有不同的分类方法。按隧道所处地层,可以分为土质隧道和岩石隧道。根据隧道所在位置可分为三大类:为缩短距离和避免大坡道而从山岭或丘陵下穿越的称为山岭隧道;为穿越河流、湖泊或海峡而从河下、湖底或海底通过的称为水下隧道;为适应城市发展而在城市下面修建的可以满足交通、市政、水利等需要的各类隧道称为城市隧道。按埋置的深度,可以分为浅埋隧道和深埋隧道;按隧道长度,可以分为短隧道、中隧道、长隧道和特长隧道。按国际隧道协会(ITA)定义的断面数值划分标准,可分为特大断面(100 m² 以上)、大断面(50~100 m²)、中等断面(10~50 m²)、小断面(3~10 m² 以上)、极小断面(3 m² 以下)。当然,最为明确的分类方法是按照隧道的用途来划分,主要有以下几种。

1)交通隧道

(1)铁路隧道

修建在地下或水下并铺设铁路供火车运输行驶的通道。

(2)公路隧道

为满足汽车通行而修建的各类穿越山岭、跨越江河(海峡)的通道。

(3)地铁隧道

地铁隧道是指用于城市地铁交通的隧道,一般位于城市地下。

(4)水下隧道

顾名思义,水下隧道是指为穿越河流或海峡而从河下或海底通过的隧道工程。

(5)航运隧道

航运隧道用以通过船只的地下隧道,也称运河隧道。

(6)人行地道

人行地道是专供行人横穿道路用的地下通道。

2)水工隧道

(1)引水隧道

引水隧道是将河流或水库中的水引入带动水电站的发电机组运转产生动力资源的孔道。引水隧道有的内壁承受水压称有压隧道,有的只是部分过水,内部水压小只受大气压力称无压隧道。

(2)尾水隧道

尾水隧道是水电站把发电机组排出的废水送出去的孔道。

(3)排沙隧道

排沙隧道是用来冲刷水库中淤积的泥沙,把泥沙裹带送出水库大坝的孔道。有时也用来放空水库里的水,以便进行库身检查或修理建筑物。

(4)导流隧道或泄洪隧道

导流隧道或泄洪隧道是水利工程中的一个重要组成部分。由它疏导水流并补充溢洪道流量超限后的泄洪作用。

3)市政隧道

在城市中为规划安置的各种不同市政设施而在地面以下修建的各种地下孔道称为市政隧

道。市政隧道类型有以下几种。

（1）给水隧道

为满足城市自来水管网系统需要而修建的隧道。

（2）污水隧道

输送城市污废水的地下隧道称为污水隧道。这种隧道可能是本身导流排送，此时隧道的形状多采用卵形；也可能是在孔道中安放排污管，由管道排污。

（3）管路、线路隧道

输送城市中的煤气、暖气、热水等的隧道称为地下管路隧道；输送电力的电缆以及通讯的电缆，都安置在地下孔道中，称为线路隧道。

（4）人防隧道

为了战时的防空目的，城市中需要建造人防隧道。在受到空袭威胁时，市民可以进入安全的庇护所。

在当今现代化的城市中，把上述 4 种具有共性的地下管道（隧道），按城市规划总体要求，建成一个共用地下孔道，简称"城市综合管廊（共同管沟）"。

4）矿山隧道（巷道）

在矿山开采中，从山体以外修建一些隧道（巷道）通向矿床而进行开采活动，达到采矿作业的目的。

（1）运输巷道

向山体开凿隧道通到矿床，并逐步开辟巷道，通往各个开采面。前者称为主巷道，为地下矿区的主要出入口和主要的运输干道。后者分布如树枝状，分向各个采掘面，称为采准巷道。此种巷道多用临时支撑，仅供作业人员进行开采工作的需要。

（2）给水隧道

送入清洁水为采掘机械使用，并通过泵抽及时将废水及积水排出洞外的通道。

（3）通风隧道

采用通风机把矿山下巷道中污浊空气抽出去，并把新鲜空气补进来的通道称通风隧道。

9.1.3　隧道工程施工的特点

隧道施工是指修建隧道及地下洞室的施工方法、施工技术和施工管理的总称。

隧道施工过程通常包括：在地层中挖出土石，形成符合设计轮廓尺寸的坑道；进行必要的初期支护和砌筑最后的永久衬砌，以控制坑道围岩变形，保证隧道施工安全和长期安全使用。

概括地说，隧道工程施工的特点主要有：

①隐蔽性大。

②作业的循环性强。

③作业空间有限。

④作业的综合性强。

⑤施工是动态的，施工过程的力学状态是变化的；地质条件和围岩的物理力学性质也是变化的。

⑥作业环境恶劣。

⑦作业的风险性大。

⑧受气候影响较小。

各种施工技术必须考虑这些特性,才能够发挥其作用。

9.2   隧道施工方法

9.2.1   隧道施工方法及其选择

根据隧道穿越地层的不同情况和目前隧道施工方法的发展,隧道施工方法可按图 9.1 进行分类。

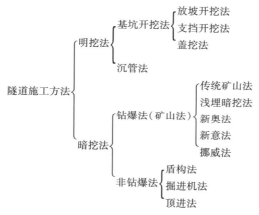

图 9.1   隧道施工方法分类简图

隧道施工技术主要研究解决上述各种隧道施工方法所需的技术方案和措施(如开挖、掘进、支护和衬砌施工方案和措施);隧道穿越特殊地质地段时(如膨胀土、黄土、溶洞、塌方、流沙、高地温、岩爆、瓦斯地层等)的施工手段;隧道施工过程中的通风、防尘、防有害气体及照明、风水电作业的方式方法和对围岩变化的监控量测方法。

隧道施工方法的选择主要依据工程地质和水文地质条件,并结合隧道断面尺寸、长度、衬砌类型、隧道的使用功能和施工技术水平等因素综合考虑研究确定。选择施工方法时需考虑的基本因素大体上可归纳为:

①施工条件:施工条件是决定施工方法的最基本因素,它包括一个施工队伍所具备的施工能力、素质以及管理水平。

②地质条件:包括围岩级别、地下水及不良地质现象等。围岩级别是对围岩工程性质的综合判定,对施工方法的选择起着重要的甚至决定性的作用。

③隧道断面积:隧道尺寸和形状,对施工方法选择也有一定的影响。目前,隧道断面有向大断面方向发展的趋势。在这种情况下,施工方法必须适应其发展。

④隧道埋深:隧道埋深与围岩的初始应力场及多种因素有关,通常将埋深分为浅埋和深埋两类,有时将浅埋又分为超浅埋和浅埋两类。在同样地质条件下,由于埋深的不同,施工方法也将有很大差异。

⑤施工工期:施工工期在一定程度上会影响基本施工方法的选择。因为工期决定了在均衡

生产的条件下,对开挖、运输等综合生产能力的基本要求,即对施工均衡速度、机械化水平和管理模式的要求。

⑥环境条件:当隧道施工对周围环境产生如爆破振动、地表下沉、噪声、地下水条件的变化等不良影响时,环境条件也应成为选择隧道施工方法的重要因素之一,在城市条件下,甚至会成为选择施工方法的决定性因素。

9.2.2 新奥法施工

从目前的工程实际出发,在今后很长一段时期内,新奥法仍然是修建山岭隧道的主流方法。

1)新奥法施工应遵循的基本原则

新奥法是以控制爆破(光面爆破、预裂爆破等)为开挖方法;以喷锚作为主要支护手段,通过监测控制围岩变形,动态修正设计参数和变动施工方法的一种隧道施工方法,其核心内容是充分发挥围岩的自承能力。

新奥法施工应遵循的基本原则主要有以下几点:

①在隧道的整个支护体系中,围岩是承载结构的一部分,施工中要合理利用围岩的自承能力,保持围岩的稳定。

②隧道开挖时,应尽可能减轻对隧道围岩的扰动或尽可能不破坏围岩的强度,即尽可能使围岩维持原来的三维应力状态,这就有必要对开挖工作面及时施作防护层(如喷射混凝土等),封闭围岩的节理和裂隙以防止围岩的松动和坍塌。

③允许围岩有一定的变形,初期支护应尽量做成柔性的,以便与围岩紧密接触,共同变形和共同承载,充分利用围岩的自身承载作用。

④洞室开挖后及时施作初期支护,封闭围岩表面,抑制围岩体的早期变形,待围岩稳定后,再进行二次衬砌,但遇软弱围岩特别是洞口段衬砌要紧跟,通常二次衬砌可视为附加的安全储备。

⑤隧道的几何形状必须满足在静力学上作为圆筒结构的计算条件,因此,要尽可能使结构做得圆顺(如做成圆形或椭圆形的),不产生突出的拐角,避免产生应力集中现象。同时,尽早使衬砌结构闭合(封底),以形成承载环。

⑥对隧道周边进行位移收敛量测是施工过程中必不可少的一个重要环节,根据现场量测反馈信息及时修改设计和施工方案。

⑦对外层衬砌周围岩体的渗水,要通过足够的"排堵措施"予以解决,如在两层衬砌之间设置中间防水层等。

⑧在隧道施工过程中,必须建立设计→施工检验→地质预测→量测反馈→修正设计的一体化的施工管理系统,不断地提高和完善隧道施工技术。

以上原则是运用新奥法原理制定隧道开挖方法的基本指导思想,可扼要地概括为:少扰动、早喷锚、勤量测、紧封闭。其核心是保护围岩,充分发挥围岩的自身承载作用。

2)新奥法施工工序

采用新奥法施工的隧道,施工时应视其规模、地质条件以及安全合理施工的要求,充分利用现场量测信息指导施工,即通过对施工中量测的数据和对开挖面的地质观察等进行预测和反馈。根据已建立的量测管理基准,对隧道的施工方法(包括特殊的辅助施工方法)、断面开挖步骤及顺序、初期支护的参数等进行合理调整,以保证施工安全、隧道稳定和支护结构的经济性。其施工工序如图9.2所示。

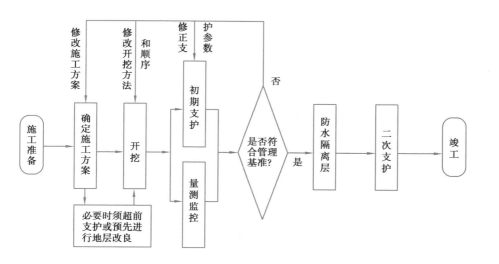

图9.2 新奥法施工工序

3)隧道开挖方法

按开挖隧道的横断面分布情形来分,开挖方法可分为全断面开挖法、台阶开挖法和分部开挖法。

(1)全断面开挖法

全断面法全称为"全断面一次开挖法",即按隧道设计断面轮廓一次开挖成型的方法,如图9.3所示。

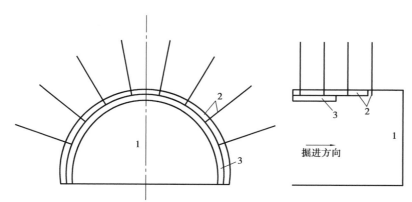

图9.3 全断面施工方法

1—全断面开挖;2—锚喷支护;3—模筑混凝土

全断面法施工工序如下:①用钻孔台车钻眼,然后装药、连接导火线;②退出钻孔台车,引爆炸药,开挖出整个隧道断面;③排除危石;④喷射拱圈混凝土,必要时安设拱部锚杆;⑤用装碴机将石碴装入运输车辆,运出洞外;⑥喷射边墙混凝土,必要时安设边墙锚杆;⑦根据需要可喷第二层混凝土和隧道底部混凝土;⑧开始下一轮循环;⑨通过量测判断围岩和初期支护的变形,待基本稳定后,施作二次模注混凝土衬砌。

全断面法适用于岩层覆盖条件简单、岩质较均匀的Ⅰ~Ⅲ级硬岩石质隧道施工。

(2)台阶开挖法

台阶开挖法一般是将设计断面分上半断面和下半断面两次开挖成型。台阶法包括长台阶法、短台阶法和超短台阶法三种,其划分是根据台阶长度来决定的,如图9.4所示。至于施工中究竟应采用何种台阶法,要根据以下两个条件来决定。

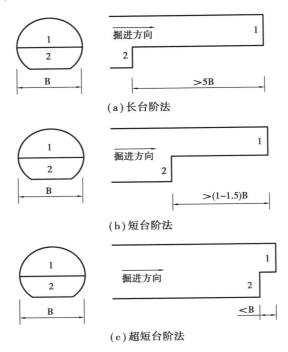

图 9.4　台阶法施工形式

1—上台阶工作面;2—下台阶工作面

①初次支护形成闭合断面的时间要求,围岩越差,闭合时间要求越短。

②上断面施工所用的开挖、支护、出碴等机械对设备施工场地大小的要求。

在软弱围岩中应以前一条件为主,兼顾后者,确保施工安全。在围岩条件较好时,主要是考虑如何更好地发挥机械效率,保证施工的经济性,故只考虑后一条件。现将各种台阶法叙述如下:

①长台阶法:上、下断面相距较远,一般上台阶超前50 m以上或大于5倍洞跨。长台阶法的作业顺序为:

上半断面开挖:

a.用两臂钻孔台车钻眼、装药爆破,地层较软时亦可用挖掘机开挖。

b.安设锚杆和钢筋网,必要时加设钢支撑、喷射混凝土。

c.用推铲机将石碴推运到台阶下,再由装载机装入车内运至洞外。

d.根据支护结构形成闭合断面的时间要求,必要时在开挖上半断面后,可建筑临时底拱,形成上半断面的临时闭合结构,然后在开挖下半断面时再将临时底拱挖掉。

下半断面开挖：

a.用两臂钻孔台车钻眼、装药爆破,装碴直接运至洞外。

b.安设边墙锚杆(必要时)和喷混凝土。

c.用反铲挖掘机开挖水沟,喷底部混凝土。

长台阶法优缺点及适用条件:有足够的工作空间和相当的施工速度,上部开挖支护后,下部作业就较为安全,但上下部作业有一定的干扰。相对于全断面法来说,长台阶法一次开挖的断面和高度都比较小,只需配备中型钻孔台车即可施工,而且,对维持开挖面的稳定也十分有利。所以,它的适用范围较全断面法广泛,凡是在全断面法中开挖面不能自稳,但围岩坚硬不要用底拱封闭断面的情况,都可采用长台阶法。

②短台阶法:台阶长度小于5倍但大于1倍洞跨。上下断面采用平行作业。

短台阶法的作业顺序和长台阶相同。

短台阶法优缺点及适用条件:由于短台阶法可缩短支护结构闭合的时间,改善初次支护的受力条件,有利于控制隧道收敛速度和量值,所以适用范围很广,Ⅲ~Ⅴ级围岩都能采用,尤其适用于Ⅳ、Ⅴ级围岩,是新奥法施工中经常采用的方法。缺点是上台阶出碴时对下半断面施工的干扰较大,不能全部平行作业。为解决这种干扰可采用长皮带机运输上台阶的石碴;或设置由上半断面过渡到下半断面的坡道。将上台阶的石碴直接装车运出。过渡坡道的位置可设在中间,也可交替地设在两侧。过渡坡道法通用于断面较大的双线隧道中。

③超短台阶法:台阶仅超前3~5 m,只能采用交替作业,适用于Ⅴ~Ⅵ级围岩。

超短台阶法的优缺点及适用条件:由于超短台阶法初次支护全断面闭合时间更短,更有利于控制围岩变形。所以,超短台阶法适用于膨胀性围岩和土质围岩,要求及早闭合断面的场合。缺点是上下断面相距较近,机械设备集中,作业时相互干扰较大,生产效率较低,施工速度较慢。

(3)分部开挖法

分部开挖法是将隧道断面分部开挖逐步成型,且一般将某部超前开挖,故也可称为导坑超前开挖法。分部开挖法可分为3种变化方案:台阶分部开挖法、单侧壁导坑法、双侧壁导坑法,如图9.5所示。

①台阶分部开挖法(环形开挖留核心土法)

开挖面分布形式:一般将断面分成为环形拱部[图9.5(a)中的1,2,3]、上部核心土[图9.5(a)中的4]和下部台阶(图9.5中的5)3部分。

台阶分部开挖法的施工作业顺序为:

a.用人工或单臂掘进机开挖环形拱部。或根据断面的大小,环形拱部又可分成几块交替开挖;

b.安设拱部锚杆、钢筋网或钢支撑,喷混凝土;

c.在拱部初次支护保护下,用挖掘机或单臂掘进机开挖核心土和下台阶,随时接长钢支撑和喷混凝土、封底;

d.根据初次支护变形情况或施工安排建造内层衬砌。

由于拱形开挖高度较小,或地层松软锚杆不易成型,所以施工中不设或少设锚杆。环形开挖进尺为0.5~1.0 m,不宜过长。上部核心土和下台阶的距离,一般双线隧道为1倍洞跨,单线隧道为2倍洞跨。

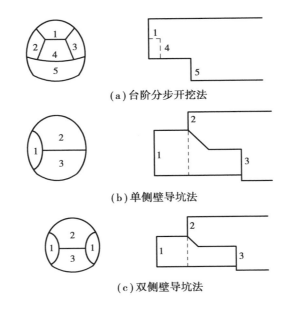

(a) 台阶分步开挖法

(b) 单侧壁导坑法

(c) 双侧壁导坑法

图 9.5　分部开挖法形式

台阶分部开挖法的优缺点及适用条件:在台阶分部开挖法中,因为上部留有核心土支挡着开挖面,而且能迅速及时地建造拱部初次支护,所以开挖工作面稳定性好。和台阶法一样,核心土和下部开挖都是在拱部初次支护保护下进行的,施工安全性好。这种方法适用于一般土质或易坍塌的软弱围岩中。

②单侧壁导坑法

开挖面分布形式:一般将断面分成侧壁导坑[图 9.5(b)中的 1]、上台阶[图 9.5(b)中的 2]和下台阶[图 9.5(b)中的 3]。一般侧壁导坑宽度不宜超过 0.5 倍洞宽,高度以到起拱线为宜。导坑与台阶的距离,一般应以导坑施工和台阶施工不发生干扰为原则,所以在短隧道中可先挖通导坑,而后再开挖台阶。上、下台阶的距离则视围岩情况参照短台阶法或超短台阶法确定。

单侧壁导坑法的施工作业顺序为:

a.开挖侧壁导坑,并进行初次支护(锚杆加钢筋网或钢支撑,喷射混凝土),应尽快使导坑的初次支护闭合;

b.开挖上台阶,进行拱部初次支护,使其一侧支承在导坑的初次支护上,另一侧支承在下台阶上;

c.开挖下台阶,进行另一侧边墙的初次支护,并尽快建造底部初次支护,使全断面闭合;

d.拆除导坑临空部分的初次支护;

e.建造内层衬砌。

单侧壁导坑法的优缺点及适用条件:单侧壁导坑法是将断面横向分成 3 块或 4 块,每步开挖的宽度较小,而且封闭型的导坑初次支护承载能力大,所以,单侧壁导坑法适用于断面跨度大,地表沉陷难于控制的软弱松散围岩中。

③双侧壁导坑法(眼镜工法)

开挖面分部形式:一般将断面分成左、右侧壁导坑[图 9.5(c)中的 1]、上部核心土[图 9.5(c)中的 2]和下台阶[图 9.5(c)中的 3]。导坑尺寸确定的原则同前,但宽度不宜超过断面最大跨度的 1/3。左、右侧导坑错开的距离,应根据开挖一侧导坑所引起的围岩应力重分布的影响不致波及另一侧已成导坑的原则确定。

双侧壁导坑法的施工作业顺序为:

a.开挖一侧导坑,并及时地将其初次支护闭合;

b.相隔适当距离后开挖另一侧导坑,并建造初次支护;

c.开挖上部核心土,建造拱部初次支护,拱脚支承在两侧壁导坑的初次支护上;

d.开挖下台阶,建造底部的初次支护,使初次支护全断面闭合;

e.拆除导坑临空部分的初次支护;

f.建造内层衬砌。

双侧壁导坑法的优缺点及适用条件:当隧道跨度很大,地表沉陷要求严格,围岩条件特别差,单侧壁导坑法难以控制围岩变形时,可采用双侧壁导坑法。该法施工安全,但速度较慢,成本较高。

④其他分部施工方法

中隔壁法(CD 法)和交叉中隔壁法(CRD 法)是两种适用于软弱地层的施工方法,特别是对于控制地表沉陷有很好的效果,一般主要用于铁路隧道和城市地下工程施工中。

9.3 隧道掘进

隧道掘进主要可分为人工开挖、钻爆开挖、机械开挖等方法,目前山岭隧道还是以钻爆开挖方法为主。

9.3.1 人工开挖

人工开挖主要适用黄土地区,或破碎松散岩石及土质隧道。一般是采用轻型手持式风镐、十字镐进行掘进,并用铁锹、簸箕和翻斗车进行装碴和出碴。

人工掘进对围岩扰动小,能有效地保护围岩,防止围岩受扰过大而产生坍方,但掘进速度慢,工人劳动强度大。

9.3.2 钻爆开挖

在目前条件下,开挖隧道的主要方法仍然是钻孔爆破法。钻爆开挖作业是隧道钻爆法施工中首要的一项,它是在岩体上钻凿出一定孔径和深度的炮眼,并装上炸药进行爆破,从而达到开挖的目的。开挖工作包括钻眼、装药、爆破、通风、出碴等几项内容。

1)钻孔

在隧道开挖爆破中,广泛采用的钻孔机具为凿岩机和凿岩台车。

凿岩机的种类很多,按使用动力可分为风动凿岩机、内燃凿岩机、电动凿岩机和液压凿岩机4 种。按钻进工作原理不同,则可分为冲击转动式、旋转式及旋转冲击式。

(1)风动凿岩机(俗称风钻)

它以压缩空气为动力,具有结构简单,制造维修容易,操作方便,作业安全,不怕超负荷和反复启动,在多水、多尘等不良环境中仍能正常工作等优点。其缺点在于压缩空气供应设备复杂,能量利用率低,成本高,噪声大等。

（2）液压凿岩机

它是由液压马达驱动凿岩元件作冲击、回转运动,通过压力补偿泵,根据岩石坚硬程度调节油量、压力和冲击频率进行凿岩,具有广泛的适应性。

（3）凿岩台车

将多台凿岩机安装在一个专门的移动设备上,实现多机同时作业,集中控制,称为凿岩台车。它可以同时进行多孔凿岩,以缩短钻孔时间,加快掘进速度,适宜于在大断面或全断面隧道开挖中使用。

2）炮眼布置和周边眼的控制爆破

掘进工作面的炮眼可分为掏槽眼、辅助眼和周边眼,如图9.6所示。

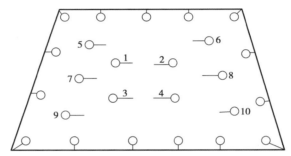

1~4为掏槽炮眼；5~10为辅助炮眼；其余为周边炮眼

图9.6　隧道掌子面炮眼布置图

（1）掏槽眼布置

掏槽眼的作用是将开挖面上某一部位的岩石掏出一个槽,以形成新的临空面,为其他炮眼的爆破创造有利条件。掏槽炮眼一般要比其他炮眼深10~20 cm,以保证爆破后开挖深度一致。

根据隧道断面、岩石性质和地质构造等条件,掏槽眼排列形式有很多种,总的可分成斜眼掏槽和直眼掏槽两大类,如图9.7所示。

①斜眼掏槽。其特点是掏槽眼与开挖面斜交。常用的有锥形掏槽［图9.7(a)］、楔形掏槽［图9.7(c)］、单向掏槽［图9.7(d)］,其中最常用的是竖楔形掏槽［图9.7(b)］。斜眼掏槽的优点是可以按岩层的实际情况选择掏槽方式和掏槽角度,容易把岩石抛出,而且所需掏槽眼的个数较少。缺点是眼深受坑道断面尺寸的限制,也不便于多台钻机同时凿岩。为了防止相邻炮眼或相对炮眼之间的殉爆,装药炮眼之间的距离不能小于20 cm。

②直眼掏槽。直眼掏槽可以实行多机凿岩、钻眼机械化和深眼爆破,从而为加快掘进速度提供了有利条件。直眼掏槽凿岩作业比较方便,不需随循环进尺的改变而变化掏槽形式,仅需改变炮眼深度;而斜眼掏槽则要随循环进尺的不同而改变炮眼位置和角度。直眼掏槽石碴抛掷距离也可缩短。所以目前现场多采用直眼掏槽。但直眼掏槽的炮眼数目和单位用药量要增多,炮眼位置和钻眼方向也要求高度准确,才能保证良好的掏槽效果,技术比较复杂。直眼掏槽的形式很多,过去常用的有龟裂掏槽、五梅花小直径中空掏槽和螺旋形掏槽等,如图9.7(e)、(f)所示。

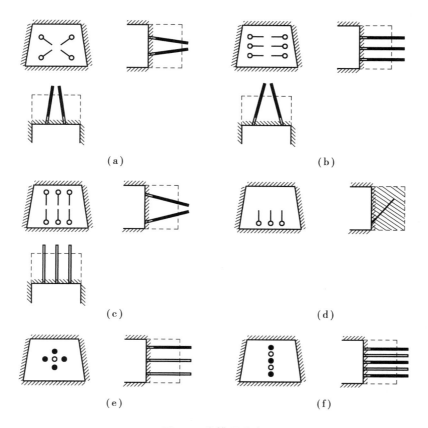

图 9.7　掏槽眼种类

实践证明,直眼掏槽的爆破效果与临空孔的数目、直径及其与装药眼的距离密切相关。

(2)辅助眼布置

辅助眼的作用是进一步扩大掏槽体积和增大爆破量,并为周边眼创造有利的爆破条件。其布置主要是解决间距和最小抵抗线问题,最小抵抗线为炮眼间距的 60%～80%。

(3)周边眼布置

周边眼的作用是爆破后使坑道断面达到设计的形状和规格。周边眼原则上沿着设计轮廓均匀布置,间距和最小抵抗线应比辅助眼的小,以便爆出较为平顺的轮廓。眼口距设计轮廓线 0.1～0.2 m,便于钻眼。

周边眼的底端,对于松软岩层应放在设计轮廓线以内,对于中硬岩层可放在设计轮廓线上,对于坚硬岩层则应略超出设计轮廓线外。为了避免欠挖,底板眼底端一般都超出设计轮廓线。

(4)周边眼的控制爆破

在隧道爆破施工中,按通常的周边炮眼布置,若全断面一次开挖,常常难以爆破出理想的设计断面,对围岩扰动又大。采用光面爆破与预裂爆破技术,可以控制爆破轮廓,尽量保持围岩的稳定。

光面爆破是指爆破后断面轮廓整齐,超挖和欠挖符合规定要求的爆破。

①光面爆破

实现光面爆破,就是要使周边炮眼起爆后优先沿各孔的中心连线形成贯通裂缝,由于爆炸气体的作用,使裂解的岩体向洞内抛撒。

光面爆破的主要参数包括周边眼的间距、光面爆破层的厚度、周边眼密集系数、周边眼的线装药密度等。影响光面爆破参数选择的因素很多,主要有岩石的爆破性能、炸药品种、一次爆破的断面大小及形状等,其中影响最大的是地质条件。光面爆破参数的选择,目前多是采用经验方法。为了获得良好的光面爆破效果,可采取以下技术措施:适当加密周边眼、合理确定光面爆破层厚度、合理用药、采用小直径药卷不耦合装药结构、保证光面爆破眼同时起爆、要为周边眼光面爆破创造临空面。

②预裂爆破

预裂爆破实质上也是光面爆破的一种形式,其爆破原理与光面爆破原理相同。只是在爆破的顺序上,光面爆破是先引爆掏槽眼,接着引爆辅助眼,最后才引爆周边眼;而预裂爆破则是首先引爆周边眼,使沿周边眼的连心线炸出平顺的预裂面。由于这个预裂面的存在,对后爆的掏槽眼和辅助眼的爆炸波能起反射和缓冲作用,可以减轻爆炸波对围岩的破坏影响,爆破后的开挖面整齐规则。由于成洞过程和破岩条件不同,在减轻对围岩的扰动程度上,预裂爆破较光面爆破的效果更好一些。

3)炮眼参数

炮眼参数包括炮眼直径、炮眼数目和炮眼长度。

(1)炮眼直径

炮眼直径对凿岩生产率、炮眼数目、单位炸药消耗量和平整度均有影响。因此,必须根据岩性、凿岩设备和工具、炸药性能等综合分析,合理选用孔径。药卷与炮眼壁之间的空隙通常为炮眼直径的10%~15%。

(2)炮眼数目

炮眼数目主要与开挖断面、岩石性质和炸药性能有关。炮眼数量应能装入所需的适量炸药,通常可根据各炮眼平均分配炸药量的原则来计算炮眼数目 N(此处 N 不包括未装药的空眼数):

$$N = \frac{qs}{\alpha\gamma} \tag{9.1}$$

式中　q——单位炸药消耗量(由经验决定,一般取 $q = 1.2 \sim 2.9$ kg/m³);

　　　s——开挖断面积,m²;

　　　α——装药系数,指装药深度与炮眼长度的比值;

　　　γ——每米药卷的炸药质量,kg/m。

(3)炮眼长度

合理的炮眼长度,应是在隧道施工优质、安全、节省投资的前提下,能够防止爆破面以外围岩过大的松动,减少繁重支护,避免过大的超欠挖,又能获得最好的掘进速度的炮眼长度。它一般根据下列因素确定:

①考虑围岩的稳定性,并避免过大的超欠挖。

②考虑凿岩机的允许钻眼长度、操作技术条件和钻眼技术水平。

③考虑掘进循环安排,保证充分利用作业时间。

在围岩稳定性良好的情况下,为了充分发挥凿岩机的性能,提高掘进循环的效率,可采用深眼掘进;但宜通过试验定出一个合理的炮眼长度,以避免引起过大超欠挖的不良后果。在围岩稳定性差的地段,为了防止对围岩的过大扰动,宜实行浅眼爆破,以免引起坍塌。

当采用楔形掏槽时,根据围岩性质,所拥有的掘进设备的能力,结合以往的实践经验,便可初步作出掘进循环安排,进而确定合理的炮眼长度(一般为导坑宽度或高度的 0.5~0.85 倍)。

总的说来,在每一掘进循环中,应考虑提高钻眼、出碴作业的效率,又使其他各项作业都能紧凑、顺利地完成,以此来确定合理的炮眼长度。

一个循环的时间 T,应事先初步规定,如每班 8 h 内完成一个或两个循环,则 T 为 8 或 4 h。每一循环中各项作业的时间可分析如下:

①钻眼时间 t_1

$$t_1 = \frac{NL}{mv} \tag{9.2}$$

式中　m——同时使用的凿岩机台数;

　　　v——钻眼速度,可先根据 L 的大致值近似决定,m/min;

　　　L——平均炮眼长度,m。

②装药时间 t_2

$$t_2 = \frac{Nt'}{n} \tag{9.3}$$

式中　t'——一个炮眼的装药时间,min;

　　　n——同时装药的放炮工人数。

在有自动装药机的工地,装药时间当可根据实测统计资料确定。

③起爆及通风时间 t_3

$$t_3 = 15 \sim 30 \text{ min} \tag{9.4}$$

采用无轨运输的独头双线隧道通风时间长达 1 h(如大瑶山隧道出口)。

④装碴时间 t_4

$$t_4 = \frac{\eta LS \sin \theta}{\rho} \tag{9.5}$$

式中　ρ——按实方计算的实际装碴生产率,m³/min;

　　　η——炮眼利用系数,可估计为 0.75~0.95;

　　　θ——炮眼与开挖面所成的平均角度。

⑤其他时间 t_5

此时间应包括在开挖面设置钻眼和装碴机械与清除危石的时间,以及其他时间损失等,按实际情况估算。

根据上列 5 项时间应得出:

$$T = t_1 + t_2 + t_3 + t_4 + t_5 \tag{9.6}$$

由此可推导出在规定循环时间完成各项作业的炮眼长度为:

$$L = \frac{T - \left(\dfrac{Nt'}{n} + t_3 + t_5 \right)}{\dfrac{N}{mv} + \dfrac{\eta S \sin \theta}{\rho}} \ (\text{m}) \tag{9.7}$$

以上是传统施工中所采用的计算炮眼长度的方法。采用喷锚支护施工时,还应考虑增加喷锚(t_6)和位移量测(t_7)两项作业时间,仿照式(9.7)可得炮眼长度为:

$$L = \frac{T - \left(\dfrac{Nt'}{n} + t_3 + t_5 + t_6 + t_7\right)}{\dfrac{N}{mv} + \dfrac{\eta S \sin\theta}{\rho}} \quad (\text{m}) \tag{9.8}$$

4）电爆破网络

采用电起爆法需要将电雷管联成电爆网络，以便从母线输入电流后，每一雷管都能接受足够的电流而起爆。

（1）电雷管的起爆热量

电雷管中引火剂点火的热源，是桥丝通电后所放出的热量，如果不考虑热损失，则根据焦耳—楞次定律，桥丝产生的总热量为：

$$Q_1 = 1.004\ 832RI^2t \quad (\text{J}) \tag{9.9}$$

式中　I——电流强度，A；

　　　R——桥丝电阻，Ω；

　　　T——桥丝通电时间，s。

根据热容量公式，将桥丝由初温（可略去不计）加热至某一温度所需的热量为：

$$Q_2 = 4.186\ 8CMT \quad (\text{J}) \tag{9.10}$$

式中　C——桥丝材料的比热，$\text{cal}/(\text{g} \cdot \text{℃})$；

　　　M——桥丝的质量，g；

　　　T——引火剂的反应温度，℃。

为了使引火剂点燃，必须保证通过一定的电流，即保证达到引火剂反应温度 T 所需的热能 Q_2，使 $Q_1 > Q_2$。

从式（9.8）中可看出，当 I 和 t 为定值时，若 R 不同，则所放出的热量也不同，这就会使成组电雷管爆破网络中有的电雷管早爆，有的拒爆。因此对一组中各个电雷管的电阻值差数有一定要求，其极限允许差值是：电阻值在 1.25 Ω 以下时，上下不得超过 0.25 Ω；电阻值大于 1.25 Ω 时，上下不得超过 0.3 Ω。在洞室大爆破中，起爆体内两个并联的电雷管最好选用电阻值相等的，或相差最多不超过 0.1 Ω 为宜。一个电雷管的全电阻 R 是它的桥丝电阻和脚线电阻的总和。

（2）电雷管的最低准爆电流和最高安全电流

在一定的持续时间内，电雷管通以恒定的直流电，将桥丝加热到能点燃引火剂的温度的最低电流强度，称为电雷管的最低准爆电流。它表示电雷管对电流的敏感程度。

在较长时间内（5 min），电雷管通以恒定的直流电流，不致点燃引火剂的最大电流，称为最高安全电流。它是电雷管对于电流的一个安全指标，是选定测量电雷管仪表的重要依据。

（3）电爆网络的设计

在爆破工程中，电爆网络可以设计成串联、并联和混合联 3 种形式。

①串联。串联的优点是：消耗电能小，接线简单，易于操作，便于检查，导线消耗少。缺点是：一个不通，会造成全部雷管拒爆；或因敏感度高的雷管先爆而使电路中断，造成其他雷管拒爆。为了提高这种网络的准爆可靠性，实际爆破中也常采用复式串联网络。

②并联。并联的优点是：不会因为其中一个雷管断路而引起其余雷管拒爆。缺点是：电爆网路中电流大，需要断面较大的母线，连接线消耗多，漏接雷管不易发现；此外当各雷管电阻不

同,通过电流就不同,可能产生拒爆现象。这种方法适用于导坑等小断面爆破。

③混合联。混合联可分为串并联和并串联两种。混合联是实际工作中采用较多的方法。它要求各支路的电阻基本平衡,否则会造成瞬发雷管发火时间的差异,更会造成毫秒雷管秒量的额外误差。

5)塑料导爆管非电起爆网络

(1)导爆管起爆系统的工作过程

导爆管起爆系统包括 3 个组成部分:起爆元件、传爆元件和末端工作元件。

起爆系统的工作过程是:导火索点燃后引爆雷管;从而使传爆元件中的导爆管起爆传爆,当导爆管传爆到连接块中的传爆雷管时,雷管起爆,再引起周围的导爆管起爆和传爆;这样连续传爆下去,使所有炮眼炸药起爆。

(2)起爆网络

在隧道爆破中,炮眼比较密集,把各炮眼塑料导爆管联结在一起的常用方法,是集束联结法。

整个爆破网络的设计,采用串联、并联或串并联都很方便。但对于隧道爆破,实践证明以并联网络较好。网络连接应由里向外,并防止起爆雷管附近有其他联线交错,以避免传爆雷管击断导爆管。

利用导爆管起爆系统的起爆性能和用法,可以实行网络的孔外控制微差爆破。孔外控制微差爆破,是在各炮眼内装非电瞬发雷管,而在孔外装非电毫秒雷管作为传爆雷管来实现微差爆破。

6)装药及起爆

(1)装药

装药前要检查炮眼位置和长度是否符合设计要求,并进行清渣排水。装药时要严格按照炮眼的设计装药量装填,可以按设计要求连续装药或间隔装药或不耦合装药,总的装药长度不宜超过炮眼深的 2/3;靠炮眼口的剩余长度用炮泥堵塞好。装药结构可分为 3 种方式:一是起爆药卷放在靠近眼口的第二个药卷位置,雷管聚能穴朝向眼底,称为正向起爆装药;二是起爆药卷放在靠近眼底的第二个药卷位置,雷管聚能穴朝向眼口,称为反向起爆装药;三是起爆药卷放在炮眼装药中部,称为双向起爆装药。

(2)起爆

在工程爆破中,根据起爆的原理和使用器材的不同,通用的起爆方法大致可分为两种:非电起爆法和电起爆法。非电起爆法又可分为火雷管起爆、导爆索和导爆管起爆;电起爆法是应用电雷管起爆。

①非电起爆

火雷管起爆是把火雷管和导火索结合在一起的一种起爆方法。用导火索的火花首先引爆火雷管,利用火雷管的爆炸能量使引爆药卷爆炸,进而使全部装药爆炸。

②电起爆

电雷管起爆的可靠程度与导线、电雷管、电源本身的质量以及电爆网络连接是否正确有关。

a.导线。应要求电阻系数小,导电率高;绝缘耐压 250 V 或 500 V;有一定强度和韧性,不易断裂等。母线断面应不小于 0.75 mm^2,开挖面附近的连接线直径应不小于 0.6 mm。

　　b.检测仪表。为了保证起爆线路的质量,电雷管在使用前必须经过一定的检查,包括电阻检验、安全电流试验、延期秒量试验、雷管串联试验等项。还要用线路电桥测量整个网络的总电阻是否与计算数值相符,如检测值小于计算值时,或大于计算值的 10% 时,应找出原因,消除故障。

　　c.起爆电源。电起爆的电源,可根据网络所需准爆电流的大小,选用放炮器、干电池、蓄电池、移动式发电站、照明电力线、电力动力线等。移动式发电站、照明电力线、电力动力线是电起爆中最可靠的电源;但使用时不能将母线直接接到电力线上,必须设置爆破开关站。

　　③瞎炮的处理

　　在爆破过程中,炮眼装药未能起爆,称为拒爆,亦即瞎炮。为了取得良好的爆破效果,必须预先防止瞎炮的发生。应选用合格的炸药和雷管以及其他起爆材料;清理好炮眼中积水和残渣;在装药、堵塞、网络连接等各项操作中,严格按照有关操作细则进行。

　　瞎炮产生后,应封锁现场,查明原因,采取相应处理措施。一般可以采用二次爆破法、炸毁法及冲洗法这 3 种方法。

7)通风

　　各隧道工程应根据现场实际情况选择经济合理的通风方式、通风机械、风机及风管参数。研究通风设备的系统布置,满足通风要求。研究施工通风的管理制度,保证现场施工通风。监测洞内空气指标和通风系统的各项指数,评估通风效果。

　　隧道通风方案设计流程:通风方式选择与布置→风量计算→选择通风设备→设备布置安装→质量检查。

　　通风方式选择与布置应根据施工方法、设备条件、掘进长度、开挖面积以及污染物质的含量与种类等情况确定。

8)装碴与运输

　　将开挖的石碴迅速装车运出洞外,是提高隧道掘进速度的重要环节。该项作业往往占全部开挖循环作业时间的 35%~50%,控制着隧道的施工速度。因此,正确选择并准备足够的装碴机械和运输车辆,确定合理的装碴运输方案,维修好线路,减少相互干扰,提高装碴效率是加快隧道施工速度,尤其是加快长大隧道施工速度的关键。

　　在选择出碴方式时,应对隧道或开挖断面的大小、围岩的地质条件、一次开挖量、机械配套能力、经济性及工期要求等相关因素综合考虑。

　　装碴运输作业由以下 3 个环节组成:装碴、运输和卸碴。

　　(1)装碴

　　装碴就是将开挖爆破的石碴装入运输车辆。

　　①碴量计算

　　出碴量应为开挖后的虚碴体积,单循环爆破后石碴量 Z 可按下式计算:

$$Z = R \cdot \Delta \cdot L \cdot S \ (\text{m}^3) \tag{9.11}$$

式中　R——岩体松胀系数,见表9.1;

　　　Δ——超挖系数,视爆破质量而定,一般可取 1.15~1.25;

　　　L——设计循环进尺,m;

　　　S——开挖断面面积,m²。

表 9.1 岩体松胀系数 R 值

岩体级别	I	II	III	IV	V		VI	
土石名称	石质	石质	石质	石质	砂夹卵石	硬黏土	黏性土	砂砾
松胀系数 R	1.85	1.8	1.7	1.6	1.30	1.35	1.25	1.15

②装碴方式

装碴方式可采用人力装碴或机械装碴。机械装碴速度快,可缩短作业时间,目前隧道施工中一般都采用机械装碴,但仍需配备少数人工辅助。

③装碴机械

装碴机械的类型很多,按其扒碴机构形式可分为:铲斗式、蟹爪式、立抓式和挖斗式。铲斗式装碴机为间歇性非连续装碴机,有翻斗后卸、前卸和侧卸 3 种卸碴方式。蟹爪式、立抓式、挖斗式装碴机是连续装碴机,均配备刮板(或链板)转载后卸机构。

装碴机的选择应充分考虑围岩及隧道条件、工作宽度以及运输车辆的匹配和组织,要求外形尺寸小、坚固耐用、操作方便和生产效率高,以充分发挥各自的工作效能,缩短装碴时间。

隧道施工中常用的几种装碴机有:

a.翻斗式装碴机。又称铲斗后卸式装碴机,有风动和电动之分。它是利用机体前方的铲斗铲起石碴,经机体上方将石碴投入机后的运输车内。该机具有构造简单,操作方便,对洞内无废气污染的特点,但装载宽度一般只有 1.7 ~ 2.2 m,主要适用于小断面或规模较小的隧道中。

b.蟹爪式装碴机。它是一种连续装碴机械,在前端装有倾斜受料盘,其上装有一对蟹爪(也称双臂)。装碴时全机向前推进,将受料盘插入碴堆,两个蟹爪连续交错扒取石碴,经皮带(或链条)输送机将石碴装入车辆。该类机具多为电动履带式,也有轮胎式和轨道式,装碴效率较高。因受蟹爪扒碴限制,岩碴块度较大时,其工作效率显著降低,故主要用于块度较小的岩碴和土的装碴作业。

c.挖斗式装碴机。这种装碴机是近几年发展起来的较为先进的隧道装碴机,其扒碴机构为自由臂式挖掘反铲,其他同蟹爪式装碴机。

d.铲斗式装碴机。这种装碴机多采用轮胎走行,如图 9.8(a)所示;也有采用履带走行的,如图 9.8(b)所示。该类装碴机转弯半径小,移动灵活,铲取力强,铲斗容量大,达 0.76 ~ 3.8 m^3,工作能力强,卸碴准确方便,具有装碴效率高、适用性强的特点,通常与大型自卸汽车配套使用。

(a)	(b)

图 9.8 铲斗式装碴机

（2）运输

隧道施工的洞内运输（出碴和进料）分为有轨运输和无轨运输两种方式。长大隧道的施工常用有轨运输，需铺设轻型窄轨线路，用专门的出碴车辆装碴，小型机车牵引。隧道施工常用无轨运输，利用自卸汽车等进行运输。

①有轨运输

有轨运输基本上不排出有害气体，对空气污染较轻，设备构造简单，容易制作；占用空间小而且固定等。不足之处在于轨道铺设较复杂，维修工作量大；调车作业复杂；开挖面延伸轨道影响正常装碴作业等。

有轨运输较普遍采用的出碴车辆有斗车、梭式矿车和槽式列车等。其中斗车是应用最为广泛的出碴工具。

有轨运输常用的牵引机车分电动和内燃两类。隧道施工中常用的电动牵引车为蓄电池电机车，俗称电瓶车。它具有体积小、无废气污染、不需架设供电线路、使用较安全等特点，但也存在需要有专门的充电设备、牵引力有限等不足。内燃机车具有较大的牵引动力，配合大型斗车可以加快出碴速度。但在机车运行中排出有毒废气，必要时需安装废气净化装置或配备强大的通风设施。

运输轨道布置对于行车调度、车辆周转、出碴进料影响较大，应根据隧道长度、工期要求及开挖方法等选择合理的方案进行布置。常用的轨道布置形式有单车道和双车道。单车道运输能力较低，一般用在地质条件较差或小断面开挖的隧道中。双车道可使进出隧道的列车各行一股道，具有互不影响、车辆周转快的特点，是提高隧道运输效率的主要方法之一。

调车方法是指结合洞内轨道布置，在开挖面附近为配合出碴所进行的调车作业。较常用的调车设备有简易道岔、平移调车器、水平移车器和浮放道岔等。轨道延伸，是指隧道开挖面附近不足一节钢轨长度部分和掘进进尺部分实施的临时性轨道延伸，常用的方法有扣轨、爬道、短轨节等。待开挖面向前推进后，将连续的几根短轨换成长轨。

为了提高有轨运输能力，加快隧道施工速度，应备齐足够数量的牵引机车和出碴斗车，还要编制列车运行图，机车、斗车数目根据计算进行确定，列车运行图是根据隧道施工方法，轨道布置及机车车辆配备情况，各施工工序在隧道中所处的位置和进度安排，以及装碴、调车、编组、运行、错车、卸碴、列车解体等所需要的时间，综合考虑确定列车数量后编制而成的。

②无轨运输

无轨运输不需要铺设复杂的运输轨道，具有运输速度快、管理工作简单、配套设备少等特点。但由于内燃机排放大量废气，对洞内空气污染较为严重，尤其在长大隧道中使用时，需要有强大的通风设备。

无轨运输采用大型自卸汽车。在隧道工程中，无轨运输车辆应选用车身低矮、车斗容量大、转弯半径小、车体坚固、轮胎耐磨、配有废气净化装置并能双向驾驶的自卸汽车，以增加运行中的灵活性，避免洞内回车和减轻对洞内空气的污染。

由于无轨运输采用的装碴、运碴设备都是自配动力，属自行式，所以其调车作业主要是解决会车、错车和装碴场地问题。根据不同的隧道开挖断面和洞内运输距离，常用的调车方式有：

a.有条件构成循环通路时，最好制订单向行驶的循环方案，以减少会车、错车需用场地及待避时间；

b.当开挖断面较小，只能设置单车通道而装碴点距洞口又较近时，可考虑汽车倒行进洞至装碴点装碴,正向开行出洞,不设置错车、回车场地,如果洞内运行距离较长时,可在适当位置将导洞向侧壁加宽构成错车、回车场地,以加快调车作业;

c.当隧道开挖断面较大,足够并行两辆汽车时,应布置成双车通道,在装碴点附近回车,空车、重车各行其道,可以提高出碴速度。

（3）卸碴

卸碴工作主要是考虑石碴如何处理以及卸碴场地的布置。由洞内运出的石碴,一般可考虑进行3方面的处理:

①选用合乎强度标准的岩块加工成衬砌混凝土材料的粗骨料。

②用作路基填方或洞外工作场地填方。

③弃置于山谷或河滩。

在弃碴场地的选择上,应考虑卸碴方便,不占良田,不堵塞航道,不污染环境。

9.3.3　隧道掘进机施工简介

隧道掘进机(Tunnel Boring Machine,简称 TBM)是利用回转刀具开挖,同时破碎洞内围岩及掘进,形成整个隧道断面的一种新型、先进的隧道施工机械,如图9.9所示。

TBM施工

图 9.9　隧道掘进机

按破岩掘进方式的不同,隧道掘进机分为臂式掘进机和全断面掘进机两大类。

臂式掘进机又称为部分断面掘进机,是一种集切削岩石、自动行走、装载石碴等多种功能为一体的高效联合作业机械。臂式掘进机具有效率高、机动性强、对围岩扰动小、超挖量小、安全性高、适应性强,以及费用相对较低等优点。

全断面掘进机分为敞开式和护盾式两类。一般而言,敞开式掘进机适合于硬岩隧道,护盾式掘进机适合于软岩隧道。一段时间以来,把全断面掘进机分为两大类:

①在岩石中开挖隧道的全断面掘进机:通常用这类 TBM 在稳定性良好、中到厚埋深、中到高强度的岩层中掘进长大隧道。这类掘进机所面临的基本问题是如何破岩,保持掘进的高效率和工程顺利。

②在松软地层中掘进隧道的全断面掘进机:通常用这类 TBM 在具有有限压力的地下水位以下的基本均质的软弱地层中开挖有限长度的隧道。这类掘进机所面临的基本问题是空洞、开挖掌子面的稳定、市区地表沉降等。

对于全断面隧道掘进机,目前在国内有两种提法:其一是岩石掘进机;其二是盾构机。

岩石掘进机适用于山岭隧道硬岩掘进,代替传统的钻爆法,在相同的条件下,其掘进速度为常规钻爆法的 4~10 倍,最佳日进尺可达 150 m;具有快速、优质、安全、经济、有利于环境保护和劳动力保护等优点。

盾构机适用于软弱围岩施工的隧道掘进,是目前城市地铁建设中速度快、质量好、安全性能高的先进技术。采用盾构机施工的区间隧道,可以做到对土体弱扰动,不影响地面建筑物和交通,减少地上、地下的大量拆迁。

9.4 隧道支护和衬砌

9.4.1 概述

在地层中开挖出导坑后,出现了岩壁临空面,改变了围岩的应力状态,产生了趋向隧道内的变形位移。同时,由于开挖扰动以及随时间推移的变形量的增长,又降低了围岩的强度。当围岩应力超过围岩强度时,围岩的变形发展过大,从而造成失稳;其表现通常为围岩向洞内的挤入、张裂、沿结构面滑动,甚至最后发生坍塌。

围岩的变形是个动态过程。对于坚硬稳固的围岩,开挖成洞后其强度足以承受重分布后的应力,因而不致有失稳之虞。但对于破碎、软弱围岩,开挖后随着暴露时间的增加,变形随之发展,就会造成失稳。尤其是在隧道拱部、洞口、交岔洞,以及围岩呈大面积平板状且结构面发达的部位,更易失稳。

因此,为了有效地约束和控制围岩的变形,增强围岩的稳定性,防止塌方,保证施工和运营作业的安全,必须及时、可靠地进行临时支护和永久支护。临时支护的种类很多,按材料的不同和支护原理的不同有:木支撑、钢支撑、钢木混合支撑、钢筋混凝土支撑,锚杆支护、喷射混凝土支护、锚喷联合支护等。永久支护一般是采用混凝土衬砌。

各种临时支护的合理选用与围岩的稳固程度有关。一般说来,Ⅰ级围岩不需临时支护;Ⅱ级围岩采用喷射混凝土支护;Ⅲ~Ⅳ级围岩采用喷射混凝土支护、锚杆喷混凝土联合支护、锚杆钢筋网喷混凝土联合支护;Ⅴ级围岩采用喷射混凝土钢支撑联合支护或其他支撑支护;Ⅵ级围岩采用木、钢、钢木混合支撑或钢筋混凝土支撑。对于Ⅲ级及Ⅲ级以上围岩,可以先挖后支,支护距开挖面距离一般不宜大于 5 m;Ⅳ~Ⅴ级围岩随挖随支,支护需紧跟工作面;Ⅴ~Ⅵ级围岩先支后挖。

如条件合适,应尽量将临时支护与永久支护结合采用。

9.4.2 钢木支撑

1)木支撑

木支撑是传统的支撑方式,它具有易加工、重量轻、拆装运输方便等优点。其形式主要有框架或半框架式支撑、拱形支撑、无腿支撑等。可用于导坑、拱部扩大、挖底、马口、下导坑漏斗棚架以及洞口等部位的支撑,各部位的支撑均各有其特点,但又大同小异,比较复杂的是拱部扩大支撑。另外,矿山的临时巷道也常采用木支撑。

木支撑一般使用圆木,梁、柱等主要杆件的梢径不应小于 20 cm,纵撑等杆件应不小于 15 cm,木板厚度不小于 5 cm。木材应使用坚固、有弹性、无显著节疤、无破裂多节的松木和杉木;脆性木材不宜使用。

当需要使用木支撑而围岩压力又较大时,也可用钢木混合结构支撑。

2)钢支撑

钢支撑具有承载力大、经久耐用、倒用次数多、占用空间小、节约木材等优点;但一次投资费用高,比木支撑重,装拆不便。一般适于在围岩压力较大的隧道施工中使用。

钢支撑一般采用 10~20 号工字钢、槽钢、8~28 kg/m 的钢轨等制成,其形式有钢框架、钢拱架、全断面钢拱架、无腿钢拱支撑等。钢框架一般为直梁式(图 9.10),当围岩压力较大时可采用曲梁式,多用于导坑支护。钢拱架适用于先拱后墙法施工的隧道。全断面钢拱架(图9.11)适用于全断面开挖后需支护的隧道。无腿钢拱支撑适用于全断面开挖后拱部稳定性较差而侧壁较稳定的情况。

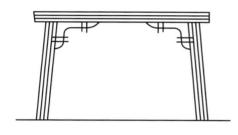

图 9.10　钢框架钢支撑

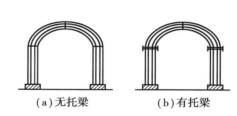

(a)无托梁　　　　(b)有托梁

图 9.11　全断面钢拱架

9.4.3　锚喷支护

采用锚喷支护可以充分发挥围岩的自承能力,并有效地利用洞内的净空,既提高了作业的安全性,又提高了作业效率;能适应软弱岩层和膨胀性岩层中隧道的开挖;能用于整治塌方和隧道衬砌的裂损。

锚喷支护包括锚杆支护、喷射混凝土支护、喷射混凝土锚杆联合支护、喷射混凝土钢筋网联合支护、喷射混凝土与锚杆及钢筋网联合支护、喷钢纤维混凝土支护、喷钢纤维混凝土锚杆联合支护,以及上述几种类型加设型钢(或钢拱架)而成的联合支护。前 5 种为常用的基本类型,后两种较少使用。

1)锚杆

(1)锚杆的力学作用

锚杆对围岩所起的力学效应,主要有以下一些作用:

①悬吊作用

锚杆的作用是将不稳定的岩层悬吊在坚固岩层上,以阻止围岩移动滑落。锚杆本身受拉,其拉力即为所悬吊岩体的重量,如图 9.12 所示,在块状结构或裂隙岩体中,使用锚杆将松动区内的松动岩块悬吊在稳定的岩体上,也可把节理面切割形成的岩块连接在一起,阻止其沿滑面滑动,这种作用称为悬吊作用。

②减跨作用

在顶板岩层中打入锚杆,相当于在顶板上增加了支点,使隧(巷)道跨度由 L_0 减为 L,从而使顶板岩体的应力减小,起到维护巷道的作用,如图 9.13 所示。要使锚杆能有效地起到悬吊和减跨作用,锚杆必须锚固于坚硬稳定岩层中。

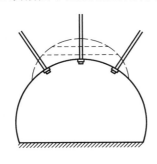

图 9.12 悬吊作用

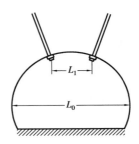

图 9.13 减跨作用

③组合梁作用

在层状岩体中打入锚杆,把若干岩层锚固在一起,类似于将叠置板梁组成组合梁,从而提高了顶板岩层的自支承能力,起到了维护巷道的作用,如图 9.14 所示。

④挤压加固作用

预应力锚杆群,锚入围岩后,其两端附近岩体形成圆锥形压缩区,如图9.15 所示。按一定间距排列的锚杆,在预应力作用下,构成一个均匀的压缩带(或称承载环),压缩带中的岩体由于预应力作用处于三向应力状态,显著地提高了围岩的强度。无预应力的粘结式锚杆(砂浆锚杆),由于其前后两端围岩位移不同,使锚杆受拉,同时锚杆的约束力使围岩锚固处径向受压,从而提高了围岩的强度。

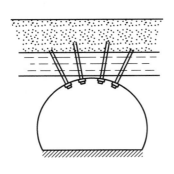

图 9.14 组合作用

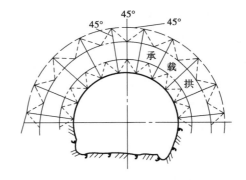

图 9.15 挤压加固作用

(2)锚杆的种类

锚杆成为洞室开挖中良好的支护手段须具备两个基本条件:a.锚杆受力后产生变形,且其本身不受破坏;b.锚杆与围岩保持紧密接触。锚杆种类如下:

①全长粘结型锚杆,包括普通水泥砂浆锚杆、早强水泥砂浆锚杆、树脂锚杆、水泥卷锚杆、中空注浆锚杆和自钻式注浆锚杆等。

②端头锚固型锚杆,包括机械锚固锚杆、树脂锚固锚杆、快硬水泥端头锚杆等。

③摩擦型锚杆包括缝管锚杆、楔管锚杆、水胀锚杆等。

④预应力锚杆和自钻锚杆等。

永久支护的锚杆一般采用全长粘结型锚杆或预应力注浆锚杆。自稳时间短的围岩,宜采用全粘结树脂锚杆或早强水泥砂浆锚杆,普通水泥砂浆锚杆的直径宜为 $22 \sim 32$ mm,杆体材料宜采用 HRB400 钢,垫板材料宜采用 HPB300 钢。局部不稳定的岩块可采用全长粘结型锚杆、端头锚固型锚杆、预应力锚杆,锚固端应置于稳定岩体内。软岩、收敛变形较大的围岩地段,可采用预应力锚杆,锚固端必须锚固在稳定岩层内。岩体破碎、成孔困难的围岩宜采用自进式锚杆。

(3)锚杆的布置和质量检查

锚杆的布置分为局部布置和系统布置。局部布置主要用在坚硬而有裂隙发育或有潜在龟裂及节理的围岩,重点加固不稳定块体,隧道拱顶受拉破坏区为重点加固区域。局部加固的锚杆,必须保证不稳定块体与稳定岩体的有效联结。锚杆局部布置时,拱腰以上部位锚杆方向应有利于锚杆的受拉,拱腰以下及边墙部位锚杆宜逆向不稳定岩块滑动方向。系统布置的锚杆应用在Ⅲ、Ⅳ、Ⅴ、Ⅵ级围岩条件下,并符合下列规定:

①锚杆一般应沿隧道周边径向布置,当结构面或岩层层面明显时,锚杆应与岩体主结构面或岩层层面呈大角度布置。

②锚杆应按矩形排列或梅花形排列。

③锚杆间距不得大于 1.5 m。间距较小时,可采用长短锚杆交错布置。

④两车道隧道系统锚杆长度一般不小于 2.0 m,三车道隧道系统锚杆长度一般不小于 2.5 m。

锚杆质量检查,包括长度、间距、角度、方向、抗拔力等,其中主要是抗拔力试验,对于重要工程可增加灌浆密度试验。如抗拔力不符合要求,一般可用加密锚杆予以补强。

2)喷射混凝土

(1)喷层的力学作用

①防护加固围岩,提高围岩强度。隧(巷)道开挖后,立即喷射,及时封闭围岩暴露面,由于喷层与围岩密贴,故能有效地隔绝水与空气,防止围岩因潮解、风化产生剥落和膨胀,避免裂隙中充填物流失,防止围岩强度降低。此外,高压高速喷射时,可使一部分混凝土浆液渗入胀开的裂隙或节理中,起胶结和加固作用,提高围岩强度。

②改善围岩和支护的受力状态。含有速凝剂的混凝土喷射液,可在喷层后 $2 \sim 10$ mm 内凝固,及时向围岩提供支护抗力(径向力),使围岩表层岩体由未支持时的二向受力状态变为三向受力状态,提高围岩强度。由于传统支护不能与围岩均匀接触,围岩与支架间易造成应力集中,使围岩或支架过早破坏,喷射混凝土能使混凝土与围岩紧密均匀接触,并可通过调整喷层厚度,调整围岩变形,使应力均匀分布,避免应力集中。因此,喷锚支护比传统支护更能发挥混凝土的承载能力。

（2）喷射混凝土的特点

喷射混凝土是用喷射机把掺有速凝剂的粗细骨料混凝土以适当的压力,高速喷射到隧道岩壁表面凝结而成的混凝土。由于混凝土颗粒在高速喷射的猛烈冲击下,混凝土被连续地捣固和压实,具有密实的结构和较好的物理力学性能。喷射混凝土具有充填裂隙、加固围岩、封闭围岩壁面、防止风化与围岩组成共同承载体系等特点。

喷射混凝土与普通模筑混凝土比较有如下优越性:

①喷射混凝土致密,早期强度高,可与围岩牢固黏结形成整体,改传统模筑混凝土的消极支护为积极支护,且薄层柔性喷射混凝土与围岩能够共同变形,从而减少作用在支护结构上的压力。

②能及时支护,有效地控制围岩的有害变形,有利于安全施工。

③不用模板、拱架,节省大量钢木材料,相应地降低了隧道工程的造价;且施工工艺简单,操作方便,机械化程度高,减轻劳动强度,提高施工效率。

（3）喷射混凝土的喷射方式

①干喷和潮喷。干喷是将砂、石、水泥按一定比例干拌均匀投入喷射机,同时加入速凝剂,用高压空气将混合料送到喷头,再在该处与高压水混合后高速喷射到岩面上。潮喷是将沙、石料预加水,使其浸润成潮湿状,再加水泥拌和均匀,从而降低上料和喷射时的粉尘,其工艺流程同干喷,如图9.16所示。干喷粉尘量大、回弹量大、较难控制水胶比,导致质量难以保证,目前逐步被淘汰。

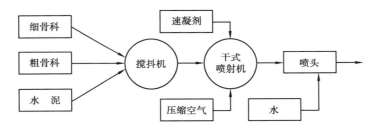

图9.16　干喷、潮喷工艺流程

②潮喷。将砂、石料预加水,使其浸润成潮湿状,再加水泥拌和均匀,从而降低上料和喷射时的粉尘,其工艺流程同干喷。

③湿喷。用湿喷机压送拌和好的混凝土,在喷头处添加液态速凝剂,再喷到岩面上。其工艺流程如图9.17所示。湿喷质量容易控制,粉尘量和回弹量相对较少,是目前主要的喷射工艺,但也存在对喷射机械要求较高、机械清洗和故障处理较复杂等问题。

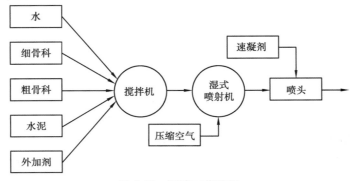

图9.17　湿喷工艺流程

（4）喷射混凝土的材料及其组成

①喷射混凝土的材料

a.水泥。喷射混凝土对所采用水泥的基本要求是:掺入速凝剂后凝结快、保水性好、早期强度增加快、收缩小。一般优先采用硅酸盐水泥或普通硅酸盐水泥,也可采用矿渣硅酸盐水泥。

b.砂子。喷射混凝土的用砂应符合普通混凝土所要求的用砂标准。

c.石子。喷射混凝土采用坚硬、耐久的卵石或碎石。石子的最大粒径与混凝土喷射机的输料管直径有关,一般不宜超过管内径的1/3。

d.速凝剂。在喷射混凝土中掺速凝剂的目的在于:加速喷射混凝土的凝结、硬化,提高早期强度;减少喷射混凝土的回弹量;防止因重力作用而引起喷射混凝土的流淌或脱落;增大一次喷射厚度,缩短分层喷射的时间间隔。

e.水。喷射混凝土用水的要求与普通混凝土相同,水中不应含有影响水泥正常凝结与硬化的有害杂质。

②喷射混凝土的配合比和水灰比

a.配合比。配合比的选择应满足混凝土强度和其他物理力学性能(抗剪、粘结、耐久性)的要求,同时还应满足施工工艺(减少回弹,不发生离析、分层,和易性好)的要求,且水泥用量为最小。

与普通现浇混凝土相比,喷射混凝土的石子含量要求少得多,且粒径也小,相应砂子的用量则要增加,一般含砂率在50%~60%效果较好。

b.水灰比。它也是影响喷射混凝土的强度和其他物理力学性能的重要因素。若水灰比过小,不仅料束分散,回弹量增多,粉尘大,而且喷层上会出现干斑、沙窝等现象,影响喷射混凝土的密实度。当水灰比过大时,会造成喷层流淌、滑移,甚至大片坍落,影响混凝土强度。

（5）喷射混凝土的机械（具）设备

喷射作业的机械（具）设备主要包括混凝土喷射机、上料机、搅拌机、机械手、混凝土运送搅拌车和混凝土喷射三联机等。

①混凝土喷射机。目前使用的国产喷射机,根据其构造特点和使用物料的干湿程度不同,常用的有双罐式混凝土喷射机、转体式混凝土喷射机、螺旋式混凝土喷射机和转盘式混凝土喷射机4种。这几种混凝土喷射机均为干式喷射机,所需的水是由喷射人员凭经验在喷嘴处加入。

②搅拌机。由于采用干式喷射机,喷射时混合料是干料,拌和时易产生粉尘。因此,应采用涡轮浆强制式混凝土搅拌机,最常用的是J4-375型搅拌机,也用小型搅拌机如JW-200型、安Ⅳ型等。

③压缩空气机（俗称空压机）。为了防止压缩空气中的油水混入喷射混凝土中,在高压风进入混凝土喷射机前必须先通过油水分离器（有过滤式和拆板式两种）,把油水过滤排掉,避免喷射混凝土产生结块、堵管等现象。

④机械手。为了减轻人工把持喷枪的劳动强度和改善喷射的工作条件,机械手一般都具有:喷枪,臂的伸缩、回转或翻转机构,大臂的起落机构等,都具备使喷枪前后俯仰、左右摆动或画圈,臂杆伸缩、升降或旋转等功能,使其满足喷射工艺要求。

⑤混凝土喷射三联机。它由料仓（水泥、砂、石仓各一个,并具有搅拌、输料功能）、喷射机和机械手3部分组成。也就是从砂石料与水泥干搅拌和输送一直到喷射混凝土,组成一个联合体。三联机分有轨和无轨两种。作业机动灵活,在需要紧跟开挖面进行支护时,有显著优越性。

（6）喷射混凝土的施工工艺（干式喷射）

为使喷射混凝土作业顺利进行，在施喷前应做好施喷材料、施喷机械（具）及施喷场地的准备。施喷作业是喷射混凝土整个施工过程中最关键而紧张的作业。要求喷射手有熟练的喷射技术，各施工环节如备料、拌和、运输、上料、风、水供应、照明、喷射等能紧密配合。在喷射作业中要掌握好以下几个问题：

①风压、水压。参考风压与混合料水平运送长度（输料管长度）的简单关系初步选择风压，当向上垂直输送时，由于重力作用所需的风压比水平运输时每增高 10 m 需加大 20～30 kPa。一般要求风源风压应稳定在 392～637 kPa 才能在喷嘴处使风压稳定在 98～245 kPa 范围内。只有稳定的风压，才能保证喷射混凝土的质量。若风压过小，则喷射动能太小，粗骨料冲不进砂浆层而脱落；若风压过大，则喷射动能大，粗骨料会碰撞岩面而回弹。

为保证高压水从水环孔眼中射出形成水雾，使干拌合料充分湿润水化，水压要比风压高 49～98 kPa。

②喷嘴与受喷岩面之间的距离和角度。通常在喷头上接一个直径为 100 mm、长为 0.8～1.0 m 的塑料拢料管。它使水泥充分水化，喷射混凝土束集中，回弹石子不致伤害喷射手。当风压适宜时，喷嘴与受喷岩面之间的距离以 0.6～1.2 m 为宜。喷嘴与受喷岩面的角度，一般应垂直或稍微向刚喷射过的混凝土部位倾斜（不大于 10°），以使回弹物受到喷射束的约束，抵消部分弹回的能量而减少回弹量。喷射拱部时应沿径向喷射。

③一次喷射的厚度及各喷层之间间隔时间。当喷层较厚时需分层喷射。一次喷射的厚度应根据喷射效率、回弹损失、混凝土颗粒之间的凝聚力和喷层与受喷面间的黏着力等因素确定。各喷层间的间隔时间与水泥品种、施工温度（施工最低温度不应低于 +5°）和有无掺速凝剂等因素有关，如采用红星一型速凝剂时可在 5～10 min 以后进行下一次喷射，采用碳酸钠速凝剂时要在 30 min 以后才能进行下一次喷射。

④喷射分区与喷射顺序。为了减少喷射混凝土因重力作用而引起的滑动或脱落现象，喷射时应按照分段、分部、分块、由下而上，先边墙后拱墙和拱腰，最后喷拱顶的原则进行。喷射混凝土时，喷头要正对受喷岩面，均匀缓慢地按顺时针方向作螺旋形移动，一圈压半圈，绕圈直径为 30 cm。对凹凸悬殊的岩面，喷射时应注意喷射次序要先下后上，先两头后中间，以减少回弹量，正常状态下喷射混凝土的回弹率拱部不超过 25%，边墙不超过 15%。

（7）喷射混凝土堵管问题的处理

喷射作业中常遇到堵管，其原因是多方面的，如粗集料过大（粒径大于 25 cm 以上）；水泥硬块或其他杂物；混合料（主要是砂）湿度过大（大于 6%）致使摩擦力增大；输料软管弯头过小及风压偏低等均能引起堵管。另外，若司机操作不对，如先开马达后给风；混合料未吹完就停风；误开放气阀而停风等也会引起堵管。

遇到堵管发生时，喷射机司机应立即关闭马达，随后关闭风源，喷射手将软管拉直，然后用手锤敲击以寻找堵管处。当敲击钢管时发音混浊，或敲击胶管时有发硬感觉处，即为堵管部位。找到堵管部位后，可将风压升到 0.3～0.4 MPa（不超过 0.5 MPa），并用锤击堵管部位，使其畅通。排出堵管时，喷嘴前方严禁站人，以免被喷伤。

（8）钢纤维喷射混凝土工艺

由于喷射混凝土在抗拉、抗弯、抗裂、抗冲击性等方面都存在明显的不足，喷层开裂、剥落时有发生，并导致落石、渗水等一系列病害。因此，自 20 世纪 70 年代以来，世界各国特别是瑞典、日本、美国等,为了改善喷射混凝土的性能,提高其质量,相继开展了钢纤维喷射混凝土的研究和应用,并在实际工程中收到了良好的技术经济效益。

钢纤维喷射混凝土是指在喷射混凝土中加入一定数量的钢纤维。由于钢纤维均匀分布在混凝土中,为混凝土提供了非连续性的微型配筋,从而提高了材料的抗拉、抗弯、抗冲击和耐磨性以及早期强度、韧性和延展性,并改善了其他物理力学性能。

钢纤维喷射混凝土的物理力学性能,受到钢纤维的形状、长径比、掺入量及在混凝土中的分布状态,排列方向等各种因素的影响。钢纤维用于喷射混凝土中,其等效直径一般为 0.3~0.5 mm,长为 20~25 mm,长径比为40~60。截面形状为圆形或矩形。

喷射钢纤维混凝土时,可直接使用现有的喷射混凝土机械或将其稍加改进。为了减少堵塞,应尽量取消输料管 90°弯头及减少其直径的突然变化。选用的钢纤维长度应不大于输料管直径的一半。

由于钢纤维喷射混凝土有很多优越性,因此在工程上有着各种特殊的用途。如隧道衬砌施工和加固、高路基边坡稳定和桥墩台加固、工业及民用建筑工程支护加固等。

(9)喷射混凝土的质量检查

为了确保喷射混凝土的质量,应作如下几方面检查:

①每批原材料进库(场),均用进行质量检查与验收。

②喷射混凝土强度检查。

③喷层与围岩粘结情况的检查。

④喷层厚度的检查。

3)钢拱架

在围岩条件较差地段或地面沉降有严格限制时,应在初期支护内增设钢拱架。常用的钢拱架有:钢筋格栅拱架、工字形型钢拱架、U 形型钢拱架和 H 形型钢拱架。钢拱架支护宜优先选用格栅钢拱架。格栅钢拱架主筋采用 HRB335、HRB400 钢,辅筋宜采用 HPB300 钢。在设置超前支护地段,可设置钢架作为超前锚杆、超前小导管、超前大管棚等的尾端支点。钢拱架支护时的一般规定:

①钢拱架支护必须有足够的刚度和强度,能够承受隧道施工期间可能出现的荷载。

②钢拱架支护间距宜为 0.5~1.5 m。钢拱架应分节制作,节段与节段之间通过钢板用螺栓连接或焊接。

③采用钢拱架支护的地段连续使用钢拱架的数量不小于 3 榀;钢拱架支护榀与榀之间应设置直径为 20~22 mm 的钢拉杆,沿钢拱架每 1~2 m 设置 1 根,并在钢拱架支护内缘、外缘交错布置。

④钢拱架与围岩之间混凝土保护层厚度不应小于 40 mm;临空一侧的混凝土保护层厚度不应小于 20 mm。

4)复合式衬砌

隧道作为地下结构物,除了应满足在使用上的要求外,还必须具有耐久性。一般除了地质坚硬、不易风化的Ⅰ级围岩外,都应施作混凝土衬砌。

对于采用喷锚支护技术施工的隧道,一般为了饰面或增加安全度的需要,也须施作喷锚支护(称作一次衬砌),且在围岩变形基本稳定之后,现场浇筑整体混凝土衬砌(称作二次衬砌)。

二次衬砌除了起饰面和增加安全度的作用外，实际上也承受了在其施工后发生的外部水压、软弱围岩的蠕变压力、膨胀性地压或者浅埋隧道受到的附加荷载等。

复合式衬砌是由初期支护和二次衬砌及中间夹防水层组合而成的衬砌形式。复合式衬砌要满足以下规定：

①初期支护宜采用锚喷支护，即由喷射混凝土、锚杆、钢筋网和钢拱架等支护形式单独或组合使用，锚杆支护宜采用全长粘结锚杆。

②二次衬砌宜采用模筑混凝土或模筑钢筋混凝土结构，衬砌截面宜采用连接圆顺等厚衬砌断面，仰拱厚度宜与拱墙厚度相同。

③在确定开挖断面时，除应满足隧道净空和结构尺寸外，还应考虑初期支护并预留适当的变形量，预留变形量的大小可根据围岩级别、断面大小、埋置深度、施工方法和支护情况等，采用工程类比法及现场监控量测结果进行调整确定。

5）支护防排水技术

渗漏是隧道的常见病害之一，长期地渗漏水，可能造成隧道侵蚀破坏，影响行车安全。因此必须在隧道内设置防排水层，使隧道衬砌不漏不渗。

（1）隧道防水

隧道防水的做法是：一般在隧道内部施做复合式初砌，采用夹层防水层。隧道开挖后用锚喷将岩面整平，在岩面上铺设一层土工布或 PE 泡沫垫层，然后再铺设一层防水板。防水板多为合成高分子卷材，目前工程使用较多的有 PVC、LDPE 和 EVA 等。防水板铺设时有不同的工艺，其差别主要表现在防水板的固定上和板间的搭接方法上。防水卷材的厚度和宽度上有不同的规格，使用时有环向铺设和纵向铺设两种。为了保证接茬的密封质量，一般在两幅卷材接茬处都要搭接 10 cm。卷材接茬有冷粘法和热合法两种。冷粘法主要用于 PVC 等防水卷材的胶合。使用时将专用胶合剂用刷子涂刷于接缝边缘，待胶合剂稍干后将两幅卷材粘合在一起。这种方法的优点是施工方便，施工速度快。热合法主要用于 EVA 和 LDPE 等防水卷材的搭接。施工时将两幅卷材平行放好，压茬宽度 10 cm，然后用专门的热合焊缝机将两卷材边缘压合于一起。目前工程使用的焊缝机多为双缝焊机，即在两焊缝中间留有一道宽 1 cm 的气道，接缝焊完后，可用充气筒向气道内注气，若气道内气压不断降低，说明焊缝不够严实，应检查补焊；若气道压力保持不变，说明焊缝完好。热合法的最大优点就在于施工期间可随时进行质量检测。

在洞壁上固定防水卷材的方法有两种：一种是有钉铺设法，另一种是无钉铺设法。所谓有钉铺设法，是将防水卷材在洞壁上摊平，用塑料垫片固定在洞周壁面上。垫片的布置形式有梅花形和矩形；一般边墙垫片间距约 1 m，拱顶约 80 cm。为了防止垫片上的钉孔渗漏水，在防水卷材固定好后，在垫片四周涂刷一层胶合剂，再用一块稍大的塑料板将原先的垫片封盖，从而达到完全防水的目的。所谓无钉铺设法是先用塑料垫片及射钉固定土工布等防水卷材垫层，然后将防水卷材有规律地摊铺，在塑料垫片处用专用的平头烙铁将防水卷材与垫片热合。由于塑料垫片与防水卷材为同质材料，所以二者热合牢固，质量可靠。

（2）隧道排水

隧道开挖过程中，当地下水水位较高且地下水水量丰富时，地下水的渗流可能危及隧道施工安全，此时应采用排水和降水措施排除地下水。一般来说，山岭公路隧道防排水系统多属排水型，即地下水从围岩渗出，经管路系统排出洞外。常用的隧道施工排水方法有超前钻孔排水、超前导坑排水、泄水洞排水等。对于山岭隧道,地下水的排水流程为:围岩→环向排水管→纵向排水管→横向排水盲管→中央排水管→洞外出水口。

9.4.4 隧道施工超前支护与预加固技术

隧道施工过程中,可能会遇到开挖工作面不能自稳,或地表沉陷过大等情况。为了确保隧道工程顺利进行和施工安全,必须采取一定的工程措施对地层进行预支护或预加固,称之为辅助施工措施。预支护措施有预留核心土、喷射混凝土封闭开挖工作面、超前锚杆(亦可用小钢管)、管棚及临时仰拱封底。预加固措施有预注浆加固地层和地表喷锚预加固等,而兼有预支护和预加固双重作用的有超前小导管注浆等。

辅助措施的选用,应视围岩条件、涌水状况、施工方法、环境要求等因素综合而定,可以单独使用一种措施,也可以几种联合使用。

1)超前锚杆

在隧道开挖之前,在开挖面的拱部一定范围内,沿隧道断面的周边,向地层内打入一排纵向锚杆(或小钢管),通过锚杆对围岩的加固作用,形成超前于工作面的围岩加固棚,在此棚的保护下进行开挖。开挖一个进尺后,再打入一排纵向锚杆,再掘进,如此往复推进,如图 9.18 所示。

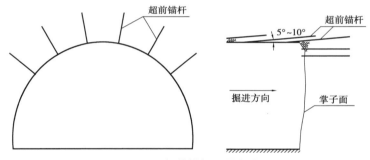

图 9.18 超前锚杆设置方式

2)管棚

当隧道位于松软地层中,或遇到塌方,需要从塌方体中穿过,或浅埋隧道,要求限制地表沉陷量,或在很差的地质条件下进洞时,均可采用管棚进行预支护,如图 9.19 所示。由于管径较粗,故管棚的承载能力比超前锚杆(或小钢管)要大,在所有的预支护措施中,它是支护能力最

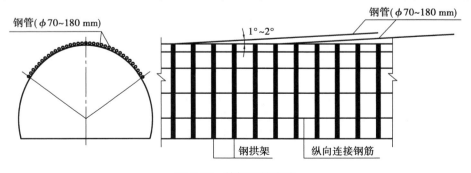

图 9.19 管棚设置方式

强的,但其施工技术也较复杂,造价较高。

3)超前小导管注浆

超前小导管注浆也是一种广泛使用的辅助施工措施,它往往与钢拱架一起设置,如图9.20所示。小导管注浆属渗入型注浆,虽然钢管本身的支护能力不如管棚,但其注浆加固地层的效果比管棚好。它适用于较干燥的砂土层、砂卵(砾)石层、断层破碎带和软弱围岩浅埋段。

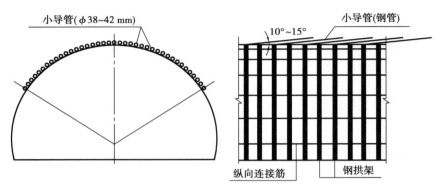

图 9.20　超前小导管设置方式

4)预注浆加固地层

在开挖之前,先往地层中注浆以加固围岩,使得开挖能够安全稳妥地进行,称之为预注浆加固地层。预注浆加固又分为超前钻孔注浆加固和地表注浆加固两种。

注浆加固地层的灌注管一般采用带孔眼的焊接钢管或无缝钢管,为了防止浆液反流,要堵塞钻孔壁与灌注管之间的孔隙,常用的堵塞方式有两种:一种是普通堵塞,就是用铅丝、木楔等材料在注浆孔口将缝隙堵死,它适用于浅孔注浆;另一种是专用的止浆塞,用橡胶制作,套在注浆管上,靠注浆压力使其挤紧孔壁来止浆,这种方法多用于深孔注浆。

5)地表锚喷预加固

在浅埋洞口地段,由于覆盖层较薄,可能会形成边挖边塌的局面,使得进洞困难;在偏压洞口段,往往一侧边坡开挖过高,形成不稳定边坡,危及施工和运营。在这样的情况下,采用地表锚喷加固是比较合适的。通过对地表的预加固,可以使得进洞顺利进行,也可以为改变坡率创造条件,使得较高的边坡降低开挖高度。地表锚喷预加固类型与加固方法有:洞口边仰坡表层预加固、洞门上方陡坎加固和仰坡加固、洞口浅埋段预加固等。

9.5　塌方事故的处理

隧道开挖时,导致塌方的原因有多种,概括起来可归结为:一是自然因素,即地质状态、受力状态、地下水变化等;二是人为因素,即不适当的设计,或不适当的施工作业方法等。由于塌方往往会给施工带来很大困难和很大经济损失,因此,需要尽量注意排除会导致塌方的各种因素,尽可能避免塌方的发生。

9.5.1　发生塌方的主要原因

1）不良地质及水文地质条件

①隧道穿过断层及其破碎带，或在薄层岩体的小曲褶、错动发育地段，一经开挖，潜在应力释放快、围岩失稳，小则引起围岩掉块、坍落，大则引起塌方。当通过各种堆积体时，由于结构松散，颗粒间无胶结或胶结差，开挖后引起坍塌。在软弱结构面发育或泥质充填物过多，均易产生较大的坍塌。

②隧道穿越地层覆盖过薄地段，如在沿河傍山、偏压地段、沟谷凹地浅埋和丘陵浅埋地段极易发生塌方。

③水是造成塌方的重要原因之一。地下水的软化、浸泡、冲蚀、溶解等作用加剧岩体的失稳和坍落。岩层软硬相间或有软弱夹层的岩体，在地下水的作用下，软弱面的强度大为降低，因而发生滑塌。

2）隧道设计考虑不周

①隧道选定位置时，地质调查不细，未能作详细的分析，或未能查明可能塌方的因素。没有绕开可以绕避的不良地质地段。

②缺乏较详细的隧道所处位置的地质及水文地质资料，引起施工指导或施工方案的失误。

3）施工方法和措施不当

①施工方法与地质条件不相适应；地质条件发生变化，没有及时改变施工方法；工序间距安排不当；施工支护不及时，支撑架立不合要求，或抽换不当"先拆后支"；地层暴露过久，引起围岩松动、风化、导致塌方。

②喷锚支护不及时，喷射混凝土的质量、厚度不符合要求。

③按新奥法施工的隧道，没有按规定进行量测，或信息反馈不及时，决策失误、措施不力。

④围岩爆破用药量过多，因震动引起坍塌。

⑤对危石检查不重视、不及时，处理危石措施不当，引起岩层坍塌。

9.5.2　预防塌方的施工措施

隧道施工预防塌方，选择安全合理的施工方法和措施至关重要。在掘进到地质不良围岩破碎地段，应采取"先排水、短开挖、弱爆破、强支护、早衬砌、勤量测"的施工方法。必须制订出切实可行的施工方案及安全措施。

为了保证施工作业安全，及时发现塌方的可能性及征兆，并根据不同情况采用不同的施工方法及控制塌方的措施，需要在施工阶段进行塌方预测。预测塌方常用以下的几种方法：

1）观察法

①在掘进工作面采用探孔对地质情况或水文情况进行探察，同时对掘进工作面应进行地质素描，分析判断掘进前方有无可能发生塌方的超前预测。

②定期和不定期地观察洞内围岩的受力及变形状态；检查支护结构是否发生了较大的变形；观察岩层的层理、节理裂隙是否变大，坑顶或坑壁是否松动掉块；喷射混凝土是否发生脱落；

以及地表是否下沉等。

2）一般量测法

按时量测观测点的位移、应力，测得数据进行分析研究，及时发现不正常的受力、位移状态以及有可能导致塌方的情况。

3）微地震学测量法和声学测量法

前者采用根据地震测量原理制成的灵敏的专用仪器；后者通过测量岩石的声波分析确定岩石的受力状态，并预测塌方。

加强初期支护，控制塌方：当开挖出工作面后，应及时有效地完成喷锚支护或喷锚网联合支护，并应考虑采用早强喷射混凝土、早强锚杆和钢支撑支护措施等。这对防止局部坍塌，提高隧道整体稳定性具有重要的作用。

9.5.3 隧道塌方的处理措施

①隧道发生塌方，应及时迅速处理。处理时必须详细观测塌方范围、形状、坍穴的地质构造，查明塌方发生的原因和地下水活动情况，经认真分析，制订处理方案。

②处理塌方应先加固未坍塌地段，防止继续发展，并可按下列方法进行处理：

a.小塌方，纵向延伸不长、坍穴不高，首先加固坍体两端洞身，并抓紧喷射混凝土或采用锚喷联合支护封闭坍穴顶部和侧部，再进行清碴。在确保安全的前提下，也可在坍碴上架设临时支架，稳定顶部，然后清碴。临时支架待灌筑衬砌混凝土达到要求强度后方可拆除。

b.大塌方，坍穴高、坍碴数量大，坍碴体完全堵住洞身时，宜采取先护后挖的方法。在查清坍穴规模大小和穴顶位置后，可采用管棚法和注浆固结法稳固围岩体和碴体，待其基本稳定后，按先上部后下部的顺序清除碴体，采取短进尺、弱爆破、早封闭的原则挖坍体，并尽快完成衬砌（图9.21）。

c.塌方冒顶，在清碴前应支护陷穴口，地层极差时，在陷穴口附近地面打设地表锚杆，洞内可采用管棚支护和钢架支撑。

d.洞口塌方，一般易坍至地表，可采取暗洞明作的办法。

③处理塌方的同时，应加强防排水工作。塌方往往与地下水活动有关，治坍应先治水。防止地表水渗入坍体或地下，引截地下水防止渗入塌方地段，以免塌方扩大。具体措施如下：

a.地表沉陷和裂缝，用不透水土壤夯填紧密，开挖截水沟，防止地表水渗入坍体。

b.塌方通顶时，应在陷穴口地表四周挖沟排水，并设雨棚遮盖穴顶。陷穴口回填应高出地面并用黏土或圬工封口，做好排水。

c.坍体内有地下水活动时，应用管槽引至排水沟排出，防止塌方扩大。

④塌方地段的衬砌，应视坍穴大小和地质情况予以加强。衬砌背后与坍穴洞孔周壁间必须紧密支撑。当坍穴较小时，可用浆砌片石或干砌片石将坍穴填满；当坍穴较大时，可先用浆砌片石回填一定厚度，其以上空间应采用钢支撑等顶住稳定围岩；特大坍穴应作特殊处理。

⑤采用新奥法施工的隧道或有条件的隧道，塌方后要加设量测点，增加量测频率，根据量测信息及时研究对策。浅埋隧道，要进行地表下沉测量。

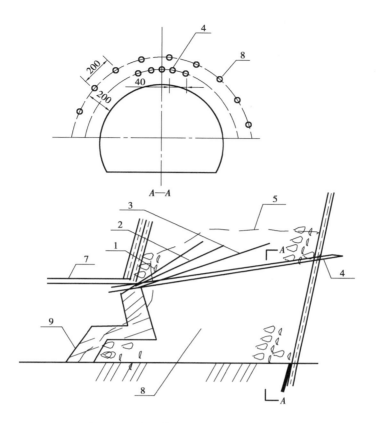

图 9.21　大规模塌方处理实例示意图
1—第一次注浆;2—第二次注浆;3—第三次注浆;4—管棚;5—坍线;
6—坍体;7—初期支护;8—注浆孔;9—混凝土封堵墙

9.5.4　塌体自稳后处理措施

塌体处理一般在初期处理完毕后或塌方暂时达到自稳时进行,常用的方法有管棚法、小导管注浆法、三台阶开挖法、二次衬砌加强法及回填法等,并在处理过程中加强监控量测工作,用量测信息动态指导隧道施工。

1)管棚法

管棚法是隧道工程施工中常用的一种辅助施工法。一般适用于覆盖层多为第四系坡积、残积层或断层破碎带、软弱夹层。且岩体风化较严重、节理发育、开挖会导致坍塌的Ⅳ级围岩。

根据塌体大小可分为大管棚法与小管棚法。大管棚法适用于塌方严重、影响较大的塌方处理,采取的具体措施为先对塌体及周边岩体进行预注浆加固,之后在预留变形基础上向塌体或周边岩体打管棚进行塌方处理。为方便注浆,通常采用花管,长度>20 m 时,直径为 80 ~ 100 mm,也可起到挤密土体的作用,如果塌方处于很强的地应力围岩中,也可选用钢轨与花管结合使用。施工时,大管棚布设在衬砌外 35 ~ 50 cm,起拱线以上 1.5 m 的范围内,钢管间距一般约为 50 cm。大管棚一般与钢拱架、定位锚杆和喷混凝土配合进行,拱架间距 0.3 ~ 0.8 m,定位锚杆环向间距约为 1 m,拱脚设锁脚小导管。混凝土喷射厚度为 20 ~ 30 cm,每开挖 4 m 做一环衬砌。大管棚施工时钢管宜长不宜短,以减少施作时间和材料的重叠,从而加快施工进度。

2)小导管注浆法

小导管注浆法适用于塌体不大、地质条件较松散的塌方。施工措施为预注浆加固塌体和松散围岩,并与钢拱架和锚喷混凝土相结合对塌方进行处理。小导管一般采用 $\phi32\sim50$ mm 钢管,长 5~9 m,环向间距 20~30 cm,纵向间距 0.6~1.0 m,插入施工中一般采取不同外插角的方法对加固岩体效果较好。每开挖约 4 m 施作一环混凝土。

3)三台阶开挖法

新奥法原理要求软岩地段或塌方段施工始终坚持"弱爆破、短进尺、强支护、早封闭、勤量测、紧衬砌"的原则。三台阶开挖法,开挖台阶长度为 3~5 m,以人工风镐配合挖掘机为主,辅助微弱爆破,出碴采用挖掘机或装载机装,自卸汽车运输;每循环进尺为 1 榀拱架间距,这样就能在不扰动围岩的情况下安全顺利地通过塌方体。

4)二次衬砌加强及回填法

因为塌方段衬砌荷载比塌方前增大,所以衬砌要加强,加强衬砌应优先考虑采用提高混凝土标号和在衬砌内加钢筋或型钢或钢轨,以及进一步采取加固稳定坍穴以减小衬砌荷载等措施。回填材料避免采用松散材料,尽可能使回填本身具有自承能力且高度要求为 6 m。

思考题

1.简述隧道的分类及其作用。

2.隧道工程施工有哪些特点?

3.隧道施工主要有哪些方法,选择隧道施工方法的基本原则?

4.隧道工程新奥法施工的基本原理是什么?

5.锚喷支护的基本力学原理是什么?

6.全断面法、台阶法、分部开挖法的优缺点及适用条件是什么?

7.隧道的预加固一般采用哪几种形式? 简述作用原理。

8.隧道施工过程中的监控量测的目的是什么? 通常要监测哪些内容?

9.引起隧道塌方一般有哪些原因? 可以采取哪些相关措施防止隧道塌方? 对于已经塌方的隧道,可以采取什么措施处理?

10.隧道施工超前支护与预加固技术主要有哪些? 简述其原理。

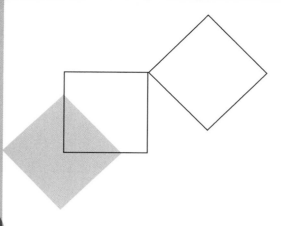

10

装饰工程

本章导读：
- **基本要求** 了解抹灰工程的组成、分类；掌握一般抹灰工程的施工工艺流程与施工要点；熟悉装饰抹灰工程的施工工艺流程与施工要点；掌握外墙饰面砖的施工工艺流程和施工要点；熟悉幕墙工程的构造和施工要点；熟悉建筑涂料施涂方法及内墙涂饰施工工序；掌握涂饰工程基层处理、外墙涂饰施工工序及施工要点；了解裱糊工程施工的要点。
- **重点** 一般抹灰工程的施工工艺流程与施工要点；掌握外墙饰面砖的施工工艺流程和施工要点；涂饰工程基层处理、外墙涂饰施工工序及施工要点。
- **难点** 装饰抹灰工程的施工工艺与施工要点；幕墙工程的构造和施工。

建筑装饰工程是指采用装饰装修材料对建筑物的内外表面及空间进行的各种处理和美化过程。建筑装饰工程应进行设计，并应出具完整的施工图设计文件。既有建筑装饰装修工程设计涉及主体和承重结构变动时，必须在施工前委托原结构设计单位或者具有相应资质条件的设计单位提出设计方案，或由检测鉴定单位对建筑结构的安全性进行鉴定。建筑装饰装修工程施工中，不得违反设计文件擅自改动建筑主体、承重结构或主要使用功能。未经设计确认和有关部门批准，不得擅自拆改主体结构和水、暖、电、燃气、通信等配套设施。

建筑内部装修不应擅自减少、改动、拆除、遮挡消防设施或器材及其标识、疏散指示标志、疏散出口、疏散走道或疏散横通道，不应擅自改变防火分区或防火分隔、防烟分区及其分隔，不应影响消防设施或器材的使用功能和正常操作。建筑的外部装修，应满足防止火灾通过建筑外立面蔓延的要求，不应妨碍建筑的消防救援或火灾时建筑的排烟与排热，不应遮挡或减小消防救援口。

装饰工程涉及的范围很广，按具体装饰的部位装饰工程可分为室外装饰和室内装饰两大部分。根据现行国家标准《建筑装饰装修工程质量验收标准》(GB 50210—2018)中对建筑装饰装修工程质量验收的划分，并结合土建施工的实际情况，本章重点介绍土建施工中主要涉及的建筑地面工程、抹灰工程、门窗工程、饰面板(砖)工程、幕墙工程、涂饰工程等内容。

10.1　建筑地面工程

建筑地面是房屋建筑物和构筑物的底层地面和楼层地面的总称。建筑地面主要由基层、结合层和面层组成。

基层是面层下的构造层,包括填充层、隔离层、找平层、垫层和基土等。其中,填充层是在建筑地面上起隔声、保温、找坡和暗敷管线等作用的构造层;隔离层是防止建筑地面上各种液体或地下水、潮气渗透地面等作用的构造层,仅防止地下潮气透过地面时,可称作防潮层;找平层是在垫层、楼板上或填充层(轻质、松散材料)上起整平、找坡或加强作用的构造层;垫层是承受并传递地面荷载于基土上的构造层;基土是底层地面的地基土层。

结合层是面层与下一构造层相联结的中间层。

面层是直接承受各种物理和化学作用的建筑地面表面层。面层可以分为整体面层、板块面层和木、竹面层等。

建筑地面工程采用的材料或产品应符合设计要求和国家现行有关标准的规定。材料或产品进场时应有质量合格证明文件,并应对材料或产品的型号、规格、外观等进行验收,对重要材料或产品还应抽样进行复验。

有防水要求的建筑地面工程,铺设前必须对立管、套管和地漏与楼板节点之间进行密封处理,并应进行隐蔽验收。厕浴间和有防滑要求的建筑地面应符合设计防滑要求。厕浴间、厨房和有排水(或其他液体)要求的建筑地面面层与相连接各类面层的标高差应符合设计要求。厕浴间和有防水要求的建筑地面必须设置防水隔离层,防水隔离层严禁渗漏,排水的坡向应正确、排水通畅。

10.1.1　基层铺设施工

1)一般要求

①基层铺设的材料质量、密实度和强度等级(或配合比)等应符合设计要求和相关施工规范的规定。

②基层铺设前,其下一层表面应干净、无积水。

③当垫层、找平层内埋设暗管时,管道应按设计要求予以稳固。

④基层的标高、坡度、厚度等应符合设计要求,基层表面应平整。

⑤检查墙、楼地面的标高,并在墙面上弹出 50 线,室内的装饰施工以此为准。

2)基土施工

基土是室内底层地面工程和室外散水、明沟、踏步、台阶和坡道等附属工程中垫层下的土层,基土范围包括:开挖后原状土层,需加固处理的结构被扰动土层和软弱土层,室内回填土等。如果基土层不均匀密实,或因回填土质量达不到要求,都将直接影响地面工程和室外附属工程的安全和使用。基土施工的工艺流程如图 10.1 所示。

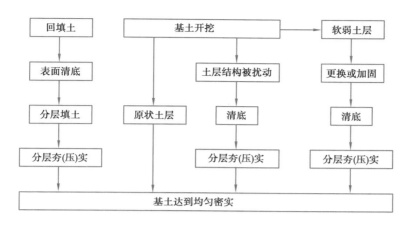

图 10.1　基土施工工艺流程

3）垫层施工

常用的垫层有灰土垫层、砂垫层与砂石垫层、碎砖垫层与碎石垫层、三合土垫层、炉渣垫层、水泥混凝土垫层等。

（1）砂、砂石、碎石、碎砖等松散材料垫层

砂、砂石垫层是分别采用砂和天然砂石铺设在基土层上而成，一般适用于处理透水性强的黏性土基土，但不宜用于湿陷性黄土地基和不透水的黏性土基土。

碎石垫层是用碎石铺设在基土层上而成，碎砖垫层是用碎砖铺设在基土层上而成，适用于地面工程中面层下的垫层、构造层。

该类松散材料垫层的施工工艺流程：基层处理→分层摊铺→分层夯实→表面坚实平整。

（2）灰土垫层、三合土垫层和炉渣垫层施工

灰土垫层是用熟化石灰与黏性土按一定的比例经拌和后铺设在基土层上而成，适用于一般黏性土层，但灰土垫层应铺设在不受地下水侵蚀的基土上。

三合土垫层是用石灰、砂（也可掺少量黏土）和碎砖按一定的体积比加水成拌合料铺设在基土层上而成。三合土垫层适用于地面工程中面层下垫层构造层。

炉渣垫层适用于建筑地面工程中面层下的垫层，构造层主要铺设在水泥类基层上承受高温影响的地段。炉渣垫层按其所配制材料组成有 4 种做法：一是用纯炉渣铺设为炉渣垫层；二是用石灰与炉渣拌和铺设为石灰炉渣垫层；三是用水泥与炉渣拌和铺设为水泥炉渣垫层；四是用水泥、石灰与炉渣拌合铺设为水泥石灰炉渣垫层。

灰土垫层、三合土垫层和炉渣垫层都是以石灰或水泥作为胶结材料，它们的施工工艺流程为：基层处理→分层摊铺已拌和均匀的材料→分层夯实→表面坚实平整。

另外，三合土垫层也可采取先铺设后灌浆的施工方法，其施工工艺流程为：基层处理→碎砖铺设→灌拌制好的石灰砂浆→分层夯实→表面坚实平整。

（3）水泥混凝土垫层施工

水泥混凝土垫层铺设在地面的基土上，适用于地面工程和室外散水、明沟、坡道等附属工程的垫层。

水泥混凝土垫层的施工工艺流程为：基层处理→铺设拌制好的混凝土→混凝土捣实→平整→养护。

10.1.2　整体面层施工

整体面层包括水泥混凝土面层、水泥砂浆面层、水磨石面层、水泥钢(铁)屑面层、防油渗面层和不发火(防爆的)面层等。

1)整体面层施工的作业条件

①建筑地面的垫层及预埋的各种管线已做完,且验收合格并办完交接检查手续。

②穿过楼面的立管已作完,管洞四周已用豆石混凝土堵塞密实。有地漏的房间,地漏标高应满足地面设计坡度的要求。

③门框已立好,并在门框下部 1 m 范围内用模板或铁皮等防护,防止手推车碰坏。

④顶棚、墙体抹灰已施工完。屋面或顶层楼板已做好防水措施。

⑤如有泛水和坡度,垫层的泛水和坡度应符合设计要求。

2)水泥砂浆面层施工

楼地面抹灰

水泥砂浆面层一般铺设在水泥混凝土垫层、水泥混凝土找平层或钢筋混凝土板等基层上,面层的厚度不应小于 20 mm。

水泥砂浆面层有单层和双层两种做法。单层做法:其厚度为 20 mm,体积配合比宜为水泥:砂 = 1:2。双层做法:下层的厚度为 12 mm,体积配合比宜为水泥:砂 = 1:2.5;上层的厚度为 13 mm,体积配合比宜为水泥:砂 = 1:1.5。

水泥砂浆面层的施工工艺流程为:抄平、弹线→基层处理→抹灰饼、冲筋→搅拌砂浆→刷水泥浆结合层→铺水泥浆面层→分 3 遍抹平压光→养护。

①抄平、弹线。根据墙上的 50 线,往下量测出面层标高,并在墙上弹出面层标高线。

②基层处理。基层表面应密实、平整,垫层表面应清理干净,不允许有凸凹不平和起砂现象。水泥砂浆面层铺设前一天应洒水保持表面有一定的湿润,以利面层与基层结合牢固。

③抹灰饼、冲筋。根据房间内四周墙上弹的面层标高水平线,确定面层抹灰厚度(不应小于 20 mm),然后拉水平线开始抹灰饼(5 cm×5 cm),横竖间距为 1.5~2.0 m,灰饼上平面即为地面面层标高。如果房间较大,为保证整体面层平整度,还须抹标筋(或称冲筋)。将水泥砂浆铺在灰饼之间,宽度与灰饼宽相同,用木抹子拍抹成与灰饼上表面相平一致。

④砂浆拌制。宜采用机械搅拌,拌和要均匀,颜色一致。

⑤刷水泥浆结合层。水泥砂浆铺设前,在基层表面涂刷一层水泥浆作粘结层,其水灰比为 0.4~0.5,涂刷要均匀,随刷随铺设砂浆。

⑥抹水泥砂浆面层。在灰饼或标筋之间将砂浆铺设均匀,然后用木(或铝合金)刮杠按灰饼高度刮平。刮平后立即用木抹子搓平,从内向外退着操作,并随时用靠尺检查其平整度。如有分格要求的地面,可在分格缝处预先埋设分格条,分格条顶面与面层顶面平。

⑦分 3 遍压实抹光。摊铺水泥砂浆后,即进行振实,并做好面层的抹平和压光工作。一般抹压 3 遍,先用木抹子扳实、刮平、搓平,再用钢皮抹子压第一遍,等表面收水后随即压光,并检查平整度。待水泥砂浆开始凝结,即人踏上有脚印但不下陷时,用钢皮抹子压第二遍,要求不漏压,并将凹坑、砂眼处压平。当水泥砂浆凝结,即人踩上去稍有脚印而无抹子纹时,可用钢皮抹子压第三遍,并将第二遍留下的抹子纹压平、压实、压光。

⑧养护。地面压光完工后要及时养护,可采用覆盖和洒水的方法进行养护,养护时间不少于 7 d。

3)水泥混凝土面层施工

水泥混凝土面层的混凝土强度等级应符合设计要求,但不应低于 C20;水泥混凝土面层兼垫层时,其强度等级不应低于 C15。水泥混凝土面层的厚度为 30~40 mm,面层兼垫层的厚度按设计的垫层确定,但不应小于 60 mm。

水泥混凝土面层的施工工艺流程为:抄标高、弹线→基层处理→搅拌混凝土→刷水泥浆结合层→铺混凝土面层→分遍抹平压光→养护。其施工要点为:

①根据墙上的 50 线,往下量测出面层标高,并弹在墙上。

②基层表面应坚固密实、平整、洁净,不允许有凸凹不平和起砂等现象。水泥混凝土拌合料铺设前,应保持基层表面有一定的湿润。

③混凝土铺设前应按标准水平线用木板隔成按需要的区段,以控制面层厚度。

④混凝土铺设时的坍落度不宜大于 30 mm。铺设时,在基层表面上涂一层水灰比为 0.4~0.5 的水泥浆,并随刷随铺设混凝土拌合料。摊铺刮平宜采用平板振动器振捣密实或用滚筒压实,以不冒气泡为度,保证面层水泥混凝土密实度和达到混凝土强度等级。

⑤水泥混凝土振实后,必须做好面层的抹平和压光工作。水泥混凝土初凝前,应完成面层抹平、搓打均匀,待混凝土开始凝结即用铁抹子分遍抹压面层,注意不得漏压,并将面层的凹坑、砂眼和脚印压平,在混凝土终凝前需将抹子纹痕抹平压光。

⑥水泥混凝土面层浇筑完成后,应在 12 h 内加以覆盖并浇水养护,在常温下连续养护不少于 7 d。

4)水磨石地面施工

现浇水磨石地面

水磨石面层是以水泥和石粒按 1∶1.5~1∶2.5 体积比拌制成拌合料,铺设在水泥砂浆结合层上经多遍打磨而成的,其特点是:表面平整光滑、外观美、不起灰,又可按设计和使用要求做成各种彩色图案。

水磨石地面的施工工艺流程为:基层处理→找平弹线→铺抹找平层砂浆、养护→弹分格线→镶分格条→拌制水磨石拌合料→涂刷水泥浆结合层→铺水磨石拌合料→滚压、抹平→试磨→磨光→草酸清洗→打蜡。

①基层处理、找平弹线和铺抹找平层砂浆。基本上与前述水泥砂浆地面做法相同。将 1∶3 的水泥砂浆铺装在冲筋之间,用木抹子摊平拍实,刮杠刮平,再用木抹子搓成毛面,使找平层做到表面平整、密实即可,无需抹光,以利于与面层粘结牢固,克服空鼓现象。抹好找平层砂浆后养护 24 h,待抗压强度达到 1.2 MPa 后方可进行下道工序施工。

②弹分格线。根据设计要求的分格图在房间中部弹出十字线。扣除镶边宽度后,以十字线为准,弹出分格线或图案线,分格间距以 1 m 为宜。

③镶分格条。在分格条下口的两侧用稠水泥浆抹成 30°八字形,将分格条固定住(分格条安在分格线上),水泥浆的高度比分格条至少低 3 mm,使水泥石碴均匀地在分格条两侧。分格条固定后,注意保护,以使图案清晰。

④拌制水磨石拌合料(或称石渣浆)。水磨石面层拌合料配比一般为 1∶1.5~1∶2.5

（水泥∶石粒）。彩色水磨石拌合料，除彩色石粒外，还应加入耐光、耐碱的矿物颜料，其掺入量一般为水泥质量的3%～6%。拌制时先将水泥和颜料过筛干拌后，再加入石粒拌和均匀，待使用前再加水拌和，稠度宜为60 mm。

⑤涂刷水泥浆结合层。分格嵌条稳定后，洒水养护3～4 d，再铺设面层的水泥与石粒拌合料。先用水将找平层表面洒水湿润，再均匀涂刷与面层颜色相同的水泥浆结合层。

⑥铺水磨石拌和料。铺设时将搅拌均匀的拌合料先铺抹分格条边，后铺入分格条框中间，用铁抹子由中间向边角推进。拌合料的厚度应高于分格条1～2 mm，并用铁抹子摊匀压平。

⑦滚压、抹平。待面层稍干，即可从横竖两个方向用铁辊轮换进行滚压，并随滚压随补撒干石粒，直至表面出浆、石粒均匀为止。待表面收水后，进行第二次滚压，直到表面平整密实，再用铁抹子收浆抹平。对滚压不到位的边角部位，最后用铁抹子将边角和大面抹平压光。滚压后高出分格条约1 mm。面层铺完后严禁行走，并及时洒水养护。

⑧试磨。过早开磨易造成石粒松动，过迟开磨易造成磨光困难。因此开磨前应进行试磨，以表面石子不松动为准。水磨石面层开磨时间见表10.1。

表10.1　水磨石面层开磨时间

平均温度（℃）	开磨时间（d）	
	机磨	人工磨
20～30	2～3	1～2
10～20	3～4	1.5～2.5
5～10	5～6	2～3

注：天数从水磨石压实磨光后算起。

⑨磨光。普通水磨石的面层一般磨光三次，补浆两次，即所谓"两浆三磨"，同时根据各次（遍）打磨的要求、特点选用不同规格的磨石。

⑩草酸清洗，打蜡。将冷却后的草酸溶液（热水∶草酸＝1∶0.35）在磨石面层上均匀擦洗，每擦一段用磨石打磨出水泥和石粒本色，再用清水冲洗干净并擦干。然后将熬制好的成品蜡包在薄布内，在面层上薄薄涂一层，待干后用钉有帆布或麻布的木块代替油石，装在磨石机上研磨，用同样方法再打第二遍蜡，直到光滑洁亮为止。

10.1.3　板块面层施工

板块面层包括砖面层（陶瓷锦砖、缸砖、陶瓷地砖和水泥花砖面层）、大理石面层和花岗石面层、预制板块面层（水泥混凝土板块、水磨石板块面层）、料石面层（条石、块石面层）、塑料板面层、活动地板面层、地毯面层。木、竹面层包括实木地板面层、实木复合地板面层、中密度（强化）复合地板面层、竹地板面层等。

1) 地砖面层施工

地砖面层是采用陶瓷锦砖、缸砖、陶瓷地砖或水泥花砖等板块材料铺设在水泥砂浆、沥青胶结料或胶粘剂等结合层上而成。结合层做法：采用 1:3 的干硬性水泥砂浆铺设，厚度为 10~15 mm，目前常用此法；采用胶粘剂铺设，厚度为 2~3 mm。

铺贴地板砖

另外，当板块尺寸较大且较厚时，常在板下干铺一层 20~40 mm 厚的细砂或细炉渣，待校正后，用砂浆嵌填板缝。这种做法施工简单、造价低，便于维修更换，但不易平整，城市人行道常按此方法施工。

地砖面层的施工工艺流程为：基层处理→弹铺砖控制线→铺设结合层→铺砌砖面层→勾（擦）缝→养护。

①基层处理。基层表面要求坚实、平整，并应清扫干净，不允许有凸凹不平和起砂等现象。

②弹铺砖控制线。根据 50 线和地砖面层设计标高，弹出面层上皮标高控制线。依照设计的排砖图和地砖的留缝大小，在基层地面弹出十字控制线和分格线。

③铺设结合层。在铺设结合层前还应涂刷一遍水泥浆，其水胶比宜为 0.4~0.5，并应根据砖的大小随刷随铺结合层，以达到上下层连接好。结合层宜采用 1:3 或 1:4 干硬性水泥砂浆，水泥砂浆表面要求拍实并抹成毛面。

④铺砌砖面层。铺贴缸砖、陶瓷地砖、水泥花砖面层前，将砖事先在水中浸泡或淋水湿润后晾干待用。铺贴时将砖铺放在干硬性水泥砂浆上，按标高控制线、十字控制线和分格线敲压平整，然后向四周铺设，并随时用 2 m 靠尺和水平尺检查，确保砖面平整，缝格顺直。

⑤勾（擦）缝和养护。当结合层的砂浆强度达到 1.2 MPa 后，进行勾（擦）缝。勾缝用 1:1 水泥细砂浆，缝内深度宜为砖厚的 1/3，要求缝内砂浆密实、平整、光滑。如设计要求不留缝隙或缝隙较小时，在铺实修整好的砖面层上用浆壶往缝内浇水泥浆，然后用干水泥撒在缝上，再用棉纱团擦揉，将缝隙擦满。

2）大理石、花岗石面层施工

大理石、花岗石面层是分别采用天然大理石和花岗石板材在结合层上铺设而成。结合层可采用体积比为 1:3 的干硬性水泥砂浆，厚度为 10~15 mm；也可采用干拌的水泥和砂，其体积比宜为 1:4~1:6（水泥:砂），厚度宜为 20~30 mm。

大理石、花岗石面层施工工艺流程为：基层处理→弹线→试拼、试排→刷聚合物水泥浆及铺砂浆结合层→铺砌大理石、花岗石板块→灌浆、擦缝→打蜡。

①基层处理。将地面垫层上的杂物及油污清理干净，用钢丝刷刷掉粘结在垫层上的砂浆，并清扫干净，对于弹线后地面高低差较大的地方，高处需剔除，低处用水泥砂浆或豆石混凝土补平。

②弹线。在室内弹十字控制线，以检查和控制大理石、花岗石板块的位置，控制线弹在混凝土垫层上并引至墙面根部，然后依据墙面标高控制线找出面层标高，在墙上弹出水平标高线。

③试拼、试排。在正式铺设前，应按图案、颜色、纹理试拼，试拼中将色板好的排放在显眼部位，花色和规格较差的铺砌在较隐蔽处；同时，将非整块板对称排放在房间靠墙部位。

④刷聚合物水泥浆及铺砂浆结合层。试铺后将干砂和板块移开，清扫干净，用喷壶洒水湿润，刷一道聚合物水泥浆，随刷随铺干硬性水泥砂浆结合层，厚度控制在放上板块时高出面层水平线 3~4 mm 为宜。铺好后用刮杠刮平，再用抹子拍实找平。

⑤铺砌大理石、花岗石板块。板块应先用水浸湿，待擦干或表面晾干后方可铺设。根据房

间拉的十字控制线,纵横各铺一行,作为大面积铺砌的标筋。铺贴时依据试拼时的编号、图案及试排时的缝隙,在十字控制线交点开始铺砌。先试铺,用橡皮锤敲击木垫板(不得用橡皮锤或木锤直接敲击板块),振实砂浆至铺设高度后,将板块掀起移至一旁,检查砂浆表面与板块之间是否相吻合,如发现有空虚之处,应用砂浆填补。然后正式铺砌,先在水泥砂浆结合层上用浆壶均匀满浇一层聚合物水泥浆(也可在石材背面满刮聚合物水泥膏),再铺板块并用橡皮锤或木锤轻击木垫板压平压实。铺完纵、横标准行之后,可分段分区依次铺砌,一般房间宜先里后外进行,逐步退至门口。

⑥灌浆、擦缝。在板块铺砌后结合层抗压强度达到 1.2 MPa 时,即可进行灌浆、擦缝。将与大理石、花岗石同色的矿物颜料和水泥按 1∶1 拌和成均匀的稀水泥浆,灌入板块之间的缝隙中。灌浆 1~2 h 后,用棉纱团蘸原稀水泥浆擦缝与板面擦平,同时将板面上的水泥浆擦净,然后覆盖养护,养护时间不应小于 7 d。

⑦打蜡。当水泥砂浆结合层抗压强度达到 1.2 MPa 时,方可进行打蜡。打蜡后面层达到光滑、洁净,并对面层进行防护。

10.2 抹灰工程

抹灰工程是将砂浆或装饰性水泥石子浆等抹在建筑物的墙面、地面、顶棚等部位的一种传统做法的装饰工程,它是最为直接也是最初始的装饰工程。

10.2.1 抹灰工程的组成与分类

1)抹灰工程的分类

抹灰工程按施工部位不同可分为内墙抹灰和外墙抹灰;按砂浆的类型不同可分为水泥砂浆抹灰、石灰砂浆抹灰、混合砂浆抹灰、保温砂浆抹灰、防水砂浆抹灰等;按面层的装饰效果不同可分为一般抹灰和装饰抹灰。

(1)一般抹灰

一般抹灰所使用的材料有水泥砂浆、水泥混合砂浆、聚合物水泥砂浆和石膏灰等。按主要工序和表面质量的不同,将一般抹灰工程分为普通抹灰和高级抹灰两个等级。当设计无要求时,按普通抹灰验收。

①普通抹灰:由一遍底层、一遍中层、一遍面层(或一底、一面)组成。其质量要求为表面光滑、洁净、接槎平整,分格缝清晰,阳角方正。

②高级抹灰:由一遍底层、数遍中层、一遍面层组成。其质量要求为表面应光滑、洁净、颜色均匀、无抹纹,分格缝和灰线应清晰美观,阴阳角方正。

(2)装饰抹灰

装饰抹灰是指利用材料特点和工艺处理,使抹灰面具有不同的质感、纹理及色泽效果的抹灰类型和施工方式。装饰抹灰的底层、中层与一般抹灰的做法基本相同,但面层材料有区别。装饰抹灰的面层材料主要有:水泥石子浆、水泥色浆、聚合物水泥砂浆等。装饰抹灰可分为砂浆装饰抹灰和石碴装饰抹灰两类。

2)抹灰工程的组成

为了使抹灰层与基层粘结牢固,防止起鼓开裂,并使抹灰层的表面平整,保证工程质量,抹灰层应分层抹灰。抹灰层一般由底层、中层和面层组成,如图 10.2 所示。

（1）底层

底层是粘接层,厚 5~7 mm。其作用主要是使抹灰层与基层牢固粘结和初步找平。底层砂浆根据基体构造做法和在建筑物中的部位的不同,分别使用不同的砂浆品种,但其强度不能高于基层强度,以免抹灰砂浆在凝结过程中产生较强的收缩应力,破坏强度较低的基层,从而产生空鼓、裂缝、脱落等质量问题。底层砂浆的稠度一般为 100 ~ 120 mm,砂子的最大粒径不应超过 2.8 mm。底层抹灰的材料及做法见表 10.2。

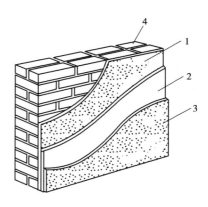

图 10.2　抹灰的组成
1—底层;2—中层;3—面层;4—基层

表 10.2　底层抹灰采用的材料及做法

基层材料	一般做法
砖墙基层	室内墙面一般采用石灰砂浆、石灰炉渣浆打底
	室外墙面、门窗洞口的外侧壁、屋槽、勒脚、压槽墙等及湿度较大的房间和车间宜采用水泥砂浆或水泥混合砂浆
混凝土基层	宜先刷素水泥浆一道,采用水泥砂浆或混合砂浆打底;高级装饰顶板宜用掺胶水泥砂浆打底
加气混凝土基层	宜先刷一遍 108 胶水溶液,用水泥混合砂浆或聚合物水泥砂浆打底
硅酸盐砌块基层	宜用水泥混合砂浆打底
木板条、金属网基层	宜用麻刀灰、纸筋灰或玻璃丝灰打底,并将灰浆挤入基层缝隙内
平整光滑的混凝土基层	可不抹灰,采用刮腻子处理

（2）中层

中层也称找平层,主要起找平作用,厚 5~12 mm,所用材料与底层基本相同。中层砂浆在施工时按照抹灰平整度要求及层厚限制可一遍抹成,也可分遍进行。中层砂浆的稠度为 70~80 mm,砂子的最大粒径不应超过 2.6 mm。

（3）面层

面层是装饰层,起装饰作用,一般厚 2~5 mm。如果面层砂浆仅起抹光作用,其稠度为 70~80 mm,砂子的最大粒径不超过 1.2 mm。

在抹灰施工时应注意砂浆的配套使用,各层砂浆的强度要求应为底层>中层>面层。

3)抹灰层的厚度

（1）每遍抹灰的厚度

抹灰工程宜分层进行,但如果一层抹得太厚,由于内外收水快慢不同,容易产生开裂,甚至起鼓脱落。因此当层厚较大时,抹灰应分遍进行,每遍抹灰厚度一般控制如下:

①抹水泥砂浆每遍厚度为 5~7 mm。

②抹石灰砂浆或混合砂浆每遍厚度为 7~9 mm。

③混凝土内墙面和楼板平整光滑的底面,可采用腻子分遍刮平,总厚度为 2~3 mm。

④板条、金属网用麻刀灰、纸筋灰抹灰的每遍厚度为 3~6 mm。

水泥砂浆和水泥混合砂浆的抹灰层,应待前一层抹灰层凝结后,方可涂抹后一层;石灰砂浆抹灰层,应待前一层至七八成干后,方可涂抹后一层。

(2)抹灰层的总厚度

抹灰层的总厚度也不宜太大,否则既浪费材料,又容易因抹灰的内外层干燥速度不一致而使抹灰出现开裂、起鼓和脱落等。当抹灰总厚度≥35 mm 时,应按设计要求采取加强措施(包括不同材料基体交接处的防开裂加强措施),在找平层中附加一道加强网,加强网可采用钢丝网或玻璃纤维网格布。当采用加强网时,加强网与各基体的搭接宽度不应小于 100 mm。抹灰层总厚度见表 10.3。

表 10.3 抹灰层平均总厚度

部 位	基体材料或等级标准	抹灰层平均总厚度(mm)
顶 棚	板条、现浇混凝土板	15
	预制混凝土板	18
	金属网	20
内 墙	普通抹灰	20
	高级抹灰	25
外 墙		20
勒脚及突出墙面部分		25
石 墙		35

10.2.2 基层处理

在抹灰工程中,基层处理的目的是增强基体与底层砂浆的粘结,防止空鼓、裂缝和脱落等质量隐患。

1)清理基层

抹灰前,应检查基体表面平整度,表面凹凸明显的部位,应事先剔平或用 1∶3 水泥砂浆补平。光滑部位剔凿毛,基体表面的灰尘、污垢、油渍、碱膜、跌落砂浆等应清理干净,并提前一天洒水湿润。不同基体的处理应分别符合下列规定:

①砖砌体基层:应清除表面杂物、尘土,抹灰前应洒水湿润。其目的是避免抹灰层过早脱水,影响强度,产生空鼓。

②混凝土基层:对于脱模剂可用 10%的烧碱溶液洗刷并用清水冲净,对平整光滑混凝土表面,可以用以下 3 种方法处理:凿毛或划毛处理;刷混凝土界面处理剂;用铁抹子满刮水灰比为 0.37~0.4 的素水泥浆一遍。对平整光滑混凝土表面,如设计无要求,也可不抹灰,用刮腻子处理。

③加气混凝土基层：由于加气混凝土的吸水性先快后慢，容量大而延续时间长的特点，所以应增加浇水的次数，使抹灰层有良好的凝结硬化条件，不致在砂浆的硬化过程中水分被加气混凝土吸走。浇水量以水分渗入砌块深度 8～10 mm 为宜。浇水后第二天砌筑。如果还干燥不湿，应再喷一遍水，但抹灰时墙面不显浮水，以利砂浆强度增长，不易出现空鼓、裂缝。一般在抹灰前喷最后一遍水，并在抹灰前刷一道素水泥浆，随后抹灰。

2）填缝

门窗框与墙体交接处缝隙应用水泥砂浆或混合砂浆分层嵌堵。门窗口与立墙交接处应用水泥砂浆或水泥混合砂浆嵌填密实。预制混凝土楼板顶棚抹灰前，需用水泥石灰砂浆勾板缝。

3）堵洞

对墙面上的孔洞、剔槽等用水泥砂浆进行填嵌。凡室内管道穿越的墙洞和楼板洞、凿剔墙后安装的管道周边应用 1:3 水泥砂浆填嵌密实。

4）加强措施

不同材料交接处的基体表面的抹灰，应采取防止开裂的加强措施。在不同结构基层交接处（如砖墙、混凝土墙的连接）应先铺钉一层金属网，其每边搭接宽度不应小于 100 mm。

挂网

10.2.3　一般抹灰工程施工

抹灰施工一般应遵循先室外后室内，先上后下的施工顺序：先室外抹灰，拆除脚手架，堵上脚手眼再进行室内抹灰；内外抹灰从上向下进行，以利于保护已抹完墙面的抹灰。

室外抹灰应先上部后下部，抹灰顺序：屋檐→阳角线→台口线→窗→墙面→勒脚→散水→明沟。室内抹灰应在屋面防水工程完工后，且无后续工程损坏和玷污的情况下进行，其顺序为先天棚、墙面，然后地面，先房间、走廊，然后楼梯和大厅。

1）内墙抹灰

内墙抹灰施工工艺：清理基层→浇水湿润基层→找规矩、做灰饼→设置标筋→阳角做护角→抹底层灰、中层灰→抹窗台板、踢脚线或墙裙→抹面层灰→清理。

室内墙面抹灰

（1）抹灰饼

为了有效地控制抹灰层的厚度和垂直度，使抹灰平整，抹灰前应设置灰饼、标筋作为底、中层抹灰的依据。高级抹灰、装饰抹灰及饰面工程，应在弹线时找方。

抹灰饼前，先用托线板检查墙面的平整度和垂直度，以确定抹灰厚度。一般最薄处不小于 7 mm。从距两边阴角 100～200 mm 处开始，在距顶棚约 200 mm 处先做两个灰饼（上灰饼），然后对应在踢脚线上方 200～250 mm 处做两个下灰饼，再在中间按 1 200～1 500 mm 间距做中间灰饼。灰饼大小一般以 40～50 mm 为宜。灰饼的厚度为抹灰层厚度减去面层灰厚度。

（2）设置标筋

当灰饼砂浆达到七八成干时，在竖向两灰饼之间用砂浆抹一条宽 100 mm 左右的垂直灰埂，称为标筋，而抹灰埂也称为冲筋。设标筋时，以垂直方向的上下两个灰饼之间的厚度为准，具体做法是用与灰饼相同的砂浆在上下两个灰饼间先抹一层,再抹第二层,形成宽度为 100 mm 左右,厚度比灰饼高出 10 mm 左右的灰埂,然后用木杠紧贴灰饼搓动,直至把标筋搓得与灰饼齐平为止。最后要将标筋两边用刮尺修成斜面,以便与抹灰面接槎。抹灰墙面不大时,可做两条标筋,待稍干后可进行底层抹灰。设置灰饼标筋的做法如图 10.3 所示。

（3）做护角

为保护墙面转角处不易遭碰撞损坏,室内墙面、柱面和门洞口的阳角做法应符合设计要求。设计无要求时,应采用不低于 M20 水泥砂浆做护角,其高度不应低于 2 m,每侧宽度不应小于 50 mm,如图 10.4 所示。

（4）抹底层灰

待标筋有一定强度后,即可在两标筋间用力抹上底层灰。底层砂浆的厚度为筋厚度的2/3,用铁抹子将砂浆抹在墙上并进行压实,并用木抹子搓平、搓毛。

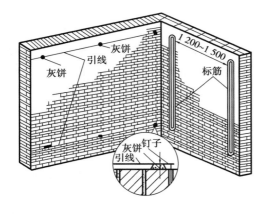

图 10.3　设置灰饼、标筋的做法

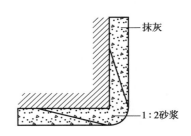

图 10.4　护角

（5）抹中层灰

待底层灰凝结后(达七八成干后,用手指按压已不软,但有指印和潮湿感)抹中层灰,中层砂浆配合比同底层砂浆,中层灰每层厚度一般为 5~7 mm。抹中层灰时,以标筋为准满铺砂浆,然后用铝合金刮杠(也可用木刮杠,但木刮杠宜受潮变形)紧贴标筋,将中层灰刮平,最后用木抹子搓平,直至平整度符合标准为止。

（6）抹面层灰

当中层灰五六成干时,可用麻刀灰、纸筋灰或石膏灰罩面,用铁抹子抹平。如中层灰已干透发白,应先适度洒水湿润后,再抹罩面灰。罩面灰应两遍成活,厚度约 2 mm。

如墙面要粘贴面砖,则不抹罩面灰,中层灰用木抹子搓平即可。如墙面要进行涂料施工,则面层可以采用刮腻子处理,用砂纸磨平。

2）顶棚抹灰

顶棚抹灰一般不设置标筋,只需按抹灰层的厚度在墙面四周弹出水平线作为控制抹灰层厚度的基准线。若基层为混凝土,可用腻子找平代替抹灰,从而解决混凝土顶棚基体表面抹灰层脱落的质量问题。

顶棚抹灰

3）外墙抹灰

外墙面抹灰

外墙抹灰施工前应先安装门窗框、护栏等，应将墙上的施工孔洞堵塞密实，并对基层进行处理。外墙抹灰的工艺流程为：基体处理→浇水润墙→设置标筋→抹底层、中层灰→弹分格线、嵌分格条→抹面层灰→起分格条→养护。外墙抹灰的做法与内墙抹灰大部分相似，下面只介绍其特殊的几点。

建筑外墙面抹灰同内墙抹灰一样要设置标筋，但因外墙面抹灰面过大，门窗、雨篷、阳台、明柱、腰线、勒脚等都要横平竖直，而抹灰必须自上而下逐一按步架顺序进行。因此需在四大角先挂好垂直通线，然后于每步架大角两侧选点弹控制线、拉水平通线，再根据抹灰层厚度要求做灰饼以及抹标筋。

由于外墙面积大，为避免罩面砂浆收缩后产生裂缝，一般均设计有分格缝。在底层砂浆至六七成干后，按要求弹分格线粘分格条。水平方向的分格条宜粘贴在水平线下边（如设计有竖向分格线时，其分格条可粘贴于垂直弹线的左侧）。分格条为梯形截面，木制分格条使用前要用水浸透，以防止在使用时变形；粘贴时，分格条两侧用水泥浆嵌固稳定，其灰浆两侧抹成斜面。当天抹面即可起出的分格条，其两侧灰浆斜面可抹成 45°角；当天不进行面层抹灰的分格条，其两侧灰浆斜面应抹得陡一些，以 60°角为宜。

室外抹灰常用水泥砂浆罩面。面层抹灰时可先薄刷一遍水泥浆，抹第二遍砂浆时与分格条及标筋抹齐平，然后用刮杠刮平，紧接着用木抹子搓平，待稍干后再用刮杠刮一遍，用木抹子搓磨出平整、粗糙、均匀的表面。面层抹好后即可拆除分格条，并用素水泥浆把分格缝勾平整。如果不是当即拆除分格条，则必须待面层达到适当强度后才可拆除。

外墙窗台、窗楣、雨篷、阳台、压顶及突出腰线的上面应做流水坡度，下面应做滴水线或滴水槽。滴水槽的深度和宽度均不小于 10 mm，并整齐一致。

10.2.4 装饰抹灰施工

装饰抹灰除具有与一般抹灰相同的功能外，主要是装饰艺术效果更加鲜明。装饰抹灰的底层和中层的做法与一般抹灰基本相同，只是面层的材料和做法有所不同。

装饰抹灰可分为砂浆装饰抹灰和石碴装饰抹灰两类。根据国内装饰抹灰的实际情况，《建筑装饰装修工程质量验收标准》（GB 50210—2018）仅保留了水刷石、斩假石、干粘石和假面砖等项目。

1）水刷石

水刷石饰面，是将水泥石子浆罩面中尚未干硬的水泥用水冲刷掉，使石子外露，形成具有"绒面感"的表面。

水刷石墙面施工工序：清理基层→湿润墙面→设置标筋→抹底层砂浆→抹中层砂浆→弹线和粘贴分格条→抹水泥石子浆→喷水冲刷→起分格条→养护。

（1）抹底、中层砂浆

水刷石抹灰分三层。一般多采用 1∶3 水泥砂浆进行底、中层抹灰，总厚度约为 12 mm。底层砂浆同一般抹灰,抹中层砂浆时表面压实搓平后划毛,然后进行面层施工。

（2）弹线和粘分格条

中层砂浆凝结后,按设计要求弹分格线,贴分格条。贴条必须位置准确,横平竖直。

（3）抹面层水泥石子浆

罩面前,根据中层抹灰的干燥程度先适当洒水湿润,用铁抹子满刮水灰比为 0.37～0.40（内掺适量的胶粘剂）的聚合物水泥浆一道,可使面层与中层结合牢固。随后抹 10～12 mm 厚的 1:1.2～1:2.0 的水泥石子浆,罩面水泥石粒浆层稍干无水光时,用铁抹子抹一遍,将小孔洞压实、挤严。

（4）喷水冲刷

待面层刚开始初凝（用手指按之略有指印）时,用软毛刷蘸水刷去表面灰浆,并用抹子轻轻拍平石粒,再刷一遍再次拍压,如此反复刷压不少于 3 遍,将水刷石面层分遍拍平压实,使石粒较为紧密且均匀分布。当罩面层凝结（表面略有发黑,手感稍有柔软但不显指痕）,用刷子刷扫石粒不掉时,即可开始喷水冲刷。喷刷分两遍进行:第一遍先用软毛刷蘸水刷掉面层水泥浆露出石粒;第二遍随即用喷浆机或喷雾器将四周相邻部位喷湿,然后由上往下顺序喷水。喷射要均匀,喷头距墙面 100～200 mm,将面层表面及石粒间的水泥浆冲出,使石粒露出表面 1/3～1/2 粒径,达到清晰可见。

（5）起分格条

冲刷面层后,适时起出分格条,用小线抹子顺线溜平,然后根据要求用素水泥浆做出凹缝并上色。喷刷完成后即可取出分格条,刷光理净分格缝,并用水泥浆勾缝。

完工后水刷石表面应石粒清晰、分布均匀、紧密平整、色泽一致,无掉粒和接槎痕迹。

2）干粘石

干粘石是将石子直接粘在砂浆层上,达到同水刷石基本相同的外装饰效果。

干粘石施工工序:清理基层→湿润墙面→设置标筋→抹底层砂浆→抹中层砂浆→弹线和粘贴分格条→抹面层砂浆→撒石子→修整拍平。

（1）抹粘结层

底、中层做法和水刷石相同。面层施工前,先将中层表面刮毛,当中层已干燥时先用水湿润,并刷水泥浆。随即涂抹水泥砂浆粘结层,粘结层厚度一般为石子粒径的 1～1.2 倍。粘结层砂浆层一般分两次抹成,第一次薄抹打底,保证与底面粘结,第二次抹成后总厚度不超过 4～7 mm,然后用靠尺找平、高刮低补,注意不要留下抹纹。

（2）撒石子

粘结层砂浆抹完后立即撒石子,将配有不同颜色的粒径为 4～6 mm 的石子均匀地喷甩至粘结层上。撒石子时,动作要快,一手拿盛料盘,内盛洗净晾干的石粒（干粘石多采用小八厘石碴,过 4 mm 筛去除粉末杂质）,一手持木拍,用拍铲起石粒反手往墙面粘结层砂浆上甩。甩射面要大,平稳有力。先甩粘四周易干部位,后甩粘中部,要使石粒均匀地嵌入粘结层砂浆中。如发现石粒分布不匀或过于稀疏,可以用手及抹子直接补粘。

干粘石也可用机械喷石代替手工甩石,施工时利用压缩空气和喷枪将石子均匀有力地喷射到粘结层上。喷头对准墙面,距墙 300~400 mm,气压以 0.6~0.8 MPa 为宜。

（3）压石子

压石子也同样是先压边、后压中间、从左至右、从上到下。压石子分三步进行,轻压、重压、重拍,即在水泥砂浆不同凝结程度时用不同压法。在完全凝结前压完,压头遍可用大铁板,后二道可用普通宽铁板。干粘石面层达到一定强度后,应洒水养护用抹子拍平压实,石子嵌入粘结层深度不小于石子粒径的 1/2。

（4）起分格条及勾缝

干粘石饰面达到表面平整、石粒饱满时,即可起出分格条。起条时不要碰动石粒,取出分格条后,随手清理分格缝并用水泥浆予以勾抹修整,使分格缝达到顺直、清晰,宽窄一致。待水泥砂浆有一定强度后洒水养护。

完工后的干粘石表面应色泽一致,不露浆,不漏粘,石粒应粘结牢固、分布均匀,阳角处应无明显黑边。

3）斩假石

斩假石是一种在硬化后的水泥石子浆面层上用剁斧、齿斧及钢凿等工具剁出有规律的纹路,使之具有类似经过雕琢的天然石材的表面形态的一种装饰抹灰方法。斩假石又称剁斧石,是仿制天然花岗岩、青条石的一种饰面,常用于台阶、外墙面等。

斩假石施工工序:基层处理→抹底、中层灰→弹线、贴分格条→抹面层水泥石子浆→养护→斩剁面层→清理。

（1）抹底、中层砂浆

在基层处理之后即抹底、中层灰,一般多采用 1:2 水泥砂浆,两层厚度为 10~14 mm。施工时注意各抹灰层表面的划毛,以保证整体结合的质量。涂抹面层砂浆前要洒水湿润已凝结的中层抹灰,并满刮水灰比为 0.37~0.40 的水泥浆(可掺入适量胶粘剂)一道,按设计要求分格弹线、粘贴分格条。

（2）面层抹灰

面层采用稠度为 50~60 mm 的 1:1.25 的水泥石粒(屑)浆,铺抹厚度为 10~11 mm。石粒为 2 mm 左右粒径的米粒石,内掺 30% 粒径为 0.15~1.0 mm 的石屑。罩面操作一般分两次进行。先薄抹一层灰浆,稍收水后再抹一遍灰浆与分格条齐平,用刮尺赶平,然后再用木抹子反复压实,达到表面平整,阴阳角方正。抹完后,随即用软毛刷蘸水顺剁纹的方向把水泥浆轻刷掉露出石粒。但注意不要用力过重,以免石粒松动。面层抹灰完成后及时进行养护,常温下(15~30 ℃)养护 2~3 d,较低气温时(5~15 ℃)宜养护 4~5 d,其强度控制在 5 MPa,即水泥强度尚不大,较容易斩剁而石粒又剁不掉的程度为宜。

（3）斩剁面层

当面层水泥石子浆养护到试剁时不掉石粒且较易剁出斧迹时,就可开始斩剁。斩剁前要先弹纹路线(线距约为 100 mm),按线斩剁,以避免操作中剁纹走斜。斩剁时应保持表面湿润,以防止石屑爆裂。斩假石操作应自上而下进行,先斩转角和四周边缘,后斩中部饰面。斩剁时动作要快并轻重均匀,剁纹深浅一致,剁纹深度一般以 1/3 石粒粒径为宜。为便于操作并增强装饰性,棱角和分格缝周圈宜留设 15~20 mm 宽度的镜边。镜边也可与天然石材的处理方式相同,改为横向剁纹。墙面或造型体的阳角处,应采用横剁,并应留出宽窄一致的不剁的镜边。斩剁完后,墙面应用清水冲刷干净,起出分格条,用钢丝刷刷净分格缝处。按设计要求,可在缝内做凹缝并上色。

斩假石的外观质量标准是:剁纹均匀顺直,深浅一致,不得有漏剁处。阳角处横剁或留出不剁的边条应宽窄一致,棱角不得有损坏。

4)假面砖

假面砖又称仿面砖,是指采用彩色砂浆和相应的工艺处理,将抹灰面抹制成陶瓷饰面砖分块形式及其表面效果的装饰抹灰做法。

假面砖一般分底、中、面三层,底、中层抹灰施工方法和一般抹灰相同,采用 1∶3 水泥砂浆,表面达到平整并保持粗糙。凝结硬化后洒水湿润,然后抹 1∶1 水泥砂浆垫层,厚度 2~3 mm。接着抹面层彩色砂浆(水泥∶石灰膏∶细砂=5∶1∶9,掺适当颜料),厚度 3~4 mm。面层彩色砂浆稍收水后,挂线用铁梳子划出 1 mm 深的竖纹,再挂横线用铁皮刨或铁钩沿靠尺板划出 3~4 mm 深的横纹,然后清扫表面。

10.3　门窗工程

常见的门窗类型有木门窗、金属门窗、塑料门窗和特种门窗。其中,木门窗应用最早且最普遍,但目前金属门窗和塑料门窗逐渐取代了传统的木门窗。门窗施工包括制作和安装两部分,通常由工厂预先加工拼装成型,在现场采用后塞口法安装。木门窗与砖石砌体、混凝土或抹灰层接触处应进行防腐处理,埋入砌体或混凝土中的木砖应进行防腐处理。建筑外门窗安装必须牢固;在砌体上安装门窗严禁采用射钉固定;推拉门窗扇必须牢固,必须安装防脱落装置。

10.3.1　木门窗

1)木门窗安装的作业条件

①结构工程已完成并验收合格,室内已弹好+50 cm 水平线。

②门窗框、扇在安装前应检查翘扭、弯曲、劈裂、崩缺,榫槽间结合处有无松离,如有问题应进行修理。

③门窗框进场后,应将靠墙的一面涂刷防腐涂料,刷后分类码放平整。

④门窗框安装应在砌墙前进行(先立口法),或在地面工程和墙面抹灰施工以前进行(后塞口法),门窗扇安装应在饰面完成后进行。

2)木门窗安装施工工艺

木门窗安装施工工艺流程:弹线找规矩→确定门窗框安装位置→确定安装标高→掩扇,门框安装样板→窗框、扇、安装→门框安装→门扇安装。

(注:把窗扇根据图纸要求安装到窗框上,此道工序称为掩扇。对掩扇的质量,按验评标准

检查缝隙大小,五金安装位置、尺寸、型号,以及牢固性,符合标准要求后作为样板,并以此作为验收标准和依据。)

10.3.2　金属门窗

金属门窗包括钢门窗、铝合金门窗、涂色镀锌钢板门窗。其中铝合金门窗发展时间长,范围广,占据市场份额比例最大。尤其是带有热断桥工艺和彩色外表再配上中空玻璃的铝合金门窗,解决了普通铝合金门窗导热性强,保温性差的缺点。故此处重点介绍铝合金门窗的施工。

1)铝合金门窗安装的作业条件

①主体结构经相关单位检查验收合格,或墙面已粉刷完毕且洞口抹好底糙。

②按施工图纸要求尺寸,弹好门窗中线,并弹好室内+50 cm水平线。校正门窗洞口位置尺寸及标高是否符合设计图纸要求,如有问题应提前剔凿处理。

③检查门窗洞口尺寸及标高是否符合设计要求。有预埋件的门窗口还应检查预埋件的数量、位置及埋设方法是否符合设计要求。

④检查铝合金门窗,如有劈棱窜角和翘曲不平、偏差超标、表面损伤、变形及松动、外观色差较大者,应经处理验收合格后才能安装。

⑤认真检查铝合金门窗的保护膜的完整,如有破损的,应补粘后再安装。

2)铝合金门窗安装的施工工艺

铝合金门窗安装的施工工艺流程:画线定位→防腐处理→铝合金门窗的安装就位→铝合金窗的固定→门窗框与墙体间缝隙的处理→门窗扇及门窗玻璃的安装→安装五金配件。

(1)画线定位

根据设计图纸中门窗的安装位置、尺寸和标高,依据门窗中线向两边量出门窗边线。若为多层或高层建筑时,以顶层门窗边线为准,用线坠或经纬仪将门窗边线下引,并在各层门窗口处画线标记,对个别不直的口边应剔凿处理。

门窗的水平位置应以楼层室内+50 cm水平线为准向上反量出窗下皮标高,弹线找直。每层必须保持窗下皮标高一致。

(2)防腐处理

门窗框四周外表面的防腐处理设计无要求时,可涂刷防腐涂料或粘贴塑料薄膜进行保护,以免水泥砂浆直接与铝合金门窗表面接触,产生电化学反应,腐蚀铝合金门窗。

安装铝合金门窗时,如果采用连接铁件固定,则连接铁件、固定件等安装用金属件最好用不锈钢件。否则必须进行防腐处理,以免产生电化学反应,腐蚀铝合金门窗。

(3)铝合金门窗安装就位

根据划好的门窗定位线,安装铝合金门窗框,并及时调整好门窗框的水平、垂直及对角线长度等达到质量标准,然后用木楔临时固定。

(4)铝合金门窗的固定

当墙体上预埋有铁件时,可直接把铝合金门窗的铁脚直接与墙体上的预埋件焊牢,焊接处需做防锈处理。

当墙体上没有预埋铁件时,可用金属膨胀螺栓或塑料膨胀螺栓将铝合金门窗的铁脚固定到墙上。要求紧固点距离墙(柱、梁)边缘不得小于 50 mm,且应注意错开墙体缝隙,以防紧固失效。

当墙体上没有预埋铁件时,也可用电钻在墙体上打深 80 mm、直径为 6 mm 的孔。用 6 mm 的 L 形(80 mm×50 mm)钢筋,在长的一端粘涂 108 胶水原浆,然后打入孔中。待 108 胶水泥浆终凝后,再将铝合金门窗的铁脚与埋置的 6 mm 钢筋焊牢。

(5)门窗框与墙体间缝隙的处理

铝合金门窗安装固定后,应先进行隐蔽工程验收,合格后及时按设计要求处理门窗框与墙体之间的缝隙。铝合金门窗的周边填缝,应作为一道重要工序认真进行。根据施工规范要求,铝合金门窗框与洞口墙体之间应采用弹性连接,至少填充 20 mm 厚的保温软质材料,避免门窗框四周形成冷热交换区。

粉刷门窗套时,应在门窗框内外框边嵌条留 5~8 mm 深槽口;槽口内用密封胶嵌填密封,严禁水泥砂浆直接同门窗框接触,以防腐蚀。其原因是硅酸盐类水化后将产生大量氢氧化钙,使水泥砂浆呈强碱性,pH 值可达 11~12,从而腐蚀铝合金。

(6)门窗扇及门窗玻璃的安装

门窗扇和门窗玻璃应在洞口墙体表面装饰完工,验收后安装。

推拉门窗在门窗框安装固定后,将配好玻璃的门窗扇整体安入框内滑槽,调整好与扇的缝隙即可。

平开门窗在框与扇格架组装上墙、安装固定好再安玻璃,即先调整好框与扇的缝隙,再将玻璃安入扇并调整好位置,最后镶嵌密封条及密封胶。

(7)安装五金配件

五金配件与门窗连接用镀锌螺钉。安装的五金配件应结实牢固,使用灵活。

10.3.3 塑料门窗

塑料门窗包括钙塑门窗(又称硬质 PVC 门窗)、玻璃钢门窗、改性聚氯乙烯塑料门窗等。其中钙塑门窗的型材是以聚氯乙烯树脂为基料,以轻质碳酸钙做填料,掺加少量添加剂,在工厂经机械加工而成,并在其空腔中设置衬钢,以提高门窗骨架的整体刚度,故亦称塑钢门窗。塑钢门窗以其优良的品质使用最为广泛,故此处重点介绍塑钢门窗的施工。

1)塑钢门窗安装的作业条件

①新建工程经结构质量验收合格,工种之间办好交接。改建工程将原门窗拆除,清理完洞口砂浆等杂物。

②按设计图将门窗的中线弹好,并弹好室内+50 cm 水平线,检查、校核门窗洞口位置、尺寸以及标高是否符合设计要求。

③检查核对门窗数量、尺寸、安装位置并进行编号。将门窗口的杂物清理干净。

④提前检查塑钢门窗质量,如有保护膜损坏和缺少的要补上后再安装。

2) 塑钢门窗安装的施工工艺

塑料门窗安装的工艺流程为:找平放线→安装铁脚→安装门窗框→填缝抹口→安装玻璃、镶配五金→清洗保护。

(1)找平放线

为保证门窗安装位置准确,外观整齐,首先要找平放线。先通长拉水平线,用墨线弹在侧壁上;再在顶层洞口找中,吊线锤弹窗中线。单个门窗可现场用线锤吊直弹线。

(2)安装铁脚

把连接件(即铁脚)与框成45°放入框内背面燕尾槽口,然后沿顺时针方向把连接件扳成直角,旋进一只自攻螺钉固定。

(3)安装门窗框

把门窗框放在洞口的安装线上,用木楔临时固定;校正各方向的垂直度和水平度。然后开启门窗扇检查,调至开启灵活自如。此外,门窗定位后,可以做好标记后取下扇存放备用,待玻璃安装完毕,再按原有标记位置将扇安回框上。最后用膨胀螺栓配尼龙膨胀管固定连接件,每只连接件不少于2只膨胀螺栓,如洞口已埋设木砖,直接用2只木螺栓将连接件固定在木砖上。

(4)填缝抹口

在门窗洞口粉刷前,一边拆除木楔、一边在门窗框周围缝隙内塞入填充材料,使之形成柔性连接,以适应热胀冷缩。然后在所有的缝隙内嵌注密封膏,做到密实均匀。最后再做门窗套抹灰。

(5)安装五金玻璃

塑钢门窗安装五金及配件时,必须先钻孔后用自攻螺丝拧入,严禁直接锤击打入;待墙体粉刷完成后,将玻璃用压条压紧在门窗扇上,在铰链内滴入润滑剂,将表面清理干净即可。

10.4　饰面板(砖)工程

饰面板(砖)工程是在墙柱表面镶贴或安装具有保护和装饰功能的块料而形成的饰面层。块料的种类可分为饰面砖和饰面板两大类。饰面砖有釉面瓷砖、外墙面砖、陶瓷锦砖和玻璃马赛克等;饰面板有石材饰面板、金属饰面板、塑料饰面板、镜面玻璃饰面板等。

10.4.1　饰面砖施工

饰面砖一般是采取直接在基层上进行粘贴的施工方法。

1) 内墙釉面砖施工

(1)施工准备

①材料准备。釉面砖:釉面砖一般应用优等品,饰面砖要精挑细选,使用时要求颜色均匀、尺寸一致、边缘整齐、棱角不得损坏,无缺釉、脱釉、裂缝及凹凸不平的现象。粘结砂浆:常采用1:2或1:3的水泥砂浆做结合层,也可在砂浆中加入少量石灰膏,以增加粘结砂浆的保水性和和易性,或加入水泥质量3%~5%的108胶,以使砂浆有较

釉面砖粘贴

好的和易性保水性。其他材料:矿物颜料、白水泥或专用勾缝剂。

②机具设备准备。砂浆搅拌机、切割机、无齿锯、云石机、磨光机、角磨机、手提切割机、手推车、平锹、铁板、筛子(孔径5 mm)、窗纱筛子、大桶、灰槽钢丝刷、扫帚、小灰铲、勾缝溜子、勾缝托灰板、橡皮锤、小白线等。

(2)施工作业条件

①墙面抹灰完毕,作好墙面防水层、保护层等。

②安装好门窗框扇,隐蔽部位的防腐、填嵌应处理好,并用1:3水泥砂浆将门窗框、洞口缝隙塞严实。铝合金、塑料门窗、不锈钢门等框边缝所用嵌塞材料及密封材料应符合设计要求,且应塞堵密实,并事先粘贴好保护膜。

③各种管线、设备、预留预埋件已安装完成。

(3)施工工艺流程和操作要点

内墙釉面砖施工工艺流程:基层处理→抹底子灰→排砖弹线→贴标志块→选砖、浸砖→镶贴面砖→面砖勾缝与擦缝及清理。

①基层处理。与一般抹灰的基层处理基本相同。

②抹底子灰。基体基层处理好后,用1:3水泥砂浆或1:1:4的混合砂浆打底。打底时要分层进行,每层厚度宜5~7 mm,总厚度10~15 mm,以能找平为准。并用木抹子搓出粗糙面或划出纹路,用刮杠和托线板检查其平整度和垂直度,隔日浇水养护。

③排砖弹线。待底层灰至六七成干时,按图纸要求,结合瓷砖规格进行弹线、排砖。排砖时水平缝应与门窗口平齐,竖向应使各阳角和门窗口处为整砖,非整砖行应排在不明显处,即阴角或次要部位。

④选砖、浸砖。面砖镶贴前,应挑选颜色、规格一致的砖。将面砖清扫干净,放入净水中浸泡2 h以上,取出待表面晾干或擦干净后方可使用。阴干时间通常为3~5 h,以手摸无水感为宜。

⑤贴标志块。为了控制表面平整度,正式镶贴前,在墙上粘废釉面砖作为标志块,上下用托线板挂直,作为粘贴厚度的依据,横向每隔1.5 m左右做一个标志块,用拉线或靠尺校正平整度。

⑥镶贴面砖。铺贴瓷砖宜从阳角开始,先大面,后阴阳角和凹槽部位,并由下向上、由左往右逐层粘贴。先在地面水平线固定一根八字靠尺或直靠尺,用水平尺校正,作为第一行面砖水平依据。镶贴时,面砖的下口坐在八字靠尺或直靠尺上,这样可防止面砖因自重而向下滑动,确保面砖横平竖直。镶贴时,在釉面砖背面满抹灰浆,四周刮成斜面,厚度5 mm左右,注意边角满浆。贴于墙面的釉面砖就位后应用力按压,并用灰铲木柄轻击砖面,使釉面砖紧密粘于墙面。铺贴完整行的釉面砖后,再用长靠尺横向校正一次。对高于标志块的应轻轻敲击,使其平齐;若低于标志块时,应取下釉面砖,重新抹满刀灰铺贴,不得在砖口处塞灰,否则会产生空鼓。然后依次按上法往上铺贴。

⑦勾缝、清理。墙面釉面砖用白色水泥浆擦缝,用布将缝内的素浆擦均。勾缝后用抹布将砖面擦净。如砖面污染严重,可用稀盐酸酸洗后用清水冲洗干净。

外墙贴瓷砖

2）外墙面砖施工

（1）作业条件

①面砖及其他材料已进场，经检验其质量、规格、品种、数量、各项性能指标合格。

②各种管线、设备、预留预埋件已安装完成。

③门、窗框已安装完成，嵌缝符合要求，门窗框已贴好保护膜，栏杆、预留孔洞及落水管预埋件等已施工完毕，且均通过检验，质量符合要求。

④施工所需的脚手架已经搭设完，垂直运输设备已安装好，符合使用要求和安全规定，并经检验合格。

⑤施工现场所需的临时用水、用电，各种工、机具准备就绪。

（2）施工工艺流程和操作要点

外墙面砖施工工艺流程：基层处理→抹底子灰→弹线分格、排砖→浸砖→贴标准点→刷结合层→镶贴面砖→勾缝、清理表面。

①基层处理。清理墙、柱面，将浮灰和残余砂浆及油渍冲刷干净，再充分浇水润湿，并按设计要求涂刷结合层（采用聚合物水泥砂浆或其他界面处理剂），再根据不同基体进行基层处理，处理方法同一般抹灰工程。

②抹底子灰。打底时应分 2 层进行，每层厚度不应大于 5～9 mm，以防空鼓，设计无要求时底灰总厚度一般为 10～15 mm。第一遍抹后扫毛，待六至七成干时，可抹第二遍，随即用木杠刮平，木抹搓毛，终凝后浇水养护。

③弹线分格、排砖。按设计要求进行排砖，确定接缝宽度及分格，同时弹出控制线，做出标记。排砖时水平缝应与门窗口平齐，竖向应使各阳角和门窗口处为整砖。

④浸砖。与内墙釉面砖相同。

⑤贴标准点。在镶贴前，应先贴若干块废面砖作为标志块，上下用托线板吊直，作为粘接厚度的依据。横向每隔 1.5～2.0 m 做一个标志块，用拉线或靠尺校正平整度。

⑥刷结合层。找平层经检验合格并养护后，宜在表面涂刷结合层，这样有益于满足强度要求，提高外墙饰面砖粘贴质量。

⑦镶贴面砖。镶贴应自上而下进行。高层建筑采取措施后，可分段进行。在每一分段或分块内的面砖，均为自下而上镶贴。从最下一层砖下皮的位置线先固定好靠尺，以此托住第一皮面砖。在面砖外皮上口拉水平通线，作为镶贴的标准。对于有设缝要求的饰面，可按设计规定的砖缝宽度制备小十字架，临时卡在每 4 块砖相邻的十字缝间，以保证缝隙精确。

⑧勾缝、清理表面。贴完一个墙面或全部墙面并检查合格后进行勾缝。勾缝应用水泥砂浆分皮嵌实，并宜先勾水平缝，后勾竖直缝。勾缝一般分两遍，头遍用 1∶1 水泥细砂浆，第二遍用与面砖同色的彩色水泥砂浆擦成凹缝，凹进深度为 3 mm。勾缝应连续、平直、光滑、无裂纹、无空鼓。勾缝处残留的砂浆，必须清除干净。

10.4.2　石材饰面板施工

石材饰面板一般多采用相应的连接构造进行安装,对薄型小规格块材,可采用粘贴方法安装。

1)粘贴法施工

一般对厚度 12 mm 以下、边长小于 400 mm 且安装高度不超过 1 m 的薄型小规格块材,可采用与釉面砖施工相同的粘贴法进行施工。

2)湿作业安装法

当饰面板规格大于 400 mm 或安装高度超过 1 m,则可采用湿作业安装法或干挂法施工。湿作业安装法又称挂装灌浆法,可用于混凝土墙、砖墙表面装饰,如图 10.5 所示。

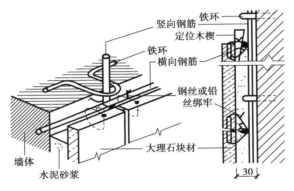

图 10.5　挂装灌浆法

挂装灌浆法的施工工艺流程为:基层处理→绑扎钢筋网片→弹基准线→预拼、选板、编号→板材钻孔→饰面板安装→分层灌浆→嵌缝、清洁板面→抛光打蜡。

3)湿作业改进安装法

湿作业改进安装工艺也称为 U 形钉锚固灌浆法,如图 10.6 所示。此法采用镀锌或不锈钢锚固件锚固,操作较为简单,易于粘贴牢固,且免除绑扎钢筋网的工序,降低了工程造价。

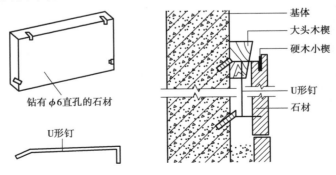

图 10.6　U 形钉锚固灌浆法

湿作业改进安装法施工工艺流程:基层处理→板块钻孔→弹线分块、预拼编号→基体钻斜孔→固定校正→灌浆→清理→嵌缝。

4)干挂法

干挂法是将石材饰面板通过高强度螺栓和耐腐蚀、强度高的金属连接件固定于结构表面的施工方法。此种工艺一般多用于 30 m 以下的钢筋混凝土结构,不适用砖墙或加气混凝土基层。与传统的湿作业工艺比较,干挂法免除了灌浆工序,可缩短施工周期,减轻建筑物自重,提高抗震性能,更重要的是有效地防止灌浆中的盐碱等色素对石材的渗透污染,提高其装饰质量和观感效果。

干挂法施工工艺流程为:基面处理→弹线→打孔或开槽→固定连接件→镶装板块→嵌缝→清理。

干挂法安装板材的方法有数种,常用的有销针式(也称钢销式)和板销式两种。在板材上下端面打孔,插入 $\phi5$ mm 或 $\phi6$ mm(长度宜为 20~30 mm)不锈钢销,同时连接不锈钢舌板连接件,并与建筑结构基体固定。干挂法的 L 形连接件可与舌板为同一构件,即所谓一次连接法;亦可将舌板与连接件分开并设置调节螺栓,而成为能够灵活调节进出尺寸的所谓二次连接法,如图 10.7 所示。板销式是将销针式勾挂石板的不锈钢销改为≥3 mm 厚的不锈钢板条式挂件,施工时插入石板的预开槽内,用不锈钢连接件(或本身即呈 L 形的成品不锈钢挂件)与建筑结构体固定。目前板销式不锈钢干挂件采用比较广泛,该工艺采用手携电动磨切机在石材侧边开出槽口,解决了用电钻在石板侧边打孔速度缓慢的问题,不仅提高了工效,同时也使干挂点的受力状况更均匀。

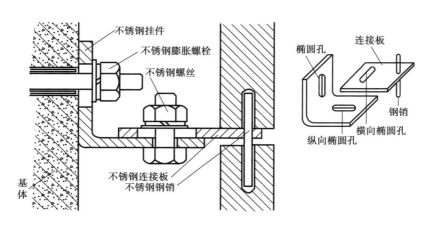

图 10.7　钢销法安装饰面板(二次连接法)

10.4.3　金属饰面板施工

金属饰面板一般采用铝合金板、彩色压型钢板和不锈钢钢板,用于装饰内外墙面、屋面、顶棚等。

对于小面积的金属饰面板墙面可采用胶粘法施工,胶粘法施工时可采用木质骨架。先在木骨架上固定一层细木工板,以保证墙面的平整度与刚度,然后用建筑胶直接将金属饰面板粘贴在细木工板上。面积较大的金属饰面板一般通过卡条、螺栓或自攻螺丝等安装在承重骨架上,骨架通过固定件及连接件与基体牢固相连。

施工工艺流程一般为:放线→饰面板加工→埋件安装→骨架安装→骨架防腐→保温、吸音层安装→金属饰面板安装→板缝打胶→板面清洁。

10.5 建筑幕墙工程

10.5.1 建筑幕墙的构造与分类

1)建筑幕墙的构造

建筑幕墙是由金属构件与玻璃、铝板、石材等面板材料组成的建筑外围护结构。

幕墙结构的主要部分如图 10.8 所示,由面板构成的幕墙构件连接在横梁上,横梁连接在立柱上,立柱悬挂在主体结构上。幕墙与主体结构连接的各种预埋件,其数量、规格、位置和防腐处理必须符合设计要求。幕墙及其连接件应具有足够的承载力、刚度和相对于主体结构的位移能力。当幕墙构架立柱的连接金属角码与其他连接件采用螺栓连接时,应有防松动措施。

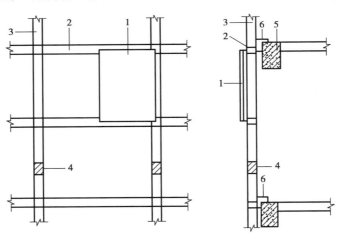

图 10.8　幕墙组成示意图

1—幕墙构件;2—横梁;3—立柱;4—立柱活动接头;5—主体结构;6—立柱悬挂点

2)建筑幕墙的分类

建筑幕墙按面板材料可分为玻璃幕墙、铝板幕墙、石材幕墙、钢板幕墙、预制彩色混凝土板幕墙、塑料幕墙、建筑陶瓷幕墙和铜质面板幕墙等。

10.5.2　玻璃幕墙

1) 玻璃幕墙分类

按施工方法不同,玻璃幕墙可分为现场组合的分件式玻璃幕墙和工厂预制后再在现场安装的单元式玻璃幕墙。按结构及构造形式不同,玻璃幕墙又可分为以下 4 种:

(1) 明框玻璃幕墙

明框玻璃幕墙的玻璃板镶嵌在铝框内,形成四边都有铝框固定的幕墙构件。而幕墙构件又连接在横梁上,形成横梁、立柱均外露,铝框分隔明显的立面。

(2) 隐框玻璃幕墙

隐框玻璃幕墙一般是将玻璃用硅酮结构密封胶(也称结构胶)粘结在铝框上,铝框全部隐蔽在玻璃后面,形成大面积全玻璃镜面。

(3) 半隐框玻璃幕墙

将玻璃两对边镶嵌在铝框内,另外两对边用结构胶粘结在铝框上,则形成半隐框玻璃幕墙。其中,立柱外露、横梁隐蔽的称竖框横隐玻璃幕墙;横梁外露、立柱隐蔽的称竖隐横框玻璃幕墙。

(4) 全玻璃幕墙

为游览观光需要,建筑物底层、顶层及旋转餐厅的外墙,有时使用大面积玻璃板,而且支撑结构也都采用玻璃肋,称为全玻璃幕墙。

2) 玻璃幕墙安装施工

玻璃幕墙现场安装施工有单元式和分件式两种方式。单元式施工是将立柱、横梁和玻璃板材在工厂拼装为一个安装单元(一般为一层楼高度),然后在现场整体吊装就位。分件式安装施工是最一般的方法,它将立柱、横梁、玻璃板材等材料分别运到工地,现场逐件进行安装,其主要工序如下:

(1) 放线定位

放线定位即将骨架的位置弹到主体结构上。放线工作应根据土建单位提供的中心线及标高控制点进行。对于由横梁、立柱组成的幕墙骨架,一般先弹出立柱的位置,然后再将立柱的锚固点确定。待立柱通长布置完毕,再将横梁弹到立柱上。如果是全玻璃安装,则应首先将玻璃的位置弹到地面上,再根据外缘尺寸确定锚固点。

(2) 预埋件检查

幕墙与主体结构连接的预埋件应在主体结构施工时,按设计要求的数量、位置和方法进行埋设。施工安装前,应检查各连接位置预埋件是否齐全,位置是否符合设计要求。

(3) 骨架安装施工

依据放线的位置,进行骨架安装。常采用连接件将骨架与主体结构相连。连接件与主体结构可以通过预埋件或后埋锚栓固定,但当采用后埋锚栓固定时,应通过试验确定其承载力。骨架安装一般先安装立柱(因为立柱与主体结构相连),再安装横梁。横梁与立柱的连接依据其材料不同,可以采用焊接、螺栓连接、穿插件连接或用角铝连接等方法。

（4）玻璃安装

因玻璃幕墙的类型不同,固定玻璃的方法也不相同。钢骨架,因型钢没有镶嵌玻璃的凹槽,多用窗框过渡,将玻璃安装在铝合金窗框上,再将窗框与骨架相连。铝合金型材的幕墙框架,在成型时已经将固定玻璃的凹槽随同整个断面一次挤压成型,可以直接安装玻璃。玻璃与硬性金属之间,应避免直接接触,要用封缝材料过渡。对隐框玻璃幕墙,在玻璃框安装前应对玻璃及四周的铝框进行必要的清洁,保证嵌缝耐候胶能可靠粘结。

（5）密缝处理

玻璃或玻璃组件安装完毕后,必须及时用耐候密缝胶嵌缝密封,以保证玻璃幕墙的气密性、水密性等性能。

（6）清洁维护

玻璃幕墙安装完成后,应从上到下用中性清洁剂对幕墙表面及外露构件进行清洁,清洁剂使用前应进行腐蚀性检验,证明对铝合金和玻璃无腐蚀作用后方可使用。

10.5.3　铝板幕墙

铝板幕墙主要由铝合金板和骨架组成,铝合金板可选用已生产的各种定型产品,也可根据设计要求,与生产厂家协商定做,常见断面如图 10.9 所示。骨架的立柱、横梁通过连接件与主体结构固定。承重骨架由立柱和横梁拼成,多为铝合金型材或型钢制作。铝板与骨架用连接件连成整体,根据铝板的截面类型,连接件可以采用螺钉,也可采用特制的卡具。

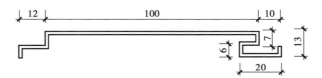

图 10.9　铝板断面示意图

铝板幕墙的施工工序为:放线定位→连接件安装→骨架安装→铝板安装→收口处理。

铝板幕墙安装要求控制好安装高度、铝板与墙面的距离、铝板表面垂直度。施工后的幕墙表面应做到表面平整、连接可靠,无翘起、卷边等现象。

10.6　涂饰工程

涂饰工程是指将涂料涂在建筑物或构件的表面,并与基体材料很好地粘结,干结后形成完整涂膜或涂层的装饰饰面工程。涂料涂饰是当今建筑饰面采用最为广泛的一种方式。建筑涂料装饰虽然比贴面砖、水刷石的有效使用年限短,但由于这种饰面做法省工省料、工期短、工效高、自重轻、便于维修更新,而且造价相对比较低,因此,无论在国外还是在国内,这种饰面做法均得到了广泛的应用。

10.6.1 概述

1)涂料的种类

涂料主要由胶粘剂、颜料、溶剂和辅助材料等组成。目前,涂料主要使用合成树脂及其乳液、无机硅酸盐和硅溶胶等。涂料的品种繁多,其种类有:

①按装饰部位不同分为外墙涂料、内墙涂料、地面(或地板)涂料、顶棚涂料。

②按涂层厚度、形状与质感不同分为薄质涂料、厚质涂料、复层涂料、多彩涂料等。

③按成膜物质不同分为有机涂料、无机涂料和有机无机复合型涂料。其中有机涂料又分为溶剂型涂料、乳液涂料、水溶性涂料等。

根据《建筑工程施工质量验收统一标准》(GB 50300—2013),涂饰工程施工质量分别按水性涂料工程、溶剂型涂料工程和美术涂饰工程进行验收。

2)涂饰程序及施工作业条件

(1)涂饰程序

外墙面涂饰时,不论采用什么工艺,一般均应由上而下,分段分步进行涂饰,分段分片的部位应选择在门、窗、拐角、水落管等易于掩盖的部位。

内墙面涂饰时,应在顶棚涂饰完毕后进行,由上而下分段涂饰;涂饰分段的宽度要根据刷具的宽度以及涂料稠度决定。

(2)作业条件

涂饰工程应在抹灰、吊顶、地面及电气工程等已完成验收合格后进行。常温下,新抹砂浆要求 7 d 以上,现浇混凝土常温要求 28 d 以上,方可涂饰建筑涂料。

外墙面涂饰时,脚手架或吊篮已搭设完毕;墙面孔洞已修补;门窗、设备管线已安装,洞口已堵严抹平;涂饰样板已经鉴定合格;不涂饰的部位已遮挡等。

内墙面涂饰时,室内各项抹灰均已完成,穿墙孔洞已填堵完毕;门窗玻璃已安装,木装修已完,油漆工程已完二道油;不喷刷部位已做好遮挡;样板间已经鉴定合格。

10.6.2 基层处理及建筑涂料施涂方法

1)基层处理与要求

①基层要求平整,但又不应太光滑。

②混凝土基层的处理。对于混凝土表面不平整或高低不平的部位,应使用聚合物水泥砂浆进行基层处理,做到表面平整,并使抹灰层厚度均匀一致。具体做法:先认真清扫混凝土表面,然后涂刷聚合物水泥砂浆,每遍抹灰厚度不大于 9 mm,总厚度为 25 mm,最后在抹灰底层用木抹子抹平,并进行养护。由于模板缺陷造成混凝土尺寸不准,或由于设计变更等原因,造成抹灰找平部分厚度增加,应在混凝土表面固定焊接金属网,并将找平层抹在金属网上,以防止出现开裂及剥离。

③水泥砂浆基层的处理。水泥砂浆面层有空鼓现象时,应铲除,用聚合物水泥砂浆修补。水泥砂浆面层有孔眼时,应用水泥素浆修补。也可从剥离的界面注入环氧树脂胶粘剂。水泥砂浆面层凹凸不平时,应用磨光机研磨平整。

④加气混凝土板材基层的处理。由于加气混凝土基层吸水率很大,可能把基层处理材料中的水分全部吸干,因而在加气混凝土基层表面涂刷合成树脂乳液封闭底漆,使基层渗吸得到适当调整。修补边角及开裂时,必须在界面上涂刷合成树脂乳液,并用聚合物水泥砂浆修补。加气混凝土板材接缝连接面及表面气孔应全刮涂打底腻子,使表面光滑平整。

⑤石膏板、石棉板基层的处理。石膏板不适宜用于湿度较大的基层,若湿度较大时,需对石膏板进行防潮处理。石膏板多做对接缝,此时接缝及钉孔等必须用合成树脂乳液腻子刮涂打底,固化后用砂纸打磨平整。石膏板连接处可做成 V 形接缝。施工时,在 V 形缝中嵌填专用的掺合成树脂乳液石膏腻子,并贴玻璃接缝带抹压平整。石膏板在涂刷前,应对石膏面层用合成树脂乳液灰浆腻子刮涂打底,固化后用砂子等打磨光滑平整。

⑥在喷刷涂料前,一般要在基层上先喷刷一道与涂料体系相适应的稀释乳液,稀释了的乳液渗透能力强,可使基层坚实、干净,粘结性好并节省涂料。如果要在旧涂层上刷新涂料,应除去粉化、破碎、生锈、变脆、起鼓等部分,否则刷的新涂料就不会牢固。

2)建筑涂料的施涂方法

建筑涂料可以采用喷涂、滚涂、刷涂、抹涂、刮涂和弹涂等施涂方法,以取得不同表面的质感。每种施工方法都是在做好基层后施涂,不同的基层对涂料施工有不同的要求。使用时,应在充分了解各类建筑涂料性能的基础上,根据建筑标准、基层的状况以及建筑物所处的环境和施工季节来合理选用。

(1)刷涂

刷涂是指采用鬃刷或毛刷施涂。刷涂时,头遍横涂走刷要平直,有流坠马上刷开,回刷一次;蘸涂料要少,一刷一蘸,不宜蘸得太多,防止流淌;由上向下一刷紧挨一刷,不得留缝;第一遍干后刷第二遍,间隔时间依涂料性能而定,第二遍一般为竖涂。

(2)滚涂

滚涂是指利用滚涂辊子进行涂饰。滚涂时,先把涂料搅匀调至施工黏度,少量倒入平漆盘中摊开。用辊筒均匀蘸涂料后在墙面或其他被涂物上滚涂。滚涂的涂膜应厚薄均匀,平整光滑,不流挂,不漏底,表面图案清晰均匀,颜色和谐。

(3)喷涂

喷涂是指利用压力将涂料喷涂于物面墙面上的施工方法。涂层一般要求两遍成活,横向喷涂一遍,竖向再喷涂一遍,间隔时间取决于涂料品种和喷涂厚度。操作时,先将涂料调至施工所需稠度,装入贮料罐或压力供料筒中。关闭所有开关,打开空气压缩机进行调节,使其压力达到 0.4~0.8 MPa 的施工压力。喷涂作业时,手握喷枪要稳,涂料出口应与被涂面垂直;喷嘴与被涂面的距离一般控制在 400~600 mm;喷枪移动时应与被喷面保持平行;喷枪运行速度一般为 400~600 mm/s。喷枪移动范围不能太大,一般直线喷涂 700~800 mm 后下移折返喷涂下一行,一般选择横向或竖向往返喷涂。喷涂面的上下或左右搭接宽度为喷涂宽度的 1/3~1/2。喷涂的涂膜要求厚度均匀,颜色一致,平整光滑,不得出现露底、皱纹、流挂、针孔、气泡和失光等现象。

（4）抹涂

抹涂是指用钢抹子将涂料抹压到各类物面上的施工方法。施工时,先用刷涂、滚涂方法先刷一层底层涂料做结合层。底层涂料涂饰后 2 h 左右,即可用不锈钢抹压工具涂抹面层涂料,涂层厚度为 2~3 mm。抹完后,间隔 1 h 左右,用不锈钢抹子拍抹饰面压光,使涂料中的粘结剂在表面形成一层光亮膜。饰面涂层与基层结合牢固,无空鼓,无开裂,表面平整光滑,色泽一致,无缺损、抹痕。

（5）刮涂

刮涂是利用刮板,将涂料厚浆均匀地批刮在涂面上,形成厚度为 1~2 mm 的厚涂层。刮涂时应用力按刮板,使刮板与饰面成 50°~60°角。刮涂时只能来回刮 1~2 次,不能往返多次刮涂。

（6）弹涂

弹涂是借助专用的电动或手动的弹涂器,将各种颜色的涂料弹到饰面基层上,形成直径2~8 mm、大小近似、颜色不同、互相交错的圆粒状色点或深浅色点相间的彩色涂层。弹涂首先要进行封底处理,可采用丙烯酸无光涂料刷涂,面干后弹涂色点浆。色点浆采用外墙厚质涂料,也可用外墙涂料和颜料现场调制。弹色点可进行 1~3 道,特别是第二、三道色点直接关系到饰面的立体质感效果,色点的重叠度以不超过 60% 为宜。弹涂方向为自上而下呈圆环状进行,不得出现接槎现象。

10.6.3 涂饰工程的施工工序

根据施工质量要求的不同,涂饰工程分为普通涂饰和高级涂饰两个等级。涂饰施工的工序应根据涂料的种类、基层材质情况及设计要求的等级作适当调整,而且涂料的遍数应符合设计要求。

1) 外墙面涂饰工程施工工序

外墙面涂饰工程的主要工序见表 10.4—表 10.6。

表 10.4 混凝土及抹灰外墙表面薄涂料工程的主要工序

项 次	工序名称	乳液薄涂料	溶剂型薄涂料	无机薄涂料
1	修补	√	√	√
2	清扫	√	√	√
3	填补缝隙、局部刮腻子	√	√	√
4	磨平	√	√	√
5	第一遍涂料	√	√	√
6	第二遍涂料	√	√	√

注:①表中"√"号表示应进行的工序,"×"号表示不进行的工序。（下同）
②机械喷涂可不受表中涂料遍数的限制,以达到质量要求为准。（下同）
③如施涂两遍涂料后,装饰效果不理想时,可增加 1~2 遍涂料。

表 10.5　混凝土及抹灰外墙表面厚涂料工程的主要工序

项　次	工序名称	合成树脂乳液厚涂料 合成树脂乳液砂壁状涂料	无机厚涂料
1	修补	√	√
2	清扫	√	√
3	填补缝隙、局部刮腻子	√	√
4	磨平	√	√
5	第一遍涂料	√	√
6	第二遍涂料	√	√

注:①合成树脂乳液和无机厚涂料有云母状、砂粒状。

　　②砂壁状建筑涂料必须采用机械喷涂方法,否则将影响装饰效果;砂粒状厚涂料宜采用喷涂方法施涂。

表 10.6　混凝土及抹灰外墙表面复层涂料工程的主要工序

项　次	工序名称	合成树脂乳液 复层涂料	硅溶胶类 复层涂料	水泥系 复层涂料	反应固化型 复层涂料
1	修补	√	√	√	√
2	清扫	√	√	√	√
3	填补缝隙、局部刮腻子	√	√	√	√
4	磨平	√	√	√	√
5	施涂封底涂料	√	√	√	√
6	施涂主层涂料	√	√	√	√
7	滚压	√	√	√	√
8	第一遍罩面涂料	√	√	√	√
9	第二遍罩面涂料	√	√	√	√

注:①如为半球面点状造型时,可不进行滚压工序。

　　②水泥系主层涂料,喷涂后,先干燥 12 h,再洒水养护 24 h 后,再干燥 12 h 才能施罩面涂料。

2)内墙面及顶棚涂饰工程施工工序

内墙面及顶棚涂饰工程的主要工序见表 10.7—表 10.9。

表 10.7　混凝土及抹灰内墙、顶棚表面轻质厚涂料工程的主要工序

项　次	工序名称	珍珠岩粉 厚涂料		聚苯乙烯泡沫塑 料粒子厚涂料		蛭石厚涂料	
		普通	高级	普通	高级	普通	高级
1	清扫	√	√	√	√	√	√
2	填补缝隙、局部刮腻	√	√	√	√	√	√
3	磨平	√	√	√	√	√	√
4	第一遍满刮腻子	√	√	√	√	√	√

续表

项 次	工序名称	珍珠岩粉厚涂料		聚苯乙烯泡沫塑料粒子厚涂料		蛭石厚涂料	
		普通	高级	普通	高级	普通	高级
5	磨平	√	√	√	√	√	√
6	第二遍满刮腻子	×	√	√	√	√	√
7	磨平	×	√	√	√	√	√
8	第一遍喷涂厚涂料	√	√	√	√	√	√
9	第二遍喷涂厚涂料	×	×	×	√	×	√
10	局部喷涂厚涂料	×	√	√	√	√	√

注:①高级顶棚轻质厚涂料装饰,必要时增加1遍满喷厚涂料后,再进行局部喷厚涂料。
　　②合成树脂乳液轻质厚涂料有珍珠岩粉、聚苯乙烯泡沫塑料粒子厚涂料和蛭石厚涂料等。
　　③石膏板室内顶棚表面轻质厚涂料工程的主要工序,除板缝处理外,其他工序同本表。

表 10.8　混凝土及抹灰内墙、顶棚表面薄涂料工程的主要工序

项 次	工序名称	水性涂料涂饰						溶剂型涂料涂饰	
		水溶性涂料		无机涂料		乳液性涂料			
		普通	高级	普通	高级	普通	高级	普通	高级
1	清扫	√	√	√	√	√	√	√	√
2	填补缝隙、局部刮腻子	√	√	√	√	√	√	√	√
3	磨平	√	√	√	√	√	√	√	√
4	第一遍满刮腻子	√	√	√	√	√	√	√	√
5	磨平	√	√	√	√	√	√	√	√
6	第二遍满刮腻子	×	√	×	√	√	√	√	√
7	磨平	×	√	×	√	√	√	√	√
8	干性油打底	×	×	×	×	×	×	√	√
9	第一遍涂料	√	√	√	√	√	√	√	√
10	复补腻子	×	√	×	√	√	√	×	√
11	磨平	×	√	×	√	√	√	√	√
12	第二遍涂料	√	√	√	√	√	√	√	√
13	磨平	×	×	×	×	×	√	√	√
14	第三遍涂料	×	×	×	×	×	√	√	√
15	磨平	×	×	×	×	×	×	×	√
16	第四遍涂料	×	×	×	×	×	×	×	√

注:①高级内墙、顶棚薄涂料工程,必要时可增加刮腻子的遍数及1~2遍涂料。
　　②石膏板内墙、顶棚表面薄涂料工程的主要工序除板缝处理外,其他工序同本表。
　　③湿度较高或局部遇明水的房间,应用耐水性的腻子和涂料。

表 10.9　混凝土及抹灰内墙、顶棚表面复层涂料工程的主要工序

项　次	工序名称	合成树脂乳液复层涂料	硅溶胶类复层涂料	水泥系复层涂料	反应固化型复层涂料
1	清扫	√	√	√	√
2	填补缝隙、局部刮腻	√	√	√	√
3	磨平	√	√	√	√
4	第一遍满刮腻子	√	√	√	√
5	磨平	√	√	√	√
6	第二遍满刮腻子	√	√	√	√
7	磨平	√	√	√	√
8	施涂封底涂料	√	√	√	√
9	施涂主层涂料	√	√	√	√
10	滚压	√	√	√	√
11	第一遍罩面涂料	√	√	√	√
12	第二遍罩面涂料	√	√	√	√

10.7　裱糊工程

裱糊工程就是将壁纸、墙布用胶粘剂裱糊在结构基层的表面上。由于壁纸和墙布的图案、花纹丰富,色彩鲜艳,故更显得室内装饰豪华、美观、艺术、雅致。

10.7.1　裱糊材料及要求

裱糊工程中常用的材料有塑料壁纸、墙布、金属壁纸、草席壁纸和胶粘剂等。

1)塑料壁纸

塑料壁纸是目前应用较为广泛的壁纸。塑料壁纸主要以聚氯乙烯(PVC)为原料生产。在国际市场上,塑料壁纸大致可分为 3 类,即普通壁纸、发泡壁纸和特种壁纸。

2)墙布

墙布的基材有玻璃纤维织物、合成纤维无纺布等,表面以树脂乳液涂覆后再印刷。由于这类织物表面粗糙,印刷的图案也比较粗糙,装饰效果较差。

3)金属壁纸

金属壁纸面层为铝箔,由胶粘剂与底层贴合。金属壁纸有金属光泽,金属感强,表面可以压花或印花。其特点是强度高、不易破损、不会老化、耐擦洗、耐沾污,是一种高档壁纸。

4)草席壁纸

它以天然的草席编织物作为面料。草席料预先染成不同的颜色和色调,用不同的密度和排列

编织,再与底纸贴合,可得到各种不同外观的草席面壁纸。这种壁纸形成的环境使人更贴近大自然,适应了人们返璞归真的趋势,并有温暖感。缺点是较易受机械损失,不能擦洗,保养要求高。

壁纸应颜色均匀,图案清晰,无色差、折印和明显污痕。印花壁纸的套色偏差不大于 1 mm,且无漏印;压花壁纸其压花深浅一致,不允许出现光面。此外,其褪色性、耐磨性、湿强度、施工性均应符合现行材料的有关规定。材料进场后经检验合格,方可使用。

胶粘剂应按壁纸的品种选用,有良好的粘结强度和耐老化性,以及防潮、防霉和耐碱性。

10.7.2　裱糊施工

1)塑料壁纸的裱糊

（1）基层处理

裱糊前,应将基层表面的灰砂、污垢、灰疙瘩和尘土清除干净,有磕碰、麻面和缝隙的部位应用腻子抹平抹光,再用橡皮刮板在墙面上满刮腻子一遍,干后用砂纸磨平磨光,并将灰尘清扫干净。涂刷后的腻子要坚实牢固,不得粉化、起皮和裂缝。常用腻子为乙烯乳胶腻子。石膏板基层的接缝处和不同材料基层相接处应糊条盖缝。为防止基层吸水过快而影响壁纸与基层的粘结效果,用排笔或喷枪在基层表面先涂刷 1~2 遍 1:1 的 107 胶水溶液作底胶进行封闭处理,要求薄而均匀,不得漏刷和流淌。

（2）弹垂直线

为使壁纸粘贴的花纹、图案、线条纵横连贯,在底胶干后,根据房间大小、门窗位置、壁纸宽度和花纹图案的完整性进行弹线,从墙的阳角开始,以壁纸宽度弹垂直线,作为裱糊时的操作准线。

（3）裁纸、闷水和刷胶

壁纸粘贴前应进行预拼试贴,以确定裁纸尺寸,使接缝花纹完整、效果良好。裁纸应根据弹线实际尺寸统筹规划,并编号按顺序粘贴,一般以墙面高度进行分幅拼花裁切,并注意留有20~30 mm 的余量。裁切时要用尺子压紧壁纸,刀刃紧贴尺边,一气呵成,使壁纸边缘平直整齐,不得有纸毛和飞刺现象。

塑料壁纸有遇水膨胀,干后自行收缩的特性,因此,应将裁好的壁纸放入水槽中浸泡 3~5 min,取出后把明水抖掉,静置 10 min 左右,使纸充分吸湿伸胀,然后在墙面和纸背面同时刷胶进行裱糊。

胶粘剂要求涂刷均匀,不漏刷。在基层表面涂刷胶粘剂应比壁纸宽 20~30 mm,涂刷一段,裱糊一张,不应涂刷过厚。如用背面带胶的壁纸,则只需在基层表面涂刷胶粘剂。

（4）裱糊壁纸

以阴角处事先弹好的垂直线,作为裱糊第一幅壁纸的基准;第二幅开始,先上后下对称裱糊,对缝必须严密,不显接槎,花纹图案的对缝必须端正吻合。拼缝对齐后,再用刮板由上往下抹压平整,挤出的多余胶粘剂用湿棉丝及时揩擦干净,不得有气泡和污斑,上下边多出的壁纸用刀切削整齐。每次裱糊 2~3 幅后,要吊线检查垂直线,以防造成累积误差,不足一幅的应裱糊在较暗或不显眼的部位。对裁纸的一边可在阴角处搭接,搭缝宽 5~10 mm,要压实,无张嘴现象。阳角处只能包角压实,不能对接和搭接,所以施工时对阳角的垂直度和平整度更严格控制。大厅明柱应在侧面或不显眼处对缝。裱糊到电灯开关、插座等处应剪口做标志,以后再安装纸面上的照明设备或附件。壁纸与挂镜线、贴脸板和踢脚板等部位的连接也应吻合,不得有缝隙,使接缝严密美观。

（5）清理修整

整个房间贴好后，应进行全面细致的检查，对未贴好的局部进行清理修整，要求修整后不留痕迹，然后将房间封闭予以保护。

2）玻璃纤维布和无纺墙布的裱糊

玻璃纤维布和无纺墙布的裱糊工艺与塑料壁纸的裱糊工艺基本相同，主要内容如下：

（1）基层处理

玻璃纤维墙布和无纺墙布布料较薄，盖底能力较差，故应注意基层颜色的深浅和均匀程度，防止裱糊后色彩不一，影响装饰效果。若基层表面颜色较深或相邻基层颜色不同时，应满刮石膏腻子，或在胶粘剂中掺入适量白色涂料（如白色乳胶漆等）。

（2）裁剪

裁剪前应根据墙面尺寸进行分幅，并在墙面弹出分幅线，然后确定需要粘贴的长度，并应适当放长100~150 mm，再按墙布的花色图案及深浅选布剪裁，以便同幅墙面颜色一致，图案完整。裁布场所要清洁宽敞，用剪刀剪成段时，裁边应顺直，剪裁后应卷拢，横放贮存备用，切勿直立，以免玷污或碰毛布边，影响美观。

（3）刷胶粘剂

胶粘剂应按规定配合比拌合，其中羧甲基纤维素应先用水溶化，经10 h左右用细眼纱过滤，除去杂质，再与其他材料调配并搅拌均匀。调配量以当天用完为限。玻璃纤维布和无纺墙布无吸水膨胀现象，故裱糊前无需用水湿润。粘贴时墙布背面不用刷胶，否则胶粘剂容易渗透到墙布表面影响美观。

（4）裱糊墙布

在基层上用排笔刷好胶粘剂后，把裁好成卷的墙布自上而下按对花要求缓缓放下，墙布上边应留出50 mm左右，然后用湿毛巾将墙布抹平贴实，再用活动裁纸刀割去上下多余布料。阴阳角、线角以及偏斜过多的部位，可以裁开拼接，也可搭接，对花要求可适当放宽，但切忌将墙布横拉斜扯，以免造成整块墙布歪斜变形甚至脱落。

思考题

1.试述抹灰工程的分类和组成及各层的作用。

2.试述墙面抹灰的基层如何处理，灰饼、标筋和护角的作用与施工方法。

3.装饰抹灰有哪些种类？简述其做法和质量要求。

4.试述门窗工程的安装施工工艺和施工要点。

5.简述外墙面砖的镶贴方法。常用的饰面板（砖）有哪些？如何选用？

6.试述楼地面块料面层施工的分类和方法。

7.简述石材的干法和湿法安装要点。

8.常用建筑幕墙有哪几种，各有什么特点？其主要施工工序如何？

9.常用建筑涂料有哪几种？采用何种施工方法？

10.裱糊工程常用的材料有哪些？有什么质量要求？

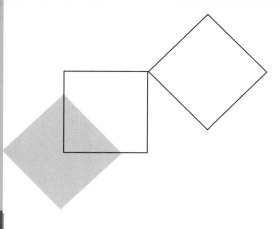

11 防水工程

本章导读：
- **基本要求** 掌握卷材防水屋面的构造及各层作用，掌握卷材防水屋面、涂膜防水屋面和刚性防水屋面的施工工艺、要点及质量要求；了解地下工程防水原则，掌握常用地下防水方案，地下卷材防水、涂膜防水和防水混凝土的施工工艺、要点及质量要求。
- **重点** 卷材防水屋面、涂膜防水屋面和刚性防水屋面的施工工艺、要点及质量标准；常用地下防水方案，地下卷材防水、涂膜防水和防水混凝土的施工工艺、要点及质量要求。
- **难点** 卷材防水屋面、刚性防水屋面的施工要点和质量要求；地下卷材防水、防水混凝的施工要点及质量要求。

　　防水工程可分为屋面防水工程和地下防水工程两个部分。屋面防水工程主要是防止雨雪对屋面的间歇性浸透作用。地下防水工程主要是防止地下水对建筑物(构筑物)的经常性浸透作用。防水工程质量的优劣，不仅关系到建筑物或构筑物的使用寿命，而且直接影响到它们的使用功能。所以，在防水工程施工中，必须严格把好质量关，以保证结构的耐久性和正常使用。

11.1　屋面防水工程

　　屋面防水工程按所用材料和构造做法分为卷材防水屋面、涂膜防水屋面、刚性防水屋面等。

11.1.1　卷材防水屋面

　　卷材防水屋面是采用胶结材料将防水卷材粘成一整片能防水的屋面覆盖层。卷材防水屋面属柔性防水屋面，其优点是质量轻、防水性能较好，尤其是防水层具有良好的柔韧性，能适应一定程度的结构振动和胀缩变形。

卷材防水屋面一般由结构层、隔汽层、保温层、找平层、防水层和保护层组成(图11.1)。

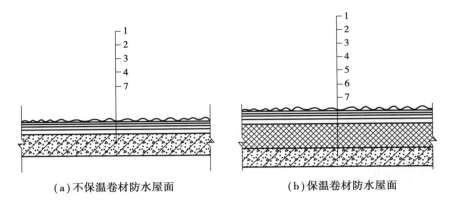

（a）不保温卷材防水屋面　　　　　（b）保温卷材防水屋面

图 11.1　卷材防水屋面构造示意图

1—保护层;2—卷材防水层;3—结合层;4—找平层;5—保温层;6—隔汽层;7—结构层

1)防水材料

（1）卷材

①高聚物改性沥青防水卷材:是以合成高分子聚合物改性沥青为涂盖层,纤维织物或纤维毡为胎体,粉状、粒状、片状或薄膜材料为覆盖材料制成可卷曲的片状材料。

②合成高分子防水卷材:是以合成橡胶、合成树脂或二者的共混体为基料,加入适量的化学助剂和填充料等,经不同工序加工而成可卷曲的片状防水材料;或把上述材料与合成纤维等复合形成两层或两层以上的可卷曲的片状防水材料。

（2）基层处理剂

基层处理剂是为了增强防水材料与基层之间的粘结力,在防水层施工之前,预先涂刷在基层或卷材背面的涂层。

用于高聚物改性沥青防水卷材屋面的基层处理剂主要有氯丁胶沥青乳胶、橡胶改性沥青溶液和沥青溶液等;用于合成高分子防水卷材屋面的基层处理剂主要有聚氨酯煤焦油系的二甲苯溶液、氯丁胶乳溶液和氯丁胶沥青乳胶等。

（3）胶粘剂

胶粘剂是将卷材与基层或卷材粘结在一起的粘贴材料。

高聚物改性沥青卷材的胶粘剂主要有氯丁橡胶改性沥青胶粘剂,它是由氯丁橡胶加入沥青和助剂以及溶剂等配制而成,外观为黑色液体,主要用于卷材与基层、卷材与卷材的粘结。对于高分子卷材由于各种卷材的材性不同,采用的胶粘剂也不同。如适用于三元乙丙橡胶防水卷材的 CX—404 胶粘剂;适用于氯化聚乙烯-橡胶共混体防水卷材的BX—12 胶粘剂等。

2)卷材防水屋面的施工

（1）基层处理

卷材防水屋面可用水泥砂浆、沥青砂浆和细石混凝土找平层作基层。找平层的排水坡度应符合设计要求。平屋面采用结构找坡不应小于 3%,采用材料找坡宜为 2%;天沟、檐沟纵向找坡应小于 1%,沟底水落差不得超过 200 mm。

基层与突出屋面结构(女儿墙、山墙、天窗壁、变形缝、烟囱等)的交接处和基层的转角处,找平层均应做成圆弧形,内部排水的水落口周围的找平层应做成略低的凹坑。找平层宜设分格缝,并嵌填密封材料。分格缝应留设在板端缝处,其纵横缝的最大间距:水泥砂浆或细石混凝土找平层,不宜大于 6 m;沥青砂浆找平层,不宜大于 4 m。

(2)卷材防水层施工的一般要求

铺设屋面隔汽层和防水层前,基层必须干净、干燥。干燥程度的简易检验方法是将 1 m² 卷材平坦地干铺在找平层上,静置 3~4 h 后掀开检查,找平层覆盖部位与卷材背面均无水印即可铺设卷材。

卷材宜平行屋脊铺贴,上下层卷材不得相互垂直铺贴。檐沟、天沟卷材施工时,宜顺檐沟、天沟方向铺贴,搭接缝应顺流水方向。当屋面坡度大于 25% 时,卷材应采取满粘和钉压固定措施。

铺贴防水卷材的阴阳角部位应做成圆弧状或进行倒角处理。为保证防水效果,在铺贴大面积防水卷材前,应在女儿墙、檐沟墙、天窗壁、变形缝、烟囱根、管道根与屋面的交接处及檐口、天沟、雨水口、屋脊等部位,按设计要求先作卷材附加层。防水卷材施工应符合下列规定:

①卷材铺贴应平整顺直,不应有起鼓、张口、翘边等现象。

②同层相邻两幅卷材短边搭接错缝距离不应小于 500 mm。卷材双层铺贴时,上下两层和相邻两幅卷材的接缝应错开至少 1/3 幅宽,且不应互相垂直铺贴。

③同层卷材搭接不应超过 3 层。

④卷材收头应固定密封。

防水卷材最小搭接宽度应符合表 11.1 的规定。

表 11.1 防水卷材最小搭接宽度

防水卷材类型	搭接方式	搭接宽度(mm)
聚合物改性沥青类防水卷材	热熔法、热沥青	≥100
	自粘搭接(含湿铺)	≥80
合成高分子类防水卷材	胶粘剂、粘结料	≥100
	胶粘带、自粘胶	≥80
	单缝焊	≥60,有效焊接宽度不应小于 25
	双缝焊	≥80,有效焊接宽度 10×2+空腔宽
	塑料防水板双缝焊	≥100,有效焊接宽度 10×2+空腔宽

(3)高聚物改性沥青防水卷材施工

高聚物改性沥青防水卷材的粘贴可采用热熔法、冷粘法和自粘法等。

①热熔法。热熔法是利用火焰加热器熔化热熔型防水卷材底层的热熔胶进行粘贴的施工方法。铺贴时,用火焰加热器加热基层和卷材的交界处,在卷材表面热熔后(以卷材表面熔融至光亮黑色为度)应立即滚铺卷材,使之平展,并辊压粘结牢固(图 11.2)。搭接缝处必须以溢

出热熔的改性沥青胶为度,并应随即刮封接口。加热卷材时应均匀,不得过分加热或烧穿卷材。对厚度小于 3 mm 的高聚物改性沥青防水卷材严禁采用热熔法施工。

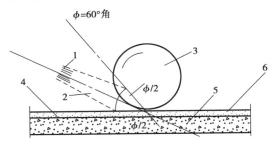

图 11.2　热熔火焰的喷射方向

1—喷嘴;2—火焰;3—改性沥青卷材;
4—水泥砂浆找平层;5—混凝土层;6—卷材防水层

高聚物改性
沥青防水卷材
施工步骤

②冷粘法。冷粘法是利用毛刷将胶粘剂涂刷在基层或卷材上,然后直接铺贴卷材,使卷材与基层、卷材与卷材粘结的方法。施工时,胶粘剂涂刷应均匀、不露底、不堆积。空铺法、条粘法、点粘法应按规定位置与面积涂刷胶粘剂。铺贴卷材时应平整顺直,搭接尺寸准确,接缝应满涂胶粘剂,辊压粘结牢固,溢出的胶粘剂随即刮平封口;也可采用热熔法接缝。接缝口应用密封材料封严,宽度不应小于 10 mm。

屋面SBS
防水卷材
满粘法施工

③自粘法。自粘法施工是指采用带有自粘胶的防水卷材进行铺贴粘结的施工方法。铺贴前,基层表面应均匀涂刷基层处理剂,待干燥后及时铺贴卷材。铺贴时,应先将自粘胶底面隔离纸完全撕净,排除卷材下面的空气,并辊压粘结牢固,不得空鼓(图 11.3)。搭接部位必须采用热风焊枪加热后随即粘贴牢固,溢出的自粘胶随即刮平封口。接缝口用不小于 10 mm 宽的密封材料封严。

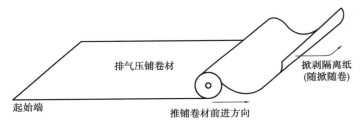

图 11.3　自粘型卷材滚铺法施工示意图

(4)合成高分子防水卷材施工

合成高分子防水卷材的施工方法主要有冷粘法、自粘法和热风焊接法 3 种。

合成高分子
卷材施工

冷粘法、自粘法施工要求与高聚物改性沥青防水卷材基本相同。但冷粘法施工时搭接部位应采用与卷材配套的接缝专用胶粘剂,在搭接缝粘合面上涂刷均匀,并控制涂刷与粘合的间隔时间,排除空气,辊压粘结牢固。

热风焊接法是利用热空气焊枪进行防水卷材搭接粘合的方法。焊接前卷材铺放应平整顺直,搭接尺寸正确;施工时焊接缝的结合面应清扫干净,应无水滴、油污及附着物。先焊长边搭接缝,后焊短边搭接缝,焊接处不得有漏焊、缺焊、焊焦或焊接不牢的现象,也不得损害非焊接部位的卷材。

（5）保护层施工

卷材屋面应有保护层，以减少雨水冲刷或其他外力造成卷材损伤，并可折射阳光、降低温度，减缓卷材老化，从而延长防水层的寿命。当卷材本身无保护层，且又非架空隔热屋面或倒置式屋面时，均应另作保护层。

保护层施工应在防水层经过验收合格，并将其表面清扫干净后进行。

块体材料保护层铺设应符合下列规定：在砂结合层上铺设块体时，砂结合层应平整，块体间应预留 10 mm 的缝隙，缝内应填砂，并应用 1∶2 水泥砂浆勾缝；在水泥砂浆结合层上铺设块体时，应先在防水层上做隔离层，块体间应预留 10 mm 的缝隙，缝内应用 1∶2 水泥砂浆勾缝；块体表面应洁净、色泽一致，应无裂纹、掉角和缺楞等缺陷。

水泥砂浆及细石混凝土保护层铺设应符合下列规定：水泥砂浆及细石混凝土保护层铺设前，应在防水层上做隔离层；细石混凝土铺设不宜留施工缝；当施工间隙超过时间规定时，应对接槎进行处理；水泥砂浆及细石混凝土表面应抹平压光，不得有裂纹、脱皮、麻面、起砂等缺陷。

细石混凝土
保护层施工

11.1.2　涂膜防水屋面

涂膜防水屋面是在屋面基层上涂刷防水涂料，经固化后形成一层有一定厚度和弹性的整体涂膜从而达到防水目的的一种防水屋面形式。这种屋面能适应复杂基层，防水性能好，适用于各种混凝土屋面的防水。

1）防水涂料

①高聚物改性沥青防水涂料。高聚物改性沥青防水涂料又称橡胶沥青类防水涂料，其成膜物质中的胶粘材料是沥青和橡胶（再生橡胶或合成橡胶）。该类涂料有水乳型和溶剂型两种。

②合成高分子防水涂料。合成高分子防水涂料是以合成橡胶或合成树脂为主要成膜物质配制成的单组分或双组分的防水涂料。最常用的有聚氨酯防水涂料和丙烯酸酯防水涂料等。

2）涂膜防水屋面施工

（1）涂膜防水施工

涂膜防水施工的一般工艺流程：基层表面清理、修理→喷涂基层处理剂→特殊部位附加增强处理→涂布防水涂料及铺贴胎体增强材料→清理与检查修理→保护层施工。

涂膜防水施工一般采用手工抹压、涂刷或喷涂等方法。防水涂膜应分层分遍涂布，待先涂的涂层干燥成膜后，方可涂布后一层涂料。涂膜防水层施工应符合下列规定：

①防水涂料应多遍均匀涂布，涂膜总厚度应符合设计要求。

②涂膜间夹铺胎体增强材料时，宜边涂布边铺胎体；胎体应铺贴平整，应排除气泡，并应与涂料粘结牢固。在胎体上涂布涂料时，应使涂料浸透胎体，并应覆盖完全，不得有胎体外露现象。最上面的涂膜厚度不应小于 1.0 mm。

③涂膜施工应先做好细部处理，再进行大面积涂布。

④屋面转角及立面的涂膜应薄涂多遍，不得流淌和堆积。

（2）保护层的施工

①涂膜防水层上采用细砂等粒料做保护层时，应在涂布最后一遍涂料时，边涂布边均匀铺撒，使相互间粘结牢固，覆盖均匀严密，不露底。

②涂膜防水层上采用浅色涂料做保护层时,应在涂膜干燥固化后做保护层涂布,使相互间粘结牢固,覆盖均匀严密,不露底。

③防水涂膜上采用水泥砂浆、块材或细石混凝土做保护层时,应严格按照设计要求设置隔离层。块材保护层应铺砌平整,勾缝严密,分格缝的留设应准确。

④刚性保护层的分格缝留置应符合设计要求,做到留设准确,不松动。

11.2 地下防水工程

地下防水工程是防止地下水对地下构筑物或建筑物基础的长期浸透,保证地下构筑物或地下室使用功能正常发挥的一项重要工程。由于地下工程常年受到地表水、潜水、上层滞水、毛细管水等的作用,所以,对地下工程防水的处理比屋面防水工程要求更高,防水技术难度更大。而如何正确选择合理有效的防水方案就成为地下防水工程中的首要问题。

地下工程的防水方案,应遵循"防、排、截、堵结合,刚柔相济,因地制宜,综合治理"的原则,根据使用要求、自然环境条件及结构形式等因素确定。地下工程的防水,应采用经过试验、检测和鉴定并经实践检验质量可靠的新材料,行之有效的新技术、新工艺。常用的防水方案有以下3类:

①结构自防水:依靠防水混凝土本身的抗渗性和密实性来进行防水。结构本身既是承重围护结构,又是防水层。因此,它具有施工简便、工期较短、改善劳动条件、节省工程造价等优点,是解决地下防水的有效途径,从而被广泛采用。

②防水层防水:即在结构物的外侧增加防水层,以达到防水的目的。常用的防水层有水泥砂浆防水层、卷材防水层、涂膜防水层等,可根据不同的工程对象,防水要求及施工条件选用。

③渗排水防水:利用盲沟、渗排水层等措施来排除附近的水源以达到防水目的。适用于形状复杂、受高温影响、地下水为上层滞水且防水要求较高的地下建筑。

11.2.1 卷材防水层

地下卷材防水层是一种柔性防水层,是用胶结材料将几层卷材粘贴在地下结构基层的表面而形成的多层防水层,它具有较好的防水性和良好的韧性,能适应结构振动和微小变形,并能抵抗酸、碱、盐溶液的侵蚀,但卷材吸水率大,机械强度低,耐久性差,发生渗漏后难以修补。因此,卷材防水层只适应于形式简单的整体钢筋混凝土结构基层和以水泥砂浆、沥青砂浆或沥青混凝土为找平层的基层。

1)卷材及胶结材料的选择

卷材防水层应采用高聚物改性沥青防水卷材和合成高分子防水卷材。所选用的基层处理剂、胶粘剂、密封材料等配套材料均应与铺贴的卷材材性相容,并具有良好的耐水性、耐久性、耐刺穿性、耐腐蚀性和耐菌性。卷材的主要物理性能应满足设计和规范的要求。

2)卷材的铺贴方案

将卷材防水层铺贴在地下需防水结构的外表面时,称为外防水。此种施工方法,可以借助土压力压紧,并可与承重结构一起抵抗有压地下水的渗透和侵蚀作用,防水效果好。外防水的卷材防水层铺贴方式,按其与防水结构施工的先后顺序,可分为外防外贴法和外防内贴法两种。

（1）外防外贴法

外防外贴法是在垫层上先铺贴好底板卷材防水层，进行地下需防水结构的混凝土底板与墙体施工，待墙体侧模拆除后，再将卷材防水层直接铺贴在墙面上，然后砌筑保护墙（图 11.4）。外防外贴法的施工顺序是先在混凝土底板垫层上做 1∶3 的水泥砂浆找平层，待其干燥后，再铺贴底板卷材防水层，并在四周伸出与墙身卷材防水层搭接。保护墙分为两部分，下部为永久性保护墙，高度不小于 $B+100$ mm（B 为底板厚度）；上部为临时保护墙，高度一般为 300 mm，用石灰砂浆砌筑，以便拆除。保护墙砌筑完毕后，再将伸出的卷材搭接接头临时贴在保护墙上。然后进行混凝土底板与墙身施工，墙体拆模后，在墙面上抹水泥砂浆找平层并刷冷底子油，再将临时保护墙拆除，找出各层卷材搭接接头，并将其表面清理干净。此处卷材应错槎接缝［图 11.4（b）］，依次逐层铺贴，最后砌筑永久性保护墙。

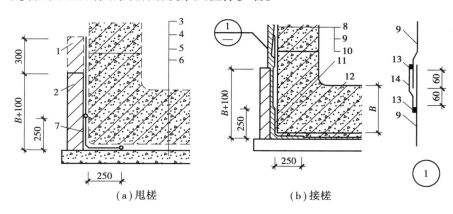

（a）甩槎　　　　　（b）接槎

图 11.4　外防外贴法

1—临时保护墙；2—永久性保护墙；3—细石混凝土保护墙；
4—卷材防水层；5—水泥砂浆找平层；6—混凝土垫层；
7—卷材加强层；8—结构墙体；9—卷材防水层；10—卷材保护层；
11—卷材加强层；12—结构底板；13—密封材料；14—盖缝条

（2）外防内贴法

外防内贴法是在垫层四周先砌筑保护墙，然后将卷材防水层铺贴在垫层与保护墙上，最后进行地下需防水结构的混凝土底板与墙体施工（图 11.5）。外防内贴法的施工顺序是先在混凝土底板垫层四周砌筑永久性保护墙，在垫层表面上及保护墙内表面上抹 1∶3 水泥砂浆找平层，待其基本干燥并满涂基层处理剂后，沿保护墙及底板铺贴防水卷材。铺贴完毕后，在立面上，应在涂刷防水层最后一道沥青胶时，趁热粘上干净的热砂或散麻丝，待其冷却后，立即抹一层 10～20 mm 厚的 1∶3 水泥砂浆保护层；在平面上铺设一层 30～50 mm 厚的 1∶3 水泥砂浆或细石混凝土保护层，最后再进行需防水结构的混凝土底板和墙体施工。

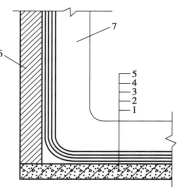

图 11.5　外防内贴法

1—垫层；2—找平层；3—卷材防水层；
4—保护层；5—底板；6—保护墙；
7—需防水结构墙体

内贴法与外贴法相比,其优点是:卷材防水层施工较简便,底板与墙体防水层可一次铺贴完,不必留接槎,施工占地面积较小。但也存在着结构不均匀沉降对防水层影响大,易出现渗漏水现象,竣工后出现渗漏水修补较困难等缺点。工程上只有当施工条件受限时,才采用内贴法施工。

3) 卷材防水层施工

铺贴卷材的基层必须牢固,无松动现象,基层表面应平整洁净,阴阳角处均应做成圆弧形或钝角。卷材铺贴前,宜使基层表面干燥,在平面上铺贴卷材时,若基层表面干燥有困难,则第一层卷材可用沥青胶结材料铺贴在潮湿的基层上,但应使卷材与基层贴紧。必要时卷材层数应比设计增加一层。在立面上铺贴卷材时,为提高卷材与基层的粘结,基层表面应涂满冷底子油,待冷底子油干燥后再铺贴。铺贴卷材时,每层沥青胶涂刷应均匀,其厚度一般为 1.5~2.5 mm。外贴法铺贴卷材应先铺平面,后铺立面,平立面交接处应交叉搭接;内贴法宜先铺立面,后铺平面。铺贴立面卷材时,应先铺转角后铺大面。卷材的搭接长度要求,长边不应小于 100 mm,短边不应小于 150 mm。上下两层和相邻两幅卷材的接缝应相互错开 1/3 幅宽,并不得相互垂直铺贴。在平面与立面的转角处,卷材的接缝应留在平面上距离立面不小于 600 mm 处。所有转角处均应铺贴附加层。附加层可用两层同样的卷材或一层抗拉强度较高的卷材。附加层应按加固处的形状仔细粘贴紧密,卷材与基层和各层卷材间必须粘贴紧密,多余的沥青胶结材料应挤出,搭接缝必须用沥青胶仔细封严。最后一层卷材铺贴好后,应在其表面上均匀地涂刷一层厚为 1~1.5 mm 的热沥青胶结材料。

基础底板防水卷材施工

基础底板高分子自粘胶膜防水卷材施工

高分子自粘胶膜防水卷材立墙施工

11.2.2 涂膜防水层

涂膜防水层的材料包括无机防水涂料和有机防水涂料。无机防水涂料通常采用水泥基防水涂料和水泥基渗透结晶型涂料;有机防水涂料通常选用反应型、水乳型、聚合物水泥防水涂料。当采用有机防水涂料时,应在阴阳角及底板增加一层胎体增强材料并增涂 2~4 遍防水涂料。

水性聚氨酯涂料防水施工工艺

涂料地下防水也宜采用外包防水做法。按地下结构与防水层的施工程序不同,分为外涂法和内涂法,其施工顺序与卷材的外贴法和内贴法基本相同,具体构造分别如图 11.6、图 11.7 所示。

涂膜防水层的施工顺序与前述卷材防水层的施工顺序相似,其涂料涂刷做法应注意以下几点:

①基层表面应洁净、平整,基层阴阳角应做成圆弧形。

②涂料涂刷前应先在基层表面涂刷一层与涂料相容的基层处理剂。

③涂膜应多遍完成,涂刷或喷涂应待前遍涂层干燥后进行,每遍涂刷时应交错改变涂层的涂刷方向,同层涂膜的先后搭压宽度宜为 30~50 mm。

④涂膜防水层的施工缝(甩槎)应注意保护。搭接缝宽度应大于 100 mm,接涂前应将其甩槎表面处理干净。

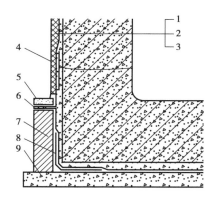

图 11.6　防水涂料外防外涂构造
1—结构墙体；2—涂料防水层；3—涂料保护层；
4—涂料防水加强层；5—涂料防水层搭接部位保护层；
6—涂料防水层搭接部位；7—永久保护墙；
8—涂料防水加强层；9—混凝土垫层

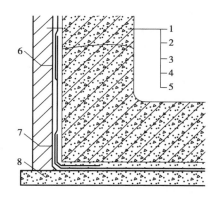

图 11.7　防水涂料外防内涂构造
1—结构墙体；2—砂浆保护层；3—涂料防水层；
4—砂浆找平层；5—保护墙；6—涂料防水加强层；
7—涂料防水加强层；8—混凝土垫层

⑤防水涂料施工完后应及时做好保护层。顶板的细石混凝土保护层厚度应大于 70 mm，且与防水层之间宜设置隔离层。底板细石混凝土保护层厚度应大于 50 mm，侧墙宜采用聚苯乙烯泡沫塑料保护层。

11.2.3　防水混凝土

防水混凝土是通过调整混凝土配合比或掺外加剂等方法，来提高混凝土本身的密实性和抗渗性，使其具有一定防水能力的特殊混凝土。防水混凝土具有取材容易、施工简便、工期较短、耐久性好、工程造价低等优点，因此，在地下工程中防水混凝土得到了广泛使用。

1) 防水混凝土的性质及材料要求

防水混凝土结构常采用普通防水混凝土和外加剂防水混凝土，其抗渗等级不应低于 S6。

普通防水混凝土除满足设计强度要求外，还须根据设计抗渗等级来配制。在防水混凝土中，水泥砂浆除满足填充、粘结作用外，还要求在石子周围形成一定数量和质量良好的砂浆包裹层，减少混凝土内部毛细管、缝隙的形成，切断石子间相互连通的渗水通路，满足结构抗渗防水的要求。

外加剂防水混凝土是在混凝土中加入一定量的外加剂，如减水剂、加气剂、防水剂及膨胀剂等，以改善混凝土性能和结构的组成，提高其密实性和抗渗性，达到防水要求。

防水混凝土宜优先采用普通硅酸盐水泥，也可采用矿渣硅酸盐水泥、复合硅酸盐水泥、火山灰硅酸盐水泥、粉煤灰硅酸盐水泥。无论采用何种水泥，均宜采用外加剂或掺和料（粉煤灰、硅粉等）配制混凝土，水泥强度等级不低于 32.5 MPa。石子粒径宜为 5~40 mm，含泥量不大于 1%，泵送时其最大粒径应为输送管径的 1/4。砂宜用中砂。

防水混凝土的配合比应通过试验确定。确定配合比时，应按设计要求的抗渗等级提高

0.2 MPa，每 m³ 混凝土的水泥用量不少于 320 kg。普通防水混凝土的含砂率以 35% ~ 45% 为宜；灰砂比应为 1∶1.5~1∶2.5；水灰比不宜大于 0.55；坍落度不大于 50 mm，如掺用外加剂或采用泵送混凝土时，坍落度不受此限制。

2）防水混凝土的施工

防水混凝土工程要注意控制施工中的各主要环节，如混凝土的搅拌、运输、浇筑振捣、养护等，均应严格遵循施工及验收规范和操作规程的规定进行施工，以保证防水混凝土工程的质量。

（1）施工要点

①防水混凝土工程的模板应平整且拼缝严密不漏浆，并有足够的强度和刚度，吸水率要小。一般不宜用螺栓或铁丝贯穿混凝土墙固定模板，当墙高需要用对拉螺栓贯穿混凝土墙固定模板时，应采取止水措施。一般可在对拉螺栓中间加焊一块止水环，阻止渗水通路（图 11.8）。

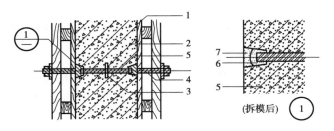

基础底板墙体混凝土浇筑预埋安装

地下室外墙防水施工顺序

图 11.8　固定模板用螺栓的防水做法
1—模板；2—结构混凝土；3—止水环；4—工具式螺栓；
5—固定模板用螺栓；6—嵌缝材料；7—聚合物水泥砂浆

②为了阻止钢筋的引水作用，迎水面防水混凝土其钢筋保护层厚度不得小于 50 mm，底板钢筋均不能接触混凝土垫层。墙体的钢筋不能用铁钉或铁丝固定在模板上。严禁用钢筋充当保护层垫块，以防止水沿钢筋浸入。

③防水混凝土应用机械搅拌、机械振捣，浇筑时应严格做到分层连续进行，每层厚度不宜超过 300~400 mm。两层浇筑时间间隔不应超过 1.5 h，夏季可适当缩短。混凝土进入终凝（一般浇筑后 4~6 h）即应进行覆盖，浇水湿润养护不少于 14 d。

（2）施工缝

施工缝是防水混凝土的薄弱环节之一，施工时应尽量不留或少留。底板混凝土应连续浇筑，不得留施工缝。墙体一般不应留垂直施工缝，如必须留设垂直施工缝时，应留在结构变形缝处。墙体水平施工缝不应留在剪力或弯矩最大处，也不宜留在底板与墙体交接处，最低水平施工缝距底板面不少于 200 mm，距穿墙孔洞边缘不少于 300 mm。施工缝常用防水构造形式如图 11.9 所示。

在施工缝上继续浇筑混凝土前，应将施工缝处的混凝土表面凿毛，清除浮渣和杂物，用水冲洗干净并保持湿润，先铺一层 20~50 mm 厚与混凝土中砂浆成分相同的水泥砂浆或涂刷混凝土界面处理剂后再浇筑混凝土。

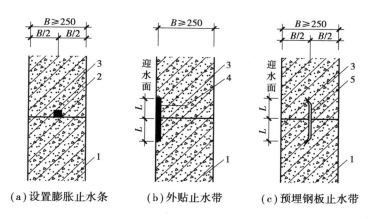

（a）设置膨胀止水条　　（b）外贴止水带　　（c）预埋钢板止水带

图 11.9　施工缝的构造形式

1—先浇混凝土；2—遇水膨胀止水带；3—后浇混凝土；4—外贴止水带；5—钢板止水带

思 考 题

1.屋面防水做法有哪些？简述各自的适用范围。

2.屋面防水卷材有哪几类？

3.卷材防水屋面基层处理有哪些要求？

4.简述常用防水涂料的种类及其适用范围。

5.简述涂膜防水的施工方法。

6.什么是刚性防水屋面？简述其构造要求。

7.简述刚性防水屋面设置隔离层和分格缝的作用。

8.细石混凝土刚性防水层的施工特点是什么？

9.简述地下卷材防水层的优缺点。

10.什么是地下防水卷材的外防外贴法和外防内贴法？各具有什么特点？

11.水泥砂浆防水层的防水原理如何？有何施工特点？

12.试述地下防水混凝土的防水原理、配制方法和施工注意事项。

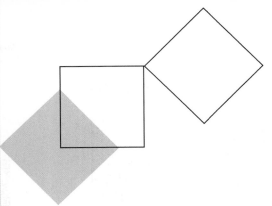

12 施工组织概论

本章导读：
- **基本要求** 掌握施工组织的基本原则；掌握建筑产品及其生产的特点；了解施工准备工作的分类；掌握施工准备工作内容；了解施工组织设计的作用及分类；掌握施工组织设计编制；了解施工组织设计的执行、检查和调整方法。
- **重点** 施工组织的基本原则；建筑产品及其生产的特点；施工准备工作内容；施工组织设计编制、贯彻、检查和调整方法。
- **难点** 施工准备工作的内容；施工组织设计的内容与编制。

12.1 施工组织的基本原则

施工组织设计是施工企业和施工项目经理部施工管理活动的重要技术经济文件，也是完成国家和地区基本建设计划的重要手段。而组织工程项目施工的目的是更好地落实、控制和协调其施工组织设计的实施过程，它应遵循以下几项原则：

1）认真执行基本建设程序及基本建设制度

建设程序，是指建设项目从决策、设计、施工到竣工验收整个建设过程中各个阶段及其先后顺序。各个阶段相互联系，既不能相互代替，也不能颠倒或跳跃。坚持建设程序是工程建设顺利进行的有力保证。

我国对基本建设的管理已制定了相关的一些制度，包括审批制度、施工许可制度、招标投标制度、总承包制度、发承包合同制度、工程监理制度、建筑安全生产管理制度、工程质量责任制度、竣工验收制度、从业资格管理制度等。这些制度为建立和完善建筑市场的运行机制、加强建筑活动的实施与管理，提供了重要的法律依据，必须认真贯彻执行。

2）统筹安排,严格遵守国家和合同规定的工程竣工及交付使用期限

对在建项目应进行统筹安排,在时间上分期和在项目上分批,保证重点工程。将一般的工程项目和重点的工程项目结合起来,把有限的资源优先用于国家或业主最急需的重点工程项目,同时照顾一般工程项目。

3）遵循施工工艺及其技术规律,合理安排施工程序和顺序

建筑施工工艺及其技术规律是分部（项）工程固有的客观规律,它反映了分部（项）工程施工活动中的技术内容及顺序。在组织工程项目施工过程中,必须遵循建筑施工工艺及其技术规律。建筑施工程序和施工顺序是建筑产品生产过程中的固有规律。建筑产品的固定性造成建筑产品生产活动是在同一场地和不同空间,没有前一段的工作,后一段就不可能进行,即使它们之间交叉搭接地进行,也必须严格遵守一定的程序和顺序。

4）尽量采用国内外先进施工技术和科学管理方法

先进的施工技术与科学的施工管理手段相结合,是改善建筑施工企业和工程项目经理部的生产经营管理素质,提高劳动生产率,保证工程质量,缩短工期,降低工程成本的重要途径。为此,在编制施工组织设计时应广泛地采用国内外的先进技术和科学的施工管理方法。

5）采用流水施工方法和网络计划技术,组织有节奏、均衡、连续的施工

在编制施工进度计划时,应从实际出发,采用流水施工方法组织均衡施工,以达到合理使用资源、充分利用空间、争取时间的目的。

采用网络计划技术编制施工进度计划,可使计划逻辑严密、层次清晰、关键问题明确,同时便于对计划方案进行优化、控制和调整,并有利于计算机在计划管理中的应用。

6）提高建筑工业化和施工机械化程度

建筑技术进步的重要标志之一是建筑工业化,而建筑工业化的一个主要表现是认真执行工厂预制和现场预制相结合的方针,努力提高建筑机械化程度。

机械化施工可加快工程进度,减轻劳动强度,提高劳动生产率。建筑施工过程中,使大型机械和中、小型机械结合起来,使机械化和半机械化结合起来,尽量扩大机械化施工范围,提高机械化施工程度。

7）加强季节性施工措施,保证全年生产的连续性和均衡性

为了确保全年连续施工,减少季节性施工的技术措施费用,在组织施工时,应充分了解当地的气象条件和水文地质条件。尽量避免把土方工程、地下工程、水下工程安排在雨期和洪水期施工,把混凝土现浇结构安排在冬期施工;高空作业、结构吊装则应避免在风季施工。对那些必须在冬雨季施工的项目,在安排施工进度计划时应当仔细地对待,采用相应的技术措施,在保证工程质量和施工安全的前提下,既要确保全年连续施工、均衡施工,又不造成季节性施工的技术措施费用过多增加。

8）合理地部署施工现场,尽可能地减少暂设工程

在编制施工组织设计及现场组织施工时,应精心地进行施工总平面图的规划,合理地部署施工现场,节约施工用地;尽量利用正式工程、原有建筑物及已有设施,以减少各种临时设施;尽量利用当地资源,合理安排运输、装卸与储存作业,减少物资运输量,避免二次搬运。

12.2　建筑产品及其生产的特点

　　建筑产品是建筑施工的最终成果,是指各种建筑物或构筑物。与一般工业产品相比,建筑产品有其自身特点,这些特点也就决定了其生产过程与一般的工业产品生产过程不同。

12.2.1　建筑产品的特点

1)建筑产品的空间固定性

　　一般的建筑产品由自然地面以下的基础和自然地面以上的主体两部分组成,其基础直接与作为地基的土地相连接,因而在建造中和建成后都是不能移动的。建筑产品的建筑和使用地点在空间上的固定性,是建筑产品与一般工业产品的最大区别。

2)建筑产品的多样性

　　建筑物本身在规模、结构、构造、形式、基础和装饰等方面变化纷繁,而且因所在地点的自然条件和社会条件的不同也使得建造时施工组织和施工方法存在差异。因此,建筑产品类型多样。

3)建筑产品的体积庞大

　　为了满足建筑产品使用功能的需要,其内部要布置各种生产与生活必需的设备与用具,占据大量的平面与空间,因而与其他工业产品相比,其体形庞大。

4)建筑产品的综合性

　　建筑产品是一个完整的固定资产实物体系,不仅土建工程的艺术风格、建筑功能、结构构造、装饰做法等方面堪称是一个复杂的产品,而且工艺设备、采暖通风、供水供电、卫生设备、智能系统等各类设施错综复杂。

5)建筑产品的高价值性

　　一项建筑产品必须满足使用功能的需要,在其生产过程中结合建筑材料的物理力学性能,需要大量的物质资源,包括耗用大量的人力、材料、机械和其他资源。这些资源的价值绝大部分将转移到建筑产品上。因此,建筑产品不仅实物体型庞大,而且造价高昂。

12.2.2　建筑产品生产的特点

　　由于建筑产品地点的固定性、类型的多样性、体形庞大、综合性和高价值性等特点,决定了建筑产品生产的特点与一般工业产品生产的特点相比较具有自身的特殊性。其具体特点如下:

1)建筑产品生产的流动性

　　建筑产品的固定性决定了建筑产品生产的流动性。建筑产品生产的流动性有两层含义:建筑产品是在固定地点建造的,生产者和生产设备要随着建筑物建造地点的变更而流动,相应的材料、附属生产加工企业、生产和生活设施也经常迁移,造成建筑产品的生产在地区之间流动;

在生产过程中,产品固定不动,人、材料、机械设备围绕着产品移动,要从一个施工段移到另一个施工段,从而导致建筑产品的生产在现场之间和单位工程不同部位之间流动。

2)建筑产品生产的单件性

建筑产品地点的固定性和类型的多样性决定了建筑产品生产的单件性。不同的甚至是相同的建筑物,由于建筑产品所在地区的自然、技术、经济条件不同,使得建筑产品的结构或构造、建筑材料、施工组织和施工方法也不尽相同。因此,建筑产品生产具有单件性。

3)建筑产品生产的地区性

建筑产品的固定性决定了建筑产品生产的地区性。建筑产品都是根据建设单位的需求在需要的地点建造,不同地区的水文、地质、气候等自然条件不同,经济发展水平、原材料供应等社会经济条件也不同,不同地区也有不同的地方标准对建筑产品提出不同的要求。因此,建筑产品的生产必须根据所在地区的具体特点,有针对性地进行施工组织设计,以保证施工活动的顺利进行。

4)建筑产品生产周期长

建筑产品的固定性和体积庞大决定了建筑产品生产周期长。建筑产品在建造过程中要投入大量人力、材料、机械等,生产全过程不仅受到工艺流程和施工程序的制约,而且施工活动的空间也受到局限,从而导致建筑产品生产具有生产周期长、占有流动资金大的特点。

5)建筑产品生产的露天作业多

建筑产品地点固定、体形庞大,使建筑产品不具备在室内生产的条件,一般都要露天作业,其生产受到风、霜、雨、雪、温度等气候条件的影响。这些外部影响对工程进度、工程质量、建造成本等都有很大的影响。

6)建筑产品生产的高空作业多

建筑产品体积庞大,高度较高,在建筑产品的生产过程中,生产者要到达所有的工作面。所以,建筑产品的生产比一般的工业产品的生产过程中的高空作业多。

7)建筑产品生产组织协作的综合复杂性

由上述建筑产品生产的诸特点可以看出,建筑产品生产的涉及面广。在生产组织上,它涉及工程力学、建筑结构、建筑构造、地基基础、水暖电、机械设备、建筑材料和施工技术等学科的专业知识,要在不同时期、不同地点和不同产品上组织多专业、多工种的综合作业。在外部协作,它涉及各专业施工企业,以及城市规划、征用土地、勘察设计、消防、"七通一平"、公用事业、环境保护、质量监督、科研试验、交通运输、银行财政、机具设备、物资材料、水电热气的供应、劳务等社会各部门和各领域的配合,从而使建筑产品生产的组织协作关系具有综合复杂性。

12.3　施工准备工作

为了保证工程顺利开工和施工活动的正常进行,必须事先做好各项准备工作,它是对拟建工程目标、资源供应和施工方案的选择及对其空间布置和时间排列等诸方面进行的施工决策。

12.3.1 施工准备工作的意义

施工准备工作的基本任务是调查研究各种有关工程施工的原始资料、施工条件以及业主要求,全面合理地部署施工力量,从计划、技术、物资、资金、劳力、设备、组织、现场以及外部施工环境等方面为拟建工程的顺利施工建立一切必要的条件,并对施工中可能发生的各种变化做好应变准备。做好施工准备工作具有重要的意义。

施工准备是建筑施工程序的一个重要阶段。遵循建筑施工程序,认真做好施工准备工作,才能取得良好的建设效果。

工程项目施工中需要耗用大量材料、使用众多机械设备、组织安排各工种人力、涉及广泛的社会关系,而且还要处理各种复杂的技术问题,协调各种配合关系。只有充分做好施工准备工作,才能使工程顺利开工,开工后能连续顺利地施工。

认真做好工程项目施工准备工作,可以发挥企业优势、调动各方面的积极因素,合理组织资源,加快施工进度,提高工程质量,降低工程成本,增加企业经济效益、赢得企业社会信誉。

12.3.2 施工准备工作的分类

1)按施工准备工作范围分类

按施工准备工作的范围不同,一般可分为全场性施工准备、单位工程施工条件准备和分部(项)工程作业条件准备3种。

全场性施工准备是以一个建筑工地为对象而进行的各项施工准备,其特点是施工准备工作的目的、内容都是为全场性施工服务的。

单位工程施工条件准备是以一个建筑物为对象进行的施工条件准备工作,其特点是准备工作的目的、内容都是为单位工程施工服务的。

分部(项)工程作业条件准备是以一个分部(项)工程或冬雨季施工项目为对象而进行的作业条件准备。

2)按施工准备工作所处施工阶段分类

按施工准备工作所处施工阶段的不同,一般可分为开工前的施工准备和各施工阶段前的施工准备两种。

开工前的施工准备是在拟建工程正式开工之前所进行的一切施工准备工作,其目的是为拟建工程正式开工创造必要的施工条件。

各施工阶段前的施工准备是在拟建工程开工之后,每个施工阶段正式开工之前所进行的一切施工准备工作,其目的是为施工阶段正式开工创造必要的施工条件。

由此可见,在拟建工程开工前的准备期要做好施工准备工作,随着工程整个施工的进展,在各施工阶段开工之前也要做好施工准备工作。施工准备工作既要有阶段性,又要有连贯性,因此,施工准备工作必须有计划、有步骤、分期分阶段地进行,要贯穿拟建工程整个建造过程的始终。

12.3.3 施工准备工作的内容

施工准备工作的基本内容有施工调查、技术准备、物资准备、劳动组织准备、施工现场准备和施工场外准备。

1)施工调查

施工调查的主要目的是查明工程环境特点和施工的自然、技术经济条件,为选择施工技术与组织方案收集基础资料,并以此作为确定准备工作项目的依据。

调查内容包括以下 3 项:

(1)调查与工程项目特征和要求有关的资料

向建设单位或设计单位了解建设目的、任务、设计意图;了解生产工艺流程与工艺设备特点及来源;摸清对工程分期、分批施工、配套交付使用的顺序要求,以及工程施工的质量要求和技术难点等。

(2)调查建设场地及附近地区的自然条件

调查分析的主要内容有:地区水准点和绝对标高等情况;地质构造、土的性质和类别、地基土的承载力、地震级别和烈度等情况;河流流量和水质、最高洪水和枯水期的水位等情况;地下水位的高低变化情况,含水层的厚度、流向、流量和水质等情况;气温、雨、雪、风和雷电等情况;土的冻结深度和冬雨季的期限等情况。

(3)调查建设地区的技术经济条件

建设地区的技术经济条件是指通过社会活动而形成的与施工活动有关的条件。调查内容包括地区供水、供电、道路交通能力、地方材料供应及当地协作情况等。

2)技术准备

技术准备工作是施工准备工作的核心,是现场施工准备工作的基础,它为施工生产提供各种指导性文件,主要包括以下内容:

(1)熟悉与审查施工图纸及其他技术资料

熟悉与审查施工图纸是为了能够在工程开工之前,使从事建筑施工技术和经营管理的工程技术人员充分了解和掌握设计图纸的设计意图、结构与构造特点和技术要求。通过审查,发现图纸中存在的问题和错误并改正,在施工开始之前,为拟建工程的施工提供一份准确、齐全的设计图纸,从而保证能按设计图纸的要求顺利施工。

(2)学习、熟悉技术规范、规程和有关规定

技术规范、规程是国家制定的建设法规,各级工程技术人员平时就应认真学习、掌握这些规范知识。在接受施工任务后,一定要结合具体工程需要,进一步学习,并根据相关规范、规程制订施工技术和组织方案。

(3)编制施工图预算和施工预算

施工图预算是在拟建工程开工前的施工准备工作时期编制的,主要是确定建筑工程造价和主要物资需要量。

施工预算是施工企业在工程签订承包合同后,以施工图预算为基础,结合企业和工程实际,根据中标后的合同价、施工图纸、施工组织设计或施工方案、施工定额等文件进行编制的,它是

施工企业内部控制各项成本支出、考核用工、"两价"对比、签发施工任务单、限额领料、基层进行经济核算的依据。

（4）编制施工组织设计

施工组织设计是指导施工现场全部生产活动的技术经济文件。应根据拟建工程的规模、结构特点和建设单位的要求，在原始资料调查分析的基础上，编制出一份能切实指导该工程全部施工活动的科学方案（施工组织设计）。

3）物资准备

施工物资准备是指施工中必需的劳动手段（施工机械、机具等）和劳动对象（材料、构配件等）的准备。此项工作要根据各种物资需要量计划，分别落实货源、组织运输和安排储存，使其保证连续施工的需要。主要内容有建筑材料准备、各种预制构件和配件的加工准备、施工机具准备、周转材料准备以及生产工艺设备的准备等。

4）劳动组织准备

对于一个拟建工程项目，其劳动组织准备工作的内容包括建立现场项目组织机构、建立精干的施工队组并组织劳动力进场、向施工队组和工人进行施工组织和技术交底和建立健全各项管理制度等。

5）施工现场准备

施工现场的准备按施工组织设计的要求和安排进行，主要是为了给拟建工程的施工创造有利的施工条件和物资保证。其具体内容如下：

①现场控制网测量。

②现场"三通一平"。

③临时设施的搭设。

④做好施工现场的补充勘探。

⑤组织施工机具进场、组装和保养。

⑥建筑材料、构（配）件的现场储存和堆放。

⑦及时提供建筑材料的试验申请计划。

⑧进行新技术项目的试制和试验。

⑨冬雨季施工准备。

⑩设置消防、保安设施。

工地办公室、会议室、食堂

工地大门、围墙等

喷淋除尘系统

施工用电、供水及消防设施

标准养护室

6）施工场外准备

施工现场外部的准备工作包括以下内容：

（1）分包工作

由于施工单位本身力量所限，有些专业工程的施工、安装和运输等需向外单位委托。这就必须在施工准备工作中，选择好分包单位，并按工程量、完成日期、工程质量和工程造价等内容，与分包单位签订分包合同。

（2）外购物资的加工和订货

建筑材料、构配件和建筑制品大部分需外购，工艺设备则需全部外购。因此，施工准备工作中应及时与供应单位签订供货合同，并督促按时供货。

（3）建立施工外部环境

施工是在固定地点进行,必然要与当地有关部门和单位发生关系,并应服从当地政府部门的管理。因此,应积极主动与相关部门和单位联系,办好有关手续。特别是当具备施工条件后要及时填写开工申请报告,上报主管部门批准,为正常施工创造良好的外部环境。

安全通道、洞口及临边防护

12.4　施工组织设计

12.4.1　施工组织设计的作用

施工组织设计是用以指导施工组织与管理、施工准备与实施、施工控制与协调、资源的配置与使用等全面性的技术经济文件,是对施工活动的全过程进行科学管理的重要手段。施工组织设计有以下作用:

①施工组织设计是施工准备工作的重要组成部分,也是指导各项施工准备工作的依据。

②施工组织设计可实现基本建设计划和设计的要求,可进一步验证设计方案的合理性与可行性。

③施工组织设计是根据工程各种具体条件拟定的施工方案、施工顺序、劳动组织和技术组织措施等,是指导开展紧凑、有序施工活动的技术依据。

④施工组织设计所提出的各项资源需要量计划,直接为组织材料、机具、设备、劳动力的供应和使用提供数据。

⑤施工组织设计对现场作出规划与布置,可以合理利用和安排为施工服务的各项临时设施,为文明施工、安全施工创造条件;可以合理地部署施工现场,为现场平面管理提供依据。

⑥通过编制施工组织设计,可以使工程的设计与施工、技术与经济、施工全局性规律和局部性规律、土建施工与设备安装、各部门之间、各专业之间有机结合,统一协调。

⑦通过编制施工组织设计,可充分考虑施工中可能遇到的困难与障碍,分析施工中的风险和矛盾,主动调整施工中的薄弱环节,及时研究解决问题的对策、措施,从而提高了施工的预见性,减少了盲目性。

⑧施工组织设计是统筹安排施工企业生产的投入与产出过程的关键和依据。从承接工程任务开始到竣工验收交付使用为止的全部施工过程的计划、组织和控制的基础就是科学的施工组织设计。

12.4.2　施工组织设计的分类

施工组织设计是一个总的概念,根据建设项目的类别、工程规模、编制阶段、编制对象和范围的不同,在编制的深度和广度上也有所不同。

1)按编制阶段的不同分类

施工组织设计根据其编制阶段的不同,可以划分为两类:一类是投标前编制的施工组织设计(简称标前设计),另一类是签订工程承包合同后编制的施工组织设计(简称标后设计)。两类施工组织设计的特点和区别见表12.1。

表 12.1　两类施工组织设计的特点

种　类	服务范围	编制时间	编制者	主要特征	主要目标
标前设计	投标与签约	投标书编制前	经营管理层	规划性	中标和经济效益
标后设计	施工准备至验收	签约后开工前	项目管理层	作业性	施工效率和效益

2）按编制对象范围的不同分类

根据施工组织设计的工程对象范围和详细程度的不同,可以分为施工组织总设计、单位工程施工组织设计和施工方案3种。

3）按编制内容的繁简程度不同分类

施工组织设计按编制内容的繁简程度不同可分为完整的施工组织设计和简单的施工组织设计两种。

对于工程规模大、结构复杂、技术要求高、采用新结构、新技术、新材料和新工艺的拟建工程项目,必须编制内容详尽的完整施工组织设计。

对于工程规模小、结构简单、技术要求和工艺方法不复杂的拟建工程项目,可以编制一个仅包括施工方案、施工进度计划和施工平面布置图等内容粗略的简单施工组织设计。

4）按使用时间长短不同分类

施工组织设计按使用时间长短不同分为长期施工组织设计、年度施工组织设计和季度施工组织设计3种。

12.4.3　施工组织设计的编制依据

①设计资料:包括已批准的设计任务书、初步设计(或扩大初步设计)、施工图纸和设计说明书等。

②自然条件资料:包括地形、工程地质、水文地质和气象资料。

③技术经济条件资料:包括建设地区的建材工业及其产品、资源、供水、供电、交通运输、生产、生活基地设施等资料。

④施工合同规定的有关指标:包括建设项目交付使用日期,施工中要求采用的新结构、新技术和有关的先进技术指标等。

⑤施工企业及相关协作单位可配备的人力、机械、设备和技术状况,以及施工经验等资料。

⑥国家和地方有关现行规范、规程和定额标准等资料。

12.4.4　施工组织设计的内容

1）施工组织总设计的内容

①建设项目的工程概况;

　　②总体施工部署；

　　③施工总进度计划；

　　④总体施工准备；

　　⑤主要资源配置计划；

　　⑥主要施工方法；

　　⑦施工总平面布置；

　　⑧主要施工管理计划。

2）单位工程施工组织设计的内容

　　①工程概况；

　　②施工部署；

　　③单位工程施工进度计划；

　　④施工准备；

　　⑤资源配置计划；

　　⑥主要施工方案；

　　⑦施工现场平面布置；

　　⑧施工管理计划。

3）施工方案的内容

　　①工程概况；

　　②施工安排；

　　③施工进度计划；

　　④施工准备；

　　⑤资源配置计划；

　　⑥施工方法及工艺要求。

12.4.5　施工组织设计的编制步骤

　　各类施工组织设计编制的方法大致相同，只是繁简程序有所差异，其主要的程序和步骤如下：

　　（1）计算工程量

　　工程量计算准确，才能保证劳动力和资源需要量的计算正确和分层分段流水作业的合理组织，故工程量必须根据图纸和较为准确的定额资料进行计算。如工程的分层分段按流水作业方法施工时，工程量也应相应地分层分段计算。

　　（2）确定施工方案

　　如果施工组织总设计已有原则规定，则该项工作的任务就是进一步具体化，否则应全面加以考虑。需要特别加以研究的是主要分部分项工程的施工方法和施工机械的选择，因为它对整个单位工程的施工具有决定性的作用。具体施工顺序的安排和流水段的划分，也是需要考虑的重点。与此同时，还要很好地研究和决定保证质量与安全和缩短技术性中断的各种技术组织措施。

（3）组织流水作业，确定施工进度

根据流水作业的基本原理，按照工期要求、工作面的情况、工程结构对分层分段的影响以及其他因素，组织流水作业，决定劳动力和机械的具体需要量以及各工序的作业时间，编制网络计划，并按工作日排出施工进度。

（4）计算各种资源的需要量和确定供应计划

依据采用的劳动定额和工程量及进度可以决定劳动量（以工日为单位）和每日的工人需要量。依据有关定额和工程量及进度，就可以计算确定材料和加工预制品的主要种类和数量及其供应计划。

（5）平衡劳动力、材料物资和施工机械的需要量并修正进度计划

根据对劳动力和材料物资的计算就可绘制出相应的曲线以检查其平衡状况。如果发现有过大的高峰或低谷，即应将进度计划作适当的调整与修改，使其尽可能趋于平衡，以便使劳动力的利用和物资的供应更为合理。

（6）设计施工平面图

设计施工平面图使生产要素在空间上的位置合理、互不干扰，加快施工进度。

（7）制订主要施工管理计划

根据工程特点和施工条件，制订质量、安全、成本、进度、环境和其他管理计划。

（8）编制主要技术经济指标

根据技术组织措施编制各项技术经济指标。

12.4.6　施工组织设计的实施

1）施工组织设计的执行

（1）做好施工组织设计的技术交底

经过批准的施工组织设计，在开工前一定要召开各级生产、技术会议并逐级执行交底，详细地讲解其意图、内容、要求、目标和施工的关键与保证措施，组织施工人员广泛讨论，拟订完成任务的技术组织措施，作出相应的决策。同时责成计划部门，制订出切实可行的、严密的施工计划；责成技术部门，拟定科学合理的具体技术实施细则，保证施工组织设计的贯彻执行。

（2）制定各项管理制度

施工组织设计能否顺利贯彻执行，还取决于施工企业的技术水平和管理水平。体现企业管理水平的标志，在于企业各项管理制度健全与否，为了保证施工组织设计顺利贯彻执行，必须建立和健全各项管理规章制度。

（3）实行技术经济承包责任制

技术经济承包责任制是用经济的手段和方法，明确承发包双方的责任。它便于加强监督和相互促进，是保证承包目标实现的重要手段。为了更好地贯彻施工组织设计，应该推行技术经济承包责任制度，开展劳动竞赛，把施工过程中的技术经济责任同职工的物质利益结合起来。

（4）搞好施工的统筹安排和综合平衡

在贯彻施工组织设计时，一定要搞好人力、财力、材料、机械、施工方法、时间和空间等方面的统筹兼顾、合理安排，综合平衡各方面因素，优化施工计划，对施工中出现的不平衡因素应及时分析和研究，进一步完善施工组织设计，保证施工的节奏性、均衡性和连续性。

2）施工组织设计的检查

（1）主要指标完成情况的检查

施工组织设计的主要指标的检查,一般采用比较法,即把各项指标的完成情况同计划规定的指标相对比。检查的内容应该包括工程进度、工程质量、材料消耗、机械使用和成本费用等。把主要指标数额检查同其相应的施工内容、施工方法和施工进度的检查结合起来,发现其问题,为进一步分析原因提供依据。

（2）施工总平面图的检查

施工现场必须按施工总平面图的要求建造临时设施,敷设管网和运输道路,合理地存放机具,堆放材料;施工现场要符合文明施工的要求;施工现场的局部断电、断水、断路等,必须事先得到有关部门批准;施工的每个阶段都要有相应的施工总平面图;施工总平面图的任何改变都必须由有关部门批准。如果发现施工总平面图存在不合理性,要及时制订改进方案,报请有关部门批准,不断地满足施工进展的需要。施工总平面图的检查应按建设主管部门的规定执行。

3）施工组织设计的调整

施工组织设计的调整就是针对检查中发现的问题,通过分析其原因,拟订改进措施或修订方案;对实际进度偏离计划进度的情况,在分析其影响工期和后续工作的基础上,调整原计划以保证工期;对施工总平面图中的不合理地方进行修改。通过调整,使施工组织设计更切合实际,更趋合理,以实现在新的施工条件下,达到施工组织设计的目标。

思考题

1.简述组织施工的基本原则。

2.建筑产品的特点有哪些?

3.建筑产品生产的特点有哪些?

4.何谓施工准备工作? 如何分类?

5.施工准备工作的主要内容有哪些?

6.简述编制施工组织设计的重要性。

7.施工组织设计的作用有哪些?

8.施工组织设计如何分类?

9.施工组织设计的内容有哪些?

10.简述施工组织设计的编制步骤。

11.如何进行施工组织设计的检查和调整?

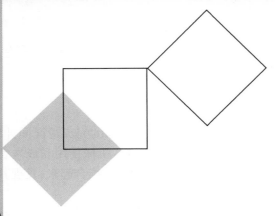

13

流水施工

本章导读：

• **基本要求**　了解建筑施工组织方式、掌握流水施工的基本概念、掌握流水施工基本原理、流水参数概念及其确定方法；掌握流水施工的基本组织方式；掌握等节拍流水的组织步骤、异节拍流水的组织步骤、无节奏流水的组织步骤。

• **重点**　流水施工的基本概念、流水施工基本原理、流水参数概念及其确定方法；流水施工的基本组织方式；等节拍流水的组织步骤、异节拍流水的组织步骤、无节奏流水的组织步骤。

• **难点**　流水施工的基本组织方式；等节拍流水的组织步骤、异节拍流水的组织步骤、无节奏流水的组织步骤。

13.1　流水施工原理

13.1.1　施工过程的合理组织

一个工程的施工过程组织是指对工程系统内所有生产要素进行合理的安排，以最佳的方式将各种生产要素结合起来，使其形成一个协调的系统，从而达到作业时间省、物资资源耗费低、产品和服务质量优的目标。

合理组织施工过程，应考虑以下基本要求：

（1）施工过程的连续性

在施工过程中各阶段、各施工区的人流、物流始终处于不停的运动状态之中，避免不必要的停顿和等待现象,且使流程尽可能短。

（2）施工过程的协调性

要求在施工过程中基本施工过程和辅助施工过程之间、各道工序之间以及各种机械设备之间在生产能力上要保持适当数量和质量要求的协调（比例）关系。

（3）施工过程的均衡性

在工程施工的各个阶段,力求保持相同的工作节奏,避免忙闲不均、前松后紧、突击加班等不正常现象。

（4）施工过程的平行性

这是指各项施工活动在时间上实行平行交叉作业,尽可能加快速度,缩短工期。

（5）施工过程的适应性

在工程施工过程中对由于各项内部和外部因素影响引起的变动情况具有较强的应变能力。这种适应性要求建立信息迅速反馈机制,注意施工全过程的控制和监督,及时进行调整。

工业生产的实践证明,流水施工作业法是组织生产的有效方法。流水作业法的原理同样也适用于建筑工程的施工。建筑工程的流水施工与一般工业生产流水线作业十分相似。不同的是,在工业生产中的流水作业中,专业生产者是固定的,而各产品或中间产品在流水线上流动,由前一个工序流向后一个工序;在建筑施工中的产品或中间产品是固定不动的,而专业施工队则是流动的,它们由前一施工段流向后一施工段。

13.1.2 组织施工的基本方式

组织施工的基本方式有平行施工、依次施工和流水施工3种。这3种组织施工的方式各有特点,适用的范围各异。为了比较依次施工、平行施工和流水施工,现举例来说明。

【例13.1】 某工程需要安装4台型号、规格相同的设备,每台设备的安装都需进行二次搬运、现场组装、吊装就位和调试运行4个施工过程。其中二次搬运需要6名工人和1台拖车;现场组装需要9名工人和3套组装机具;吊装就位需要6名工人和1台吊车;调试运行需要3名工人和1套调试仪器;每个施工过程都需要3 d时间。试组织该工程的施工。

1）依次施工

依次施工组织方式是将拟建工程项目的整个建造过程分解成若干过程,按照一定的施工顺序,前一个施工过程完成后,后一个施工过程才开始施工;或前一个工程完成后,后一个工程才开始施工。它是一种最基本、最原始的施工组织方式。

（1）组织方法

①组织方法一:将这4台设备一台一台地安装,即安装完一台设备后才开始安装下一台设备。按照这种方式组织施工,其具体安排如图13.1所示。从图中可以看出,其工期为48 d,每天只有一个作业队伍施工,其劳动力投入较少,其他资源投入强度也不大。

②组织方法二:将这4台设备安装施工,组织每个施工过程的专业队伍连续施工,一个施工过程完成后,另一个施工队伍才进场。按照这种方式组织施工,其具体安排如图13.2所示。从图中可以看出,其工期也为48 d,每天只有一个作业队伍施工,其劳动力投入较少,其他资源投入强度也不大。

第一种组织方法是以产品为单元依次按顺序组织施工,因而同一施工过程的施工队伍工作

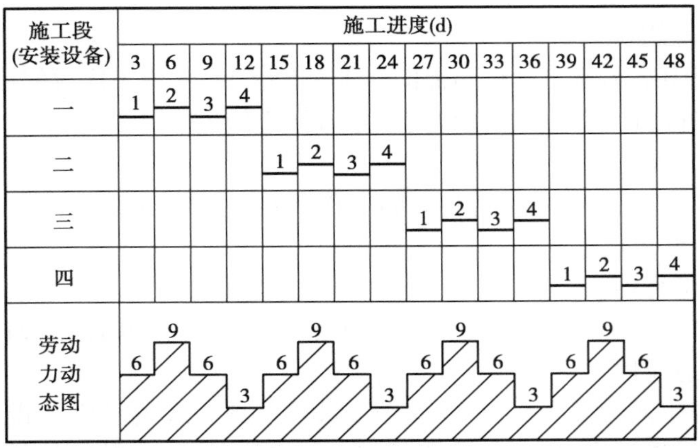

施工段 (安装设备)	施工进度(d)															
	3	6	9	12	15	18	21	24	27	30	33	36	39	42	45	48
一	1	2	3	4												
二					1	2	3	4								
三									1	2	3	4				
四													1	2	3	4

劳动力动态图

1—二次搬运　2—现场组装　3—吊装就位　4—调试运行

图 13.1　依次施工组织方法一

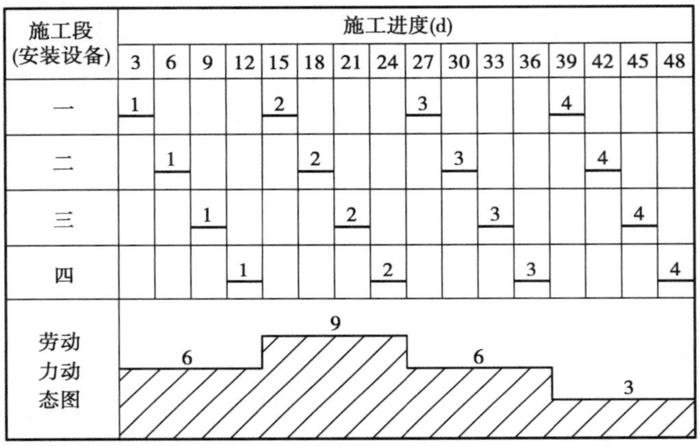

施工段 (安装设备)	施工进度(d)															
	3	6	9	12	15	18	21	24	27	30	33	36	39	42	45	48
一	1				2			3				4				
二		1				2			3				4			
三			1				2			3				4		
四				1				2			3				4	

劳动力动态图

1—二次搬运　2—现场组装　3—吊装就位　4—调试运行

图 13.2　依次施工组织方法二

是间断的,有窝工现象发生。第二种组织方法是以施工过程为单元依次按顺序组织施工,施工队伍的工作是连续的。这样组织施工的方式就是依次施工或顺序施工。

（2）依次施工的特征

依次施工是按照建筑工程内部各分部、分项工程内在的联系和必须遵循的施工顺序,不考虑后续施工过程在时间上和空间上的相互搭接,而依照顺序组织施工的方式。依次施工往往是前一施工过程完成后,后一施工过程才开始,一个工程全部完成后,另一个工程的施工才开始。

依次施工的特点是同时投入的劳动资源较少,组织简单,材料供应单一;但劳动生产率低,工期较长,难以在短期内提供较多的产品,不能适应大型工程的施工。

2）平行施工

在拟建工程任务十分紧迫、工作面允许以及保证供应的条件下,可以组织几个相同的队伍,在同一时间、不同空间上进行施工。这样的施工组织方式称为平行施工。

（1）组织方法

在例 13.1 中,平行施工是指这 4 台设备同时安装,同时竣工。在施工中,同工种的施工队组同时在各个施工段上进行着相同施工过程的工作。按照这样的方式组织施工,其具体安排如图 13.3 所示。从图中可以看出,其工期为 12 d,每天有 4 个作业队伍同时施工,其劳动力投入大,其他资源投入强度也大。

（2）平行施工的特征

平行施工是将一个工作范围内的相同施工过程同时组织施工,完成以后再同时进行下一个施工过程的施工方式。平行施工的特点是最大限度地利用了工作面,工期最短;但在同一时间内需要提供的相同劳动资源成倍增加,这给实际施工管理带来一定的难度。因此,只有在工程规模较大或工期较紧的情况下采用才是合理的。

3）流水施工

流水施工组织方式是将拟建工程项目的整个建造过程分解成若干个施工过程;同时,将拟建工程项目在平面上分成若干个劳动量大致相等的施工段;在竖向上划分成若干个施工层,按照施工过程分别建立相应的专业作业队;各专业队按照一定的施工顺序投入施工,完成第一个施工段上的施工任务后,在专业工作队的人数、使用的机具和材料不变的情况下,依次地、连续地投入到第二个、第三个等后续施工段施工,在规定的时间内,完成同样的施工任务;不同的专业工作队在工作时间上最大限度地、合理地搭接起来,保证拟建工程项目的施工全过程在时间上、空间上,有节奏、连续、均衡地进行施工,直至完成全部的施工任务。

（1）组织方法

对于例 13.1,就是将同一个施工过程组织一个专业队伍对 4 台设备依次施工。如二次搬运组织一个施工队伍,搬运完第一台设备后搬运第二台,搬运完第二台设备后搬运第三台,搬运完第三台设备后搬运第四台,保证作业队伍连续施工。不同的施工过程组织专业队伍尽量搭接平行施工,即充分利用上一施工队伍作业完成留出的工作面,尽早进行组织平行施工,按照这种方式组织施工,其具体安排如图 13.4 所示。从图中可以看出,其工期为 21 d,介于依次施工和平行施工之间,各专业施工队伍依次施工,没有窝工现象;不同的专业施工队伍充分利用空间（工作面）平行施工,这样的施工方式就是流水施工。

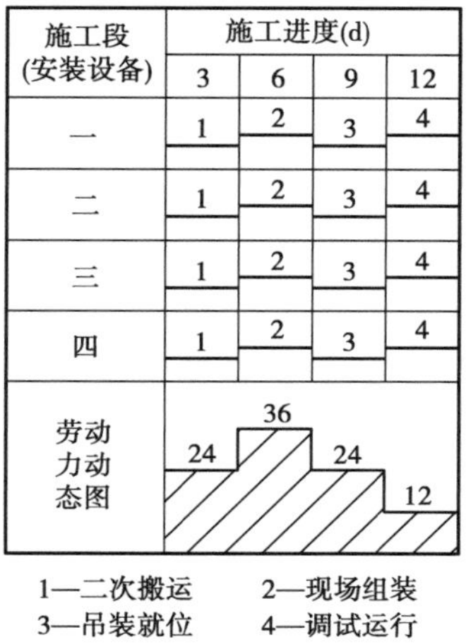

施工段 (安装设备)	施工进度(d)			
	3	6	9	12
一	1	2	3	4
二	1	2	3	4
三	1	2	3	4
四	1	2	3	4
劳动力动态图	24	36	24	12

1—二次搬运　　2—现场组装
3—吊装就位　　4—调试运行

图 13.3　平行施工组织方法

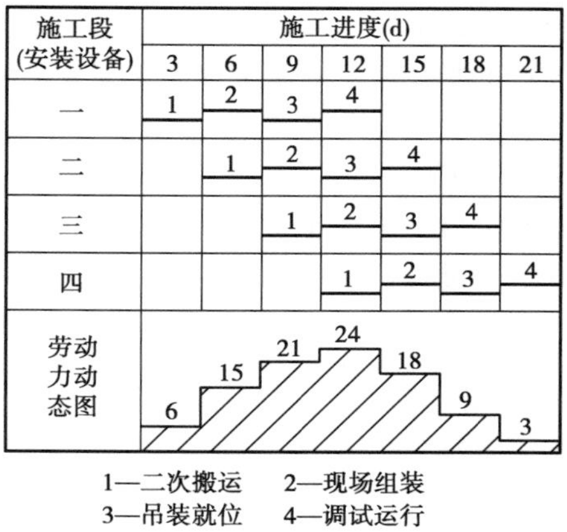

施工段 (安装设备)	施工进度(d)						
	3	6	9	12	15	18	21
一	1	2	3	4			
二		1	2	3	4		
三			1	2	3	4	
四				1	2	3	4
劳动力动态图	6	15	21	24	18	9	3

1—二次搬运　　2—现场组装
3—吊装就位　　4—调试运行

图 13.4　流水施工组织方法

（2）流水施工的特征

流水施工是把若干个同类型的施工对象或一个施工对象在平面上划分成若干个施工区段（施

工段),组织若干个在施工工艺上有密切联系的专业班组相继进行施工,依次在各施工区段上重复完成相同的工作内容,不同的专业队伍利用不同的工作面尽量组织平行施工的施工组织方式。

流水施工综合了顺序施工和平行施工的优点,是建筑施工中最合理、最科学的一种组织方式。

13.1.3 流水施工及其特点

1)流水施工的表达

流水施工的表示方法一般有横道图、垂直图表和网络图 3 种,其中最直观且易于接受的是横道图(图 13.1—图 13.4)。横道图具有以下特点:

①能够清楚地表达各项工作的开始时间、结束时间和持续时间,计划内容排列整齐有序,形象直观。

②能够按计划和单位时间统计各种资源的需求量。

③使用方便,制作简单,易于掌握。

④不容易分辨计划内部工作之间的逻辑关系,一项工作的变动对其他工作或整个计划的影响不能清晰地反映出来。

⑤不能表达各项工作间的重要性,计划任务的内在矛盾和关键工作不能直接从图中反映出来。

2)流水施工的特点

建筑安装工程流水施工的实质是:由生产作业队伍并配备一定的机械设备,沿着施工对象的水平方向或垂直方向,用一定数量的材料在各施工段上进行生产,使最后完成的产品成为施工对象的一部分,然后再转移到另一个施工段上去进行同样的工作,所空出的工作面,由下一施工过程的生产作业队伍采用相同的形式继续进行生产,如此不断地进行确保了各施工过程生产的连续性、均衡性和节奏性。

建筑安装工程的流水施工有如下主要特点:

①生产工人和生产设备从一个施工段转移到另一施工段,代替了施工对象的流动。

②流水施工既在施工对象水平方向流动(平面流水),又沿施工对象的垂直方向流动(层间流水)。

③在同一施工段上,各施工过程保持了顺序施工的特点,不同施工过程在不同的施工段上又最大限度地保持了平行施工的特点。

④同一施工过程保持了连续施工的特点,不同施工过程在同一施工段上尽可能保持连续施工。

⑤单位时间内生产资源的供应和消耗基本较均衡。

3)流水施工的经济性

流水施工的连续性和均衡性方便了各种生产资源的组织,使施工企业的生产能力可以得到充分的发挥,使劳动力、机械设备得到合理的安排和使用,提高了生产的经济效果,具体归纳为以下几点:

①便于施工中的组织与管理。流水施工的均衡性避免了施工期间劳动力和其他资源使用过分集中,有利于资源的组织。

②施工工期比较理想。由于流水施工的连续性,保证各专业队伍连续施工,减少了间歇,充分利用工作面,可以缩短工期。

③有利于提高劳动生产率。由于流水施工实现了专业化的生产,为工人提高技术水平、改进操作方法以及革新生产工具创造了有利条件,因而改善了工作的劳动条件,促进了劳动生产率的不断提高。

④有利于提高工程质量。专业化的施工提高了工人的专业技术水平和熟练程度,为推行全面质量管理创造了条件,有利于保证和提高工程质量。

⑤能有效降低工程成本。由于工期缩短、劳动生产率提高、资源供应均衡,各专业施工队连续均衡作业,减少了临时设施数量,从而可以节约人工费、机械使用费、材料费和施工管理费等相关费用,有效地降低了工程成本。

13.2　流水施工的基本参数

在组织流水施工时,用以表达流水施工在施工工艺、空间布置和时间排列方面开展状态的参量,统称为流水参数,包括工艺参数、空间参数和时间参数 3 类。

13.2.1　工艺参数

用以表达流水施工在施工工艺上的开展顺序及其特征的参量,称为工艺参数。它包括施工过程数和流水强度两种。

1)施工过程数(n)

施工过程数是指一组流水施工的过程个数。在建设项目施工中,施工过程所包括的范围可大可小,既可以是分部、分项工程,又可以是单位、单项工程。施工过程划分的数量多少、粗细程度一般与下列因素有关:

(1)施工进度计划的作用

在编制控制性施工进度计划时,流水施工的施工过程划分可以粗一些,一般只列出分部工程名称;编制实施性施工进度计划时,施工过程可以划分得细一些,将分部工程分解为若干个分项工程。

(2)施工方案

不同的施工方案,其施工顺序和方法也不相同,如框架主体结构采用的模板不同,其施工过程划分数目也不相同。

(3)劳动组织及劳动量大小

施工过程的划分与施工班组及施工习惯有关。如安装玻璃、油漆施工可合也可分,因为有的是混合班组,有的是单一工种的班组。施工班组的划分还与劳动量大小有关。劳动量小的施工过程,当组织流水施工有困难时,可与其他施工过程合并。如垫层劳动量较小时可与挖土合并为一个施工过程,这样可以使各个施工过程劳动量大致相等,便于组织流水施工。

2)流水强度(V)

某一施工过程在单位时间内所完成的工程量,称为该施工过程的流水强度,又称流水能力或生产能力。

（1）机械操作施工过程的流水强度按下式计算

$$V_i = \sum_{i=1}^{x} R_i S_i \tag{13.1}$$

式中　V_i——某施工过程机械操作的流水强度；

　　　R_i——投入施工的某种施工机械台数；

　　　S_i——投入施工的该种施工机械的产量定额（台班生产率）；

　　　x——投入同一施工过程的主导施工机械种类数。

（2）人工操作过程的流水强度按下式计算

$$V_i = R_i S_i \tag{13.2}$$

式中　V_i——某施工过程的人工操作流水强度；

　　　R_i——投入施工的某专业工作队人数；

　　　S_i——投入施工的每一工人每班的产量定额。

13.2.2　空间参数

在组织流水施工时，用以表达流水施工在空间布置上所处状态的参数，称为空间参数。它包括工作面、施工段和施工层 3 种。

1）工作面（A）

工作面是指安排工人进行操作或者布置机械设备进行施工所需的活动空间。工作面大小根据相应工种单位时间内的产量定额、建筑安装工程操作规程和安全规程等的要求确定，反映了工人操作、机械运转在空间布置上的具体要求。在施工作业时，无论是人工还是机械都需要一个最佳的工作面，才能发挥其最佳效率。工作面的计量单位与施工过程的类别有关，如砌墙以长度为计量单位，支模板、抹灰等工作以面积为计量单位。

2）施工段（m）

施工段是指组织在流水施工时，把施工对象在平面上划分为若干个劳动量大致相等的施工区段。

施工段数量的多少，将直接影响流水施工的效果。施工段数过多，将会减少工人数，工作面不能充分利用而延长工期；施工段过少，则会造成资源供应过分集中，不利于组织流水施工。施工段的划分一般应遵循以下原则：

①各施工段的劳动量基本相等，以保证流水施工的连续性、均衡性和有节奏性，各施工段的劳动量相差不宜超过 10%～15%。

②应满足专业工种对工作面的空间要求，以发挥人工、机械的生产作业效率，因而施工段不宜过多，最理想的情况是平面上的施工段数与施工过程数相等。

③施工段的划分应尽可能与结构的自然界线（如伸缩缝）相一致。

④当施工对象有层间关系时，为使各专业施工队伍能连续施工，划分施工段数应尽量满足下式要求：

$$m \geq n \tag{13.3}$$

式中　m——每个施工对象平面上划分的施工段数；

　　　n——参加流水施工的过程数或作业班组总数。

当 $m=n$ 时,既能保证每一施工过程或作业班组连续施工,又能使所划分的施工段不至空闲,是最理想的情况,有条件时应尽量采用。

当 $m>n$ 时,能保证每一施工过程或作业班组连续施工,但所划分的施工段会出现空闲,这种情况也是允许的。实际施工时,有时为了满足某些施工过程技术间歇的要求,有意让工作面空闲一段时间反而更合理。

当 $m<n$ 时,施工过程或作业班组不能连续施工而会出现窝工现象,一般情况下应尽量避免。但有时当施工对象规模较小,确实不能划分较多的施工段时,可与同工地或同一部门内的其他相似的工程组织成大流水,以保证施工队伍连续作业,不出现窝工现象。

3）施工层（ j ）

为了满足专业工作的需要,因操作高度的要求或工艺要求将拟建的工程项目在竖向上划分成若干个施工层。施工层的划分,要根据建筑物的高度、楼层来确定。通常以建筑物的结构层作为施工层,如室内抹灰、木装饰、油漆、玻璃和水电安装等,可按楼层进行施工层划分;有时为了方便施工,也可以按一定的高度划分一个施工层,如砌筑工程的施工层高度一般为 $1.2\sim1.4$ m（一步脚手架的高度）。

13.2.3　时间参数

在组织流水施工时,用以表达流水施工在时间排列上所处状态的参数,称为时间参数。它包括流水节拍、流水步距、技术间隙时间、组织间歇时间和平行搭接时间 5 种。

1）流水节拍（ t ）

流水节拍是指一个施工过程（或施工班组）在一个施工段上的工作持续时间。其大小受投入的劳动力、机械及供应量的影响,也受施工段大小的影响。确定流水节拍的方法通常有以下几种：

（1）定额计算法

根据各施工段的工程量和能够投入的资源量按下式进行计算：

$$t_i = \frac{Q_i}{R_i S_i N_i} = \frac{Q_i H_i}{R_i N_i} = \frac{P_i}{R_i N_i} \tag{13.4}$$

式中　t_i——某专业工作队在某施工段的流水节拍;

　　　Q_i——某专业工作队在某施工段要完成的工程量;

　　　R_i——某专业工作队的人数或机械台数;

　　　S_i——某专业工作队的产量定额;

　　　N_i——每天的工作班制;

　　　H_i——完成该施工过程的时间定额;

　　　P_i——某专业施工队在某施工段上的劳动量。可按下式进行计算：

$$P_i = \frac{Q_i}{S_i} \tag{13.5}$$

（2）工期计算法

流水节拍的大小对工期有直接影响,通常在施工段数不变的情况下,流水节拍越小,工期就越短。当施工工期受到限制时,就应从工期要求反求流水节拍,然后用公式（13.4）求得所需的人数或机械数,并检查最小工作面是否满足要求及人工和机械供应的可行性。

（3）经验估算法

根据以往的施工经验、结合现有的施工条件进行估算。

2）流水步距(k)

流水步距是指相距两个施工过程（或施工队组），相继投入施工的最小时间间隔。在施工段不变的情况下,流水步距越大,工期越长;流水步距越小,工期越短。

确定流水步距的基本要求:

①始终保持两相邻施工过程间的先后顺序,即在一个施工段上,前一个施工过程完成后,后一个施工过程才能开始。

②各施工段上只允许一个施工队组施工,并保证各施工队组连续作业。

③相邻两个施工过程的施工作业应能最大限度地组织平行施工。

3）工艺间歇时间(G)

在流水施工中,除了考虑两相邻施工过程间的正常流水步距外,有时应根据施工工艺的要求考虑工艺间合理的技术间歇时间,如混凝土浇筑后的养护时间、砂浆抹面和油漆面的干燥时间等。工艺间歇时间的存在会使工期延长。

4）组织间歇时间(Z)

组织间歇时间是指施工中由于考虑组织措施等原因造成的间歇时间,如墙体砌筑前的墙身位置弹线、施工人员及机械的转移、回填土前地下管道检查验收等。

5）平行搭接时间(C)

在组织流水施工时,有时为了缩短工期,在前一个施工过程的专业队还未撤出某一施工段时,就允许后一个施工过程的专业队提前进入该段施工,两者在同一施工段上同时施工的时间称为平行搭接时间。

13.3 流水施工的组织方法

为了适应不同项目施工组织的特点和进度计划安排的要求,根据流水施工的特点可以将流水施工分成不同的种类进行分析和研究。

13.3.1 流水施工的分类

根据流水施工的组织范围划分,流水施工可分为分项工程流水施工、分部工程流水施工、单位工程流水施工和群体工程流水施工。

根据流水节拍的特征,流水施工又可分为有节奏流水施工和无节奏流水施工。其中,有节奏流水施工又可分为等节拍流水施工和异节拍流水施工,如图 13.5 所示。

$$流水施工\begin{cases}有节奏流水施工\begin{cases}等节拍流水施工\\异节拍流水施工\begin{cases}一般异节拍流水\\成倍节拍流水\end{cases}\end{cases}\\无节奏流水施工\end{cases}$$

图 13.5 按流水节拍特征分类

13.3.2　固定节拍(全等节拍)流水施工组织

固定节拍流水施工组织是指参与施工的施工过程流水节拍彼此相等的流水施工组织方式,即同一施工过程在不同的施工段上流水节拍相等,不同的施工过程在同一施工段上的流水节拍也相等。

1)组织特点

①各施工过程在各施工段上的流水节拍彼此相等,即 $t_1 = t_2 = \cdots = t_n = t$。

②各施工过程之间的流水步距彼此相等,且等于流水节拍,即

$$K_{1,2} = K_{2,3} = \cdots = K_{n-1,n} = t$$

③每个专业工作队都能连续施工,施工段没有空闲。

④每个施工过程在每个施工段上的工作均由一个专业施工队独立完成,即专业队数等于施工过程数。

2)组织步骤

①确定项目施工起点流向,分解施工过程。

②确定施工顺序,划分施工段。划分施工段时,其数目 m 的确定如下:

a.无层间关系或无施工层时,取 $m = n$;

b.有层间间隙或施工层时,施工段数 m 应根据以下两种情况确定:

无工艺和组织间隙时取 $m = n$;

有工艺和组织间隙时,为了保证各专业工作队能连续施工,应取 $m > n$,若层间技术间隙为 Z_c,每层的施工段数为:

$$m \geqslant n + \frac{\sum Z + \sum G}{k} + \frac{\sum Z_c}{k} \tag{13.6}$$

③计算等节拍流水工期:

$$T = (mj + n - 1)k + \sum Z + \sum G \tag{13.7}$$

④绘制流水施工进度图表(横道图或斜道图)。

【例 13.2】　某项目由 Ⅰ,Ⅱ,Ⅲ,Ⅳ 4 个施工过程组成,划分成两个施工层组织流水施工,施工过程 Ⅱ 完成后需养护 1 d,下一个施工过程才能施工,层间技术间歇为 1 d,流水节拍均为 1 d,试组织流水施工。

【解】　由题目可知,各施工过程的流水节拍均相等,可以组织成固定节拍流水施工,且施工过程数 $n = 4$,施工层数 $j = 2$,技术间歇时间 $G_{2,3} = 1$ d,层间技术间歇时间 $Z_c = 1$ d,流水节拍 $t = 1$ d,流水步距 $k = t = 1$ d。

施工段数: $m \geqslant n + \dfrac{Z_c}{k} + \dfrac{\sum Z + \sum G}{k} = 4 + \dfrac{1}{1} + \dfrac{0+1}{1} = 6$,取 $m = 6$

施工工期: $T = (mj + n - 1)k + \sum Z + \sum G = (6 \times 2 + 4 - 1) \times 1 + 1 + 0 = 16$(d)

绘制施工进度横道图和斜道图,如图 13.6 所示。

3)适用范围

全等节拍流水施工比较适用于分部工程流水(专业流水),不适用于单位工程,特别是大型

的建筑群。因为全等节拍流水施工虽然是一种比较理想的流水施工方式,能保证专业班组的工作连续,工作面充分利用,实现均衡施工,但由于它要求划分的各分部、分项工程都采用相同的流水节拍,这对一个单位工程或建筑群来说,往往十分困难,不容易达到。因此,实际应用范围不是很广泛。

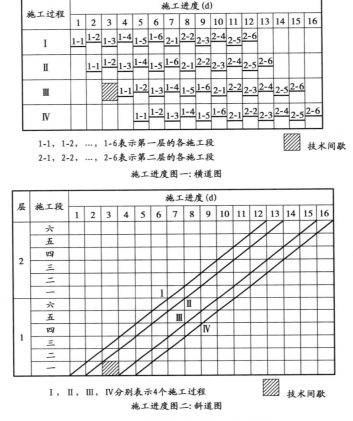

图 13.6　全等节拍流水施工进度图

13.3.3　一般异节拍流水施工组织

同一施工过程在不同的施工段上流水节拍彼此相等,不同的施工过程在同一施工段上的流水节拍不一定相等,每个施工过程只分配一个专业班组进行施工的流水施工组织方式,称为一般异节拍流水。

1)组织特点

①同一施工过程的流水节拍相等,不同施工过程之间流水节拍不一定相等。

②各施工过程之间的流水步距不一定相等。

2)流水施工的组织

(1)流水步距的确定

假设某工程的两个施工过程分别为 α、β(α 在前,β 紧跟其后),两个施工过程之间的流水

步距为 $k_{\alpha,\beta}$，流水节拍分别为 t_α 和 t_β。

若 $t_\alpha > t_\beta$，则流水步距：$k_{\alpha,\beta} = mt_\alpha - (m-1)t_\beta$；

若 $t_\alpha \leq t_\beta$，则流水步距：$k_{\alpha,\beta} = t_\alpha$。

（2）施工工期的计算

$$T = \sum_{i=2}^{n} k_i + T_n + \sum Z + \sum G = \sum_{i=2}^{n} k_i + mt_n + \sum Z + \sum G \qquad (13.8)$$

【例 13.3】 某工程划分为甲、乙、丙、丁 4 个施工过程，分 3 个施工段组织流水施工，各施工过程的流水节拍分别为 $t_甲 = 2\ \mathrm{d}, t_乙 = 3\ \mathrm{d}, t_丙 = 5\ \mathrm{d}, t_丁 = 2\ \mathrm{d}$，施工过程乙完成后需有 1 d 的技术间歇时间，试组织流水施工。

【解】 （1）计算流水步距

$t_甲 < t_乙$，故 $k_{甲、乙} = t_甲 = 2(\mathrm{d})$

$t_乙 < t_丙$，故 $k_{乙、丙} = t_乙 = 3(\mathrm{d})$

$t_丙 < t_丁$，故 $k_{丙、丁} = mt_丙 - (m-1)t_丁 = 3 \times 5 - (3-1) \times 2 = 11(\mathrm{d})$

（2）计算施工工期

$$T = \sum_{i=2}^{n} k_i + mt_n + \sum Z + \sum G = \sum_{i=2}^{4} k_i + 3 \times 2 + 0 + 1$$

$$= 2 + 3 + 11 + 3 \times 2 + 0 + 1 = 23(\mathrm{d})$$

绘制施工进度横道图和斜道图，如图 13.7 所示。

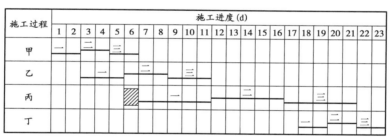

一、二、三表示各施工段　　技术间歇

施工进度图一：横道图

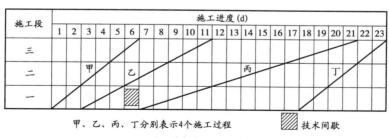

甲、乙、丙、丁分别表示4个施工过程　　技术间歇

施工进度图二：斜道图

图 13.7　流水施工进度图

3）适用范围

一般异节拍流水施工方式适用于分部工程和单位工程的流水施工，它允许不同施工过程采用不同的流水节拍。因此，在进度安排上比全等节拍流水施工灵活，实际应用范围较广泛。

13.3.4　成倍节拍流水施工组织

各施工过程在各个施工段上的流水节拍相等,而不同施工过程在同一施工段上的流水节拍不相等,但它们有最大公约数(即为某一数的不同倍数)的流水施工组织方式。这种类型的流水施工有两种组织方法:加快成倍节拍流水施工和一般成倍节拍流水施工。

组织加快成倍节拍流水施工时,是对每个施工过程均按其节拍的倍数关系,组织相应数目的专业队伍,以充分利用工作面加快施工进程。

1)组织特点

①同一施工过程在各个施工段上的流水节拍彼此相等,不同施工过程在同一施工段上的流水节拍之间存在最大公约数。

②各专业施工队之间的流水步距彼此相等,且等于流水节拍的最大公约数。

③专业施工队数 b 大于施工过程数 n。

2)组织步骤

①求出所有流水节拍的最大公约数作为流水步距,设为 k。

②确定每一施工过程的班组数, $b_i = \dfrac{t_i}{k}$。

③确定流水施工的施工段数, $m \geq \sum b_i + \dfrac{\sum Z_c}{k} + \dfrac{\sum Z + \sum G}{k}$。

④确定流水工期, $T = (mj + \sum b_i - 1)k + \sum Z + \sum G$。

⑤绘制施工进度横道图或斜道图。

3)适用范围

加快的成倍节拍流水施工的组织方式比较适用于线型工程(如管道、道路等)的施工。

若施工单位人力有限,或受到工作面限制等因素的影响,不能对流水节拍较大的施工过程增加作业班组,无论施工过程流水节拍的大小,都只分配一个专业班组工作,这种流水组织方法称为一般成倍节拍流水。

一般成倍节拍流水施工的组织与一般异节拍流水施工的组织方式相同。若存在层间关系,各施工过程间的流水步距需逐层、逐一进行计算,包括下一层的最后一个施工过程与上面一层的第一个施工过程间的流水步距,时间间歇也需要将各层的工艺间歇和各层的层间间歇叠加到一起计算。

采用一般成倍节拍流水时,不能保证各专业班组的工作一直连续,只能保证在每一个施工层的各施工段上连续施工,存在工人窝工现象。

【例13.4】　某两层现浇钢筋混凝土工程,施工过程分为安装模板、绑扎钢筋和浇注混凝土。已知各施工过程流水节拍分别为 $t_{模}=2$ d, $t_{扎}=2$ d, $t_{混}=1$ d,层间技术间歇 $Z_c=1$ d,试组织流水施工。

【解】　已知施工层数 $j=2$,施工过程数 $n=3$,三个施工过程的流水节拍分别为 $t_{模}=2$ d, $t_{扎}=2$ d, $t_{混}=1$ d,层间技术间歇 $Z_c=1$ d。

组织方法一:组织成加快成倍节拍流水施工

（1）求各施工过程流水节拍的最大公约数作为流水步距，$k=1$。

（2）求各施工队的施工班组数：

$$b_{模} = \frac{t_{模}}{k} = 2, \quad b_{扎} = \frac{t_{扎}}{k} = 2, \quad b_{混} = \frac{t_{混}}{k} = 1$$

（3）确定施工段数：$m \geqslant \sum b_i + \dfrac{\sum Z_c}{k} + \dfrac{\sum Z + \sum G}{k} = (2+2+1) + \dfrac{1}{1} + 0 = 6$，取 $m = 6$

（4）计算工期：$T = (mj + \sum b_i - 1)k + \sum Z + \sum G = (6 \times 2 + 5 - 1) \times 1 + 0 + 0 = 16(\text{d})$

（5）绘制施工进度横道图和斜道图，如图 13.8 所示。

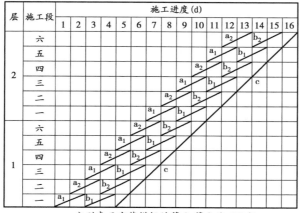

一～六表示各施工段

施工进度图一：横道图

a_1、a_2 分别表示安装模板的第 1、第 2 施工队组

b_1、b_2 分别表示绑扎钢筋的第 1、第 2 施工队组

c 表示浇筑混凝土的施工队组

施工进度图二：斜道图

图 13.8　加快成倍节拍流水施工进度图

组织方法二:组织成一般成倍节拍流水施工

(1)确定施工段数:取 $m=n=3$;

(2)确定流水步距:

$t_模=t_扎$,故 $k_{模,扎}=2(\text{d})$

$t_扎>t_混$,故 $k_{扎,混}=3×2-(3-1)×1=4(\text{d})$

$t_混<t_模$,故 $k_{混,模}=1(\text{d})$

(3)确定工期:

$$T=\sum_{i=2}^{m}k_i+mt_n+\sum Z+\sum G+\sum Z_c$$

$$=2×(2+4)+1+3×1+0+0+1=17(\text{d})$$

(4)绘制施工进度横道图和斜道图,如图 13.9 所示。

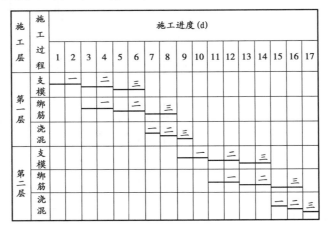

一、二、三表示各施工段

施工进度图一:横道图

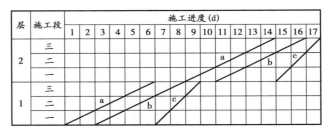

a,b,c 分别表示安装模板、绑扎钢筋和浇筑混凝土的施工过程

施工进度图二:斜道图

图 13.9　一般成倍节拍流水施工进度图

13.3.5　无节奏流水施工组织

无节奏流水施工是指同一施工过程在各施工段上的流水节拍不全相等,不同的施工过程在同一施工段上的流水节拍也不相等的流水施工组织方式,在这种条件下组织施工的方式也称为分别流水施工。这种组织施工的方式,在进度安排上比较自由、灵活,是实际工程组织施工最普

遍、最常用的一种方法。

1）组织特点

①各施工过程在各施工段上的流水节拍彼此不全相等，也无特定规律。

②所有施工过程之间的流水步距彼此不全等，流水步距与流水节拍的大小及相邻施工过程的相应施工段节拍差有关。

③每个施工过程在每个施工段上均由一个施工队独立完成作业，即专业施工段数目等于施工过程数 n。

④为了满足流水施工中作业队伍施工的连续性，在组织施工时确定流水步距是关键。

2）流水施工的组织

（1）流水步距的确定

假设某工程的两个施工过程分别为 α、β（α 在前，β 紧跟其后），两个施工过程之间的流水步距为 $k_{\alpha,\beta}$，流水节拍分别为 t_α 和 t_β。

为了保证第一个施工段的流水施工，要求：$k_1 \geq t_{\alpha 1}$

为了保证第二个施工段的流水施工，要求：$k_2 \geq (t_{\alpha 1}+t_{\alpha 2})-t_{\beta 1}$

为了保证第三个施工段的流水施工，要求：$k_3 \geq (t_{\alpha 1}+t_{\alpha 2}+t_{\alpha 3})-(t_{\beta 1}+t_{\beta 2})$

为了保证第 m 个施工段的流水施工，要求：

$$k_m \geq (t_{\alpha 1}+t_{\alpha 2}+\cdots+t_{\alpha m})-(t_{\beta 1}+t_{\beta 2}+\cdots+t_{\beta(m-1)}),\ 即：k_m \geq \sum_{i=1}^{m} t_{\alpha i}-\sum_{i=1}^{m-1} t_{\beta i}$$

为了保证所有施工段上的流水施工，要求 $k_{\alpha,\beta}=\max\{k_1,k_2,\cdots,k_m\}$，即：

$$k_{\alpha,\beta}=\max\left\{k_i=\sum_{i=1}^{m} t_{\alpha i}-\sum_{i=1}^{m-1} t_{\beta j}\right\} \tag{13.9}$$

该计算过程可以归纳为"累加数列，错位相减，取最大值"。该方法的实施步骤为：

①将各施工过程在不同施工段上的流水节拍进行累加，形成数列。

②将相邻两施工过程形成的数列错位相减形成差数列。

③取相减差数列的最大值，即为相邻两施工过程的流水步距。

（2）无节奏流水施工的工期

$$T=\sum_{i=1}^{n} k_i + T_n + \sum G + \sum Z \tag{13.10}$$

【例 13.5】 某施工对象划分成 4 个施工段，每个施工段有 4 个施工过程，每个施工过程在各施工段上的流水节拍见表 13.1，试组织流水施工。

表 13.1 某工程的流水节拍

m \ n	一	二	三	四
1	2	3	5	1
2	4	6	4	5
3	1	3	4	6
4	4	2	4	3

【解】　根据流水节拍的特点可以组织成无节奏流水施工

（1）求流水步距 k

k_{12}

	2	2+3	2+3+5	2+3+5+1
$-)$		4	4+6	4+6+4
	2	1	0	-3

$k_{12} = 2$

k_{23}

	4	4+6	4+6+4	4+6+4+5
$-)$		1	1+3	1+3+4
	4	9	10	11

$k_{23} = 11$

k_{34}

	1	1+3	1+3+4	1+3+4+6
$-)$		4	4+2	4+2+4
	1	0	2	4

$k_{34} = 4$

（2）求工期 T

$$T = \sum_{i=2}^{4} k_i + T_n + \sum G + \sum Z$$

$$= (2 + 11 + 4) + (4 + 2 + 4 + 3) = 30(\mathrm{d})$$

（3）绘制施工进度横道图和斜道图，如图 13.10 所示。

施工过程	施工进度(d)																													
	1	2	3	4	5	6	7	8	9	10	11	12	13	14	15	16	17	18	19	20	21	22	23	24	25	26	27	28	29	30
1	一		二			三					四																			
2				一				二				三					四													
3													一	二			三					四								
4																一		二		三					四					

一、二、三、四表示各施工段

施工进度图一：横道图

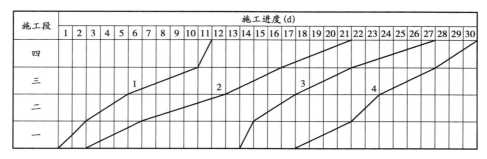

1,2,3,4 分别表示4个施工过程

施工进度图二:斜道图

图 13.10　无节奏流水施工进度图

3)适用范围

无节奏流水施工适用于各种不同结构性质和规模的工程施工组织。由于它不像有节奏流水施工那样有一定的时间规律约束,在进度安排上比较灵活、自由,适用于分部工程和单位工程及大型建筑群的流水施工,是流水施工中应用最多的一种方式。

思考题

1.什么是依次施工、平行施工和流水施工?

2.简述流水施工的概念及特点。

3.说明流水参数的概念和种类。

4.试述划分施工段的目的和原则。

5.施工段数与施工过程数的关系是怎样的?

6.简述工艺参数的概念和种类。

7.简述空间参数的概念和种类。

8.简述时间参数的概念和种类。

9.流水施工按节奏特征不同可分为哪几种方式,各有什么特点?

10.试说明成倍节拍流水的概念和建立步骤。

11.试说明无节奏专业流水的概念和建立步骤。

习　题

1.某工程项目由挖基槽、做垫层、砌基础和回填土4个分项工程组成,其流水节拍分别为2 d、1 d、3 d、1 d;该工程在平面上划分为6个施工段,试组织其一般成倍流水施工。

2.某两层现浇混凝土框架结构房屋,其平面尺寸为17.4 m×144 m,沿长度方向每隔48 m留伸缩缝一道。各施工过程的流水节拍为:支模板4 d,扎钢筋2 d,浇混凝土2 d,层间间歇2 d。试组织其流水施工。

3.已知某分部工程有 4 个主要施工过程($n=4$),分四段组织施工($m=4$),流水节拍(t)见下表,试组织其流水施工,绘制横道图。(注意以施工过程为对象"累积数列"求解流水步距)

t ＼ n ／ m	Ⅰ	Ⅱ	Ⅲ	Ⅳ
①	4	3	1	2
②	3	3	4	2
③	2	4	2	1
④	2	4	2	1

4.某项目由Ⅰ、Ⅱ、Ⅲ三个施工过程组成,分 3 段进行。流水节拍分别为 2 d、6 d、4 d,试组织加速成倍节拍和正常施工情况下的流水施工,并绘制流水施工进度表。

5.某公路工程需在某一路段修建 4 个结构形式与规模完全相同的涵洞,施工过程包括基础开挖、预制涵管、安装涵管和回填压实。如果合同规定,工期不超过 50 d,则组织固定节拍流水施工时,流水节拍和流水步距是多少?试绘制流水施工进度计划。

6.某粮库工程拟建 3 个结构形式与规模完全相同的粮库,施工过程主要包括挖基槽、浇筑混凝土基础、墙板与屋面板吊装和防水。根据施工工艺要求,浇筑混凝土基础 1 周后才能进行墙板与屋面板吊装。各施工过程的流水节拍见下表,试分别绘制组织四个专业工作队和增加相应专业工作队的流水施工进度计划。

施工过程	流水节拍(周)	施工过程	流水节拍(周)
挖基槽	2	吊装	6
浇基础	4	防水	2

7.某基础工程包括挖基槽、作垫层、砖基础和回填土 4 个施工过程,分为 4 个施工段组织流水施工,各施工过程在各施工段的流水节拍见下表(时间单位:d)。根据施工工艺要求,在砖基础与回填土之间的间歇时间为 2 d。试确定相邻施工过程之间的流水步距及流水施工工期,并绘制流水施工进度计划。

施工过程	施工段			
	①	②	③	④
挖基槽	2	2	3	3
作垫层	1	1	2	2
砌基础	3	3	4	4
回填土	1	1	2	2

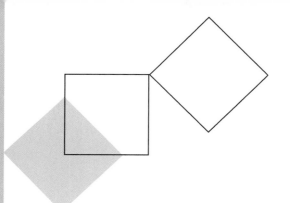

14 网络计划技术

本章导读:

• **基本要求** 了解网络计划技术的基本概念和网络计划的分类;掌握双代号、单代号的基本组成和绘制方法;掌握网络计划时间参数的计算;掌握双代号时标网络图的绘制和时间参数的确定;掌握关键工作和关键线路的确定;熟悉网络计划的优化。

• **重点** 双代号和单代号网络图的绘制;网络计划时间参数的计算;关键线路和关键工作的确定。

• **难点** 双代号时标网络图的绘制;网络计划的优化。

14.1 网络计划技术的基本概念

1) 网络计划技术的表示方法

网络计划技术的基本模型是网络图。网络图是用箭线和节点组成的,用来表示工作流程的有向、有序的网状图形,如图 14.1 所示。用网络图表达任务构成、工作顺序,并加注时间参数的生产计划或进度计划称之为网络计划。

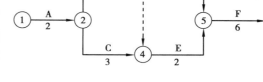

图 14.1 双代号网络图

在网络计划中,可以用箭线表示一项工作,工作的名称写在箭线的上面,完成该项工作的时间写在箭线的下面,箭头和箭尾处分别画上圆圈,填入编号,箭头和箭尾的两个编号代表着一项工作,如图 14.2(a)所示,*i-j* 代表一项工作。由于是用箭线两端的两个代号表示一项工作,故工作的这种表示方法称为双代号表示法。

在网络计划中,也可以用一个圆圈代表一项工作,节点编号写在圆圈上部,工作名称写在圆圈中部,完成该工作所需要的时间写在圆圈下部,箭线只表示该工作与其他工作之间工作开展的先后顺序,如图 14.2(b)所示,i 代表一项工作。由于是用一个编号表示一项工作,故工作的这种表示方法称为单代号表示法。

图 14.2　网络图工作示意图

由双代号表示法构成的网络图称为双代号网络图,由单代号表示法构成的网络图称为单代号网络图。

2) 网络计划技术的基本原理

网络计划技术的基本原理是:首先应用网络图形来表达一项计划(或工程)中各项工作的开展顺序及其相互之间的关系;再通过对网络图进行时间参数计算,确定该计划的关键工作和关键线路;继而通过不断改进网络计划,寻求最优方案,以求在计划执行过程中对计划进行有效的控制与监督,保证合理地使用人力、物力和财力,以最小的消耗取得最大的经济效益。

网络计划技术可以为工程项目施工管理提供许多信息,有利于加强施工管理。它既是一种编制计划的方法,又是一种科学的管理方法,有助于管理人员全面了解、重点掌握、灵活安排和合理组织计划任务,并多快好省地完成计划任务,不断提高管理水平。

目前,土木工程中常用的网络计划有:双代号网络计划、单代号网络计划、双代号时标网络计划、单代号搭接网络计划等。

14.2　双代号网络计划

双代号网络计划在国内应用较为普遍,它易于绘制成带有时间坐标的时标网络计划而便于优化和使用。

14.2.1　双代号网络图的组成

双代号网络图由箭线、节点、线路 3 个基本要素组成。

1) 箭线

网络图中一端带箭头的线即为箭线,在双代号网络图中,一条箭线与其两端的圆圈表示一项工作。

(1)箭线表示工作的范围

根据网络计划的性质和作用的不同,一条箭线表示的工作既可以是一个简单的施工过程,如挖土、垫层等分项工程;也可以是基础工程、主体工程等分部工程;还可以是一项复杂的工程任务,如教学楼的土建工程,甚至是一栋建筑物或构筑物。

（2）工作的分类

按照工作是否消耗时间和资源，工作通常可以分为 3 种。第一种是既消耗时间又消耗资源的工作，如支模板、浇筑混凝土等。第二种是只消耗时间不消耗资源的工作，如混凝土养护、屋面基层干燥等技术间歇。这两种工作是客观上实际存在的工作，称为"实工作"，在网络图中实工作用实箭线表示。第三种是既不消耗时间又不消耗资源的工作，它是人为虚设的工作，仅表示相邻两项工作之间的逻辑关系，因此它没有工作名称，称其为"虚工作"，以虚箭线表示。虚工作的表示方法如图 14.3 所示。

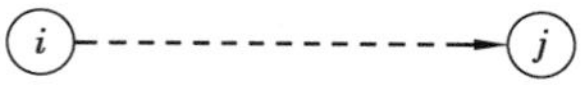

图 14.3　双代号网络图中
虚工作的表示方法

（3）箭线的画法

在双代号网络图中，箭线可以画成直线、折线和斜线，但应以水平直线和带水平直线的折线为主，尽可能横平竖直，做到构图美观。在无时间坐标的网络图中，箭线的长短与时间无关，箭线的方向表示工作进行的方向和前进的路线，原则上讲可以任意画，但必须满足工作间的逻辑关系。

（4）与工作有关的概念

根据工作之间的相互关系，与某工作有关的其他工作，可以分为紧前工作、紧后工作和平行工作。紧排在本工作之前的工作称为本工作的紧前工作；紧排在本工作之后的工作称为本工作的紧后工作；可与本工作同时进行称为本工作的平行工作。本工作和紧前工作、紧后工作之间可以有虚工作。如图 14.4 所示，工作 i-j 和工作 k-m 之间虽有虚工作，但工作 i-j 仍然是工作 k-m 的紧前工作，工作 k-m 是工作 i-j 的紧后工作。

图 14.4　双代号网络图中工作之间的关系

2）节点

双代号网络图中箭线端部的圆圈或其他形状的封闭图形就是节点，箭尾节点表示箭线代表的工作的开始，箭头节点表示该工作的结束。由于节点只表示工作结束和其紧后工作开始的瞬间，所以节点不需要消耗时间和资源。

如图 14.5 所示，对一个工作而言，箭线出发的节点称为开始节点，箭线进入的节点称为完成节点。在一个网络图中，表示整个计划开始的节点称为起点节点，表示整个计划最终完成的节点称为终点节点，其余节点称为中间节点。中间节点具有双重的含义，它既是某工作的完成节点，又是其紧后工作的开始节点。

图 14.5　双代号网络图中节点示意图

如图 14.6 所示,在一个网络图中,指向某个节点的箭线称为该节点的内向箭线,这些内向箭线代表的工作称为该节点的紧前工作;从某节点引出的箭线称为该节点的外向箭线,这些外向箭线代表的工作称为该节点的紧后工作。

网络图中的每个节点都有自己的编号,以便赋予每项工作以代号,便于计算网络图的时间参数和检查网络图是否正确。节点编号必须遵循两条基本规则:a.对任意一项工作,箭头节点编号大于箭尾节点编号,即 $i<j$,如图 14.7 所示;b.在一个网络图中,所有节点不能出现重复编号。

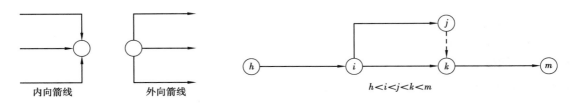

图 14.6　内向箭线和外向箭线　　　　　　图 14.7　双代号网线图中节点编号

节点编号的方法可从以下两个方面来考虑:

根据节点编号的方向不同可分为两种:一种是沿着水平方向进行编号;另一种是沿着垂直方向进行编号。

根据编号的数字是否连续又分为两种:一种是连续编号法,即按自然数的顺序进行编号;另一种是间断编号法,一般按单数(或偶数)的顺序来进行编号。采用非连续编号,主要是为了适应计划调整,考虑增添工作的需要,编号留有余地。

3)线路

网络图中从起点节点开始,沿箭线方向连续通过一系列箭线与节点,最后到达终点节点的通路称为线路。一个网络图中,从起点节点到终点节点,一般都存在着许多条线路,每条线路都包含若干项工作,这些工作的持续时间之和就是该线路总的工作持续时间。线路上总的工作持续时间最长的线路称为关键线路,其余线路称为非关键线路。

网络图中位于关键线路上的工作称为关键工作,除关键工作以外的工作称为非关键工作。关键工作没有机动时间,其工作持续时间延长或延迟,会造成总工期延长。而非关键工作都有若干机动时间,它意味着工作完成日期可以适当延迟或延长而不影响计划工期的实现。关键工作完成的快慢直接影响整个计划工期的实现,因此宜用粗箭线、双箭线或彩色箭线表示关键线路,以突出其在网络计划中的重要位置。如图 14.8 所示,线路①→②→③→⑤→⑥→⑦→⑧是整个网络图的关键线路。

关键线路具有如下的性质:

①关键线路上总的工作持续时间,代表整个网络计划的总工期。

②在同一网络计划中,关键线路至少有一条。

③关键线路并不是一成不变的,在一定条件下,关键线路和非关键线路可以互相转化。当计划管理人员采取了一定的技术组织措施,缩短某些关键工作持续时间,有可能将关键线路转化为非关键线路,而原来的非关键线路却变成关键线路。

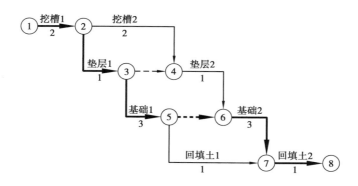

图 14.8　某基础工程双代号网络图

非关键线路具有如下的性质:

①非关键线路上总的工作持续时间,仅代表该条线路的计划工期。

②非关键线路都有若干机动时间,利用非关键工作的机动时间可以科学地、合理地调配资源和对网络计划进行优化。如可以使非关键工作在时差允许范围内放慢施工进度,将部分人、财、物转移到关键工作上去,以加快关键工作的进程;或者在时差允许范围内改变工作开始和结束时间,以达到均衡施工的目的。

③非关键线路也不是一成不变的,由于计划管理人员工作疏忽,拖延了某些非关键工作的持续时间,非关键线路可能转化为关键线路。

14.2.2　双代号网络图的绘制

1)绘制网络图时应正确地表达各工作之间的逻辑关系

根据施工顺序和流水施工的要求,网络图必须正确地表达整个工程的施工工艺流程。这就要求网络图必须正确表达各工作开展的先后顺序以及它们之间相互制约、相互依赖的约束关系,即必须正确地表达各工作之间的逻辑关系。工作间的逻辑关系包括工艺关系和组织关系。

工艺关系是指生产性工作之间由工艺过程决定的、非生产性工作之间由工作程序决定的先后顺序关系。工艺关系是不能随意改变的。例如,现浇钢筋混凝土柱的施工,必须先绑扎柱钢筋和支柱模,才能浇混凝土;建筑施工程序中,必须遵守先基础后主体,先结构后装修。

组织关系是指工作之间由于组织安排需要或资源调配需要而规定的先后顺序关系。例如,建筑群中各个建筑物或建筑物中各施工段的开工顺序的先后,可以根据具体情况,按安全、经济、高效的原则统筹安排。

正确地表达各工作之间的逻辑关系,是网络图能否反映工程实际情况的关键,也是正确计算各项工作时间参数和工程工期以及确定关键线路的关键。为此,应做到以下两点:

①熟悉并掌握网络图中常见的一些逻辑关系及其表示方法,见表 14.1。

表 14.1 双代号网络图工作间逻辑关系表示方法

序号	工作之间的逻辑关系	双代号表示方法
1	A、B 两项工作,依次施工	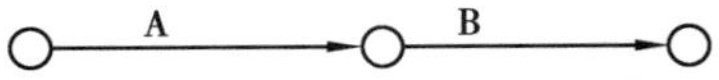
2	A、B、C 三项工作,A 完成后,B、C 才能开始	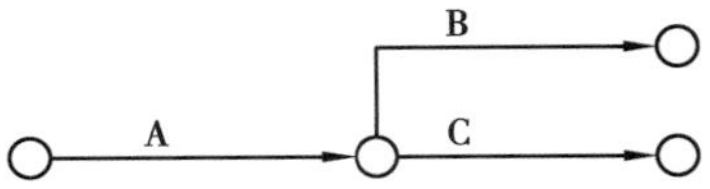
3	A、B、C 三项工作,C 只能在 A、B 完成后才能开始	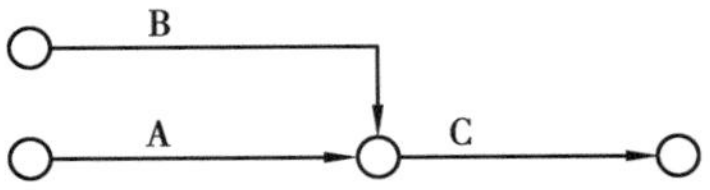
4	A、B、C 三项工作,同时开始工作或同时结束工作	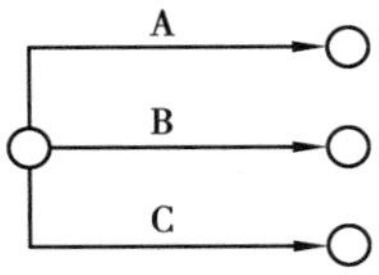 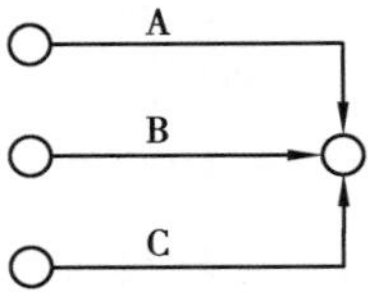
5	A、B、C、D 四项工作,只有 A、B 完成后,C、D 才能开始工作	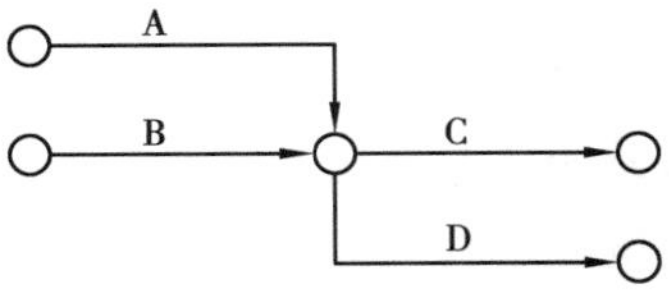
6	A、B、C、D 四项工作,A 完成后,C 才能开始,A、B 完成后,D 才能开始	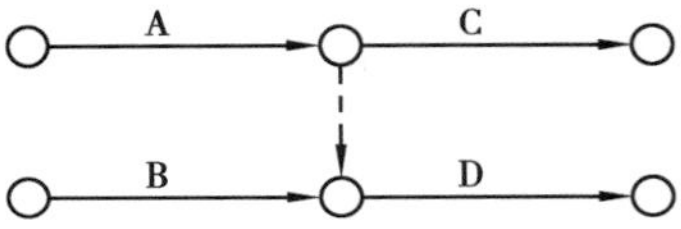
7	A、B、C、D、E 五项工作,A、B 完成后,D 才能开始,B、C 完成后,E 才能开始	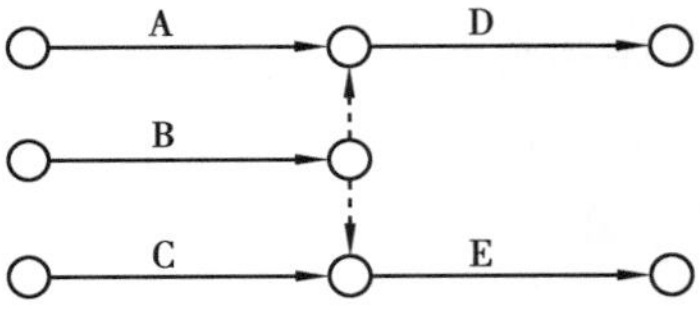
8	A、B、C、D、E 五项工作,A、B 完成后,D 才能开始工作,A、B、C 完成后,E 才能开始工作	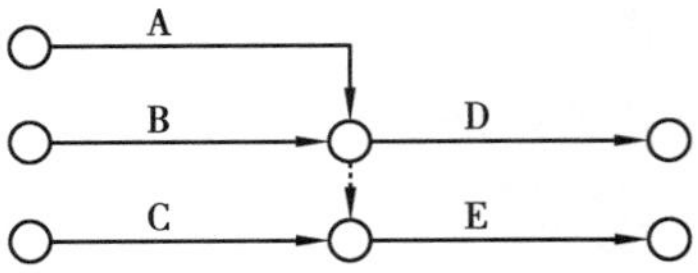
9	A 完成后,D 才能开始;A,B 均完成后 E 才能开始;A,B,C 均完成后,F 才能开始	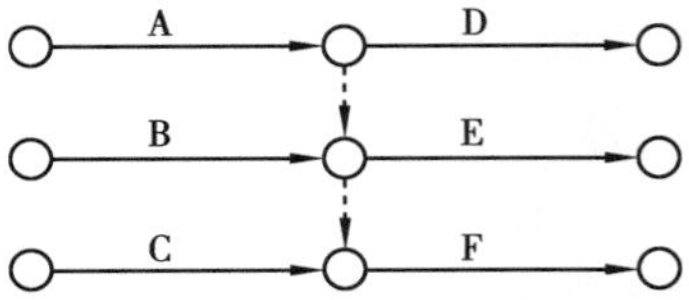

②正确应用虚箭线。在某些情况下,绘制网络图必须借助虚箭线才能正确地表达工作之间的逻辑关系。在双代号网络图中,虚工作一般起联系、区分和断路作用。绘制网络图时,应特别

注意虚箭线的使用,且力求去掉不必要的虚箭线,使网络图的表达准确、简洁。

①联系作用:是指应用虚工作连接工作之间的逻辑关系,如图 14.9 所示。

②区分作用:双代号网络图中,一项工作应只有唯一的一条箭线和相应的一对节点编号,否则应增加节点和虚箭线加以区分,如图 14.10 所示。

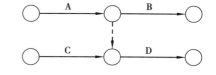

图 14.9　双代号网络图中虚工作的联系作用

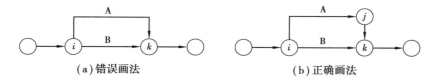

（a）错误画法　　　　　　（b）正确画法

图 14.10　双代号网络图中虚工作的区分作用

③断路作用:当网络图的中间节点把本来没有逻辑关系的工作联系起来,从而导致逻辑错误,这时需要用虚箭线在线路上隔断无逻辑关系的各项工作,这种方法称为"断路法"。例如:某现浇钢筋混凝土分部工程有支模、扎筋和浇筑混凝土 3 个施工过程,分 3 段组织流水施工。若按如图 14.11 来表达各施工过程间的逻辑关系,则逻辑关系的表达是错误的。

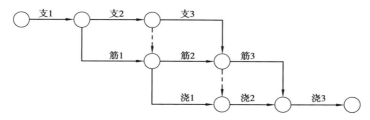

图 14.11　某混凝土分部工程双代号网络图

分析上面的网络图,在施工顺序上,按支模、扎筋和浇混凝土的顺序施工,符合施工工艺的要求;在流水关系上,同工种的工作队按第 1、2、3 段的顺序施工,符合施工组织的要求。但浇 1 不应受支 2 的制约, 浇 2 也不应受支 3 的制约,这说明网络图中逻辑关系表达有误。这种错误是原则性的错误,它和工程实际施工不符,将导致一系列计算上和施工安排上的错误。

在这种情况下,可采用两种断路法隔断线路上无逻辑关系的工作。在横向用虚箭线切断无逻辑关系的各项工作,称为"横向断路法",如图 14.12 所示,它主要用于无时间坐标的双代号网络图中。在纵向用虚箭线切断无逻辑关系的各项工作称为"纵向断路法",如图 14.13 所示,它主要用于双代号时标网络图中。

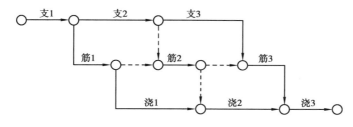

图 14.12　横向断路法

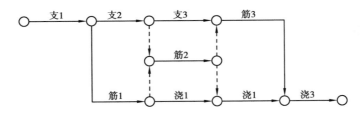

图 14.13　纵向断路法

2)绘制网络图时应遵循绘制网络图的基本规则

①双代号网络图必须正确表达已定的工作间的逻辑关系。

②在同一网络图中,只允许有一个起点节点和一个终点节点,如图 14.14 所示。

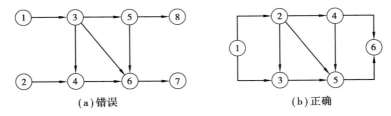

图 14.14　终点节点示意图

③双代号网络图中,严禁出现循环回路。如图 14.15 所示,图(a)中工作 C,E,F 构成了循环回路。

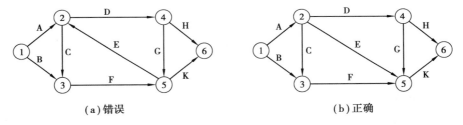

图 14.15　循环回路示意图

④双代号网络图中,在节点之间严禁出现带双向箭头或无箭头的连线。如图 14.16 所示,工作 2-4 和 2-3 的画法都是错误的。

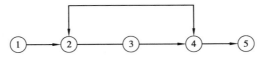

图 14.16　错误的箭线画法

⑤双代号网络图中,严禁出现无箭头节点或无箭尾节点的箭线,如图 14.17 所示。

图 14.17　无开始节点示意图

⑥当双代号网络图的某些节点有多条外向箭线或多条内向箭线时,在保证一项工作有唯一的一条箭线和对应的一对节点编号前提下,可使用母线法绘图,如图 14.18 所示。

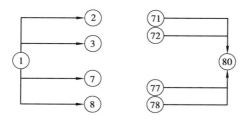

图 14.18　双代号网络图中母线示意图

⑦绘制网络图时,箭线不宜交叉;当交叉不可避免时,可用过桥法或指向法。如图 14.19 所示。

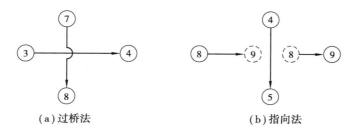

（a）过桥法　　　　　　　　　　（b）指向法

图 14.19　双代号网络图中箭线交叉时的绘图方法

3）网络图的布局要条理清楚,重点突出

网络计划是用来指导实际工作的,所以网络图除了要符合逻辑外,还应图面清晰,安排整齐,条理清楚,突出重点。尽量把关键工作和关键线路布置在中心位置,尽可能把密切相连的工作安排在一起,尽量减少斜箭线而采用水平箭线。在正式绘制网络图之前,最好先绘制草图,然后再加以整理。

4）合理安排建筑施工进度网络图的排列方法

为了使网络计划更形象、更清楚地反映出建筑工程施工的特点,绘图时可根据不同的工程情况和施工组织方法灵活地选择排列方法,以简化层次,使各工作在工艺上及组织上的逻辑关系准确而清楚。网络图的排列方法如下:

（1）按施工段排列

如果为了突出表示工作面的连续或者工作队的连续,可以把在同一施工段上的不同工种工作排列在同一水平线上,这种排列方法称为"按施工段排列法",如图 14.20 所示。

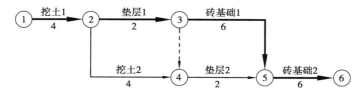

图 14.20　按施工段排列法示意图

（2）按工种排列

如果为了突出表示工种的连续作业，可以把同一工种工程排列在同一水平线上，这一排列方法称为"按工种排列法"，如图 14.21 所示。

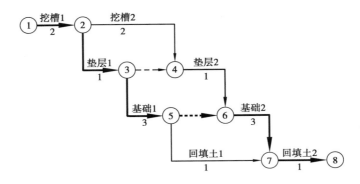

图 14.21　按工种排列法示意图

（3）按施工层排列

如果在流水作业中，若干个不同工种工作，沿着建筑物的楼层展开时，可以把同一楼层的各项工作排在同一水平线上。图 14.22 是内装修工程的 3 项工作按楼层自上而下的施工流向进行施工的网络图。

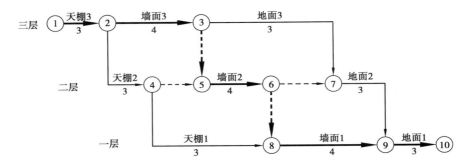

图 14.22　按施工层排列法示意图

必须指出，上述几种排列方法往往在一个单位工程的施工进度网络计划中同时出现。

此外，还有按单位工程排列的网络计划、按栋号排列的网络计划、按施工部位排列的网络计划，工作中可以按使用要求灵活地选用以上几种网络计划的排列方法。

14.2.3　双代号网络图时间参数的计算

计算时间参数的目的主要有三个：第一，确定关键线路和关键工作，便于在施工中抓住重点；第二，明确非关键工作及其机动时间的大小，便于挖掘潜力，统筹全局，部署资源；第三，确定总工期，做到工程进度心中有数。

网络计划计算的内容主要包括：各项工作的最早开始时间、最早完成时间、最迟开始时间、最迟完成时间、总时差、自由时差 6 个参数以及计算工期。

网络计划时间参数的计算方法很多,常用的方法有分析计算法、图上计算法、表上计算法、矩阵计算法和电算法等。

1)网络计划的时间参数及其符号

(1)工作的持续时间

工作持续时间是指一项工作从开始到完成的时间,用 D_{i-j} 表示。工作持续时间的计算方法主要有 3 种:

①定额计算法:这种方法主要是根据工程量、劳动定额、预算定额、施工方法、投入劳动力、机具和资源量等资料进行确定的。计算公式如下:

$$D_{i-j} = \frac{Q}{S \cdot R \cdot n} \tag{14.1}$$

式中　D_{i-j}——完成 i-j 项工作的持续时间(小时、天、周……);

　　　Q——该项工作的工程量;

　　　S——产量定额(机械为台班产量);

　　　R——投入 i-j 工作的人数或机械台数;

　　　n——工作的班次。

②倒排计划法:根据总工期的要求和施工经验,先确定各分部工程的持续时间,再进一步确定各工作的持续时间和工作班制,最后根据工作的持续时间确定施工班组人数或机械台数。

$$R = \frac{Q}{S \cdot D_{i-j} \cdot n} \tag{14.2}$$

③三时估计法:由于工作量不确定,或者工作性质不确定(可导致劳动效率不确定),或者受其他方面的制约等,工作的持续时间不能由定额计算法来确定。对此,可对工作持续时间的各种影响因素进行分析,采用三时估计法确定工作的持续时间。这种方法多适用于采用新结构、新工艺、新技术、新材料等无定额可循的工作。

三时估算法也称经验估算法,工作的持续时间可按下式计算:

$$m = \frac{a + 4c + b}{6} \tag{14.3}$$

式中　m——工作的平均持续时间;

　　　a——最短估计时间,是指按最顺利条件估计的,完成某项工作所需的持续时间;

　　　b——最长估计时间,是指按最不利条件估计的,完成某项工作所需的持续时间;

　　　c——最可能估计时间,是指按正常条件估计的,完成某项工作最可能的持续时间。

(2)工作的时间参数

网络计划中工作的时间参数有 6 个:最早开始时间、最早完成时间、最迟开始时间、最迟完成时间、总时差、自由时差。

①工作的最早开始时间 ES_{i-j} 和最早完成时间 EF_{i-j}:最早开始时间 ES_{i-j} 是指各紧前工作全部完成后,工作 i-j 有可能开始的最早时刻;最早完成时间 EF_{i-j} 是指各紧前工作全部完成后,工作 i-j 有可能完成的最早时刻。

②工作的最迟开始时间 LS_{i-j} 和最迟完成时间 LF_{i-j}:最迟开始时间 LS_{i-j} 是指在不影响整个任务按期完成的前提下,工作 i-j 必须开始的最迟时刻;最迟完成时间 LF_{i-j} 是指在不影响整个任务

按期完成的前提下,工作 i-j 必须完成的最迟时刻。

③工作的总时差 $TF_{i\text{-}j}$ 和自由时差 $FF_{i\text{-}j}$:总时差 $TF_{i\text{-}j}$ 是指在不影响总工期的前提下,工作 i-j 可以利用的机动时间;自由时差 $FF_{i\text{-}j}$ 是指在不影响其紧后工作最早开始时间的前提下,工作 i-j 可以利用的机动时间。

（3）节点的时间参数

①节点最早时间:节点最早时间是指双代号网络计划中,以该节点为开始节点的各项工作的最早开始时间。节点 i 的最早时间用 ET_i 表示。

②节点最迟时间:节点的最迟时间是指双代号网络计划中,以该节点为完成节点的各项工作的最迟完成时间。节点 j 的最迟时间用 LT_j 表示。

2）工作计算法

按工作计算法计算时间参数应在确定了各项工作的持续时间之后进行。虚工作也必须视同工作进行计算,其持续时间为零。

为了便于理解时间参数的计算,现举例说明工作间的关系:设网络计划是由 n 个节点所组成,其编号是由小到大 $(1 \rightarrow n)$,在计算公式中,工作 h-i 表示工作 i-j 的紧前工作,工作 j-k 表示工作 i-j 的紧后工作,如图 14.23 所示。

图 14.23　工作示意图

（1）工作最早开始时间 $ES_{i\text{-}j}$ 的计算

工作 i-j 最早开始时间 $ES_{i\text{-}j}$ 的计算应符合下列规定:

①以起点节点为开始节点的工作 i-j,当未规定其最早开始时间时,其值应等于零:

$$ES_{i\text{-}j} = 0 (i = 1) \tag{14.4}$$

②当工作只有一项紧前工作时,该工作的最早开始时间应为其紧前工作的最早完成时间,即:

$$ES_{i\text{-}j} = ES_{h\text{-}i} + D_{h\text{-}i} \tag{14.5}$$

式中　$ES_{h\text{-}i}$——工作 i-j 的紧前工作的最早开始时间;

　　　$D_{h\text{-}i}$——工作 i-j 的紧前工作的持续时间。

③当工作有多个紧前工作时,如图 14.24 所示,该工作的最早开始时间应为:

$$ES_{i\text{-}j} = \max\{ES_{h\text{-}i} + D_{h\text{-}i}\} = \max\{EF_{h\text{-}i}\} \tag{14.6}$$

从上述计算公式可以看出,工作 i-j 的最早开始时间 $ES_{i\text{-}j}$ 应从起点节点开始,顺箭线方向按节点次序逐项计算,同一节点的所有紧后工作的最早开始时间相同。

（2）工作最早完成时间 $EF_{i\text{-}j}$ 的计算

工作 i-j 的最早完成时间 $EF_{i\text{-}j}$ 等于其最早开始时间加上工作持续时间,即:

$$EF_{i\text{-}j} = ES_{i\text{-}j} + D_{i\text{-}j} \tag{14.7}$$

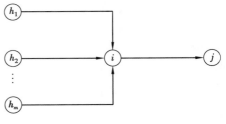

图 14.24　双代号网络图中有紧前工作的
工作最开始时间计算示意图

（3）网络计划工期的计算

工期是泛指完成一项任务所需要的时间，一般有计算工期、要求工期和计划工期 3 种。计算工期是指根据网络计划的时间参数计算所得到的工期，用 T_c 表示。要求工期是指任务委托人提出的指令性工期，用 T_r 表示。计划工期是指根据要求工期和计算工期所确定的作为实施目标的工期，用 T_p 表示。

①计算工期 T_c 的计算：

$$T_c = \max\{EF_{i\text{-}n}\} \tag{14.8}$$

式中　$EF_{i\text{-}n}$——以终节点 $j=n$ 为箭头节点的工作 $i\text{-}n$ 的最早完成时间。

②计划工期 T_p 的计算：

当规定了要求工期 T_r 时：　　　　　　$T_p \leq T_r$；　　　　　　　　　（14.9）

当未规定要求工期 T_r 时：　　　　　　$T_p = T_c$。　　　　　　　　　（14.10）

当规定了要求工期 T_r 时，计划工期 T_p 还应不小于网络计划的计算工期 T_c，一旦出现计划工期 T_p 小于网络计划的计算工期 T_c，就应对网络计划进行调整或优化，使网络计划的计算工期 T_c 小于计划工期 T_p。

（4）工作最迟完成时间 $LF_{i\text{-}j}$ 的计算

工作 $i\text{-}j$ 的最迟完成时间 $LF_{i\text{-}j}$ 应从网络计划的终点节点开始，逆着箭线方向依次逐项计算，计算应符合下列规定：

①以终点节点（$j=n$）为箭头节点的工作最迟完成时间 $LF_{i\text{-}n}$，应按网络计划的计划工期 T_p 确定，即：

$$LF_{i\text{-}n} = T_p \tag{14.11}$$

②当工作只有一项紧后工作时，该工作的最迟完成时间应为其紧后工作的最迟开始时间，即：

$$LF_{i\text{-}j} = LF_{j\text{-}k} - D_{j\text{-}k} = LS_{j\text{-}k} \tag{14.12}$$

③当工作有多项紧后工作时，如图 14.25 所示，该工作的最迟完成时间 $LF_{i\text{-}j}$，应按下式计算：

$$LF_{i\text{-}j} = \min\{LF_{j\text{-}k} - D_{j\text{-}k}\} = \min\{LS_{j\text{-}k}\} \tag{14.13}$$

式中　$LF_{j\text{-}k}$——工作 $i\text{-}j$ 的各项紧后工作 $j\text{-}k$ 的最迟完成时间；

　　　$D_{j\text{-}k}$——工作 $i\text{-}j$ 的各项紧后工作的持续时间。

从上述计算公式可以看出，$i\text{-}j$ 工作的最迟时间 $LF_{i\text{-}j}$ 应从终点开始，逆着箭线方向按节点次序逐项计算，同一节点的所有紧前工作的最迟完成时间相同。

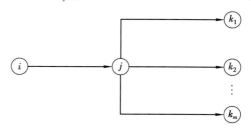

图 14.25　双代号网络图中有紧前工作的工作最迟完成时间计算示意图

（5）工作最迟开始时间 $LS_{i\text{-}j}$ 的计算

工作 $i\text{-}j$ 的最迟开始时间应按下式计算：

$$LS_{i\text{-}j} = LF_{i\text{-}j} - D_{i\text{-}j} \tag{14.14}$$

（6）工作总时差的计算

工作 $i\text{-}j$ 的总时差等于该工作最迟开始时间减去最早开始时间，或最迟完成时间减去最早

完成时间,即:

$$TF_{i\text{-}j} = LS_{i\text{-}j} - ES_{i\text{-}j} \quad \text{或} \quad TF_{i\text{-}j} = LF_{i\text{-}j} - EF_{i\text{-}j} \tag{14.15}$$

(7)工作自由时差的计算

工作 $i\text{-}j$ 的自由时差 $FF_{i\text{-}j}$ 的计算应符合下列规定:

①当工作 $i\text{-}j$ 有紧后工作 $j\text{-}k$ 时,该工作的自由时差等于紧后工作的最早开始时间减本工作最早完成时间,即:

$$FF_{i\text{-}j} = ES_{j\text{-}k} - EF_{i\text{-}j} \tag{14.16}$$

式中 $ES_{j\text{-}k}$——工作 $i\text{-}j$ 的紧后工作 $j\text{-}k$ 的最早开始时间。

②以终点节点为箭头节点的工作,其自由时差 $FF_{i\text{-}j}$ 应按网络计划的计划工期 T_p 确定,即:

$$FF_{i\text{-}n} = T_p - ES_{i\text{-}n} \tag{14.17}$$

由总时差和自由时差的定义可知,自由时差小于或等于总时差。工作的自由时差是某非关键工作独立使用的机动时间,利用自由时差,不会影响其紧后工作的最早开始时间。

(8)关键工作和关键线路的确定

在双代号网络图中,总时差最小的工作为关键工作。总时差的计算结果因计划工期 T_p 的取值不同会出现以下两种情形:

当计划工期 T_p 等于网络计划的计算工期 T_c 时,每个工作的总时差都大于或等于0,其中总时差等于0的工作就是关键工作。

当计划工期 T_p 大于网络计划的计算工期 T_c 时,每个工作的总时差都大于0,其中总时差最小的工作是关键工作。

由关键工作所组成的线路就是关键线路。

【例 14.1】 现以图 14.26 所示的网络图为例说明工作计算法的计算步骤。

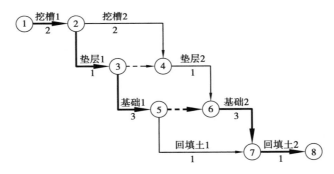

图 14.26 某基础工程双代号网络图

【解】

①各项工作最早开始时间和最早完成时间的计算:

工作 1-2: $ES_{1\text{-}2} = 0$

$$EF_{1\text{-}2} = ES_{1\text{-}2} + D_{1\text{-}2} = 0 + 2 = 2$$

工作 2-3: $ES_{2\text{-}3} = EF_{1\text{-}2} = 2$

$$EF_{2\text{-}3} = ES_{2\text{-}3} + D_{2\text{-}3} = 2 + 1 = 3$$

工作 2-4: $ES_{2\text{-}4} = EF_{1\text{-}2} = 2$

$$EF_{2\text{-}4} = ES_{2\text{-}4} + D_{2\text{-}4} = 2 + 2 = 4$$

工作 3-4：$ES_{3-4} = EF_{2-3} = 3$

$EF_{3-4} = ES_{3-4} + D_{3-4} = 3 + 0 = 3$

工作 3-5：$ES_{3-5} = EF_{2-3} = 3$

$EF_{3-5} = ES_{3-5} + D_{3-5} = 3 + 3 = 6$

工作 4-6：$ES_{4-6} = \max\{EF_{2-4}, EF_{3-4}\} = \max\{4, 3\} = 4$

$EF_{4-6} = ES_{4-6} + D_{4-6} = 4 + 1 = 5$

工作 5-6：$ES_{5-6} = EF_{3-5} = 6$

$EF_{5-6} = ES_{5-6} + D_{5-6} = 6 + 0 = 6$

工作 5-7：$ES_{5-7} = EF_{3-5} = 6$

$EF_{5-7} = ES_{5-7} + D_{5-7} = 6 + 1 = 7$

工作 6-7：$ES_{6-7} = \max\{EF_{4-6}, EF_{5-6}\} = \max\{5, 6\} = 6$

$EF_{6-7} = ES_{6-7} + D_{6-7} = 6 + 3 = 9$

工作 7-8：$ES_{7-8} = \max\{EF_{5-7}, EF_{6-7}\} = \max\{7, 9\} = 9$

$EF_{7-8} = ES_{7-8} + D_{7-8} = 9 + 1 = 10$

计划工期 $T_p = T_c = \max\{EF_{i-n}\} = EF_{7-8} = 10$

②各项工作最迟开始时间和最迟完成时间的计算：

工作 7-8：$LF_{7-8} = T_p = 10$

$LS_{7-8} = LF_{7-8} - D_{7-8} = 10 - 1 = 9$

工作 6-7：$LF_{6-7} = LS_{7-8} = 9$

$LS_{6-7} = LF_{6-7} - D_{6-7} = 9 - 3 = 6$

工作 5-7：$LF_{5-7} = LS_{7-8} = 9$

$LS_{5-7} = LF_{5-7} - D_{5-7} = 9 - 1 = 8$

工作 5-6：$LF_{5-6} = LS_{6-7} = 6$

$LS_{5-6} = LF_{5-6} - D_{5-6} = 6 - 0 = 6$

工作 4-6：$LF_{4-6} = LS_{6-7} = 6$

$LS_{4-6} = LF_{4-6} - D_{4-6} = 6 - 1 = 5$

工作 3-5：$LF_{3-5} = \min\{LS_{5-6}, LS_{5-7}\} = \min\{6, 8\} = 6$

$LS_{3-5} = LF_{3-5} - D_{3-5} = 6 - 3 = 3$

工作 3-4：$LF_{3-4} = LS_{4-6} = 5$

$LS_{3-4} = LF_{3-4} - D_{3-4} = 5 - 0 = 5$

工作 2-4：$LF_{2-4} = LS_{4-6} = 5$

$LS_{2-4} = LF_{2-4} - D_{2-4} = 5 - 2 = 3$

工作 2-3：$LF_{2-3} = \min\{LS_{3-4}, LS_{3-5}\} = \min\{5, 3\} = 3$

$LS_{2-3} = LF_{2-3} - D_{2-3} = 3 - 1 = 2$

工作 1-2：$LF_{1-2} = \min\{LS_{2-4}, LS_{2-3}\} = \min\{3, 2\} = 2$

$LS_{1-2} = LF_{1-2} - D_{1-2} = 2 - 2 = 0$

③各项工作的总时差的计算：

工作 1-2：$TF_{1-2} = LS_{1-2} - ES_{1-2} = 0 - 0 = 0$

工作 2-3：$TF_{2\text{-}3} = LS_{2\text{-}3} - ES_{2\text{-}3} = 2 - 2 = 0$

工作 2-4：$TF_{2\text{-}4} = LS_{2\text{-}4} - ES_{2\text{-}4} = 3 - 2 = 1$

工作 3-4：$TF_{3\text{-}4} = LS_{3\text{-}4} - ES_{3\text{-}4} = 5 - 3 = 2$

工作 3-5：$TF_{3\text{-}5} = LS_{3\text{-}5} - ES_{3\text{-}5} = 3 - 3 = 0$

工作 4-6：$TF_{4\text{-}6} = LS_{4\text{-}6} - ES_{4\text{-}6} = 5 - 4 = 1$

工作 5-6：$TF_{5\text{-}6} = LS_{5\text{-}6} - ES_{5\text{-}6} = 6 - 6 = 0$

工作 5-7：$TF_{5\text{-}7} = LS_{5\text{-}7} - ES_{5\text{-}7} = 8 - 6 = 2$

工作 6-7：$TF_{6\text{-}7} = LS_{6\text{-}7} - ES_{6\text{-}7} = 6 - 6 = 0$

工作 7-8：$TF_{7\text{-}8} = LS_{7\text{-}8} - ES_{7\text{-}8} = 9 - 9 = 0$

④各项工作自由时差的计算：

工作 1-2：$FF_{1\text{-}2} = ES_{2\text{-}3} - EF_{1\text{-}2} = 2 - 2 = 0$

工作 2-3：$FF_{2\text{-}3} = ES_{3\text{-}4} - EF_{2\text{-}3} = 3 - 3 = 0$

工作 2-4：$FF_{2\text{-}4} = ES_{4\text{-}6} - EF_{2\text{-}4} = 4 - 4 = 0$

工作 3-4：$FF_{3\text{-}4} = ES_{4\text{-}6} - EF_{3\text{-}4} = 4 - 3 = 1$

工作 3-5：$FF_{3\text{-}5} = ES_{5\text{-}6} - EF_{3\text{-}5} = 6 - 6 = 0$

工作 4-6：$FF_{4\text{-}6} = ES_{6\text{-}7} - EF_{4\text{-}6} = 6 - 5 = 1$

工作 5-6：$FF_{5\text{-}6} = ES_{6\text{-}7} - EF_{5\text{-}6} = 6 - 6 = 0$

工作 5-7：$TF_{5\text{-}7} = ES_{7\text{-}8} - EF_{5\text{-}7} = 9 - 7 = 2$

工作 6-7：$TF_{6\text{-}7} = ES_{7\text{-}8} - EF_{6\text{-}7} = 9 - 9 = 0$

工作 7-8：$TF_{7\text{-}8} = T_p - EF_{7\text{-}8} = 10 - 10 = 0$

⑤关键工作和关键线路的确定。在网络计划中总时差最小的工作称为关键工作。本例中由于网络计划的计划工期等于计算工期，即 $T_p = T_c$，故总时差为 0 的工作即为关键工作，用加粗的箭线表示，如图 14.26 所示。将关键工作依次连起来，所组成的线路①→②→③→⑤→⑥→⑦→⑧就是整个网络图的关键线路。

3）节点计算法

（1）节点最早时间的计算

节点的最早时间应从网络计划的起点节点开始，顺着箭线方向依次逐项计算，并应符合下列规定：

①起点节点 i 未规定最早时间 ET_i 时，其值应等于零，即：

$$ET_i = 0(i = 1) \tag{14.18}$$

②当节点 j 只有一条内向箭线时，其最早时间为：

$$ET_j = ET_i + D_{i\text{-}j} \tag{14.19}$$

③当节点 j 有多条内向箭线时，其最早时间 ET_j 应为：

$$ET_j = \max\{ET_i + D_{i\text{-}j}\} \tag{14.20}$$

（2）网络计划的工期计算

①网络计划的计算工期 T_c 按下式计算：

$$T_c = ET_n \tag{14.21}$$

式中　ET_n——终点节点 n 的最早时间。

②网络计划的计划工期 T_p 的确定与工作计算法相同。

（3）节点最迟时间的计算

节点的最迟时间应从网络计划的终点节点开始，逆着箭线方向依次逐项计算，当部分工作分期完成时，有关节点的最迟时间必须从分期完成节点开始逆向逐项计算，并应符合下列规定：

①终点节点 n 的最迟时间 LT_n 应按网络计划的计划工期 T_p 确定，即：

$$LT_n = T_p \tag{14.22}$$

分期完成节点的最迟时间应等于该节点规定的分期完成时间。

②当节点 i 只有一条外向箭线时，其最迟时间 LT_i 为：

$$LT_i = LT_j - D_{i\text{-}j} \tag{14.23}$$

③当节点 i 有多条外向箭线时，其最迟时间 LT_i 为：

$$LT_i = \min\{LT_j - D_{i\text{-}j}\} \tag{14.24}$$

式中　LT_j——工作 $i\text{-}j$ 的箭头节点 j 的最迟时间。

（4）工作时间参数的计算

①工作最早开始时间 $ES_{i\text{-}j}$ 的计算：

$$ES_{i\text{-}j} = ET_i \tag{14.25}$$

②工作 $i\text{-}j$ 的最早完成时间 $EF_{i\text{-}j}$ 的计算：

$$EF_{i\text{-}j} = ET_i + D_{i\text{-}j} \tag{14.26}$$

③工作 $i\text{-}j$ 最迟完成时间 $LF_{i\text{-}j}$ 的计算：

$$LF_{i\text{-}j} = LT_j \tag{14.27}$$

④工作 $i\text{-}j$ 最迟开始时间 $LS_{i\text{-}j}$ 的计算：

$$LS_{i\text{-}j} = LT_j - D_{i\text{-}j} \tag{14.28}$$

⑤工作 $i\text{-}j$ 的总时差 $TF_{i\text{-}j}$ 的计算：

$$TF_{i\text{-}j} = LT_j - ET_i - D_{i\text{-}j} \tag{14.29}$$

⑥工作 $i\text{-}j$ 的自由时差 $FF_{i\text{-}j}$ 的计算：

$$FF_{i\text{-}j} = ET_j - ET_i - D_{i\text{-}j} \tag{14.30}$$

（5）关键工作和关键线路的确定

①根据总时差确定关键工作和关键线路。当计划工期 T_p 等于网络计划的计算工期 T_c 时，总时差等于 0 的工作就是关键工作；当计划工期 T_p 大于网络计划的计算工期 T_c 时，其中总时差最小的工作是关键工作。全部由关键工作组成的线路就是整个网络图的关键线路。

②根据关键节点确定关键工作和关键线路。在双代号网络图中，位于关键线路上的节点称为关键节点。利用节点的时间参数，可以快速确定关键节点和关键工作，从而确定关键线路。

关键节点、关键工作的确定方法如下：

当 $T_p = T_c$ 时，若 $ET_i = LT_i$，则 i 节点一定为关键节点。

当 $T_p > T_c$ 时，若 $LT_i - ET_i = T_p - T_c$，则 i 节点为关键节点。

对两关键节点之间的某工作 $i\text{-}j$，若下式成立，则该工作一定是关键工作。

$$ET_i + D_{i\text{-}j} = ET_j \tag{14.31}$$

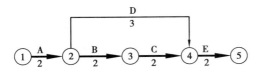

图 14.27　关键节点示意图

关键工作两端的节点一定是关键节点,但两关键节点之间的工作不一定是关键工作。如图14.27所示,D 工作两端的节点是关键节点,但 D 工作并不是关键工作。

③根据标号法确定关键工作和关键线路。标号法是一种快速寻求网络计划计算工期和关键线路的方法。它利用节点计算法的基本原理,对网络计划中的每个节点进行标号,然后利用标号值确定网络计划的计算工期和关键线路。下面以图 14.28 所示网络图为例,说明用标号法确定计算工期和关键线路的步骤。

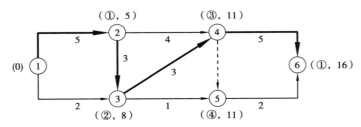

图 14.28　标号法示意图

a.确定节点标号:节点的标号宜用双标号法,即用源节点(计算出标号值的节点)作为第一标号,用标号值 b_j 作为第二标号。

首先,起点节点的标号值为零,即节点①的标号值 $b_1 = 0$。

其次,其他节点的标号值按下式计算:

$$b_j = \max\{b_i + D_{i\text{-}j}\} \tag{14.32}$$

式中　b_j——工作 $i\text{-}j$ 的完成节点 j 的标号值;

　　　b_i——工作 $i\text{-}j$ 的开始节点 i 的标号值。

本例中各节点标号值如图 14.28 所示。

b.确定计算工期:计算工期 T_c 等于终点节点的标号值。本例中,计算工期为终节点⑥的标号值 16。

c.确定关键线路:自终点节点开始,逆着箭线跟踪源节点即可确定。本例中,从终点节点⑥开始跟踪源节点分别为④、③、②、①,即得关键线路①→②→③→④→⑥。

4)图上计算法

图上计算法是依据分析计算法的计算公式,直接在网络图上计算时间参数的一种比较直观、简便的方法,此种方法必须在对分析计算法理解和熟练的基础上进行,边计算边将时间参数填入图中预留的位置上。按工作计算法的时间参数的标注方式如图 14.29 所示。

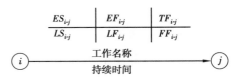

图 14.29　工作计算法的标注

【例 14.2】　现以图 14.30 所示的网络图为例,说明按工作计算法在图上计算时间参数的过程。

①计算工作的最早开始时间、最早完成时间和计算工期,如图 14.31 所示。

②计算工作的最迟开始时间和最迟完成时间,如图 14.32 所示。

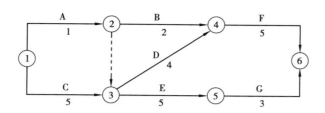

图 14.30　某工程双代号网络图

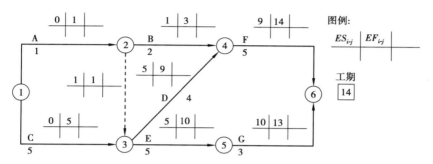

图 14.31　用图上计算法计算工作的最早时间

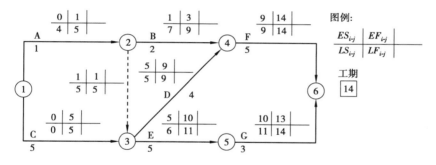

图 14.32　用图上计算法计算工作的最迟时间

③计算工作的总时差,确定关键线路,如图 14.33 所示。

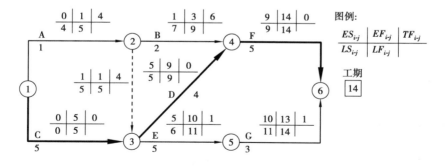

图 14.33　用图上计算法计算工作的总时差

④计算工作的自由时差,如图 14.34 所示。

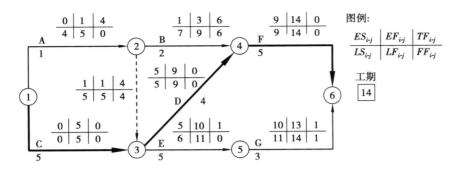

图 14.34　用图上计算法计算工作的自由时差

14.2.4　双代号时标网络计划

1）双代号时标网络图的基本概念

　　双代号时标网络图（简称时标网络图）是以时间坐标为尺度编制的网络图。时标网络计划必须以水平时间坐标为尺度表示工作时间，时标的时间单位应根据需要在编制网络计划之前确定，一般是天、周、月或季等。

　　时标网络计划的工作以实箭线表示，自由时差以波形线表示，虚工作以虚箭线表示。时标网络图中的箭线和节点在时间坐标上的水平投影位置，都必须与其时间参数相对应，节点中心必须对准相应的时标位置。虚工作必须以垂直方向的虚箭线表示，有自由时差时加波形线表示。

2）时标网络图的绘制

　　绘制时标网络计划之前，应先按已确定的时间单位绘出时标计划表，时标可标注在时标计划表的顶部或底部。时标计划表中部的刻度线宜为细线，为使图面清楚，此线也可以不画或少画。时标的长度单位必须注明。必要时，可在顶部时标之上或底部时标之下加注日历的对应时间。时标网络计划宜按最早时间绘制，绘制方法可采用间接绘制法或直接绘制法。

　　（1）间接绘制法

　　间接绘制法是先计算网络计划的时间参数，再根据时间参数在时间坐标上进行绘制的方法。其绘制步骤和方法如下：

　　①先绘制双代号网络图，计算节点的最早时间参数，确定关键工作及关键线路。

　　②根据节点的最早时间确定各节点的位置。

　　③依次在各节点间绘出箭线及时差。绘制时宜先画关键工作、关键线路，再画非关键工作。如箭线长度不足以达到工作的完成节点时，用波形线补足，箭头画在波形线与节点连接处。

　　④用虚箭线连接各有关节点，将有关的工作连接起来。

　　（2）直接绘制法

　　所谓直接绘制法，是指不计算时间参数，根据普通双代号网络图直接在时标表上进行绘制。其绘制步骤和方法如下：

　　①将起点节点定位在时标计划表的起始刻度线上。

②按工作持续时间在时标计划表上绘制起点节点的外向箭线。

③除起点节点以外的其他节点必须在其所有内向箭线绘出以后,定位在这些内向箭线中最早完成时间最迟的箭线末端。其他内向箭线长度不足以到达该节点时,用波形线补足。

④用上述方法自左至右依次确定其他节点位置,直至终点节点定位绘完。

采用直接绘制法绘制时标网络图,关键是要把虚箭线处理好。首先要把它等同于实箭线看待,而其持续时间是零;其次,虽然它本身没有时间,但可能存在时差,故要按规定画好波形线。虚箭线具有自由时差,意味着相邻工作间有间歇时间或工作面有闲置时间。采用直接绘制法绘制时标网络图的过程如图 14.35 所示。

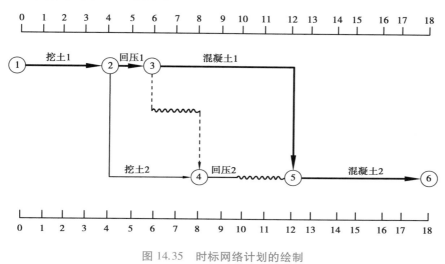

图 14.35　时标网络计划的绘制

3)时标网络计划的关键线路和时间参数的确定

(1)关键线路的确定

时标网络计划关键线路的确定,应自终点节点逆箭线方向朝起点节点观察,自始至终不出现波形线的线路为关键线路,如图 14.35 所示。

(2)时间参数的确定

①计算工期的确定:时标网络计划的计算工期,应是其终点节点与起点节点所在位置的时标值之差。

②工作最早时间的确定:按最早时间绘制的时标网络计划,每条箭线箭尾所对应的时标值应为该工作的最早开始时间;当工作箭线中不存在波形线时,其右端节点中心所对应的时标值为该工作的最早完成时间;当工作箭线中存在波形线时,工作箭线实线部分右端点所对应的时标值为该工作的最早完成时间。

③工作自由时差的确定:时标网络计划中工作的自由时差值应为表示该工作的箭线中波形线部分在坐标轴上的水平投影长度。

④工作总时差的计算:总时差不能从图上直接判定,需要进行计算,计算应自右向左进行,且符合下列规定:以终点为箭头节点的工作的总时差 TF_{i-n} 按下式计算:

$$TF_{i-n} = T_p - EF_{i-n} \tag{14.33}$$

其他工作的总时差应为:

$$TF_{i-j} = \min\{TF_{j-k} + FF_{i-j}\} = FF_{i-j} + \min\{TF_{j-k}\} \tag{14.34}$$

各工作的总时差的计算如图 14.36 所示。

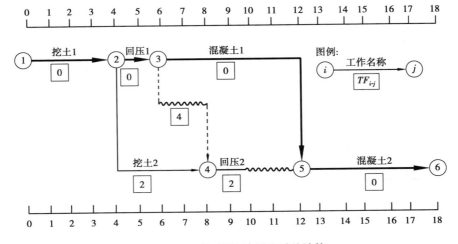

图 14.36 时标网络计划总时差计算

⑤工作最迟时间的计算：工作最迟开始时间和最迟完成时间按下式计算：

$$LS_{i-j} = ES_{i-j} + TF_{i-j} \tag{14.35}$$

$$LF_{i-j} = EF_{i-j} + TF_{i-j} \tag{14.36}$$

14.3 单代号网络计划

单代号网络图是以节点及其编号表示工作,以有向箭线表示工作之间的逻辑关系的网络图。单代号网络图用节点表示工作,更适合用计算机进行绘制、计算、优化和调整。正是由于具有以上特点,近年来国内外对单代号网络图逐渐重视起来。特别是随着计算机在网络计划中的应用不断扩大,单代号网络图获得了广泛的应用。

14.3.1 单代号网络图的组成

单代号网络图由节点、箭线和线路 3 部分组成。

1)节点

在单代号网络图中,节点及其编号表示一项工作。单代号网络图中的节点必须编号,其号码可间断但严禁重复。在对网络图的节点进行编号时,箭线的箭尾节点编号应小于箭头节点编号。

节点可以采用圆圈,也可以采用方框表示。节点所表示的工作名称、工作持续时间、节点编号一般都标注在圆圈或方框内,如图 14.37 所示。

2)箭线

单代号网络图中的箭线仅表示工作间的逻辑关系,它既不占用时间也不消耗资源。箭线应画成水平直线、折线或斜线,箭线水平投影的方向应自左向右。箭线的箭头表示工作的前进方

图 14.37　单代号网络图节点的表示方法

向,箭尾节点工作为箭头节点工作的紧前工作,如图 14.38 所示,i 工作是 j 工作的紧前工作。

图 14.38　单代号网络图箭线的表示方法

3)线路

　　单代号网络图中从起点节点出发,沿着箭头方向连续通过一系列箭线和节点,直至到达终点节点的通路,称为线路。

　　同双代号网络图一样,单代号网络图的线路也分为关键线路和非关键线路,其性质和线路时间的计算方法均与双代号网络图相同。

　　关键线路用粗箭线、双箭线或彩色箭线来表示,以示与非关键线路上的工作区别,如图 14.39所示。

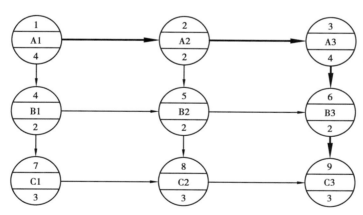

图 14.39　单代号网络图

14.3.2　单代号网络图的绘制

1)单代号网络图逻辑关系的表示方法

　　单代号网络图的绘制要比双代号网络图简单,也不容易出错,关键是要处理好箭线的交叉,使网络图规则易读。单代号网络图逻辑关系的表示方法,见表 14.2。

表 14.2　单代号网络图工作间逻辑关系表示方法

序号	工作之间的逻辑关系	单代号表示方法
1	A、B 两项工作,依次施工	 A → B
2	A、B、C 三项工作,同时开始工作	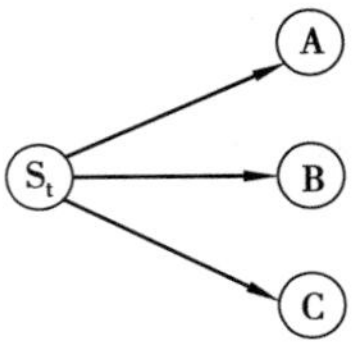 S_t → A, B, C
3	A、B、C 三项工作,同时结束工作	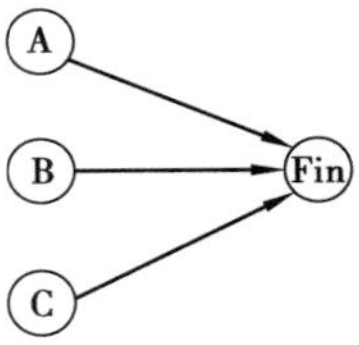 A, B, C → Fin
4	A、B、C 三项工作,A 完成后,B、C 才能开始	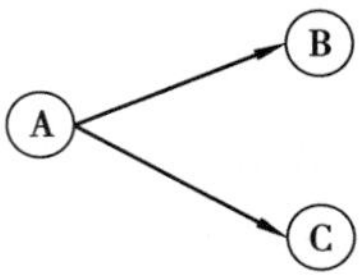 A → B, C
5	A、B、C 三项工作,C 只能在 A、B 完成后才能开始	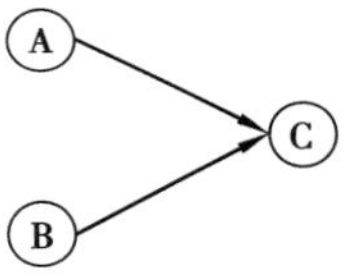 A, B → C
6	A、B、C、D 四项工作,A 完成后,C 才能开始,A、B 完成后,D 才能开始	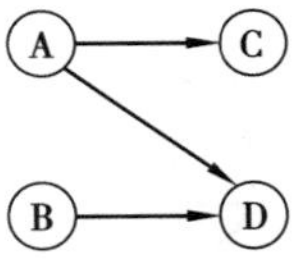 A → C; A、B → D
7	A、B、C、D 四项工作,只有 A、B 完成后,C、D 才能开始工作	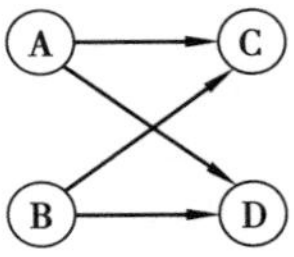 A、B → C、D
8	A、B、C、D、E 五项工作,A、B 完成后,C 才能开始,B、D 完成后,E 才能开始	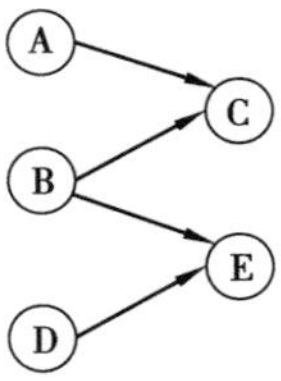 A、B → C; B、D → E

续表

序号	工作之间的逻辑关系	单代号表示方法
9	A、B、C、D、E 五项工作，A、B、C 完成后，D 才能开始工作，B、C 完成后，E 才能开始工作	
10	A、B 两项工作，分成三个施工段，进行平行搭接流水施工	

2）单代号网络图绘图的基本规则

绘制单代号网络图必须遵循一定的绘图规则，这些基本规则主要是：

①单代号网络图必须正确表述已定的逻辑关系。

②单代号网络图中严禁出现循环回路。

③单代号网络图中严禁出现双向箭头或无箭头的连线。

④单代号网络图中严禁出现没有箭尾节点的箭线和没有箭头节点的箭线。

⑤绘制网络图时箭线不宜交叉，当交叉不可避免时可采用过桥法和指向法绘制。

⑥单代号网络图只应有一个起点节点和一个终点节点。当网络图中有多个起点节点或终点节点时，应在图中设置虚拟节点作为该网络图的起点节点（St）或终点节点（Fin），如图14.40所示，这是单代号网络图所特有的。

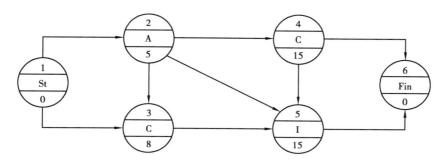

图 14.40　单代号网络图虚拟起点节点和虚拟终点节点示意图

14.3.3　单代号网络图时间参数的计算

单代号网络图时间参数的计算方法和双代号网络图一样，主要有分析计算法、图上计算法、表上计算法、矩阵计算法和电算法等。尽管方法很多，但都是以分析计算法作为基础而采用不同的计算及表现形式。以下主要介绍分析计算法和图上计算法。

单代号网络图的时间参数及符号如下：

D_i——i 工作的持续时间；

ES_i——i 工作最早开始时间；

EF_i——i 工作最早完成时间；

LS_i——i 工作最迟开始时间；

LF_i——i 工作最迟完成时间；

TF_i——i 工作的总时差；

FF_i——i 工作的自由时差；

$LAG_{i,j}$——i、j 工作间的时间间隔。

1）分析计算法

（1）工作最早开始时间的计算

工作 i 的最早开始时间 ES_i 应从网络图的起点节点开始，顺着箭线方向依次逐项计算，并符合下列规定：

①起点节点 i 的最早开始时间 ES_i，当未规定其开始时间时，其值应等于 0，即：

$$ES_i = 0 \ (i = 1) \tag{14.37}$$

②当节点 i 只有一项紧前工作 h 时，其最早开始时间 ES_i 为：

$$ES_i = ES_h + D_h \tag{14.38}$$

式中　ES_h——工作 i 的紧前工作 h 的最早开始时间；

　　　D_h——工作 i 的紧前工作 h 的持续时间。

③当节点 i 有多项紧前工作时，其最早开始时间 ES_i 为：

$$ES_i = \max\{ES_h + D_h\} = \max\{EF_h\} \tag{14.39}$$

（2）工作最早完成时间的计算

每项工作的最早完成时间是该工作的最早开始时间与其持续时间之和，其计算公式为：

$$EF_i = ES_i + D_i \tag{14.40}$$

（3）网络计划工期的计算

①网络计划的计算工期：工作 n（n 为终点节点）的最早完成时间即为网络计划的计算工期 T_c，其计算公式为：

$$T_c = EF_n \tag{14.41}$$

②网络计划的计划工期：

当已规定了要求工期 T_r 时：$T_p \leqslant T_r$ ⟨14.42⟩

当未规定要求工期时 T_r 时：$T_p = T_c$ ⟨14.43⟩

（4）相邻两项工作之间的时间间隔的计算

相邻两项工作的时间间隔，是工作的最早开始时间与其紧前工作的最早完成时间的差值，它表示相邻两项工作之间有一段时间间歇。相邻两项工作 i 与 j 之间的时间间隔 $LAG_{i,j}$ 的计算应符合下列规定：

①当终点节点 n 为虚拟节点时，其紧前工作 m 与虚拟工作 n 的时间间隔为：

$$LAG_{m,n} = T_p - EF_m \tag{14.44}$$

②其他节点间的时间间隔应为：

$$LAG_{i,j} = ES_j - EF_i \tag{14.45}$$

（5）工作总时差的计算

工作的总时差 TF_i 应从网络计划的终点节点开始,逆着箭线方向依次逐项计算。

①终点节点 n 所代表工作的总时差 TF_n 应为:

$$TF_n = T_p - EF_n \tag{14.46}$$

②其他工作 i 的总时差 TF_i 应按下式计算:

$$TF_i = \min\{LAG_{i,j} + TF_j\} \tag{14.47}$$

（6）工作自由时差的计算

工作 i 的自由时差 FF_i 的计算应符合下列规定:

①终点节点 n 所代表工作的自由时差 FF_n 应按下式计算

$$FF_n = T_p - EF_n \tag{14.48}$$

②其他工作 i 的自由时差应按下式计算:

$$FF_i = \min\{LAG_{i,j}\} \tag{14.49}$$

（7）工作最迟完成时间的计算

工作 i 的最迟完成时间 LF_i 应从网络图的终点节点开始,逆着箭线方向依次逐项计算。

①终点节点 n 所代表的工作的最迟完成时间 LF_n 应按网络计划的计划工期 T_p 确定,即:

$$LF_n = T_p \tag{14.50}$$

②其他工作 i 的最迟完成时间 LF_i 应为:

$$LF_i = \min\{LF_j - D_j\} = \min\{LS_j\} \tag{14.51}$$

$$或 \quad LF_i = EF_i + TF_i \tag{14.52}$$

式中　LS_j——工作 i 的各项紧后工作 j 的最迟开始时间;

　　LF_j——工作 i 的各项紧后工作 j 的最迟完成时间。

（8）工作最迟开始时间的计算

工作 i 的最迟开始时间 LS_i 按下式进行计算:

$$LS_i = LF_i - D_i \tag{14.53}$$

【例 14.3】　现以图 14.41 的网络图为例说明单代号网络图计算时间参数的计算过程。

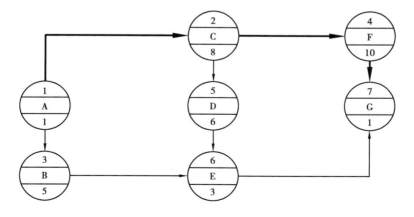

图 14.41　单代号网络图

【解】 (1)工作最早开始时间的计算

因起点节点的最早开始时间未作规定,故 $ES_1 = 0$

其后续工作的最早开始时间计算公式为: $ES_i = \max\{ES_h + D_h\}$

由此得到: $ES_2 = ES_1 + D_1 = 0 + 1 = 1$

$\quad\quad\quad ES_3 = ES_1 + D_1 = 0 + 1 = 1$

$\quad\quad\quad ES_4 = ES_2 + D_2 = 1 + 8 = 9$

$\quad\quad\quad ES_5 = ES_2 + D_2 = 1 + 8 = 9$

$\quad\quad\quad ES_6 = \max\{ES_3 + D_3, ES_5 + D_5\} = \max\{1 + 5, 9 + 6\} = 15$

$\quad\quad\quad ES_7 = \max\{ES_4 + D_4, ES_6 + D_6\} = \max\{9 + 10, 15 + 3\} = 19$

(2)工作最早完成时间的计算

每项工作的最早完成时间计算公式为: $EF_i = ES_i + D_i$

因此可得: $EF_1 = ES_1 + D_1 = 0 + 1 = 1$

$\quad\quad\quad EF_2 = ES_2 + D_2 = 1 + 8 = 9$

$\quad\quad\quad EF_3 = ES_3 + D_3 = 1 + 5 = 6$

$\quad\quad\quad EF_4 = ES_4 + D_4 = 9 + 10 = 19$

$\quad\quad\quad EF_5 = ES_5 + D_5 = 9 + 6 = 15$

$\quad\quad\quad EF_6 = ES_6 + D_6 = 15 + 3 = 18$

$\quad\quad\quad EF_7 = ES_7 + D_7 = 19 + 1 = 20$

(3)网络计划的计算工期 T_c

计算工期: $T_c = EF_n = EF_7 = 20$

(4)网络计划的计划工期 T_p

计划工期: $T_p = T_c = 20$

(5)相邻两项工作之间时间间隔的计算

相邻两项工作 i 与 j 之间的时间间隔 $LAG_{i,j}$ 按公式 $LAG_{i,j} = ES_j - EF_i$ 计算:

因此可得: $LAG_{1,2} = ES_2 - EF_1 = 1 - 1 = 0$

$\quad\quad\quad LAG_{1,3} = ES_3 - EF_1 = 1 - 1 = 0$

$\quad\quad\quad LAG_{2,4} = ES_4 - EF_2 = 9 - 9 = 0$

$\quad\quad\quad LAG_{2,5} = ES_5 - EF_2 = 9 - 9 = 0$

$\quad\quad\quad LAG_{3,6} = ES_6 - EF_3 = 15 - 6 = 9$

$\quad\quad\quad LAG_{5,6} = ES_6 - EF_5 = 15 - 15 = 0$

$\quad\quad\quad LAG_{4,7} = ES_7 - EF_4 = 19 - 19 = 0$

$\quad\quad\quad LAG_{6,7} = ES_7 - EF_6 = 19 - 18 = 1$

(6)工作总时差的计算

终点节点所代表的工作的总时差 $TF_n = T_p - EF_n$,故 $TF_7 = 0$

其他工作的总时差 TF_i 计算公式为: $TF_i = \min\{LAG_{i,j} + TF_j\}$,当已知各项工作的最迟完成时间 LF_i 或最迟开始时间 LS_i 时,工作的总时差 TF_i 也可按公式 $TF_i = LS_i - ES_i$ 或公式 $TF_i = LF_i - EF_i$ 计算。

因此可得: $TF_6 = LAG_{6,7} + TF_7 = 1 + 0 = 1$

$\quad\quad\quad TF_5 = LAG_{5,6} + TF_6 = 0 + 1 = 1$

$$TF_4 = LAG_{4,7} + TF_7 = 0 + 0 = 0$$

$$TF_3 = LAG_{3,6} + TF_6 = 9 + 1 = 10$$

$$TF_2 = \min\{LAG_{2,4} + TF_4, LAG_{2,5} + TF_5\} = \min\{0+0, 0+1\} = 0$$

$$TF_1 = \min\{LAG_{1,2} + TF_2, LAG_{1,3} + TF_3\} = \min\{0+0, 0+10\} = 0$$

（7）工作自由时差的计算

工作 i 的自由时差 FF_i 由公式 $FF = \min\{LAG_{i,j}\}$

因此可得：$FF_7 = 0$

$$FF_6 = LAG_{6,7} = 1$$

$$FF_5 = LAG_{5,6} = 0$$

$$FF_4 = LAG_{4,7} = 0$$

$$FF_3 = LAG_{3,6} = 9$$

$$FF_2 = \min\{LAG_{2,4}, LAG_{2,5}\} = \min\{0,0\} = 0$$

$$FF_1 = \min\{LAG_{1,2}, LAG_{1,3}\} = \min\{0,0\} = 0$$

（8）工作最迟完成时间的计算

终点节点最迟完成时间 $LF_n = LF_7 = T_p = 20$

其他工作 i 的最迟完成时间 LF_i 按公式：$LF_i = \min\{LF_j - D_j\}$ 计算

因此可得：$LF_6 = LF_7 - D_7 = 20 - 1 = 19$

$$LF_5 = LF_6 - D_6 = 19 - 3 = 16$$

$$LF_4 = LF_7 - D_7 = 20 - 1 = 19$$

$$LF_3 = LF_6 - D_6 = 19 - 3 = 16$$

$$LF_2 = \min\{LF_4 - D_4, LF_5 - D_5\} = \min\{19 - 10, 16 - 6\} = 9$$

$$LF_1 = \min\{LF_2 - D_2, LF_3 - D_3\} = \min\{9 - 8, 16 - 5\} = 1$$

（9）工作最迟开始时间的计算

工作 i 的最迟开始时间按公式 $LS_i = LF_i - D_i$ 进行计算。

因此可得：$LS_7 = LF_7 - D_7 = 20 - 1 = 19$

$$LS_6 = LF_6 - D_6 = 19 - 3 = 16$$

$$LS_5 = LF_5 - D_5 = 16 - 6 = 10$$

$$LS_4 = LF_4 - D_4 = 19 - 10 = 9$$

$$LS_3 = LF_3 - D_3 = 16 - 5 = 11$$

$$LS_2 = LF_2 - D_2 = 9 - 8 = 1$$

$$LS_1 = LF_1 - D_1 = 1 - 1 = 0$$

（10）关键工作和关键线路的确定

本例中总时差为 0 的工作是关键工作，将相邻两项关键工作之间间隔时间为 0 的关键工作连接起来而形成的线路就是关键线路，如图 14.41 所示，关键线路①→②→④→⑦用粗箭线表示。

2）图上计算法

采用图上计算法计算时间参数，时间参数的标注方式如图 14.42 所示。

【例 14.4】 现以图 14.43 的单代号网络图为例说明在图上计算时间参数的步骤。

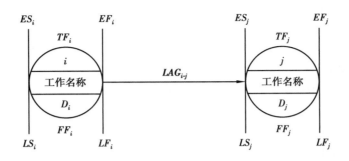

图 14.42 单代号网络图时间参数标注方式

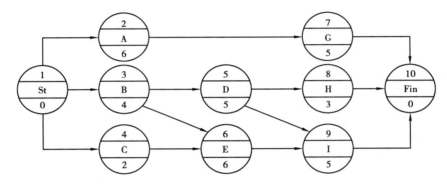

图 14.43 单代号网络图

①计算工作的最早开始时间和最早完成时间,如图 14.44 所示。

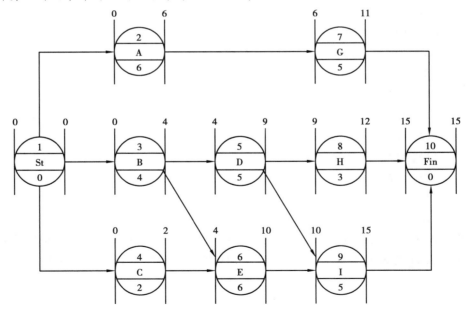

图 14.44 计算单代号网络图最早时间

②计算网络计划的工期和相邻工作之间的时间间隔,如图 14.45 所示。

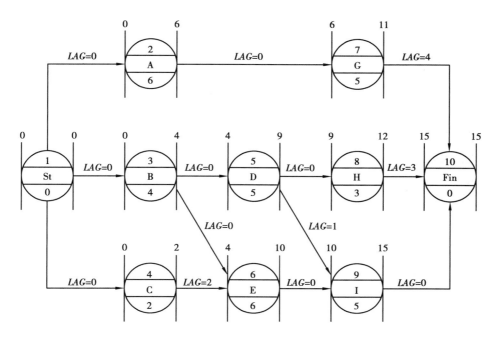

图 14.45　计算单代号网络图工作间的时间间隔

网络计划的工期为：$T_p = T_c = 15$。

③计算工作的总时差，如图 14.46 所示。

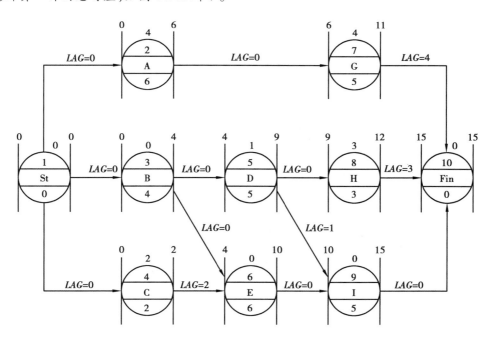

图 14.46　单代号网络图的总时差

④计算工作的自由时差，如图 14.47 所示。

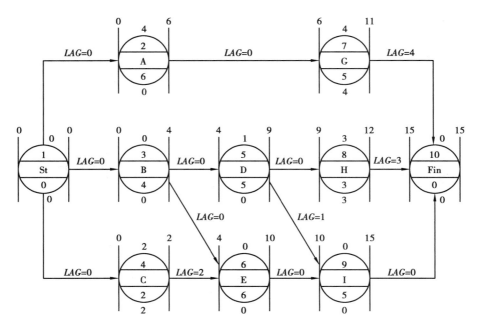

图 14.47　单代号网络图时间的自由时差

⑤计算工作的最迟完成时间和最迟开始时间,如图 14.48 所示。

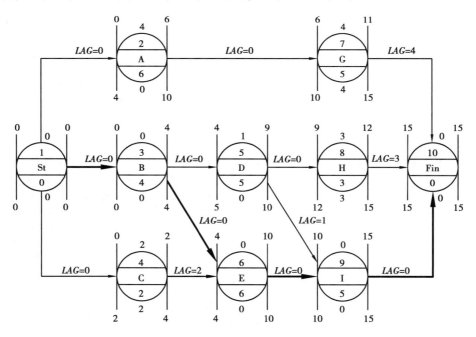

图 14.48　单代号网络图时间最迟时间

总时差为 0 的工作是关键工作,将相邻两项关键工作间隔时间为 0 的关键工作连接起来而形成的线路就是关键线路,如图 14.48 所示,关键线路①→③→⑥→⑨→⑩用粗箭线表示。

14.4　网络计划的优化

网络计划的优化是指通过不断改善网络计划的初始方案,在满足既定约束条件下利用最优化原理,按照某一衡量指标(时间、成本、资源等)来寻求满意方案。根据网络计划优化条件和目标的不同,通常有工期优化、资源优化和成本优化。以下重点介绍工期优化和成本优化。

14.4.1　工期优化

工期优化就是以缩短工期为目标,通过对初始网络计划进行调整,压缩计算工期,使其满足约束条件规定。工期优化一般通过压缩关键工作的持续时间的方法来达到缩短工期的目的。需要注意的是,在压缩关键线路的线路时间时,会使某些时差较小的次关键线路上升为关键线路,这时需同时压缩次关键线路上有关工作的作业时间,才能达到缩短工期的要求。

1) 缩短关键工作的持续时间应考虑的因素

①缩短持续时间对质量和安全影响不大;

②有充足备用资源;

③缩短持续时间所需增加的费用最少。

2) 调整关键工作持续时间的方法

①增加资源,加快速度;

②采用高效率的工艺和技术措施;

③增加工作班制。

注意:缩短工作持续时间要同时考虑其效果和实际可能性。

3) 工期优化步骤

①计算并找出网络计划的计算工期、关键线路及关键工作;

②按要求工期计算应缩短的持续时间;

③确定各关键工作能缩短的持续时间;

④按上述因素选择关键工作压缩其持续时间,并重新计算网络计划的计算工期;

⑤若计算工期仍超过要求工期,则重复上述步骤,直到满足工期要求或工期已不能再缩短为止;

⑥当所有关键工作的持续时间都已达到最短持续时间而工期仍不能满足要求时,应对计划的技术、组织方案进行调整,或对要求工期重新审定。

【例 14.5】　已知网络计划如图 14.49 所示,图中箭杆上数据为正常持续时间,括号内为最短持续时间,假定要求工期为 105 d。根据选择应缩短持续时间的关键工作宜考虑的因素,缩短顺序为 B、C、D、E、F、G、A。试对该网络计划进行优化。

【解】　(1)根据工作正常时间计算各个节点的时间参数,并找出关键工作和关键线路,如图 14.50 所示。

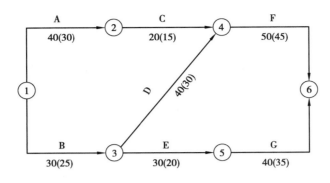

图 14.49　某网络计划图

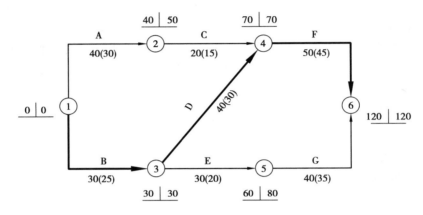

图 14.50　找出关键线路

（2）计算需缩短的时间。

计算工期为 120 d，要求工期为 105 d，需缩短工期 15 d。

（3）根据已知条件，先将 B 缩短至 25 d，即得网络计划如图 14.51 所示。

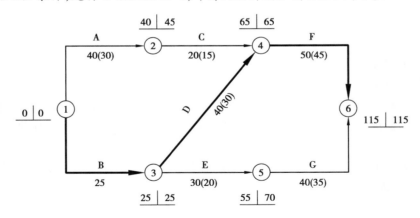

图 14.51　压缩 B 至 25 d 后的网络计划

（4）根据已知缩短顺序，缩短 D 至 30 d，即得网络计划如图 14.52 所示。

（5）增加 D 的持续时间至 35 d，使之仍为关键工作，如图 14.53 所示。

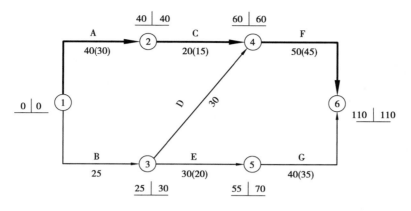

图 14.52 压缩 D 至 30 d 后的网络计划

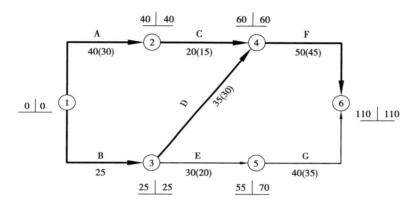

图 14.53 压缩 D 至 35 d 后的网络计划

（6）根据已知缩短顺序,同时将 C、D 各压缩 5 d,使工期达到 105 d 的要求。如图 14.54 所示。

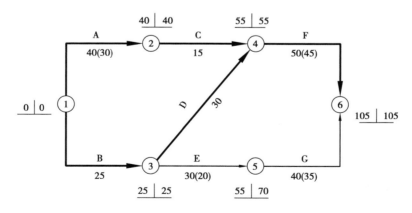

图 14.54 压缩 C、D 达到工期目标的优化网络计划

14.4.2 资源优化

资源是指为完成任务所需的劳动力、材料、机械设备和资金等的统称。在大多数情况下,在一定时间内所能提供的各种资源有一定限定。资源优化就是通过改变工作的开始时间,使资源按时间分布符合优化目标。

资源优化有两种情况:一种是在资源供应有限制的条件下,寻求计划的最短工期,称为"资源有限,工期最短"的优化;另一种是在工期规定的条件下,力求资源消耗均衡,称为"工期固定,资源均衡"的优化。

14.4.3 成本优化

成本优化一般是指工期—成本优化,它是以满足工期要求的施工费用最低为目标的施工计划方案的调整过程。通常在寻求网络计划的最佳工期大于规定的工期或在执行计划时需要加快施工进度时,需进行工期—成本优化。

1)费用与工期的关系

一个施工项目成本由直接成本和间接成本两部分组成,即

$$工程成本\ C = 直接成本\ C_1 + 间接成本\ C_2$$

成本与工期的关系如图 14.55 所示。

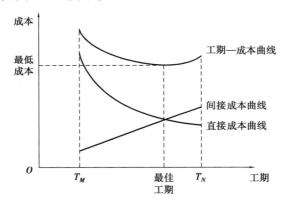

图 14.55 工期—成本曲线

从图中可以看出,缩短工期,直接成本会增加,而间接成本则减少。工程成本取决于直接成本和间接成本之和。在曲线上可找到工程成本最低点 C_{min} 及其对应的工期 T'(称为最佳工期),工期—成本优化的目的就在于寻求 C_{min} 和对应的 T'。

(1)工作持续时间与直接成本的关系

在一定的工作持续时间范围内,工作的持续时间同直接成本成反比关系,通常如图 14.56 所示的曲线规律分布。

图 14.56 中,N 点称为正常点,与其相对应的时间称为工作的正常持续时间,以 T_N 表示,对应的直接成本称为工作的正常直接成本,以 C_N 表示。若持续时间超过正常持续时间,工作持续时间与直接成本的关系将变为正比关系。

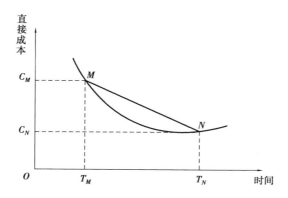

图 14.56　工作持续时间与直接成本关系图

图 14.56 中，M 点称为极限点。同 M 点相对应的时间称为工作的极限持续时间 T_M，对应的直接成本称为工作的极限直接成本 C_M。若持续时间短于极限持续时间，投入的人力、物力再多，也不能缩短工期，而直接成本则猛增。

由 M 点到 N 点所确定的时间区段，称为完成某项工作的合理持续时间范围，在此区段内，工作持续时间同直接成本成反比关系。

若 N 点到 M 点之间工作持续时间是连续分布的，它与直接成本的关系也是连续的，如图 14.56 所示。一般用割线 MN 的斜率近似表示单位时间内直接成本的增加（或减少）值，称为直接成本变化率，用 K 表示，则：

$$K = \frac{C_M - C_N}{T_N - T_M} \tag{14.54}$$

（2）工作持续时间与间接成本的关系

间接成本同工作持续时间一般呈线性关系。某一工期下的间接成本可按下式计算：

$$C_{Zi} = a + T_i \cdot K_i \tag{14.55}$$

式中　C_{Zi}——某一工期下的间接成本；

　　　　a——固定间接成本；

　　　　T_i——工期；

　　　　K_i——间接成本变化率，元/d。

（3）工期—成本曲线的绘制

工期—成本曲线是将工期—直接成本曲线和工期—间接成本曲线叠加而成的，如图 14.55 所示。

2）优化的方法和步骤

工期—成本优化的基本方法就是从组成网络计划的各项工作的持续时间与费用关系中，找出能使计划工期缩短而又能使得直接成本增加最少的工作，不断地缩短其持续时间，然后考虑间接成本随着工期缩短而减少的影响，把在不同工期下的直接成本和间接成本分别叠加，即可求得工程成本最低时的相应最优工期和工期一定时相应的最低工程成本。

工期—成本优化的具体步骤如下：

①列表确定各项工作的极限持续时间及相应费用。

②根据各项工作的正常持续时间绘制网络图，计算时间参数，确定关键线路。

③确定正常持续时间网络计划的直接成本。

④压缩关键线路上直接成本变化率最低的工作持续时间,求出总工期和相应的直接成本。

⑤往复进行④,直至所有关键线路上的工作持续时间不能压缩为止,并计算每一循环后的费用。

⑥求出项目工期—间接成本曲线。

⑦叠加直接成本、间接成本曲线,求出工期—成本曲线,找出项目总成本最低点和最佳工期。

⑧绘出优化后的网络计划。

【例 14.6】 某工程由 6 项工作组成,各项工作持续时间和直接成本等有关参数,如表 14.3 所示。已知该工程间接成本变化率为 165 元/d,正常工期的间接成本为 3 000 元。试编制该网络计划的工期—成本优化方案。

表 14.3　工作参数

工作编号 i-j	正常工期		极限工期		直接成本变化率 $K_{i\text{-}j}$(元/d)
	持续时间 $D_{i\text{-}j}$(d)	直接成本 $C_{i\text{-}j}$(元)	持续时间 $D'_{i\text{-}j}$(d)	直接成本 $C'_{i\text{-}j}$(元)	
1-2	4	800	3	950	150
1-3	6	1 250	4	1 560	155
2-4	6	1 000	5	1 160	160
3-4	7	1 070	5	1 320	125
3-5	8	900	5	1 530	210
4-5	3	1 200	2	1 400	200
合　计		6 220			

【解】 (1)计算直接成本变化率,填入表 14.3 中。

(2)绘制出网络图计划初始方案,并计算出时间参数,如图 14.57 所示。

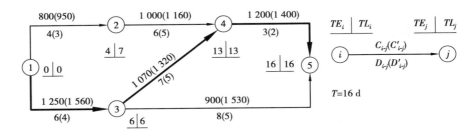

图 14.57　某网络计划初始方案

正常工期为 $T=16$ d,直接成本为 6 220 元,间接成本为 3 000 元,工程成本为 9 220 元。

(3)优化

第一次循环,如图 14.57 所示,有一条关键线路,关键工作 1-3、3-4、4-5,3-4 工作的直接成本变化率最低,故将 3-4 工作压缩 2 d,此时直接成本增加 125×2＝250 元,间接成本减少 165×2＝

330 元,工程成本为 9 140 元。压缩后的网络图如图 14.58 所示。

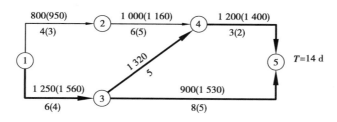

图 14.58　第一次循环后网络图

第二次循环,从图 14.58 看出,关键线路有两条,关键工作 1-3 的直接成本变化率最低,故将其压缩 1 d,此时直接成本增加 155 元,间接成本减少 165 元,工程成本为 9 130 元。压缩后的网络图如图 14.59 所示。

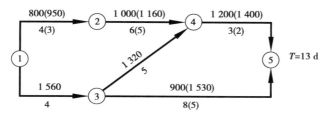

图 14.59　第二次循环后网络图

第三次循环,从图 14.59 看出,关键线路有三条,同时将关键工作 1-2、1-3 压缩 1 d,直接成本增加 150+155=305 元,间接成本减少 165 元,工程成本为 9 270 元,压缩后的网络图如图 14.60 所示。

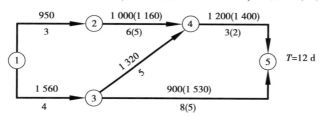

图 14.60　第三次循环后网络图

第四次循环,从图 14.60 看出,关键线路有三条,同时压缩 3-5 和 4-5 工作 1 d,直接成本增加 210+200=410 元,间接成本减少 165 元,工程成本为 9 515 元。压缩后的网络图如图 14.61 所示。

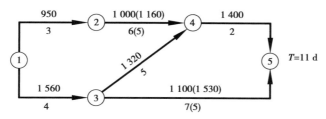

图 14.61　第四次循环后的网络图

网络图已压缩至极限工期,循环至此结束。

(4)绘出工期—成本曲线,如图 14.62 所示。从图中看出工程最低费用为 9 130 元,对应最佳工期 T=13 天,相应的网络图如图 14.59 所示。

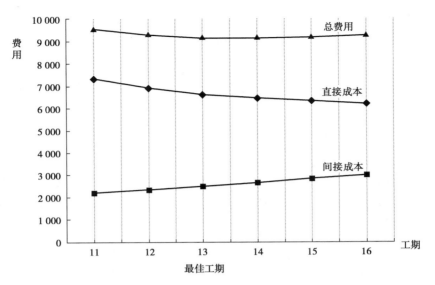

图 14.62　工期—成本曲线图

　　综上所述,工期—成本优化就是从工期—成本曲线上,找出曲线最低点所对应的成本和工期。需要注意的是,在实际应用时,建安工程合同中常有工期提前或延期的奖罚条款,此时,工期—成本曲线应由直接成本曲线、间接成本曲线和奖罚曲线叠加而成,如图 14.63 所示。

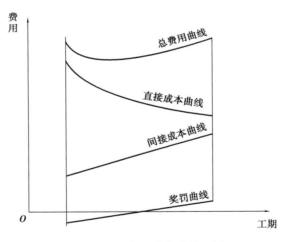

图 14.63　工期—成本曲线示例

思考题

1.什么是网络图? 单代号、双代号网络图分别如何编制? 各有什么特点?

2.什么是关键线路? 它有什么特点?

3.时差的种类和作用有哪些?

4.如何判断关键工作和关键线路?

5.双代号时标网络计划有什么特点?

6.什么是网络计划优化? 网络计划的优化分几种?

习　题

1.已知各工作的逻辑关系如下列各表,绘制双代号网络图和单代号网络图。

（1）

紧前工作	工作	持续时间	紧后工作	紧前工作	工作	持续时间	紧后工作
—	A	3	Y,B,U	V	W	6	X
A	B	7	C	C,Y	D	4	—
B,V	C	5	D,X	A	Y	1	Z,D
A	U	2	V	W,C	X	10	
U	V	8	W,C	Y	Z	5	—

（2）

工作	A	B	C	D	E	G	H	I	J
紧前工作	E	A,H	G,J	H,I,A	—	A,H	—	—	E

（3）

工作名称	紧前工作	紧后工作	工作名称	紧前工作	紧后工作
A	—	E,F,P,Q	F	A	C,D
B	—	E,P	G	D,P	—
C	E,F	H	H	C,D,Q	—
D	E,F	G,H	P	A,B	G
E	A,B	C,D	Q	A	H

2.用图上计算法计算练习题 1 中(1)的双代号网络图的各工作时间参数。

3.某工程的双代号网络图如下图所示,试用图上计算法计算各项时间参数(ET、LT、ES、EF、LS、LF、TF、FF),判断关键工作及其线路,并确定计划总工期。

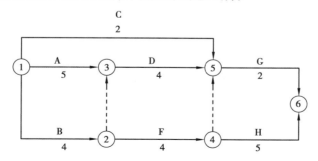

4.根据下列资料求最低成本与相应的最优工期。间接成本:若工期在一个月（按 25 d 计算）完成,需 60 万元,超过一个月,则每天增加 5 万元。

工 序	正常时间		极限时间	
	时间(d)	直接成本(万元)	时间(d)	间接成本(万元)
1-2	20	60	17	72
1-3	25	20	25	20
2-3	10	30	8	44
2-4	12	40	6	70
3-4	5	30	2	42
4-5	10	30	5	60

5.已知某项目的网络图如下,箭线下方括号外数字为工作的正常持续时间,括号内数字为工作的最短持续时间;箭线上方括号内数字为优选系数。该项目要求工期为 12 d,试对其进行工期优化。

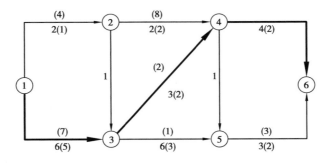

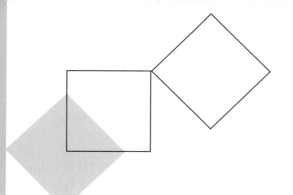

15 单位工程施工组织设计

本章导读:
● **基本要求**　了解单位工程施工组织设计编制的程序和依据;熟悉建筑工程施工流向、施工顺序、施工方法等的选择;掌握单位工程施工组织设计编制的方法、内容和步骤;了解单位工程施工方案设计的主要内容;掌握单位工程施工平面图的设计步骤。
● **重点**　单位工程施工组织设计编制的方法、内容和步骤;施工方案设计中施工顺序、施工方法的选择;单位工程施工平面图的设计。
● **难点**　单位工程施工组织设计的编制;施工顺序、施工方法的选择;单位工程施工平面图的设计与绘制。

15.1　概述

15.1.1　单位工程施工组织设计的概念

单位工程施工组织设计是一个以单位工程为对象编制的,用以指导工程全过程施工活动的技术、经济和管理的综合性文件。根据单位工程施工组织设计所处阶段不同可分为投标前编制的施工组织设计(简称标前设计)和签订工程承包合同后编制的施工组织设计(简称标后设计)。标前设计是为了满足编制投标书和签订承包合同的需要而编制的,是施工单位进行合同谈判、提出要约和进行承诺的根据和理由,是拟订合同文件中相关条款的基础资料。编制标前设计时应重点注意招标文件中对技术标的要求,要对招标文件有实质性的响应。标后设计是为了履行施工合同,满足施工准备和指导施工全过程的需要而编制的,编制时既应注意以标前施

363

工组织设计为基础,同量更应注意方案的具体化和实用性。

15.1.2　单位工程施工组织设计的作用

单位工程施工组织设计是据编制施工组织设计的基本原则、施工组织总设计和有关原始资料,结合实际施工条件,对施工过程和施工活动进行全面规划和安排,科学合理确定各分部分项工程开展的顺序及工期、主要分部分项工程的施工方法、施工进度计划、各种资源的供需计划、施工准备工作及施工现场的布置。因而,它对落实施工准备,保证施工有组织、有计划、有秩序地进行,实现质量好、工期短、成本低和安全、高效的良好效果有着重要作用。

15.1.3　单位工程施工组织设计的编制依据

单位工程施工组织设计的编制依据主要有:
①与工程建设有关的法律、法规和文件。
②国家现行有关标准和技术经济指标。
③工程所在地区行政主管部门的批准文件,建设单位对施工的要求。
④工程施工合同或招标投标文件。
⑤工程设计文件。
⑥工程施工范围内的现场条件,工程地质及水文地质、气象等自然条件。
⑦与工程有关的资源配置情况。
⑧施工企业的生产能力、机具设备状况、技术水平。
⑨施工组织总设计等。

15.1.4　单位工程施工组织设计的编制程序

由于单位工程施工组织设计是施工单位用于指导施工的文件,编制时必须结合工程实际,内容要科学合理。在编制前应会同有关部门和人员,在调查研究的基础上,共同研究和讨论其主要的技术措施和组织措施。单位工程施工组织设计编制程序如图 15.1 所示。

15.1.5　单位工程施工组织设计的编制内容

《建筑施工组织设计规范》(GB/T 50502—2009)规定,施工组织设计应包括编制依据、工程概况、施工部署、主要施工方案、施工进度计划、施工准备与资源配置计划、施工现场平面布置及主要施工管理计划等基本内容。
①编制依据。主要包括:施工合同,设计文件,相关的法律法规、规范规程,当地技术经济条件等。
②工程概况。主要包括:工程基本情况,各专业设计简介,施工条件及工程特点分析等内容。
③施工部署。主要包括:确定管理目标,制定部署原则,确定项目组织机构及岗位职责,划

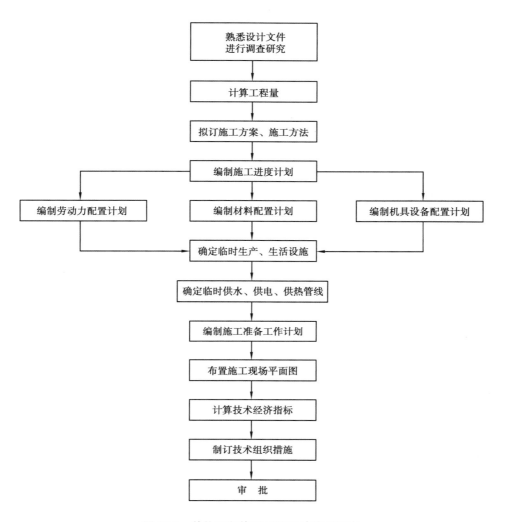

图 15.1　单位工程施工组织设计编制程序

分任务,明确各参建单位间的协调配合关系,确定施工展开程序。

④主要施工方案。主要包括:划分流水段,确定施工流向及施工顺序,选择主要分部分项工程的施工方法和施工机械等。

⑤施工进度计划。主要包括:划分施工项目,计算工程量、劳动量和机械台班量,确定各施工项目的持续时间,绘制进度计划图表等内容。

⑥施工准备与资源配置计划。施工准备主要包括:技术准备、现场准备等内容。资源配置计划主要包括劳动力、物资等配置计划。

⑦施工现场平面布置。主要包括:确定起重运输机械的位置,布置运输道路,布置搅拌站、加工棚、仓库及材料、构件堆场,布置临时设施和水电管线等内容。

⑧主要管理计划。主要包括:保证工期、质量、安全及成本目标的措施与计划,保护环境、文明施工以及分包管理措施与计划等。

15.2　施工部署与施工方案

单位工程的施工部署,是对整个单位工程的施工进行总体的布置和安排。主要包括:确定项目组织机构,明确岗位职责,划分施工任务,制订管理目标,拟定部署原则,明确各参建单位间的协调配合关系。

施工方案是单位工程施工组织设计的核心,一般包括划分施工段、确定施工的起点流向,确定施工顺序、选择主要施工方法和施工机械等内容。施工方案合理与否直接关系工程的质量、成本和工期,因此,必须在认真熟悉图纸、明确工程特点和施工任务、充分研究施工条件,正确进行技术经济比较的基础上进行制订。

15.2.1　确定施工程序

施工程序是指单位工程中各分部工程或施工阶段的先后次序及其制约关系。

一般建筑工程的施工应遵循"先准备后开工,先地下后地上,先主体后围护,先结构后装饰,先土建后设备"的程序原则。

①"先准备后开工"是指正式施工前,应先做好各项准备工作,以保证开工后施工能顺利、连续地进行。

②"先地下后地上"是指施工时通常应首先完成管道、管线等地下设施、土方工程和基础工程,然后开始地上工程施工。

③"先主体后围护"是指施工时应先进行框架主体结构施工,然后进行围护结构施工。

④"先结构后装饰"是指房屋的装饰装修工程应在主体结构全部完成或部分完成后进行。

⑤"先土建后设备"是指土建施工先行,水电暖卫燃等管线及设备安装随后进行。施工时某些设备工程的工序可能要穿插在土建的某一工序之前进行,这是施工顺序问题,并不影响总体施工程序。

15.2.2　确定施工起点流向

施工起点流向是指单位工程在平面上或竖向上,施工的开始部位及其流动的方向。它将确定各分部或分项工程在空间上的合理施工顺序。

确定单位工程施工流向,一般应考虑以下因素:

(1)施工方法是确定施工流程的关键因素

如一幢建筑物要用逆作法施工地下两层结构,它的施工流程可作如下表达:测量定位放线→进行地下连续墙施工→进行钻孔灌注桩施工→±0.000 标高结构层施工→地下两层结构施工,同时进行地上一层结构施工→底板施工并做各层柱,完成地下室施工→完成上部结构。

若采用顺作法施工地下两层结构,其施工流程为:测量定位放线→底板施工→换拆第二道支撑→地下两层施工→换拆第一道支撑→±0.000 顶板施工→上部结构施工(先做主楼以保证工期,后做裙房)。

（2）车间的生产工艺流程也是确定施工流程的主要因素

从生产工艺上考虑，影响其他工程试车投产的工段应该先施工。例如，B 车间生产的产品需受 A 车间生产的产品影响，A 车间又划分为三个施工段（Ⅰ、Ⅱ、Ⅲ段），且Ⅱ、Ⅲ段的生产要受Ⅰ段的约束，故其施工应从 A 车间的Ⅰ段开始，A 车间施工完后，再进行 B 车间施工。

（3）建设单位对生产和使用的需要

一般应考虑建设单位对生产或使用要求急的工段或部位先施工。

（4）单位工程各部分的繁简程度

一般对技术复杂、施工进度较慢、工期较长的工段或部位应先施工。

（5）当有高低层或高低跨并列时，应从高低层或高低跨并列处开始

例如，在高低跨并列的单层工业厂房结构安装中，应先从高低跨并列处开始吊装；又如在高低层并列的多层建筑物中，层数多的区段常先施工。

（6）工程现场条件和施工方案

施工场地大小、道路布置和施工方案所采用的施工方法和机械也是确定施工流程的主要因素。例如，土方工程施工中，边开挖边外运余土，则施工起点应确定在远离道路的部位，由远及近地展开施工。

（7）施工组织的分层分段

划分施工层、施工段的部位，如伸缩缝、沉降缝、施工缝，也是决定其施工流程应考虑的因素。

（8）分部工程或施工阶段的特点及其相互关系

如基础工程由施工机械和方法决定其平面的施工流程；主体结构工程从平面上看，从哪一边先开始都可以，但竖向一般应自下而上施工；装饰工程竖向的流程比较复杂，室外装饰一般采用自上而下的流程，室内装饰则有自上而下、自下而上及自中而下再自上而中 3 种流向。密切相关的分部工程或施工阶段，一旦前面施工过程的流程确定了，则后续施工过程也便随之而定了，如单层工业厂房的土方工程的流程决定了柱基础施工过程和某些构件预制、吊装施工过程的流程。

15.2.3　确定施工顺序

确定施工顺序就是在已定的施工展开程序和施工流向的基础上，按照施工的技术规律和合理的组织关系，确定出各分部分项工程之间在时间上的先后顺序和搭接关系，以期做到工艺合理，保证质量，安全施工，达到充分利用工作面，争取时间，缩短工期的目的。

确定施工顺序时应考虑的因素：

①遵循施工程序。施工顺序应在不违背施工程序的前提下确定。

②符合施工工艺要求。施工顺序应与施工工艺顺序相一致，如现浇钢筋混凝土柱的施工顺序为：绑钢筋→支模板→浇混凝土→养护→拆模。

③与施工方法及采用的机械协调。如单层工业厂房吊装工程的施工顺序，当采用分件吊装法时，施工顺序为：吊柱→吊梁→吊屋盖系统；当采用综合吊装法时，施工顺序为：第一节间吊柱、梁和屋盖系统→第二节间吊柱、梁和屋盖系统→……→最后节间吊柱、梁和屋盖系统。

④考虑工期和施工组织的要求。如一般安排室内外装饰工程施工顺序时，可按施工组织规

定的先后顺序。

⑤考虑施工质量和安全要求。如楼梯抹面最好自上而下进行,以保证质量;脚手架、安全网等应配合结构施工及时搭设,以保证安全。

⑥考虑气候条件。如在冬季进行室内装饰施工时,应先安装门窗和玻璃再进行室内施工操作。

15.2.4　主要施工方法和施工机械的选择

主要施工方法和施工机械的选择,是根据建筑产品的设计特点、工程量的大小、工期长短、资源供应情况及施工地点特征等因素,经过选择比较,确定出各主要分部分项工程的施工方法和施工机械。

1)选择施工方法

选择施工方法时,应着重考虑影响整个单位工程施工的分部分项工程的施工方法,如工程量大的、在单位工程中占重要地位的分部(分项)工程、施工技术复杂或采用新技术、新工艺及对工程质量起关键作用的分部(分项)工程和不熟悉的特殊结构工程或由专业施工单位施工的特殊专业工程的施工方法。而对于按照常规做法和工人熟悉的分项工程,只要提出应注意的特殊问题,不必详细拟订施工方法。

2)选择施工机械

选择施工方法必然涉及施工机械的选择问题。机械化施工是改变建筑工业生产落后面貌,实现建筑工业化的基础,因此施工机械的选择是施工方法选择的中心环节。选择施工机械时,应着重考虑以下几方面:

①选择施工机械时,应首先根据工程特点选择适宜的主导工程的施工机械。如在选择装配式单层工业厂房结构安装用的起重机类型时,当工程量较大而集中时,可以采用生产率较高的塔式起重机;但当工程量较小或工程量虽大却相当分散时,则采用无轨自行式起重机较经济;在选择起重机型号时,应使起重机在起重臂外伸长度一定的条件下能适应起重量加安装高度的要求。

②各种辅助机械或运输工具应与主导机械的生产能力协调配套,以充分发挥主导机械的效率。如土方工程中采用汽车运土时,汽车的载重量应为挖土机斗容量的整倍数,汽车的数量应保证挖土机连续工作。

③在同一工地上,应力求建筑机械的种类和型号尽可能少一些,以利于机械管理。为此,当工程量大且集中时,应选用专业化施工机械,当工程量小且分散时,宜采用多用途机械施工,如挖土机即可用于挖土,又能用于装卸、起重和打桩。

④机械选择应考虑充分发挥施工单位现有机械的能力,以提高现有机械的利用率,降低成本。当本单位的机械能力不能满足工程需要时,则应购置或租赁所需新型机械或多用途机械。

15.2.5　工程施工的重难点分析和专项施工方案

工程的重难点对于不同工程和不同企业具有一定的相对性,重点和难点的分析包括施工技术和组织管理两个方面。重点、难点工程的施工方法选择应着重考虑影响整个单位工程的分部

（分项）工程，如工程量大、施工技术复杂或对工程质量起关键作用的分部（分项）工程。必要时，应编制重点、难点分部（分项）工程和专项工程施工方案。

①在《建设工程安全生产管理条例》中规定：对达到一定规模的危险性较大的分部（分项）工程编制专项施工方案，并附具安全验算结果，经施工单位技术负责人、总监理工程师签字后实施。达到一定规模的危险性较大的分部（分项）工程包括：

a.基坑支护与降水工程；

b.土方开挖工程；

c.模板工程；

d.起重吊装工程；

e.脚手架工程；

f.拆除爆破工程；

g.国务院建设行政主管部门或者其他有关部门规定的其他危险性较大的工程。

此外，涉及深基坑、地下暗挖工程、高大模板工程的专项施工方案，施工单位还应当组织专家进行论证、审查。除上述《建设工程安全生产管理条例》中规定的分部（分项）工程外，施工单位还应根据项目特点和地方政府部门有关规定，对具有一定规模的重点、难点分部（分项）工程进行相关论证。

②由专业承包单位施工的分部（分项）工程或专项工程的施工方案，应由专业承包单位技术负责人或技术负责人授权的技术人员审批；有总承包单位时，应由总承包单位项目技术负责人核准备案。

③规模较大的分部（分项）工程和专项工程的施工方案应按单位工程施工组织设计进行编制和审批。如主体结构为钢结构的大型建筑工程，其钢结构分部规模很大且在整个工程中占有重要的地位，需另行分包，遇有这种情况的分部（分项）工程或专项工程，其施工方案应按施工组织设计进行编制和审批。

施工方案应由项目技术负责人审批；重点、难点分部（分项）工程和专项工程施工方案应由施工单位技术部门组织相关专家评审，施工单位技术负责人批准。

15.3 单位工程施工进度计划和资源配置计划

15.3.1 单位工程施工进度计划

单位工程施工进度计划是指在选定施工方案的基础上，根据规定工期和各种资源供应条件，按照施工过程的合理施工顺序及组织施工的原则，用横道图或网络图，对单位工程从开始施工到工程竣工，全部施工过程的时间上和空间上的合理安排。

1）施工进度计划的作用

单位工程施工进度计划的作用主要有：

①安排单位工程的施工进度，保证在规定工期内完成符合质量要求的工程任务。

②确定单位工程的各个施工过程的施工顺序、持续时间的相互衔接和合理配合关系。

③为编制季度、月、旬生产作业计划提供依据。

④为编制各种资源配置计划和施工准备工作计划提供依据。

2）编制依据

编制单位工程施工进度计划，主要依据下列资料：

①经过审批的建筑总平面图、地形图、单位工程施工图、工艺设计图、设备基础图、采用的标准图集以及技术资料。

②施工组织总设计对本单位工程的有关规定。

③施工工期要求及开竣工日期。

④施工条件：劳动力、材料、构件及机械的供应条件，分包单位的情况等。

⑤主要分部分项工程的施工方案。

⑥劳动定额及机械台班定额和企业施工管理水平。

⑦其他有关要求和资料。

3）施工进度计划的表示方法

施工进度计划一般用图表表示，经常采用的有两种形式：横道图和网络图。横道图的形式见表 15.1。

表 15.1 单位工程施工进度计划横道图表

序号	分部分项工程名称	工程量		时间定额	劳动量		需用机械		每天工作班次	每班工人数	工作天数	施工进度							
		单位	数量		工种	数量（工日）	机械名称	台班数量				日					月		
												5	10	15	20	25			

从表中可看出，它由左右两部分组成。左边部分列出各种计算数据，如分项工程名称、相应的工程量、采用的定额、需要的劳动量或机械台班数以及参加施工的工人数和施工机械等。右边上部是从规定的开工之日起到竣工之日止的时间表。右边是按左边表格的计算数据设计的进度指示图表。用线条形象地表示出各个分部分项工程的施工进度和总工期；反映出各分部分项工程相互关系和各个施工队在时间和空间上开展工作的相互配合关系。有时在其下面汇总单位工程在计划工期内的资源配置的动态曲线。

4）编制内容和步骤

此处仅以横道图为例加以介绍。

（1）划分施工过程

编制进度计划时，首先应按照施工图纸和施工顺序，将拟建单位工程的各个施工过程列出，并结合施工方法、施工条件和劳动组织等因素，加以适当调整，确定填入施工进度计划表中的施工过程。

通常施工进度计划表中只列出直接在建筑物或构筑物上进行施工的砌筑、混凝土制作、安装等主导类施工过程以及占有施工对象空间、影响工期的制备类和运输类施工过程,如装配式单层工业厂房柱预制等施工过程。

在确定施工过程时,应注意以下几个问题:

①施工过程划分的粗细程度,主要根据单位工程施工进度计划的客观作用而定。对于控制性施工进度计划,项目划分得粗一些,通常只列出分部工程名称。如混合结构居住房屋的控制性施工进度计划,只列出基础工程、主体工程、屋面工程和装修工程 4 个施工过程。而对于实施性的施工进度计划,项目划分得要细一些,如上面所说的屋面工程应进一步划分为找平层、隔气层、保温层、防水层等分项工程。

②施工过程的划分要结合所选择的施工方案。如单层工业厂房结构安装工程,若采用分件吊装法,则施工过程的名称、数量和内容及安装顺序应按照构件来确定;若采用综合吊装法,则施工过程应按照施工单元(节间、区段)来确定。

③要适当简化施工进度计划内容,避免工程项目划分过细,重点不突出。可将某些穿插性分项工程合并到主导分项工程中,或对在同一时间内,由同一专业工程队施工的过程,合并为一个施工过程。而对于次要的零星分项工程,可合并为其他工程一项,如门油漆、窗油漆合并为门窗油漆一项。

④水暖电卫工程和设备安装工程通常由专业工作队负责施工。因此,在一般土建工程施工进度计划中,只要反映出这些工程与土建工程相互配合即可。

⑤所有施工过程应基本按施工顺序先后排列,所采用的施工项目名称可参考现行定额手册上的项目名称。

(2)计算工程量

通常,可直接采用施工图预算所计算的工程量数据,但应注意有些项目的工程量应按实际情况作适当调整。如土方工程施工中挖土工程量,应根据土壤的类别和采用的施工方法等进行调整。计算时应注意以下几个问题:

①各分部分项工程的工程量计算单位应与现行定额手册中所规定的单位一致,以避免计算劳动力、材料和机械数量时进行换算,产生错误。

②结合选定的施工方法和安全技术要求,计算工程量。

③结合施工组织要求,分区、分段和分层计算工程量。

④计算工程量时,尽量考虑编制其他计划时使用工程量数据的方便,做到一次计算,多次使用。

(3)计算劳动量

根据各分部分项工程的工程量、施工方法和现行的劳动定额,结合施工单位的实际情况,计算各分部分项工程的劳动量。人工作业时,计算所需的工日数量;机械作业时,计算所需的台班数量。计算公式如下:

$$P = \frac{Q}{S} \ 或 \ P = Q \cdot H \qquad (15.1)$$

式中 P——完成某分部分项工程所需的劳动量(工日或台班);

Q——某分部分项工程的工程量,m^3,m^2,t,$\cdots$;

S——某分部分项工程人工或机械的产量定额,m^3,m^2,t,$\cdots$/工日或台班;

H——某分部分项工程人工或机械的时间定额,工日或台班$/m^3$,m^2,t,…。

在使用定额时,可能会出现以下几种情况:

①计划中的一个项目包括了定额中的同一性质的不同类型的几个分项工程。这时可用其所包括的各分项工程的工程量与其产量定额(或时间定额)算出各自的劳动量,然后求和,即为计划中项目的劳动量,其计算公式如下:

$$P = \frac{Q_1}{S_1} + \frac{Q_2}{S_2} + \cdots + \frac{Q_n}{S_n} = \sum_{i=1}^{n} \frac{Q_i}{S_i} \tag{15.2}$$

式中　P——计划中某一工程项目的劳动量;

　　　Q_1,Q_2,Q_n——同一性质各个不同类型分项工程的工程量;

　　　S_1,S_2,S_n——同一性质各个不同类型分项工程的产量定额;

　　　N——计划中的一个工程项目所包括定额同一性质不同类型分项工程的个数。

或者,首先计算平均定额,再用平均定额计算劳动量。当同一性质不同类型分项工程的工程量相等时,平均定额可用其绝对平均值,如下式所示:

$$H = \frac{H_1 + H_2 + \cdots + H_n}{n} \tag{15.3}$$

式中　H——同一性质不同类型分项工程的平均时间定额。

　　　其他符号同前。

当同一性质不同类型分项工程的工程量不相等时,平均定额应用加权平均值,如下式:

$$S = \frac{Q_1 + Q_2 + \cdots + Q_n}{\dfrac{Q_1}{S_1} + \dfrac{Q_2}{S_2} + \cdots + \dfrac{Q_n}{S_n}} \tag{15.4}$$

式中　S——同一性质不同类型分项工程的平均产量定额。

　　　其他符号同前。

②在实际施工中,会遇到采用新技术或特殊施工方法的分部分项工程,由于缺乏足够的经验和可靠的资料等,暂时未列入定额,计算时可参考类似项目的定额或经过实际测算,确定临时定额。

③施工计划中"其他工程"项目所需的劳动量。可根据其内容和工地具体情况,以总劳动量的一定百分比计算,一般取 10%～20%。

④水暖电卫、设备安装等工程项目,由专业工程队组织施工,在编制一般土建单位工程施工进度计划时,不予考虑其具体进度,仅表示出与一般土建工程进度相配合的关系。

(4)确定各施工过程的施工天数

计算各分部分项工程施工持续天数的方法有两种:

①根据配备人数或机械台数计算天数。该方法是首先确定配备在该分部分项工程施工的机械台数或人数,然后计算施工技术天数。计算式如下:

$$t = \frac{P}{R \cdot N} \tag{15.5}$$

式中　t——完成某分部分项工程施工天数;

　　　R——每班配备在该分部分项工程施工机械台数或人数;

　　　N——每天工作班次;

　　　P——该分部分项工程所需要的劳动量。

②根据工期要求倒排进度。首先根据总工期和施工经验,确定各分部分项工程的施工时间,然后再按劳动量和班次,确定每一分部分项工程所需要的机械台数或工人数,计算如下:

$$R = \frac{P}{t \cdot N} \tag{15.6}$$

计算时首先按一班制,若算得的机械台数或工人数超过施工单位能供应的数量或超过工作面所能容纳的数量时,可增加工作班次或采取其他措施,使每班投入的机械台数或人数减少到合理的范围。

(5)编制施工进度计划的初始方案

在编制施工进度计划时,应首先确定主要分部分项工程,组织分项工程流水,使主导的分项工程能够连续施工。具体方法如下:

①确定主要分部工程并组织其流水施工。首先应确定主要分部工程,组织其中主导分项工程的施工,使主导分项工程连续施工,然后将其他穿插分项工程和次要项目尽可能与主导施工过程相配合穿插、搭接或平行作业。

②安排其他各分部工程,并组织其流水施工。其他各分部工程施工应与主要分部工程相配合,并用与主要分部工程相类似的方法,组织其内部的分项工程,使其尽可能流水施工。

③按各分部工程的施工顺序编排初始方案。各分部工程之间按照施工工艺顺序或施工组织的要求,将相邻分部工程的相邻分项工程,按流水施工要求或配合关系搭接起来,组成单位工程进度计划的初始方案。

(6)检查与调整施工进度计划的初始方案,绘制正式进度计划

检查与调整的目的在于使初始方案满足规定的计划目标,确定理想的施工进度计划。其内容如下:

①检查施工过程的施工顺序以及平行、搭接和技术间歇等是否合理;

②初始方案的总工期是否满足规定工期;

③主要工程工人是否连续施工,施工机械是否充分发挥作用;

④各种资源配置是否均衡。

经过检查,对不符合要求的部分进行调整。其方法一般有:增加或缩短某些分项工程的施工时间;在施工顺序允许的情况下,将某些分项工程的施工时间前后移动;必要时还可以改变施工方法或施工组织措施。

最后,绘制正式进度计划。施工进度计划的编制程序如图 15.2 所示。

此外还要指出,由于建筑施工是一个复杂的生产过程,影响计划执行的因素非常多,劳动力以及机械和材料等物资的供应往往不能满足要求,自然条件如气候也常常造成工期拖延,因此,在工程进行过程中,应随时掌握工程动态,经常检查和调整计划,才能使工程自始至终处于有效的计划控制中。

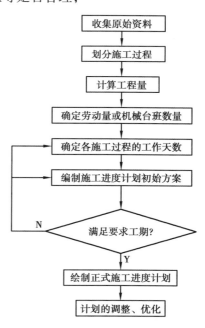

图 15.2 施工进度计划编制程序

15.3.2　资源配置计划

各项资源配置计划可用来确定建筑工地的临时设施,并按计划供应材料、构件、调配劳动力和机械,以保证施工顺利进行。在编制单位工程施工进度计划后,就可以着手编制各项资源配置计划。

1) 劳动力配置计划

劳动力配置计划的主要作用是作为安排劳动力、调配和衡量劳动力消耗指标、安排生活福利设施的依据,其编制方法是将施工进度计划表中所列各施工过程每日(或旬、月)劳动量、人数按工程汇总填入劳动力配置计划表。其格式见表 15.2。

表 15.2　劳动力配置计划

序号	工种名称	配置(工日)	需要时间及数量(人数)						备注
			××月			××月			
			上旬	中旬	下旬	上旬	中旬	下旬	

2) 主要材料配置计划

主要材料配置计划的主要作用是作为备料、供料和确定仓库、堆场面积及组织运输的依据。其编制方法是:根据施工预算中工料分析表、施工进度计划表,材料的储备和消耗定额,将施工中需要的材料,按品种、规格、数量、使用时间计算汇总,填入主要材料配置计划表,其格式见表 15.3。

表 15.3　主要材料配置计划

序号	材料名称	规格	配置		供应时间	备注
			单位	数量		

3) 构件和半成品配置计划

构件和半成品配置计划的主要作用是用于落实加工订货单位,并按照所需规格、数量、时间,组织加工、运输和确定仓库或堆场,可根据施工图和施工进度计划编制,其格式见表15.4。

表 15.4　构件和半成品配置计划

序号	构件半成品名称	规格	图号、型号	配置		使用部位	加工单位	供应日期	备注
				单位	数量				

4）施工机械配置计划

施工机械配置计划的主要作用是用于确定施工机具类型、数量、进场时间，据此落实施工机具来源，组织进场。其编制方法是：将单位工程施工进度表中的每一个施工过程，每天所需的机械类型、数量和施工日期进行汇总，即得施工机械配置计划，其格式见表 15.5。

表 15.5　施工机械配置计划

序号	机械名称	类型、型号	配置		货源	使用起止时间	备注
			单位	数量			

15.4　单位工程施工平面布置

单位工程施工平面布置是对工程建筑物（或构筑物）的施工现场进行规划布置，并绘制出施工平面布置图。它是施工组织设计的主要组成部分，是布置施工现场、进行施工准备工作的重要依据，也是实现文明施工、节约土地、降低施工费用的先决条件。其绘制比例一般为 1：（200~500）。

15.4.1　单位工程施工平面图设计的依据

在进行施工平面图设计前，应认真研究施工方案，并对施工现场做深入细致的调查研究，对原始资料进行周密分析，使设计与施工现场的实际情况相符，从而使其确实起到指导施工现场空间布置的作用。设计所依据的资料主要有：

（1）建筑、结构设计和施工组织设计时所依据的有关拟建工程的当地原始资料

①自然条件调查资料：气象、地形、水文及工程地质资料。主要用于布置地表水和地下水的排水沟，确定易燃、易爆及有碍人体健康的设施的布置，安排冬雨季施工期间所需设施的地点。

②技术经济调查资料：交通运输、水源、电源、物资资源、生产和生活基地情况。它对布置水、电管线和道路等具有重要作用。

（2）建筑设计资料

①建筑总平面图：包括一切地上地下拟建和已建的房屋和构筑物。它是正确确定临时房屋和其他设施位置，以及修建工地运输道路和解决排水等所需的资料。

②一切已有和拟建的地下、地上管道位置。在设计施工平面图时，可考虑利用这些管道或需考虑提前拆除或迁移，并需注意不得在拟建的管道位置上面建临时建筑物。

③建筑区域的竖向设计和土方平衡图。它们在布置水电管线和安排土方的挖填、取土或弃土地点时需要用到。

（3）施工资料

①单位工程施工进度计划。从中可了解各个施工阶段的情况，以便分阶段布置施工现场。

②施工方案。据此可确定垂直运输机械和其他施工机具的位置、数量和规划场地。

③各种材料、构件、半成品等配置计划，以便确定仓库和堆场的面积、形式和位置。

15.4.2 单位工程施工平面图设计的内容

①建筑总平面图上已建和拟建的地上地下的一切房屋、构筑物以及其他设施（道路和各种管线等）的位置和尺寸。

②测量放线标桩位置、地形等高线和土方取弃场地。

③布置在工程施工现场的垂直运输设备的位置。

④各种加工厂、搅拌站、材料、加工半成品、构件、机具的仓库或堆场。

⑤生产和生活用临时设施的布置。

⑥场内临时施工道路的布置和场外交通的连接。

⑦布置施工现场的供电设施、供水供热设施、排水排污设施和通信线路的位置。

⑧施工现场必备的安全、消防、保卫和环境保护等设施的位置。

⑨必要的图例、比例尺、方向和风向标记。

15.4.3 单位工程施工平面图设计的基本原则

单位工程施工平面图的设计原则主要包括以下5个方面：

①在满足施工的条件下，平面布置要力求紧凑，尽可能减少施工用地。

②在保证施工顺利进行的前提下，尽可能减少临时设施，减少施工用临时管线，尽可能利用施工现场或附近的原有建筑物作为临时设施用房，以达到降低施工费用的目的。

③最大限度地缩短场内运输，减少场内材料、构件的二次搬运；各种材料、构件应按计划分期分批进场，以充分利用场地；材料、构件的堆场应尽可能靠近使用地点和垂直运输机械的位置，以减少劳动力和材料运转中的消耗。

④临时设施的位置，应有利于施工管理和工人的生产、生活。例如，办公室应靠近施工现场，生活区与施工生产区分开。

⑤施工平面布置要符合劳动保护、节能、环保、安全和消防的要求。例如，施工现场的灰浆池应布置在生活区的下风处，木工棚和易燃物品仓库也应远离生活区，且要注意防火。

⑥遵守当地主管部门和建设单位关于施工现场安全文明施工的相关规定。

15.4.4　施工平面图的设计步骤

单位工程施工平面图的设计步骤如图 15.3 所示。

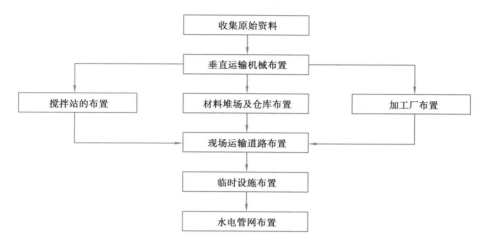

图 15.3　单位工程施工平面图设计步骤

1)垂直运输机械的布置

垂直运输机械的位置直接影响仓库、搅拌站、各种材料和构件等位置及道路和水、电线路的布置等,因此,它是施工现场布置的核心,必须首先确定。由于各种起重机械的性能不同,其布置方式也不相同。

(1)塔式起重机的布置

塔式起重机是集起重、垂直提升、水平输送 3 种功能为一体的机械设备。按其在工地上使用架设的要求不同可分为固定式、有轨式、附着式和内爬式 4 种。

施工机械布置

固定式塔式起重机不需铺设轨道,其作业范围较小;附着式塔式起重机占地面积小,且起重高度大,可自升高,但对建筑物作用有附着力;而内爬式塔式起重机布置在建筑物中间,且作用的有效范围大。

塔式起重机的布置主要应根据建筑物的平面形状、构件质量、起重机性能及施工现场环境条件等因素确定,具体的选型及布置方式可参见本书 6.3 节。塔式起重机的位置及尺寸确定之后,应当复核起重量、回转半径、起重高度 3 项工作参数是否能够满足建筑物吊装技术要求。若复核不能满足要求,则应对起重机型号、布置位置进行调整。

在确定塔式起重机服务范围时,最好将建筑物平面尺寸包括在塔式起重机服务范围内,以保证各种构件与材料直接吊运到建筑物的设计部位上,尽可能不出现死角;若实在无法避免,则要求死角越小越好,同时在死角上应不出现吊装最重、最高的预制构件或材料,且在确定吊装方案时,提出具体的技术和安全措施,以保证这部分死角的构件或材料顺利运输。例如,将塔式起重机和龙门架同时使用,以解决这个问题。但要确保塔吊回转时不能有碰撞的可能,以确保施工安全。

此外,在确定塔式起重机服务范围时应考虑有较宽的施工用地,以便安排构件堆放以及使搅拌设备出料斗能直接挂钩起吊。同时也应将主要道路安排在塔吊服务范围之内。

（2）自行无轨式起重机械

自行无轨起重机械分履带式、轮胎式和汽车式3种起重机。它一般不作垂直提升和水平运输之用。适用于装配式单层工业厂房主体结构和吊装，也可用于混合结构较重构件（如大梁）的吊装。

（3）固定式垂直运输机械

固定式垂直运输工具（井架、龙门架）的布置，主要根据机械性能、建筑物的平面形状和尺寸、施工段的划分、材料来向和已有运输道路情况而定。布置的原则是：充分发挥起重机械的能力，并使地面和楼面的水平运距最小。

①当建筑物各部位的高度相同时，布置在施工段的分界线附近。

②当建筑物各部位的高度不同时，应布置在高低分界线较高部位一侧。

③井架、龙门架的位置应布置在窗口处为宜，以避免砌墙留槎和减少井架拆除后的修补工作。

④井架、龙门架的数量要根据施工进度、垂直提升的构件和材料数量、台班工作效率等因素计算确定。

⑤卷扬机的位置不应距离起重机太近，以便司机的视线能够看到整个升降过程，一般要求此距离在大于或等于建筑物的高度，水平距离外脚手架3 m以上。

⑥井架应立在外脚手架之外，并有一定距离为宜，一般5~6 m。

（4）外用施工电梯

外用施工电梯是一种安装于建筑物外部，施工期间用于运送施工人员及建筑器材的垂直运输机械。它是高层建筑施工不可缺少的关键设备之一。

在确定外用施工电梯的位置时，应考虑便于施工人员上下和物料集散；由电梯口至各施工处的平均距离应最近；便于安装附墙装置；接近电源，有良好的夜间照明。

（5）混凝土泵和泵车

工程施工中大多数采用商品混凝土，通常采用泵送方法进行。混凝土泵布置时宜考虑设置在场地平整、道路畅通、供料方便且距离浇筑地点近配管、排水、供水、供电方便的地方，并且在混凝土泵作用范围内不得有高压线。

2）确定搅拌站、仓库、材料和构件堆场以及加工厂的位置

搅拌站、仓库和材料、构件的布置应尽量靠近使用地点或在起重机服务范围以内，并考虑到运输和装卸料方便。

材料堆场及加工棚

如果现场设置混凝土、砂浆搅拌站，则要与沙、石堆场和水泥库（罐）一起考虑，既要靠近，又要便于大宗材料的运输装卸，应布置在塔式起重机有效服务范围内。

木工棚、钢筋加工棚可离建筑物稍远，但应有一定的场地堆放木材、钢筋和成品。仓库、堆场的布置应进行计算，能适应各个施工阶段的需要。按照材料使用的先后，同场地可以供多种材料或构件堆放。易燃、易爆品的仓库位置，须遵守防火、防爆安全距离的要求。

材料或构件重量大的，要布置在起重机臂下，材料或构件重量小的，可稍远离起重机。

3）现场运输道路的布置

现场主要道路应尽可能利用永久性道路，或先修好永久性道路的路基，在土建工程结束之前再铺路面。道路布置时，除《建设工程施工现场消防安全技术规范》

施工道路

（GB 50720）的要求外,应按材料和构件运输的需要,沿着仓库和堆场进行布置,保证行驶畅通。单行道不小于 3~3.5 m,双车道不小于 5.5~6 m。消防车道不小于 3.5 m。路基要经过设计,转弯半径要满足运输要求。道路两侧一般应结合地形设置排水沟,深度不小于 0.4 m,底宽不小于 0.3 m。因此,现场围绕建筑物宜布置成一条环形道路,设置环形车道确有困难时,应在车道尽端设置尺寸不小于 12 m×12 m 的回车场。在易燃品附近也要尽量设计成进出容易的道路。

4）临时设施的布置

临时设施分为生产性临时设施,如钢筋加工棚和水泵房、木工加工房等;非生产性临时设施,如办公室、工人休息室、开水房、食堂、厕所等,尽量利用已有施工设施,必须修建时要经过计算确定面积。布置的原则就是有利生产,方便生活,安全防火。通常采用以下布置方法:

①生产性设施,如木工加工棚和钢筋加工棚的位置,宜布置在建筑物四周稍远位置,且有一定的材料、成品的堆放场地。

②石灰仓库、淋灰池的位置应靠近搅拌站,并设在下风向。

③办公室应靠近施工现场,设在工地入口处。

④工人休息室应设在工人作业区;宿舍应布置在安全的上风向一侧;门卫收发室宜布置在入口处等。

5）水电管网布置

（1）施工水网的布置

施工用的临时给水管一般由建设单位的干管或自行布置的干管接到用水地点,布置时应力求使管网总长度短。管径的大小和水龙头的数目需视工程规模计算而定。管道可以埋置于地下,也可以铺设在地面上,视当时的气温条件和使用期限而定,其布置形式有环形、枝形、混合式 3 种。

供水管网应按防火要求布置室外消火栓。室外消火栓应沿在建工程、临时用房及可燃材料堆场及其加工场均匀布置,距在建工程、临时用房及可燃材料堆场及其加工场外边线不应小于 5 m;消火栓宜沿道路设置,距道路应不大于 2 m;距建筑物外墙不应小于 5 m 也不应大于 25 m;消火栓间距不应超过 120 m,并应设有明显的标志,且周围 3 m 以内不准堆放建筑材料。

为了排除地面水和地下水,应及时修通永久性下水道,并结合现场地形在建筑物周围设置地面水和地下水的沟渠。

（2）施工供电布置

为了安全和维修方便,施工现场一般采用架空配电线路,且要求现场架空线与施工建筑物水平距离不小于 10 m,架空线与地面距离不小于 6 m,跨越建筑物或临时设施时,垂直距离不小于 2.5 m。现场线路应尽量架设在道路的一侧,且尽量保持线路水平,在低压线路中,电杆间距应为 25~40 m,分支线及引入线均应由电杆处接出,不得由两杆之间接线。单位工程施工用电应在施工总平面图中统筹考虑,包括用电量计算、电源选择、电力系统选择和配置。若为独立的单位工程应根据计算的用电量和建设单位可提供电量决定是否选用变压器,变压器的设置应将施工期与以后长期使用结合考虑,其位置应远离交通要道口处,布置在现场边缘高压线接入处,在 2m 以外四周用高度大于 1.7 m 铁丝网围住以保证安全。

图 15.4 为某 5 层全现浇框架结构工业厂房工程的施工平面布置图。

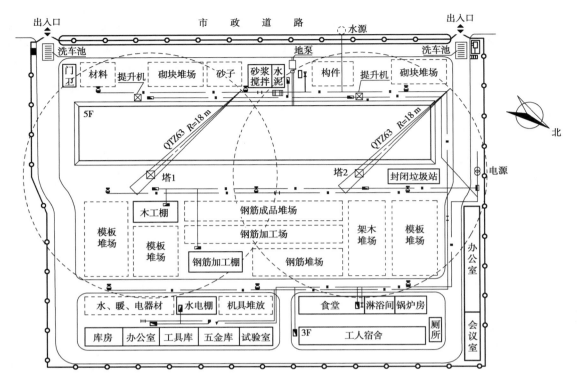

图 15.4　施工平面布置图实例

　　土木工程施工是一个复杂多变的生产过程,各种施工机械、材料、构件等随着工程的进展而逐渐变动的消耗。因此,在整个施工过程中,它们在工地上的实际布置情况是随时改变着的。为此,对于大型建筑工程,施工期限较长或建筑工地较为狭小的工程,就需要按施工阶段来布置几幅施工平面图,以便能把不同施工阶段内,工地上的合理布置具体地反映出来。对较小的建筑物,一般按主要施工阶段的要求布置施工平面图,但同时考虑其他施工阶段对场地如何周转使用。在布置重型工业厂房的施工平面图时,应考虑到一般土建工程同其他专业工程配合问题,应先以一般土建施工单位为主,会同各专业施工单位,通过协商制定综合施工平面图。在综合施工平面图上,则根据各个专业工程在各个施工阶段中的要求,将现场平面合理划分,使各个专业工程各得其所,具备良好的施工条件,以便各个单位根据综合平面图布置现场。

15.5　施工管理计划与主要技术经济指标

15.5.1　施工管理计划

　　施工管理计划包括进度管理计划、质量管理计划、安全管理计划、环境管理计划、成本管理计划和其他管理计划。在编制施工组织设计时,各项管理计划可单独成章,也可穿插在相应章节中。

（1）进度管理计划

施工进度管理应按照项目施工的技术规律和合理的施工顺序,保证各工序在时间上和空间上顺利衔接。建立施工进度管理的组织机构并明确职责,制定相应管理制度;针对不同施工阶段的特点,制定进度管理的相应措施,包括组织措施、技术措施和合同措施等。

（2）质量管理计划

质量管理计划应按照《质量管理体系要求》（GB/T 19001）,在施工单位质量管理体系的框架内编制。

（3）安全管理计划

安全管理计划可参照《职业健康安全管理体系规范》（GB/T 28001）,在施工单位安全管理体系的框架内编制。

（4）环境管理计划

环境管理计划可参照《环境管理体系要求及使用指南》（GB/T 24001）,在施工单位环境管理体系的框架内编制。

（5）成本管理计划

成本管理计划应以项目施工预算和施工进度计划为依据进行编制。

（6）其他管理计划

其他管理计划宜包括绿色施工管理计划、防火保安管理计划、合同管理计划、组织协调管理计划、创优质工程管理计划、质量保修管理计划以及对施工现场人力资源、施工机具、材料设备等生产要素的管理计划等。

其他管理计划可根据项目的特点和复杂程度加以取舍。

15.5.2　主要技术经济指标

在单位工程施工组织设计的编制基本完成以后,通过计算各项技术经济指标,并反映在施工组织设计文件中,作为对施工组织设计评价和决策的依据。主要指标如下:

（1）工期指标

工期是指从破土动工至竣工的全部日历天数,它反映了施工组织能力与生产力水平。可与定额规定工期或类似工程工期相比较。

（2）劳动生产指标

通常用单方用工指标来反映劳动力的使用和消耗水平。

$$单方用工 = \frac{总用工数（工日）}{建筑面积（m^2）} \qquad (15.7)$$

（3）质量合格率指标

通常按照验收批次和分项工程确定合格率的控制目标。

（4）降低成本率指标

$$降低成本率 = \frac{降低成本额（元）}{预算成本（元）} \times 100\% \qquad (15.8)$$

式中　降低成本额=预算成本−计划成本。

（5）主要材料节约指标

主要材料（钢材、水泥、木材）节约指标有主要材料节约量和节约率两个指标：

$$主要材料节约量 = 预算用量 - 计划用量 \qquad (15.9)$$

$$主要材料节约率 = \frac{主要材料计划节约量}{主要材料预算用量} \times 100\% \qquad (15.10)$$

（6）机械化程度指标

机械化程度指标有大型机械耗用台班数和费用两个指标：

$$大型机械单方耗用台班数 = \frac{总台班数（台班）}{建筑面积（m^2）} \qquad (15.11)$$

$$单方大型机械费 = \frac{计划大型机械台班费（元）}{建筑面积（m^2）} \qquad (15.12)$$

思考题

1. 单位工程施工组织设计的作用有哪些？

2. 单位工程施工组织设计编制的依据有哪些？

3. 单位工程施工组织设计包括哪些内容？它们之间有什么关系？

4. 施工方案设计的内容有哪些？

5. 为什么说施工方案是施工组织设计的核心？

6. 什么是施工起点流向？

7. 如何进行施工方案的技术经济评价？

8. 试述单位工程施工进度计划的编制步骤。

9. 什么是单位工程施工平面图？其设计内容有哪些？

10. 试述单位工程施工平面图的设计步骤。

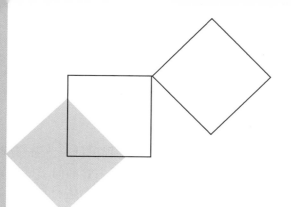

16 施工组织总设计

本章导读：

- **基本要求** 了解施工组织总设计编制的程序和依据，能合理地进行施工部署；了解施工总进度计划编制的原则；掌握施工总进度计划的编制步骤及方法；了解施工总平面图设计的依据和原则，掌握施工总平面图的设计步骤及方法。
- **重点** 施工总进度计划的编制步骤及方法；施工总平面图的设计步骤及方法。
- **难点** 施工总进度计划的编制；施工总平面图的设计。

16.1 概述

施工组织总设计是以若干单位工程组成的群体工程或特大型项目为主要对象编制的施工组织设计，对整个项目的施工过程起统筹规划、重点控制的作用，是指导全场性的施工准备工作和施工全局的纲要性技术经济文件。一般由总承包单位或大型项目经理部的总工程师主持编制。

施工组织总设计的主要作用：从全局出发，为整个项目的施工作出全面的战略部署；为施工企业编制施工计划和单位工程施工组织设计提供依据；为建设单位或业主编制工程建设计划提供依据；为组织施工力量、技术和物资资源的供应提供依据；为确定设计方案的施工可能性和经济合理性提供依据。

16.1.1 施工组织总设计的编制依据

为了保证施工组织总设计的编制工作顺利进行并提高质量，使施工组织设计文件能更密切

地结合工程实际情况,从而更好地发挥其在施工中的指导作用,在编制施工组织总设计时,应以如下资料为依据:

(1)计划文件及有关合同

主要包括:国家或有关部门批准的建设计划、可行性研究报告、工程项目一览表、分期分批施工项目和投资计划;建设项目所在地主管部门的批件;施工单位上级主管部门下达的施工任务计划;招投标文件及签订的工程承包合同;工程材料和设备的订货合同;引进材料和设备供货合同等。

(2)设计文件及有关资料

设计文件及有关资料主要包括:批准的建设项目初步设计、扩大初步设计或技术设计的有关图纸、设计说明书,总概算或修正概算等。

(3)工程勘察资料和调查资料

建设地区的工程勘察资料主要有:地形、地貌、工程地质及水文地质、气象等自然条件。建设地区的调查资料主要包括:可能为建设项目服务的建筑安装企业和预制加工企业的人力、设备、技术和管理水平;工程材料的来源和供应情况;交通运输情况;水、电供应情况;当地的政治、经济、文化、科技、宗教等社会资料。

(4)现行规范、规程和有关技术规定

包括与本工程建设有关的国家、行业和地方现行的法律、法规、规范、规程、标准、图集等。

(5)类似建设项目的施工组织总设计和有关总结资料

如相似、相近或近似建设项目的施工组织总设计、施工经验的总结资料及有关的参考数据等。

16.1.2　施工组织总设计的编制内容

施工组织总设计一般应包括以下主要内容:
①编制依据。
②工程概况。
③施工部署和主要项目施工方案。
④施工总进度计划。
⑤全场性的施工准备工作计划。
⑥施工资源总配置计划。
⑦施工总平面布置。
⑧目标管理计划及主要技术经济指标。

16.1.3　施工组织总设计的编制程序

施工组织总设计的编制程序如图16.1所示。

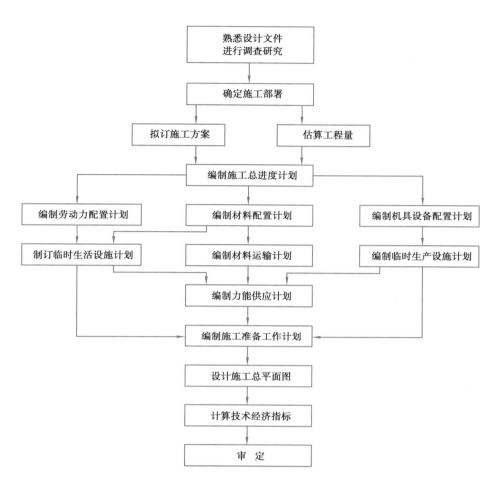

图 16.1   施工组织总设计的编制程序

16.2   工程概况

工程概况是对整个建设项目总的说明和分析,是对拟建工程项目所做的一个简明扼要、突出重点的文字介绍。一般应包括建设项目的内容、建设地点的特点、施工条件等。

(1)建设项目的内容及特点

建设项目的内容及特点主要包括:建设地点;工程性质;建设规模;总工期;分期分批投入使用的项目和期限;总占地面积;总建筑面积;总投资;主要项目的工程量;生产流程及工艺特点;建筑结构类型特征;新技术新材料的应用情况等。

(2)建设地点的基本情况

建设地点的基本情况主要介绍建设地区的自然条件和技术经济条件,如气象、地形、地质和水文情况;建设地区的施工能力、劳动力、生活设施和机械设备情况;工程材料的来源、供应情况;建筑构件的生产能力;交通运输条件;水、电、气等动力供应条件等。

（3）施工条件

施工条件主要反映施工企业的生产能力、技术装备、管理水平、主要设备、特殊物资的供应情况以及有关建设项目的决议、合同和协议、土地征用、居民搬迁和场地清理情况。

16.3　施工部署和主要项目施工方案

施工部署是对整个建设项目全局作出的统筹规划和全面安排,主要解决影响建设项目全局的重大战略问题。

施工部署一般应包括以下内容:确定工程开展程序、拟订主要工程项目的施工方案、明确施工任务划分与组织安排、编制施工准备工作计划等。

（1）工程开展程序

根据建设项目总目标的要求,确定工程分期分批施工的合理开展程序。在确定施工开展程序时,应主要考虑以下几点:

①在保证工期的前提下,实行分期分批建设。

②统筹安排各类项目施工,保证重点,兼顾其他,确保工程项目按期交付使用。

③一般应按照先地下后地上;先深后浅;先干线后支线;先管线后筑路的原则进行安排。

④要考虑季节对施工的影响。例如,大规模土方工程和深基础施工,最好避开雨季;寒冷地区入冬以后最好封闭房屋并转入室内作业和设备安装。

（2）主要工程项目的施工方案

施工组织总设计中要拟订一些主要工程项目的施工方案。这些项目通常是建设项目中工程量大、施工难度大、工期长、对整个建设项目的完成起关键性作用的建筑物(或构筑物),以及全场范围内工程量大、影响全局的特殊分项工程。拟订主要工程项目的施工方案的目的是进行技术和资源的准备工作,同时也为了施工进程的顺利开展和现场的合理布置。其内容包括确定施工方法、工程量、施工工艺流程、施工机械设备等。对施工方法的确定要兼顾技术工艺的先进性和经济上的合理性;在各个工程上能够实现综合流水作业,减少其拆、装、运的次数;对于辅助配套机械,其性能应与主导施工机械相适应,以充分发挥主导施工机械的工作效率。

（3）施工任务划分与组织安排

在明确施工项目管理体制、机构的条件下,划分各参与施工单位的工作任务,明确总包与分包的关系,建立施工现场统一的组织领导机构及职能部门,确定综合的和专业化的施工组织,明确各单位之间分工与协作的关系,划分施工阶段,确定各单位分期分批的主攻项目和穿插项目。

（4）施工准备工作总计划

根据施工开展程序和主要工程项目施工方案,编制好施工项目全场性的施工准备工作计划。主要内容包括:

①安排好场内外运输、施工用主干道、水电气来源及其引入方案。

②安排好场地平整方案和全场性排水、防洪。

③安排好生产和生活基地建设,包括商品混凝土搅拌站、预制构件厂、钢筋、木材加工厂、金属结构制作加工厂、机修厂等。

④安排建筑材料、成品、半成品的货源和运输、储存方式。

⑤安排现场区域内的测量工作,设置永久性测量标志,为放线定位做好准备。

⑥编制新技术、新材料、新工艺、新结构的试制试验计划和职工技术培训计划。

⑦冬、雨季施工所需的特殊准备工作。

16.4　施工总进度计划

施工总进度计划是施工现场各项施工活动在时间上所做的安排,它是施工部署在时间上的具体体现。

在编制总进度计划时,应根据施工部署中建设工程分期分批投产顺序,将每个交工系统的各项工程分别列出,在控制的期限内进行各项工程的具体安排。如建设项目的规模不太大,各交工系统工程项目不很多时,也可不按分期分批投产顺序安排,而直接安排总进度计划。

施工总进度计划编制的步骤如下:

(1)列出工程项目一览表并计算工程量

施工总进度计划主要起控制总工期的作用,因此项目的划分不宜过细。通常按照分期分批投产顺序和工程开展程序列出,并突出每个交工系统的主要工程项目,一些附属项目及小型工程、临时设施可以合并列出工程一览表。

在工程项目一览表的基础上,按工程的开展顺序,以单位工程计算主要实物工程量。此时计算工程量的目的是选择施工方案和主要的施工、运输机械;初步规划主要施工过程的流水施工;估算各项目的完成时间;计算劳动力和技术物资的需要量。因此,工程量只需粗略地计算即可。

工程量可按初步(或扩大初步)设计图纸并根据各种定额手册进行计算。按上述方法计算得到的工程量填入统一的工程量汇总表中,见表16.1。

表 16.1　工程项目一览表

工程分类	工程项目名称	结构类型	建筑面积	幢(跨)数	概算投资	主要实物工程量							
						场地平整	土方工程	铁路铺设	…	砖石工程	钢筋混凝土工程	…	装饰工程	…
			1 000 m²	个	万元	1 000 m²	1 000 m³	km		1 000 m³	1 000 m³		1 000 m²	
全工地性工程														
主体项目														
辅助项目														
永久住宅														
临时建筑														
合　计														

（2）确定各单位工程的施工期限

各单位工程的施工期限应根据各施工单位的具体条件，并考虑施工项目的建筑结构类型、体积大小和现场地形工程与水文地质、施工条件等因素加以确定。此外，也可参考有关的工期定额来确定各单位工程的施工期限。

（3）确定各单位工程的开竣工时间和相互搭接关系

确定了总的施工期限、施工程序和各系统的控制期限及搭接关系后，就可以将各单位工程的开竣工时间确定下来。通过对各主要建筑物或构筑物的工期进行分析，确定了各建筑物或构筑物的施工期限后，就可以进一步安排各建筑物或构筑物的搭接施工时间。通常应考虑以下各主要因素：

①保证重点，兼顾一般。在安排进度时，要分清主次，抓住重点，同时期进行的项目不宜过多，以免分散有限人力物力。

②满足连续、均衡施工要求。在安排施工进度时，应尽量使各工种施工人员、施工机械在全工地内连续施工，同时尽量使劳动力、施工机具和物资消耗量在全工地上达到均衡，避免出现突出的高峰和低谷，以利于劳动力的调度、原材料供应和充分利用临时设施。

③满足生产工艺要求。对工业项目要以配套投产为目标，区分各项目的轻重缓急。把工艺调试在前的、占用工期较长的、工程难度较大的排在前面。

④认真考虑施工总进度计划对施工总平面空间布置的影响。工业建设项目的建筑总平面设计，应在满足有关规范要求的前提下，使各建筑的布置尽量紧凑，这可以节省占地面积，缩短场内各种道路、管线的长度，但同时由于建筑物紧密，也会导致施工场地狭小，使场内运输、材料构件堆放、设备组装和施工机械布置等产生困难。为减少这方面的困难，除采取一定的技术措施外，对相邻各建筑物的开工时间和施工顺序予以调整，以避免或减少相互影响也是重要措施之一。

⑤全面考虑各种条件限制。在确定各建筑物施工顺序时，还应考虑各种客观条件的限制。如施工企业的施工力量，各种原材料、机械设备的供应情况，设计单位提供图纸的时间，建设单位的资金投入与保证情况、季节环境情况等。

（4）安排施工进度

施工总进度计划可以用横道图表达，也可以用网络图表达。由于施工总进度计划只是起控制性作用，因此不必做得过细。当用横道图表达总进度时，项目的排列可按施工总体方案所确定的工程展开程序排列。

（5）总进度计划的调整与修改

施工总进度计划表绘制完后，还需要调整一些单位工程的施工速度或开竣工时间，使各个时期的资源需求量尽量达到均衡。

在编制了各个单位工程的施工进度后，有时需对施工总进度计划进行必要的调整；在实施过程中，也应随着施工的进展及时作必要的调整。

16.5　资源配置计划

施工总进度计划编好以后，就可以编制各种主要资源的配置计划。

（1）劳动力配置计划

劳动力配置计划是确定暂设工程规模和组织劳动力进场的依据。它是根据工程量汇总表、施工准备工作计划、施工总进度计划、概（预）算定额和有关经验资料，分别确定出每个单项工程专业工种的劳动量工日数、工人数和进场时间，然后逐项按月或季度汇总，最后确定出整个建设项目劳动力配置计划。

（2）材料、构件及半成品配置计划

根据各工种工程工程量汇总表所列出各建筑物和构筑物的工程量，查万元定额或概算指标便可得出各建筑物或构筑物所需的建筑材料、构件和半成品的需要量。然后根据总进度计划表，大致估计出某些建筑材料在某季度的需要量，从而编制出建筑材料、构件和半成品的配置计划。

（3）主要施工机具和设备配置计划

该计划是组织机具供应、计算配电线路及选择变压器、进行场地布置的依据。主要施工机具可根据施工总进度计划及主要项目的施工方案和工程量，套用机械产量定额或按经验确定。运输机具的配置根据运输量计算。最后编制施工机具配置计划表。

16.6　全场性暂设工程

为满足工程项目施工需要，在工程正式开工之前，要按照工程项目施工准备工作计划的要求，建造相应的暂设工程，为工程项目创造良好的施工条件。暂设工程类型和规模因工程而异，主要包括：工地加工厂组织、工地仓库组织、工地运输组织、办公及福利设施组织、工地供水组织和工地供电组织等。

1）临时加工厂及作业棚

加工厂及作业棚属于生产性临时设施，包括：混凝土及砂浆搅拌站、临时混凝土预制场、半永久性混凝土预制厂、木材加工厂、钢筋加工厂、金属结构加工厂等；木工作业棚、电锯房、钢筋作业棚、立式锅炉房、发电机房、水泵房、空压机房等现场作业棚房；各种机械存放场所。所有这些设施的建筑面积主要取决于设备尺寸、工艺过程、设计和安全防火等要求，通常可参考有关经验指标等资料确定。

2）临时仓库与堆场

土木工程施工中所用仓库有以下几种：

①转运仓库：设在车站、码头等地用来转运货物的仓库。

②中心仓库：专用储存整个建筑工地（或区域型建筑企业）所需的材料、贵重材料及需要整理配套的材料的仓库。

③现场仓库：专为某项工程服务的仓库，一般均就近建在现场。

④加工厂仓库：专供某加工厂储存原材料和加工半成品、构件的仓库。

确定某种材料的仓库面积，与该建筑材料需储备的天数、材料的需用量以及每 m² 仓库能储存的定额等因素有关。仓库的面积可通过计算或查有关手册确定。

3）工地运输道路

工地运输道路应尽可能利用永久性道路，或先修永久性道路路基并铺设简易路面。主要道路应布成环形或"U"形，次要道路可布置成单行线，但应有回车场。要尽量避免与铁路交叉。

4）办公及生活福利设施组织

（1）办公及生活福利设施类型

①行政管理和生产用房,包括:工地办公室、传达室、车库及各类行政管理用房和辅助性修理车间等。

②居住生活用房,包括:家属宿舍、职工单身宿舍、食堂、商店、医务室、浴室、厕所等。

③文化生活用房,包括:俱乐部、图书室、邮亭、广播室等。

（2）办公及生活福利设施规划

①确定工地人数。直接参加施工生产的工人,包括施工过程中的装卸与运输工人;辅助施工生产的工人,包括机械维修工人、运输及仓库管理人员、动力设施管理工人、冬季施工的附加工人等;行政及技术管理人员;为工地上居民生活服务的人员;以上各项人员中随现场迁移的家属等。

②确定办公及福利设施的建筑面积。工地人数确定后,就可按实际经验或面积指标计算出所需建筑面积:

$$S = N \cdot P \tag{16.1}$$

式中　S——建筑面积,m^2;

　　　N——人数;

　　　P——建筑面积指标,见表16.2。

表 16.2　办公、生活福利临时建筑面积参考指标　　　　　　　单位:m^2/人

序号	临时建筑名称	指标使用方法	参考指标	序号	临时建筑名称	指标使用方法	参考指标
一	办公室	按使用人数	3~4	3	理发室	按高峰年平均人数	0.01~0.03
二	宿舍			4	俱乐部	按高峰年平均人数	0.1
1	单层通铺	按高峰年（季）平均人数	2.5~3.0	5	小卖部	按高峰年平均人数	0.03
2	双层床	（扣除不在工地住人数）	2.0~2.5	6	招待所	按高峰年平均人数	0.06
3	单层床	（扣除不在工地住人数）	3.5~4.0	7	托儿所	按高峰年平均人数	0.03~0.06
三	家属宿舍		16~25 m^2/户	8	子弟校	按高峰年平均人数	0.06~0.08
四	食堂	按高峰年平均人数	0.5~0.8	9	其他公用	按高峰年平均人数	0.05~0.10
	食堂兼礼堂	按高峰年平均人数	0.6~0.9	六	小型		
五	其他合计	按高峰年平均人数	0.5~0.6	1	开水房	按高峰年平均人数	14~40
1	医务所	按高峰年平均人数	0.05~0.07	2	厕所	按工地平均人数	0.02~0.07
2	浴室	按高峰年平均人数	0.07~0.1	3	工人休息室	按工地平均人数	0.15

所需要的各种生活、办公用房屋,应尽量利用施工现场及其附近的永久性建筑物,不足部分修建临时建筑物。

5）工地供水组织

工地临时供水主要包括:生产用水、生活用水和消防用水3种。生产用水又包括工程施工用

水、施工机械用水;生活用水又包括施工现场生活用水和生活区生活用水。

工地临时供水组织包括:确定用水量、选择水源、确定供水系统等。

6)工地供电组织

建筑工地临时供电组织包括:计算用电总量、选择电源、确定变压器、确定导线截面面积并布置配电线路和配电箱。

16.7　施工总平面布置

施工总平面布置是按照施工部署、施工方案和施工总进度计划及资源配置计划的要求,对施工现场的道路交通、材料仓库、附属生产或加工企业、临时建筑、临时水电管线等做出合理的规划和布置,并以图纸的形式表达出来,从而正确处理全工地施工期间所需各项设施和永久性建筑、拟建工程之间的空间关系,指导现场进行有组织、有计划的文明施工。

1)施工总平面图设计的内容

①建设项目施工总平面图上的一切地上、地下已有的和拟建的建筑物、构筑物以及其他设施的位置和尺寸。

②一切为全工地施工服务的临时设施的布置位置,包括:

a.施工用地范围、施工用的各种道路;

b.加工厂、制备站及有关机械的位置;

c.各种材料、半成品、构配件的仓库和生产工艺设备主要堆场、取土弃土位置;

d.行政管理用房、宿舍、文化生活福利建筑等;

e.水源、电源、变压器位置,临时给排水管线和供电、动力设施;

f.机械站、车库位置;

g.一切安全、消防设施位置。

③永久性测量放线标桩位置。

④必要的图例、方向标志、比例尺等。

2)施工总平面图设计的原则

①尽量减少施工用地,少占农田,使平面布置紧凑合理。

②合理组织运输,减少运输费用,保证运输方便通畅。

③施工区域划分和场地的确定应符合施工流程要求,尽量减少专业工种和各工程之间的干扰。

④充分利用各种永久性建筑物、构筑物和原有设施为施工服务,降低临时设施的费用。

⑤各种生产生活设施应便于工人的生产、生活。

⑥满足安全防火、劳动保护的要求。

3)施工总平面图设计的依据

①各种设计资料,包括建筑总平面图、地形地貌图、区域规划图、建筑项目范围内有关的一切已有和拟建的各种设施位置。

②建设地区的自然条件和技术经济条件。

③建设项目的建筑概况、施工方案、施工进度计划,以便了解各施工阶段情况,合理规划施工场地。

④各种建筑材料、构件、加工品、施工机械和运输工具配置一览表,以便规划工地内部的储放场地和运输线路。

⑤各构件加工厂规模、仓库及其他临时设施的数量和外廓尺寸。

4)施工总平面图的设计步骤

(1)绘出整个施工场地范围及基本条件

包括场地的围墙和已有的建筑物、道路、构筑物以及其他设施的位置和尺寸。

(2)场外交通的引入

设计施工总平面图时,首先应研究大宗材料、成品、半成品、设备等进入工地的运输方式。当大宗材料由铁路运来时,首先要解决铁路由何处引入及如何布置问题;当大批材料是由水路运来时,应首先考虑原有码头的运用和是否增设专用码头问题;当大批材料是由公路运入工地时,一般先将仓库、加工厂等生产性临时设施布置在最经济合理的地方,然后再布置通向场外的公路线。

(3)仓库与材料堆场的布置

通常考虑设置在运输方便、位置适中、运距较短并且安全防火的地方。区别不同材料、设备和运输方式来设置。

①当采用铁路运输时,仓库通常沿铁路线布置,并且要留有足够的装卸前线。如果没有足够的装卸前线,必须在附近设置转运仓库。布置铁路沿线仓库时,应将仓库设置在靠近工地一侧,以免内部运输跨越铁路。同时仓库不宜设置在弯道处或坡道上。

②当采用水路运输时,一般应在码头附近设置转运仓库,以缩短船只在码头上的停留时间。

③当采用公路运输时,仓库的布置较灵活。一般中心仓库布置在工地中央或靠近使用的地方,也可以布置在靠近于外部交通连接处。

(4)加工厂布置

各种加工厂布置,应以方便使用、安全防火、运输费用最少、不影响建筑安装工程施工的正常进行为原则。一般应将加工厂集中布置在同一个地区,且多处于工地边缘。各种加工厂应与相应的仓库或材料堆场布置在同一地区。

①混凝土搅拌站。可采用集中、分散或集中与分散相结合的3种布置方式。当现浇混凝土量大时,宜在工地设置混凝土搅拌站;当运输条件好时,以采用集中搅拌或选用商品混凝土最有利;当运输条件较差时,以分散搅拌为宜。

②预制加工厂。一般设置在建设单位的空闲地带上,如材料堆场专用线转弯的扇形地带或场外临近处。

③钢筋加工厂。区别不同情况,采用分散或集中布置。对于需进行冷加工、对焊、点焊的钢筋和大片钢筋网,宜设置中心加工厂,其位置应靠近预制构件加工厂;对于小型加工件,利用简单机具成型的钢筋加工,可在靠近使用地点的分散的钢筋加工棚里进行。

④木材加工厂。要视木材加工的工作量、加工性质和种类决定是集中设置还是分散设置几个临时加工棚。一般原木、锯木堆场布置在铁路专用线、公路或水路沿线附近;木材加工厂亦应设置在这些地段附近;锯木、成材、细木加工和成品堆放,应按工艺流程布置。

⑤砂浆搅拌站。可以分散设置在使用地点附近。

⑥金属结构、锻工、电焊和机修等车间。由于它们在生产上联系密切,应尽可能布置在一起。

（5）内部运输道路的布置

根据各加工厂、仓库及各施工对象的相对位置，研究货物转运图，区分主要道路和次要道路，进行道路的规划。规划厂区内道路时，应考虑以下几点：

①合理规划临时道路与地下管网的施工程序。在规划临时道路时，应充分利用拟建的永久性道路，提前修建永久性道路或者先修路基和简易路面，作为施工所需的道路，以达到节约投资的目的。若地下管网的图纸尚未出全，必须采取先施工道路，后施工管网的顺序时，临时道路不能完全建造在永久性道路的位置，而应尽量布置在无管网地区或扩建工程范围地段上，以免开挖管道沟时破坏路面。

②保证运输畅通。道路应有两个以上进出口，道路末端应设置回车场地，且尽量避免临时道路与铁路交叉。厂内道路干线应采用环形布置，主要道路宜采用双车道，宽度不小于 6 m，次要道路宜采用单车道，宽度不小于 3.5 m。

③选择合理的路面结构。临时道路的路面结构，应当根据运输情况和运输工具的不同类型而定。一般场外与省、市公路相连的干线因其以后会成为永久性道路，一开始就建成混凝土路面；场区内的干线和施工机械行驶路线，最好采用碎石级配路面，以利修补。场内支线一般为土路或砂石路。

（6）行政与生活临时设施布置

行政与生活临时设施包括：办公室、汽车库、职工休息室、开水房、小卖部、食堂、俱乐部和浴室等。根据工地施工人数，可计算这些临时设施的建筑面积。应尽量利用建设单位的生活基地或其他永久性建筑，不足部分另行建造。

一般全工地性行政管理用房宜设在全工地入口处，以便对外联系；也可设在工地中间，便于全工地管理。工人用的福利设施应设置在工人较集中的地方，或工人必经之处。生活基地应设在场外，距工地 500~1 000 m 为宜。食堂可布置在工地内部或工地与生活区之间。

（7）临时水电管网及其他动力设施的布置

当有可以利用的水源、电源时，可以将水电从外面接入工地，沿主要干道布置干管、主线，然后与各用户接通。临时总变电站应设置在高压电引入处，不应放在工地中心；临时水池应放在地势较高处。

上述布置应采用标准图例绘制在总平面图上，比例一般为 1∶1 000 或 1∶2 000。应该指出，上述各设计步骤不是截然分开，各自孤立进行的，而是互相联系，互相制约的，需要综合考虑，反复修正才能确定下来。当有几种方案时，尚应进行方案比较。

5）施工总平面图的管理

施工总平面图的管理包括：

①建立统一的施工总平面图管理制度，划分总图的使用管理范围。各区各片有人负责，严格控制各种材料、构件、机具的位置、占用时间和占用面积。

②实行施工总平面图动态管理，定期对现场平面进行实录、复核，修正其不合理的地方，定期召开总平面执行检查会议，奖优罚劣，协调各单位关系。

③做好现场的清理和维护工作，不准擅自拆迁建筑物和水电线路，不准随意挖断道路。大型临时设施和水电管路不得随意更改和移位。

思 考 题

1.什么是施工组织总设计？包括哪些内容？

2.工程概况的内容有哪些？

3.施工部署的内容有哪些？

4.简述施工总进度计划的编制步骤。

5.施工总平面图的设计原则是什么？

6.施工总平面图的基本内容有哪些？

7.简述施工总平面图的设计步骤。

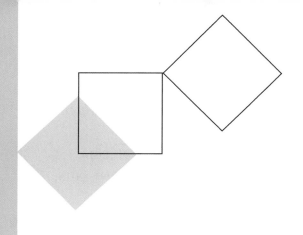

参考文献

［1］《建筑施工手册》编委会.建筑施工手册［M］.北京：中国建筑工业出版社，2013.

［2］重庆大学，同济大学，哈尔滨工业大学.土木工程施工［M］.北京：中国建筑工业出版社，2016.

［3］林文虎，姚刚.混凝土结构工程施工手册［M］.北京：中国建筑工业出版社，1999.

［4］姚刚.土木工程施工技术［M］.北京：人民交通出版社，2008.

［5］张守健，谢颖.施工组织设计与进度控制［M］.北京：科学出版社，2009.

［6］孙震，穆静波.土木工程施工［M］.北京：人民交通出版社，2014.

［7］刘宗仁.土木工程施工［M］.北京：高等教育出版社，2019.

［8］张长友.土木工程施工［M］.北京：中国电力出版社，2013.

［9］宁仁歧，郑传明.土木工程施工［M］.北京：中国建筑工业出版社，2006.

［10］穆静波.建筑装饰装修施工技术［M］.北京：中国劳动和社会保障出版社，2003.

［11］应惠清.土木工程施工［M］.上海：同济大学出版社，2018.

［12］章国社.建筑施工管理手册［M］.北京：中国建筑工业出版社，2008.

［13］穆静波.土木工程施工组织［M］.上海：同济大学出版社，2020.

［14］中国建筑第八工程局.建筑工程施工技术标准［M］.北京：中国建筑工业出版社，2005.

［15］彭圣浩.建筑工程施工组织设计实例应用手册［M］.北京：中国建筑工业出版社，2016.

［16］张新天，周建宾，吴育琦.道路与桥梁工程概论［M］.北京：人民交通出版社，2021.

［17］许程洁.建筑施工组织［M］.北京：中央广播电视大学出版社，2000.

［18］宣国良，李晋三.道路施工技术［M］.北京：人民交通出版社，1999.

［19］穆静波.土木工程施工习题集［M］.北京：中国建筑工业出版社，2019.

［20］中国建筑业协会.鲁班奖获奖工程施工组织设计专辑［M］.北京：机械工业出版社，2004.

［21］穆静波，王亮.建筑施工［M］.北京：中国建筑工业出版社，2012.

［22］穆静波.多施工层分别流水组织方法［M］.北京：施工技术杂志社，2006.

[23] 阎西康.土木工程施工[M].北京:中国建材工业出版社,2005.

[24] 刘金昌,李忠富.建筑施工组织与现代管理[M].北京:中国建筑工业出版社,2002.

[25] 危道军.建筑施工组织[M].北京:中国建筑工业出版社,2017.

[26] 杨嗣信.混凝土结构工程施工手册[M].北京:中国建筑工业出版社,2014.

[27] 徐秀维,张爱芳,杨波.道路工程施工技术[M].北京:化学工业出版社,2015.

[28] 张厚先,阎西康.土木工程施工组织[M].北京:化学工业出版社,2018.

[29] 教育部高等学校土木工程专业教学指导分委员会.高等学校土木工程本科专业指南[M].北京:中国建筑工业出版社,2023.